权威·前沿·原创

皮书系列为

“十二五”“十三五”国家重点图书出版规划项目

应对气候变化报告（2016）

ANNUAL REPORT ON ACTIONS TO ADDRESS CLIMATE CHANGE (2016)

《巴黎协定》重在落实

Focusing on the Implementation of the Paris Agreement

主　　编 / 王伟光　郑国光
副 主 编 / 陈　迎　巢清尘　胡国权　潘家华

社会科学文献出版社
SOCIAL SCIENCES ACADEMIC PRESS (CHINA)

图书在版编目（CIP）数据

应对气候变化报告：《巴黎协定》重在落实. 2016 / 王伟光，郑国光主编. --北京：社会科学文献出版社，2016.11

（气候变化绿皮书）

ISBN 978-7-5097-9890-4

Ⅰ.①应… Ⅱ.①王… ②郑… Ⅲ.①气候变化-研究报告-世界-2016 Ⅳ.①P467

中国版本图书馆 CIP 数据核字（2016）第 247651 号

气候变化绿皮书

应对气候变化报告（2016）

《巴黎协定》重在落实

主　　编 / 王伟光　郑国光

副 主 编 / 陈　迎　巢清尘　胡国权　潘家华

出 版 人 / 谢寿光

项目统筹 / 周　丽　陈凤玲

责任编辑 / 陈凤玲　田　康　关少华

出　　版 / 社会科学文献出版社·经济与管理出版分社（010）59367226

地址：北京市北三环中路甲 29 号院华龙大厦　邮编：100029

网址：www.ssap.com.cn

发　　行 / 市场营销中心（010）59367081　59367018

印　　装 / 北京季蜂印刷有限公司

规　　格 / 开　本：787mm×1092mm　1/16

印　张：25.5　字　数：385 千字

版　　次 / 2016 年 11 月第 1 版　2016 年 11 月第 1 次印刷

书　　号 / ISBN 978-7-5097-9890-4

定　　价 / 99.00 元

皮书序列号 / B-2009-122

本书如有印装质量问题，请与读者服务中心（010-59367028）联系

版权所有 翻印必究

本书由“中国社会科学院－中国气象局气候变化经济学模拟联合实验室”组织编写。

本书由国家社科基金重点项目“我国参与国际气候谈判角色定位的动态分析与谈判策略研究”（编号：16AGJ011）和中国气象局气候变化专项项目“气候变化经济学联合实验室建设（2016年）”（编号：CCSF201631）资助出版。

感谢中国清洁发展机制基金“IPCC 第五次评估报告第一、二工作组报告、综合报告及清单工作组报告支撑研究”课题（编号：2013024）、“气候变局下中国角色被转换：定位、调整与谈判策略研究”课题（编号：2012034）、“碳关税及隐形碳关税对我国出口贸易的影响及其国际治理模式研究”课题（编号：2013070）、国家重点研发计划项目“服务于气候变化综合评估的地球系统模式”课题（编号：2016YFA0602602）和国家重点基础研究发展计划“地球工程的综合影响评价和国际治理研究”课题（编号：2015CB953603）的联合资助。

同时感谢中国气象学会气候变化与低碳发展委员会的支持。

气候变化绿皮书编纂委员会

主　编　王伟光　郑国光

副主编　陈　迎　巢清尘　胡国权　潘家华

编委会　（按姓氏音序排列）

白　帆　白云真　傅　莎　高　翔　黄　磊

姜　彤　刘洪滨　宋连春　王　谋　闫宇平

杨　秀　于玉斌　袁佳双　郑　艳　周　兵

周波涛　朱留财　朱　蓉　朱守先　庄贵阳

主要编撰者简介

王伟光 中国社会科学院院长、党组书记、学部主席团主席。哲学博士、博士生导师、教授，中国社会科学院学部委员。曾任中央党校副校长。中国共产党第十八届中央委员。中国辩证唯物主义研究会会长，马克思主义理论研究和建设工程咨询委员会委员、首席专家。荣获国务院颁发的“做出突出贡献的中国博士学位获得者”荣誉称号，享受政府特殊津贴。长期从事马克思主义理论和哲学、中国特色社会主义重大理论与现实问题的研究。

郑国光 中国气象局党组书记、局长，研究员。1994 年获得加拿大多伦多大学物理系博士学位。中国共产党第十七次、第十八次全国代表大会代表，第十八届中央纪律检查委员会委员，中国人民政治协商会议第十一届全国委员会委员，国家气候委员会主任委员，全球气候观测系统中国委员会（CGOS）主席，全国人工影响天气协调会议协调人，国家应对气候变化及节能减排工作领导小组成员兼应对气候变化领导小组办公室副主任，国务院大气污染防治领导小组成员，世界气象组织（WMO）中国常任代表，WMO 执行理事会成员，政府间气候变化专门委员会（IPCC）中国代表，政府间全球气候服务委员会（IBCS）成员。曾任联合国秘书长全球可持续性高级别小组（GSP）成员、全球地球观测组织（GEO）联合主席。长期从事云物理、人工影响天气和气象事业发展战略研究。

陈　迎 中国社会科学院城市发展与环境研究所可持续发展经济学研究室主任，研究员，博士生导师。研究领域为环境经济与可持续发展、能源和气候政策、国际气候治理等。2010～2014年政府间气候变化专门委员会（IPCC）第五次评估报告（AR5）第三工作组的主要作者。2013年至今任中国社会科学院城市发展与环境研究所创新工程项目首席研究员。承担过多项国家级、省部级和国际合作的重要研究课题，发表合著、论文、文章等各类研究成果60余篇，多项研究成果获奖，如第2届浦山世界经济学优秀论文奖（2010年）、第14届孙冶方经济科学奖（2011年）、中国社科院优秀科研成果二等奖（2004年，2014年）等。

巢清尘 国家气候中心副主任，研究员级高级工程师，理学博士。研究领域为海气相互作用、气候变化政策。现任全球气候观测系统指导委员会委员，中国气象学会气候变化与低碳经济委员会主任委员、中国气象学会气象经济委员会副主任委员、全国气候与气候变化标准化技术委员会副主任委员、中国未来海洋联盟副理事长、中国气候传播项目中心专家委员会委员、北京气象学会常务理事等。第三次国家气候变化评估报告编写专家组副组长、“十三五”国家应对气候变化科技创新规划专家组副组长。长期作为中国代表团成员参加联合国气候变化框架公约（UNFCCC）和政府间气候变化专门委员会（IPCC）工作。《中国城市与环境研究》《气候变化研究进展》编委。国家科技支撑计划、中国清洁发展机制项目负责人。曾任中国气象局科技与气候变化司副司长。

胡国权 国家气候中心副研究员，理学博士。研究领域为气候变化数值模拟、气候变化应对战略。先后从事天气预报，能量与水分循环研究，气候系统模式研发和数值模拟，以及气候变化数值模拟和应对对策等工作。参加了第一、第二、第三次气候变化国家评估报告的编写工作。作为中国代表团成员参加了联合国气候变化框架公约（UNFCCC）和政府间气候变化专门委员会（IPCC）工作。主持或参加了国家自然科学基金、国家科技部、中国气象局、国家发改委等资助项目十几项，参与编写专著十余部，发表论文二十余篇。

潘家华 中国社会科学院城市发展与环境研究所所长，研究员，博士研究生导师。研究领域为世界经济、气候变化经济学、城市发展、能源与环境政策等。担任国家气候变化专家委员会委员，国家外交政策咨询委员会委员，中国城市经济学会副会长，中国生态经济学会副会长，政府间气候变化专门委员会（IPCC）第三次、第四次和第五次评估报告核心撰稿专家，先后发表学术（会议）论文200余篇，撰写专著4部，译著1部，主编大型国际综合评估报告和论文集8部；获中国社会科学院优秀成果一等奖（2004年），二等奖（2002年），孙冶方经济科学奖（2011年）。

摘　要

《巴黎协定》是国际气候治理进程中一座重要的里程碑，即将于 2016 年 11 月 4 日生效。该协定确立了国际气候治理的新范式，它不是气候谈判的终点，而是一个新的起点。继续推动国际气候治理合作、落实《巴黎协定》仍面临诸多严峻的挑战。在《联合国气候变化框架公约》第 22 次缔约方会议即将在马拉喀什召开之际，2016 年“气候变化绿皮书”——《应对气候变化报告（2016）:〈巴黎协定〉重在落实》与读者见面了。

本书共分为五个部分。第一部分是总报告，从国际气候谈判格局的演变入手，将当前国际气候治理格局概括为“两大阵营、三大板块和五类经济体”；客观评价了《巴黎协定》与以往谈判成果相比，在减排模式、资金机制、法律形式与盘点机制等方面达成的新共识，以及在广泛参与、自主承诺等方面的新特点。《巴黎协定》虽然确立了未来国际气候治理的总体框架，但如何落实它仍需要就一系列具体问题开展精细化、规则化的谈判，各方在关键议题上的分歧依然存在。随着《巴黎协定》即将生效，它必然会对未来国际气候治理和我国低碳发展产生深远的影响。

第二部分聚焦国际应对气候变化进程，选取了 8 篇文章，从不同侧面分析了《巴黎协定》对国际气候治理进程的影响。其中，温升 1.5°C 目标和全球盘点机制是《巴黎协定》引入的新问题，美国大选和未来气候政策走向、国际航空航海业减排问题，以及负排放技术的发展前景等都是当前的热点问题。相信对这些问题的深入分析和解读有助于读者了解和把握国际气候治理进程的发展方向。

第三部分聚焦国内应对气候变化行动，选取了 10 篇文章，对国家绿色低碳转型的新政策和公众关注的一些热点问题进行了分析。例如，2016 年是“十三五”的开局之年，“十三五”时期是中国能源低碳转型的关键期。了解正经历严冬考验的煤炭行业如何绿色低碳转型、风能太阳能如何更好发展，对促进我国能源体系低碳转型意义重大。又如，2016 年国家对低碳试点城市开展了全面评估和经验总结，并启动了第三批低碳试点城市的申报。同时，还出台了《城市适应气候变化行动方案》，启动了气候适应型城市建设试点。低碳城市试点调动了地方应对气候变化的积极性，是推动国家绿色低碳转型的重要措施。此外，雾霾治理问题依然是全社会高度关注的热点，从专业角度分析城市通风廊道建设的作用，是很好的科普宣传。京津冀协调治理，抓住了雾霾治理的重点和难点。

第四部分“研究专论”选取了 6 篇与应对气候变化相关的研究报告，内容广泛。既有对超强厄尔尼诺现象的观测和气候影响分析，对气象灾害的风险分析与应对策略研究等，也涉及一些以往研究较少关注的新问题，如社会性别与气候变化的关系。此外，还有对地方应对气候变化的案例实践和经验的总结。

本书附录依惯例收录了 2015 年世界各主要国家和地区的社会、经济、能源及碳排放数据，以及全球和中国气候灾害的相关统计数据，供读者参考。

关键词： 巴黎协定　国际气候治理　国家自主贡献　适应

Abstract

The Paris Agreement is a significant milestone in international climate governance process, and will take effect on November 4th, 2016. It established a new paradigm of international climate governance, as a brand new starting point instead of ending point of negotiation. Promoting international climate cooperation and implementing *the Paris Agreement* continually are still confronted with lots of severe challenges. The 22nd Session of the Conference of Parties (COP22) to *the UN Framework Convention on Climate Change* is to be held in Marrakech, at this key time point, *Annual Report on Actions to Climate Change* (2016): *Focusing on the Implementation of the Paris Agreement* is published.

This book includes five sections. The first section is General Report, starting from the evolution of international climate negotiation pattern, and summarizing the current international climate governance pattern into two camps, three major plates and five types of economies. The General Report also objectively assessed the new consensus in *the Paris Agreement* on emission reductions, financial mechanisms, legal forms and inventory mechanisms, etc. compared with former negotiation outcomes, and new features in aspects of broad participation, intended commitment and so on. Although *the Paris Agreement* established a comprehensive framework of future international climate governance, all parties still have divergence on key issues, and elaborated and regulated negotiations focusing on a series of specific problems are needed to be implemented. With *the Paris Agreement* coming into effect, it will inevitably have a profound influence on future international climate governance and low-carbon development in China.

The second section focused on international climate progress with 8 articles, analyzed the influence on international climate process from various aspects. Within, 1.5 °C temperature increase goal and the global stocktake were new issues brought in *the Paris Agreement*, and American Presidential Election and future climate policy direction, GHG emission reduction from aviation and shipping, as well as the development prospect of negative emission are all current hot-spot issues. We believe that the in-depth analysis and interpretation of these topics will help readers understand and grasp the development direction of international climate process.

The third section focused on domestic actions on climate change with 10 articles, analyzed new policies on national green and low-carbon transition and hot-spot issues arousing public attention. For example, 2016 is the beginning year of the "13th Five-year Plan", which is a key period of energy low-carbon transition in China. Understanding how coal industry suffering hardship implement green and low-carbon transition and how wind power and solar power develop better are of great importance to low-carbon transition of energy system in China. For another example, in 2016, China carried out comprehensive assessment and experience conclusion to low-carbon pilot cities, and launched climate-adaptive urban construction pilots. Urban pilots mobilized local initiative to climate change, which is a significant measure to promote national green and low-carbon transition. Besides, haze governance is still a hot-spot issue concerned by the whole society, and analyzing the role of urban ventilation corridor construction from professional view provides popular science advertisement to the public. The collaborative governance around Beijing-Tianjin-Hebei Region grasped the key and difficult points of haze governance.

The fourth section selected 6 research reports related to addressing climate change with broad contents, which include scientific issues such as observation to super El Niño event and its impact on climate, risk analysis on climate disasters and its corresponding strategies, and new issues which had gained few attention, such as the relationship between social gender and climate change. In addition, this section also compriseed case practice and experience to addressing climate change by local regions and cities.

The last section o collected data of social, economic, energy and carbon emissions in selected countries and regions, as well as data of global and Chinese meteorological disasters in 2015, which will provide reference for the readers.

Keywords: *the Paris Agreement*; International Climate Governance; Intended Nationally Determined Contributions; Adaption

前　言

气候监测事实表明，2015 年是全球自有现代观测以来最热的年份，其平均气温比 1961～1990 年平均气温高出 0.76℃，首次高于 1850～1900 年平均气温约 1℃，同时 2011～2015 年也成为有气象记录以来最暖的五年。全球大气中的二氧化碳平均浓度在 2015 年为 400ppm，创下新纪录。随着全球气温升高，极端天气气候事件趋多趋强，气象灾害的发生次数、死亡人口和经济损失呈现逐年增加的趋势，给人民生命财产安全和经济社会可持续发展带来不利影响。1980～2015 年，全球极端天气气候事件年均发生约 582 件，造成直接经济损失 1100 亿美元，影响人口达 1.7 亿人，并呈现逐年增加的趋势。科学证据表明，人类活动是当前气候变暖的主因，国际社会已经采取行动积极应对气候变化。2015 年 12 月，在巴黎气候变化大会上，近 200 个国家和地区通过了《巴黎协定》，该协定是国际气候治理进程中一座重要的里程碑。

《巴黎协定》将于 2016 年 11 月 4 日正式生效，是在全球经济社会发展的背景下，多方谈判诉求、立场再平衡的结果。《巴黎协定》反映了国际社会在合作应对气候变化责任和行动等方面的新共识，提供了未来全球气候治理新范式，是国际气候治理的一个新起点。同时，《巴黎协定》也是一个面向未来的国际协定，其所建立的全球责任共担的共识，将成为各方积极开展务实行动的基础。

中国为推动《巴黎协定》生效做出了巨大贡献。在中国的倡议下，G20 发表了首份气候变化问题主席声明，为推动《巴黎协定》尽早生效奠定了坚实基础。中国全国人大常委会于 2016 年 9 月 3 日以 154 票全票通过的形式批准中国加入《巴黎协定》。美国奥巴马政府采取行政协议的签署模式接受了《巴黎协定》。中、美温室气体排放量合计约占全球温室气体排放总量的40%，两国联手批约对推动《巴黎协定》生效起到了重要作用，也为其他国家做出了表率，树立了积极的形象。

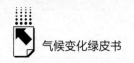

《巴黎协定》不仅凝聚了全球领导人对气候变化问题的认识，而且推动了国内高层领导人就气候变化问题达成共识。从国务院批准《巴黎协定》谈判预案，到习近平主席亲自到主会场做主旨发言，再到张高丽副总理赴联合国总部签署协定，最后到习近平主席和美国奥巴马总统在G20期间共同向联合国秘书长交存《巴黎协定》批准文书，高层领导这一系列密集紧凑的与气候变化事务相关的互动，展现了中国深入参与并逐步引领国际气候治理的信心，也展示了中国努力推进绿色转型发展的决心。《巴黎协定》开启了全球绿色低碳发展的新阶段，我国“十三五”能源发展战略必须以促进绿色低碳转型为导向，其发展路径包括节能增效、减煤、大力发展非化石能源、稳油增气、发展智慧能源互联网、新型城镇化应走低碳道路等。我国要立足现实，重视化石能源的洁净、高效利用，同时要认清未来，将发展非化石能源置于能源战略的重要位置。

自2009年出版第1部“气候变化绿皮书”——《应对气候变化报告(2009)：通向哥本哈根》，到2016年即将出版的第8部——《应对气候变化报告（2016)：〈巴黎协定〉重在落实》，全球应对气候变化、促进绿色低碳发展日渐深入人心。1年1部的“气候变化绿皮书”是集气候变化科学、政策、应用实践等的权威性出版物，其作者大多是来自我国气候变化科研、业务、服务、决策乃至参与国际谈判一线的专家。本书既反映了我国应对气候变化领域的最新科研成果、最新政策分析、最新应用实践经验，也反映了国际气候变化的科学进展、谈判重点与焦点分析、政策走向等。衷心感谢多年来社会各界对“气候变化绿皮书”的关注和大力支持！

王伟光　郑国光

2016年11月

目　录

Ⅰ 总 论

Ⅱ 国际应对气候变化进程

Ⅲ 国内应对气候变化行动

Ⅳ 研究专论

Ⅴ 附 录

皮书数据库阅读使用指南

CONTENTS

I General Report

Ⅱ International Process to Address Climate Change

Ⅲ Domestic Actions on Climate Change

Ⅳ Special Research Topics

V Appendix

总　论

General Report

G.1

后巴黎时代应对气候变化新范式：责任共担，积极行动*

总报告编写组**

摘　要：《巴黎协定》是国际气候治理进程的一个里程碑，该协定经多方努力，将于2016年11月4日正式生效。《巴黎协定》是在全球经济社会发展的背景下，多方谈判诉求、立场再平衡的结果，反映了国际社会在合作应对气候变化责任和行动等

* 本文获得国家社科基金（项目编号：16AGJ011）的资助。

** 总报告编写组成员包括潘家华、巢清尘、王谋、刘哲、陈迎等，由王谋、刘哲执笔。潘家华，中国社会科学院城市发展与环境研究所所长、研究员，研究领域为世界经济、气候变化经济学、城市发展、能源与环境政策等；巢清尘，中国气象局国家气候中心副主任、研究员，全球气候观测系统指导委员会委员，研究领域为气候变化政策、海气相互作用；王谋，博士，中国社会科学院城市发展与环境研究所副研究员，研究领域为国际气候制度、环境治理、可持续城市；刘哲，博士，环境保护部环境与经济政策研究中心副研究员，研究领域为气候政策、能源政策与环境政策；陈迎，中国社会科学院城市发展与环境研究所研究员，研究领域为全球环境治理，环境经济、气候变化政策等。

方面的新共识，提供了未来全球气候治理新范式。本文从国际气候谈判格局入手，提出了《巴黎协定》谈判和当前国际气候治理呈现两大阵营、三大板块、五类经济体的总体格局；总结了《巴黎协定》成果中减排模式、资金机制、法律形式与盘点机制等方面的新共识；识别并提出了未来谈判中的关键分歧和焦点问题；对《巴黎协定》的签署生效进行了展望，并分析了该协定对未来国际气候谈判和我国低碳发展的影响。与《京都议定书》等《联合国气候变化框架公约》下以往达成的气候协议相比，《巴黎协定》以广泛参与、自主承诺、全球盘点等特点，将国际气候治理推向了责任共担、积极行动的新高度，为我国和全球绿色、低碳和可持续发展奠定了基础。

关键词： 气候变化 巴黎协定 全球治理 低碳 可持续发展

引 言

2011 年，当国际社会还在总结和评论 2009 年哥本哈根会议的得失成败、考虑如何结束“巴厘路线图”谈判的时候，国际气候谈判进程已经翻开了新的一页，在南非海滨城市德班，《联合国气候变化框架公约》（以下简称《公约》）缔约方授权开启了旨在构建 2020 年后国际气候制度的“德班平台”谈判。“德班平台”谈判进程迅速吸引了各方关注，但前进的路途并不平坦，缔约方的谈判诉求呈现多样化特征，利益集团也经历了结构调整和重组。最终，2015 年底的巴黎气候变化大会以各方共同开展行动为基础，凝聚共识，达成了《巴黎协定》。《巴黎协定》不是谈判的终点，更不是国际气候治理的终点，而是一个新的开始，是新的国际气候治理范式，即“全球责任共担、携手积极行动”的新起点。

一　国际气候谈判的利益格局调整

全球应对气候变化的基本格局，已从 20 世纪 80 年代的南北两大阵营演化为当前的“南北交织、南中泛北、北内分化、南北连绵波谱化”的局面。所谓“南北交织”，指南北阵营成员在地缘政治、经济关系和气候治理上存在利益重叠交叉。所谓“南中泛北”，主要指一些南方国家成为发达国家俱乐部成员，一些南方国家与北方国家表现出共同或相近的利益诉求，另有一些南方国家成长为有别于纯南方国家的新兴经济体，仍然属于南方阵营，但有别于欠发达国家。所谓的“北内分化”，是指北方国家内部出现不同的有着各自利益诉求的集团，最典型的是伞形集团和欧盟，而且这些集团内部也有分化。例如，加入欧盟的原经济转轨国家，波兰和罗马尼亚等，与原欧盟 15 国在气候政策的立场上有较大的分歧。更重要的是，北方国家对全球经济的控制力相对下降，新兴经济体的地位得到较大幅度提升，欠发达国家的地位相对持恒。

追溯国际气候治理格局的演变，《公约》划分出附件 I 国家和非附件 I 国家两大阵营（即南方国家阵营和北方国家阵营）；1997 年《京都议定书》将附件 I 国家区分为发达国家和经济转轨国家；2007 年《京都议定书》第二承诺期和《公约》下长期目标谈判奉行“双轨”并行的“巴厘路线图”；2009 年《哥本哈根协议》不再区分附件 I 国家和非附件 I 国家，并取消经济转轨国家定义；2015 年《巴黎协定》强调不分南北、法律表述一致的“国家自主决定的贡献”，通过贡献值差异体现国家间自我定位的差异。至此，全球气候治理格局已基本确立南北国家共同行动的基础，各方“贡献”表现出连续变化的波谱化特征。

在连续的波谱化趋势中，仍有一些具有典型代表性的国家和地区，概括起来可将其表述为：两大阵营、三大板块、五类经济体。即：南北两大阵营依稀存在；发达国家、新兴国家和欠发达国家三大板块大体可辨；五大类别国家包括：人口增长较快的发达经济体、人口趋稳或下降的发达经济体、人口趋稳的新兴经济体、人口快速增长的新兴经济体、以低收入为特征的欠发达经济体。这些国家将来可能不断分化重组，但这样的总体格局将在一个相当长的时期内存在。

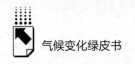

二 格局调整成就《巴黎协定》新共识

《巴黎协定》正是在新的谈判格局下实现的利益平衡。可以说正是发展中国家的快速发展，以及主要经济体或谈判方在经济、排放、贸易等领域国际格局的调整，导致各方谈判诉求出现变化，南北界限趋向模糊，而这些变化共同成就了《巴黎协定》。《巴黎协定》是在新的国际共识基础上，建立的新的国际气候治理范式，具有里程碑似的意义。

（一）《巴黎协定》确立的主要制度框架

《巴黎协定》是在变化的国际经济政治格局下，为实现《公约》目标而缔结的针对2020年后国际气候制度的法律文件。其确立的制度框架主要包括以下几点。

（1）坚持了“共同但有区别的责任”原则，继续强调了发达国家在国际气候治理中的主要责任，奠定了未来国际气候治理的原则基础。由于国际经济、排放格局的调整，发达国家希望打破南北国家的责任界限，要求所有国家共同承担应对气候变化的责任，形成统一的减排和监督实施框架，实质上是希望转移其责任和义务，要求发展中国家共同承担应对气候变化的责任和义务。《巴黎协定》最后重申了“共同但有区别的责任”原则，承认了南北国家、国家与国家间的差距，体现了缔约方责任、义务的区分，为发展中国家公平、积极参与国际气候治理奠定了基础。

（2）采用“自下而上”的承诺模式，确保最大范围的参与度。《巴黎协定》秉承《哥本哈根协议》达成的共识，由缔约方根据自身经济社会发展情况，自主提出减排等贡献目标。正是因为各国可以基于自身条件和行动意愿提出贡献目标，很多之前没有提出国家自主贡献目标的缔约方也受到鼓励，提出了国家自主贡献，保证了《巴黎协定》广泛的参与度，同时也因为是各方自主提出的贡献目标，从而更有利于确保贡献目标的实现。

（3）构建了义务和自愿相结合的出资模式，有利于拓展资金渠道并孕育更加多元化的资金治理机制。《巴黎协定》继续明确了发达国家的供资责任和义务，照顾了发展中国家关于有区别的资金义务的谈判诉求，既尊重事实，体现了南北国家的区别，也赢得各国，尤其是发展中国家，对于参与国际资金合作的信心。同时，《巴黎协定》还鼓励向发展中国家应对气候变化提供自愿性的资金支持。这些举措将有助于巩固既有资金渠道，并在互信的基础上拓展更加多元化的资金治理模式。

（4）确立了符合国际政治现实的法律形式，既体现了约束也兼顾了灵活。气候协议的形式在一定程度上可以表现出各国的政治意愿和全球的环境意识水平。1997 年国际社会达成《京都议定书》，明确了以“议定书”这种相对严格的法律形式执行《公约》；而到了 2015 年国际社会应对气候变化的能力相比 1997 年有了明显的进步，中、美等排放大国也由相对保守地参与国际气候治理进程转为积极开展应对气候变化行动，应该说各缔约方应对气候变化的意愿加强了，能力也提高了。在此背景下，《巴黎协定》如果不具有法律约束力，将不能体现出全球日益增强的环境意识，也不符合各国积极行动的逻辑。因此，《巴黎协定》虽然没有采用“议定书”的称谓，但其内容、结构和批约程序等安排都完全符合一份具有法律约束力的国际条约的要求，当批约国家的情况达到一定条件后，《巴黎协定》将生效并成为国际法，约束和规范 2020 年后全球气候治理行动。《巴黎协定》没有采用“议定书”的称谓，一方面因为各国的贡献目标没有被纳入其正文，而是被放在《巴黎协定》外的“登记簿”中，这会导致其功能和作用与议定书有一定差异；另一方面因为“协定”相比“议定书”也会相对简化各国批约的程序，更有助于缔约方快速批约。

（5）建立全球盘点机制，动态更新和提高减排努力。为确保其高效实施，促进各国自主减排贡献实现全球长期减排目标，《巴黎协定》建立了每 5 年一次的全球盘点机制，盘点不仅是对各国贡献目标实现情况的督促和评估，而且将可能被用于比较国际社会减排努力和政府间气候变化专门委员会（IPCC）提出的实现2℃乃至1.5℃温控目标间的差距，并根据差距敦促各国提高自主减排目标的力度或者提出新的自主减排目标。全球盘点与《巴黎协定》第4.3条“逐步增加缔约方当前的国家自主贡献”的机制，将是各国提出自主贡献目标后，可以不断提升行动力度，不断审视行动力度充分性，并实现《巴黎协定》和《公约》目标的保证。全球盘点机制针对的是各国自主贡献目标，因此盘点的执行方式也应该是开放性、促进性的而非强制性的。全球盘点可以结合透明度规则以及《巴黎协定》的遵约机制，向对自主贡献目标执行不力，或贡献目标太过保守的国家施加压力，促进其提高贡献力度。盘点的机制相对以往达成的气候协议是一种创新，既可以促进、鼓励行动力度大的国家不断做出潜能升级行动，也可以给目前贡献目标相对保守的国家保留更新目标和加大行动力度的机会，从而促进形成动态更新的、更加积极的全球协同减排和治理模式。

（二）《巴黎协定》与以往成果的区别

《巴黎协定》是在新的国际经济政治环境和国际气候谈判的格局下达成的协定，与《公约》下之前达成的协议如《京都议定书》《哥本哈根协议》《坎昆协议》相比，具有一些新的特点。

（1）参与方众多，是开展全球共同行动的典范。在《巴黎协定》下，有180多个缔约方提出了“国家自主贡献”，开创了国际合作应对气候变化的新局面。应对气候变化工作，在包括欧盟、美国等缔约方的国家发展议程中已经开始实现由负担向机遇的转型。各国纷纷探索如何通过应对气候变化工作促进经济发展，并形成新的经济增长点。发展中国家则广泛探讨应对气候变化工作如何与经济转型升级、生态环境治理等事务协同，以产生最大的经济、社会和环境效益。所有这些认识的提升、减排意愿的增加、气候治理行动的开展，构成了《巴黎协定》谈判进程中各方共同开展务实行动的基本面，增进了相互信任，也促使《巴黎协定》的谈判最终得以达成共识。《巴黎协定》无疑是全球治理的典范，也是全球合作行动的典范。

（2）是一份涵盖所有缔约方的，具有法律约束力的国际条约。与《公约》下以往达成的协议相比，《巴黎协定》无论是在覆盖面还是在法律约束力上都更进一步。回顾《公约》下已经达成的相关协议。《京都议定书》第一承诺期基本涵盖了除美国、加拿大（后期退出）外的所有发达和发展中国家；但在第二承诺期，美国、加拿大、澳大利亚、日本、俄罗斯等发达国家均缺席。因此，即便《京都议定书》是一份具有较强法律约束力的国际气候协议，其参与方的全面性还是无法与《巴黎协定》相比。尤其是缺少了美国这样的经济和排放大国，其实际意义大打折扣。“巴厘行动计划”下的一系列缔约方大会决议，也是缔约方在巴厘路线图框架下达成的重要协议，是 2020 年前的国际气候制度的主要法律文件。但这些缔约方大会产生的决议，由于没有经过缔约方正式签约和国内批约的过程，其法律约束力相比《京都议定书》和《巴黎协定》都要弱，而且在协议形式上也没有满足正式国际条约的要件。因此，这些缔约方大会决议更适合被称为国际法律文件而非国际条约。可以看出，与之前《公约》下达成的协议相比，《巴黎协定》扩大了《京都议定书》的参与度，涵盖了所有重要的经济体和谈判方。同时，《巴黎协定》还借鉴《哥本哈根协议》以及《坎昆协议》的谈判经验，融入包括各国“自下而上”的承诺方式以及资金治理机制等，形成了一套形式、要件齐备的国际条约，以具有国际法律约束力的协定的方式凝固共识，为后续谈判奠定了法理基础。

（3）是发展中国家和发达国家共同开展行动、责任共担的国际条约，是发展中国家主动参与度最高的国际多边协议之一。回顾《公约》谈判历程，主要经历了三个阶段，分别为《京都议定书》、“巴厘路线图”和“德班平台”（结果达成《巴黎协定》）的谈判，谈判成果分别为《京都议定书》；巴厘路线图下的双轨谈判成果，即《〈京都议定书〉多哈修正案》和“巴厘行动计划”下形成的一系列缔约方大会决议；德班平台下达成的《巴黎协定》。

在《京都议定书》的谈判中，发达国家与发展中国家之间，无论是在经济发展水平还是排放水平上都有着明显的差距，在“共同但有区别的责任”原则指导下，国际气候治理体现了明确的发达国家和发展中国家“二分法”。发达国家不仅要率先减排，而且要为发展中国家提供资金、技术支持，帮助发展中国家应对气候变化。《京都议定书》下发达国家的减排目标具有强法律约束力，如果未能实现目标还有相应的惩罚机制。考虑到发展中国家经济社会发展的优先性，《京都议定书》并未对发展中国家提出减排要求，发展中国家自然也不承担任何违约责任。

“巴厘路线图”确立的双轨谈判，一方面通过达成《〈京都议定书〉多哈修正案》，更新了缔约方的减排目标，延续了《京都议定书》“二分法”的治理模式（美国、俄罗斯、澳大利亚等国没有参与《京都议定书》第二承诺期）；另一方面在建立了包括欧盟、美国、俄罗斯、澳大利亚等发达国家以及发展中国家的长期合作行动特设工作组后，各国按照《哥本哈根协议》确立的“自下而上”承诺方式，提出各自减排目标，这也是发展中国家自缔结《公约》以来首次以自愿的方式提出减排或者限制排放的目标。其中，包括中国在内的发展中国家的减排目标都是与来自《公约》或者发达国家的相关资助挂钩的①，是一种条件式或者被动式的目标。

“德班平台”谈判最终达成了《巴黎协定》，几乎所有的缔约方都提出了包括其减排、限排目标在内的国家自主贡献。贡献的记载方式，也不再像巴厘行动计划谈判成果那样，将发达国家和发展中国家的减排目标和减排行动目标分列在《公约》下的两个信息文件中，而是将其统一放在秘书处建立的登记簿系统中。由此可见，发展中国家在国际气候治理中的责任担当呈现逐步加强的趋势。我国在《巴黎协定》的提案中关于“南南合作”的提议，更是发展中大国主动作为的体现。《巴黎协定》已经让国际社会看到了发展中国家和发达国家共同开展行动、共担责任的趋势，这也成为《巴黎协定》开启国际气候治理新范式的标志。

（4）可能是执行力最强、执行效果最好的国际协议。与《哥本哈根协

① 见中国国家发展和改革委员会应对气候变化司司长于2010年1月28日写给《联合国气候框架公约》秘书处的一封信（http://unfccc.int/files/meetings/cop_15/copenhagen_accord/application/pdf/chinacphaccord_app2.pdf）。

议》不同，《巴黎协定》不仅完成了协定主体框架和内容的构建，而且是一份具有国际法律约束力的国际条约。《巴黎协定》的成功最重要的原因和基础是各方日益增强的行动意愿和开展务实合作行动的承诺。长期以来，国际气候谈判的难点在于各国将应对气候变化视为经济发展的增量成本，是经济社会发展的负担，在国际谈判中体现为讨价还价，能少做不多做；或者希望其他国家多行动，自己少做、最好不做。这也符合早期应对气候变化技术成本高、人们对其认知水平有限的特点。以光伏发电为例，最早期的成本每kWh约为5美元，逐渐降至1美元、0.5美元以至如今的0.9元人民币左右。应该说早期的高昂生产成本的确会对气候友好型技术的普及和应用产生阻力。但随着人类社会协同应对气候变化进程的深入，越来越多的环境友好型技术，尤其是节能技术成本的下降，使应对气候变化的行动能够展望技术应用的远期收益，进而使其初始成本变得可以接受，在个别环节甚至可能实现负成本。这样，一些具有经济、环境效益的气候友好型技术将存在大规模商业化的可能，从而形成了一些新的业态。正是由于全球应对气候变化的认知度的提高、技术成本的下降以及国际合作机制的建立，越来越多的缔约方有信心开展应对气候变化的行动。同时，基于各自经济社会发展情况和行动意愿提出的自主贡献目标，也更有利于目标的高效落实。

三　细化谈判，关键分歧仍然存在

《巴黎协定》虽然确立了未来国际气候治理的总体框架，但要使其成为可以指导具体工作的行动规则和实施方案，还需要就具体问题开展精细化、规则化的谈判。《公约》秘书处按照《巴黎协定》和缔约方大会授权，已经构建了谈判框架，正组织缔约方就不同问题开展谈判。

（一）构建谈判框架

巴黎气候变化大会后气候谈判的主要任务是细化和落实《巴黎协定》和缔约方大会成果。2016年5月的波恩会议，是巴黎气候变化大会后的第一次正式谈判会议。缔约方为推动《巴黎协定》中各项工作展开搭建了一系列谈判平台，并建立了相关工作组。已经达成基本共识的问题被放在《公约》附属履行机构（SBI）处就具体执行规则进行谈判；而对于细化《巴黎协定》的谈判，秘书处按照《巴黎协定》授权建立了"《巴黎协定》特设工作组"（APA），组织开展进一步的谈判。"《巴黎协定》特设工作组"处的谈判，逐渐明确和细化为六大议题，分别是：关于巴黎缔约方会议第1号决定（1/CP.21）减缓部分的进一步指导；关于适应通报的进一步指导；透明度行动与支持的形式、程序和指南框架；全球盘点；遵约委员会有效运行的模式和程序；其他程序性议题。

（二）未来谈判中的关键问题

由于各方发展水平、利益诉求不同，国际气候谈判中分歧难免。后巴黎时代气候变化谈判中的关键问题也是热点问题包括以下几点。

（1）谈判"原则"问题。主要是如何理解、解释"共同但有区别的责任"原则。发展中国家普遍认为，消除贫困、保持经济发展是首要任务，发达国家应该承担国际气候治理中的减排和供资义务，发展中国家则根据各国能力，自愿开展减少温室气体排放的行动。发达国家则提出随着全球经济发展，需要动态理解"共同但有区别的责任"原则，希望发展中国家承担更多减排责任，还有部分发达国家事实上基本否认"共同但有区别的责任"原则，要求与发展中国家在相同减排框架、约束机制下开展对等减排。《巴黎协定》对于"共同但有区别的责任"原则的表述，事实上已经是各方妥协的结果，但目前来看，各国仍然按照各自的理解和诉求解释"共同但有区别的责任"原则，认识上的分歧仍然存在。

（2）减排模式和目标。欧盟、小岛屿国家联盟力推强约束的国际减排模式，希望按照IPCC评估报告，设定具有雄心的全球减排目标，要求各国尽早达到排放峰值，实施国家排放总量减排目标，并以国际法、国内法的形式保障目标实现；伞形集团国家则倾向于各国基于自身条件提出减排目标，建立相关机构对目标实施情况开展审评，督促实现减排目标。基于目前的政治现实和共识，各国按照“自下而上”的方式，自主提出贡献目标。这样的方式让缔约方排除了疑虑，最大限度地保证了各国提出自主贡献的积极性，提高了参与度。但基于各方贡献目标的全球减排努力与科学评估目标之间存在差距也同样是共识，小岛屿国家联盟、欧盟等对环境议题敏感度较高的缔约方不会满足现状，可能寻求通过全球盘点等机制继续推进“自上而下”的减排模式，向缔约方施加限制排放的强约束。因此，减排模式仍将成为未来国际谈判的关键问题。

（3）资金来源及治理。资金机制几乎是所有国际环境协议的关键议题，在国际气候谈判中也是如此。很多发展中国家将其国家自主贡献的实现程度与资金支持紧密联系，资金议题的谈判结果事实上也可能影响《巴黎协定》的实施效果。《巴黎协定》的资金机制相比《公约》和《京都议定书》反映出一些新的特点。一是提供支持和接受支持的对象发生了变化，提供资金的国家由公约附件Ⅱ缔约方扩大至所有发达国家，接受支持的群体虽仍为发展中国家，但其中气候脆弱群体包括小岛屿发展中国家和最不发达国家得到了优先受资的待遇。二是公共资金的地位发生了变化。在《公约》和《京都议定书》下，公共资金动员机制是首要的、核心的资金机制；而在《巴黎协定》中，公共资金的地位有所削弱，私人部门资金参与气候治理也被计入了《巴黎协定》案文。尽管巴黎缔约方会议第1号决定明确2020年前发达国家要每年提供1000亿美元的资金，并在2025年后提高资金目标，但并未提及公共资金在其中的份额，多边基金中发达国家对外援助、低息和免息的优惠性贷款，以及双边援助都有可能被计入出资总额，无法区分其是否为“新的”和“额外的”。三是资金来源发生了改变，除发达国家向发展中国家提供支持外，所有缔约方和其他出资方也被纳入提供支持的范畴内。尽管在表述上有所区分，但这无疑意味着由发达国家主导、其他各方共同参与提供资金支持的应对气候变化新时代的开始。[1] 未来资金方面的谈判将包括

① 巢清尘、张永香、高翔等：《巴黎协定——全球气候治理的新起点》，《气候变化研究进展》2016年第1期。

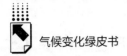

以下几个关键问题：确立1000亿美元长期资金的路线图和时间表，保证2020年前公共资金的稳定性；确立2025年、2030年资金目标及其路线图，保障公共资金的可预期性；在《公约》框架下为私人部门资金寻找合理定位并保障其公正性等。

（4）透明度问题。透明度是指各方在履约过程中，各项贡献指标实现进程的公开、透明程度。透明度实际上是一种公开监督机制，旨在督促各方积极履约，实现贡献目标。在《京都议定书》下，发展中国家不承担减排和出资的义务，基本不涉及透明度的问题；但在“巴厘行动计划”谈判中，根据《哥本哈根协议》的要求，很多发展中国家也提出了自愿减排行动计划，该协议还制定了专门针对发展中国家透明度问题的“国际磋商与分析”机制，与发达国家减排目标的透明度机制“国际评估和审查”相异。在《巴黎协定》中，发达国家、发展中国家的贡献目标，不再以集团区分的方式被载列于不同属性的表格中，而是以连续波普的方式被共同放置于秘书处建立的登记簿系统中，由此引起透明度问题的一些认知分歧。这些分歧包括：如何体现发达国家和发展中国家的区分，并为发展中国家提供必要灵活性；发达国家和发展中国家是否且能否执行相同的透明度规则等。透明度问题是各方高度关注的热点议题，也是各方普遍具有共同行动意愿的谈判议题。只要缔约方具有共同行动意愿，就有可能通过谈判找到既能提高全球行动的透明度，又能保证发展中国家享有必要灵活性的实施路径。

（5）全球盘点问题。全球盘点是《巴黎协定》首次提出的旨在促进各方履约并评估履约成效的机制。该机制既可以被用于平衡缔约方“自下而上”自主承诺可能造成全球减排力度不够的缺陷，也可以作为一个始终开放的平台号召各方动态更新国家自主贡献目标，促进缔约方根据经济社会发展情况提高贡献水平。缔约方对于全球盘点的认识和期许目前还存在较大的差异。主张全球“自上而下”分担减排义务的缔约方如小岛屿国家联盟、欧盟等，希望借助盘点机制，以全球行动不足为由，再次推动形成“自上而下”的全球减排义务分担机制，并以《巴黎协定》作为国际法依据，要求相关国家提高贡献力度；而部分国家包括发达国家和发展中国家，并不希望全球盘点成为强迫各方提升国家自主贡献目标的工具，仍然希望保留自主决定是否提高贡献目标的权利，主张全球盘点应作为促进各方开展行动，实现各方自主贡献目标的保障机制。这种认识分歧还会延续，全球盘点问题也将是未来谈判中各缔约方的重要关切。

四　引领未来：责任共担，积极行动

《巴黎协定》是一个面向未来的国际协定，国际社会以前所未有的速度推动了《巴黎协定》的生效和实施，中国、美国、欧盟等主要缔约方已经完成国内批约程序，《巴黎协定》也于11月4日在2016年巴拉喀什气候变化大会之前生效。《巴黎协定》所确立的责任共担的共识，将成为各方积极开展务实行动的基础。

（一）国际社会推动《巴黎协定》批约的努力

联合国为推动各缔约方落实《巴黎协定》批约做出了极大的努力，联合国秘书长也在各种场合多次呼吁各缔约方尽早完成《巴黎协定》批约。2016年9月21日，联合国在纽约总部举行了推动《巴黎协定》批约的专题活动，阿根廷、巴西、冰岛、墨西哥、尼日尔、新加坡、泰国、阿拉伯联合酋长国等31个国家向潘基文秘书长递交了批准《巴黎协定》的正式文书，完成了批约程序，这为《巴黎协定》的最终生效注入了强大动力。

中、美为推动《巴黎协定》生效做出了巨大贡献。在中国的倡议下，G20发表了首份气候变化问题主席声明，既为推动《巴黎协定》尽早生效奠定了坚实基础，也为共同搭建经济大国绿色低碳伙伴关系传递了积极信号。中国全国人大常委会于2016年9月3日以154票全票通过的方式批准中国加入《巴黎协定》。而在美国，奥巴马政府采取行政协议的签署模式，绕开国会接受（Accept）了《巴黎协定》。中、美两国领导人在G20峰会期间共同向联合国秘书长递交了《巴黎协定》批准文书。中、美当前温室气体排放量合计约占全球温室气体排放总量的40%，两国的批约对推动《巴黎协定》生效起到了决定性作用，也为其他国家批约做出了表率，树立了积极的形象。虽然有分析认为奥巴马政府签署的行政协议在未来总统更迭过程中会产生变数，但奥巴马政府赶在美国大选结果出炉之前完成《巴黎协定》的批约，至少能够将巴黎气候变化大会和过去近10年的国际气候谈判成果以国际条约的形式巩固下来。

欧盟积极行动，全力促进协议生效。欧盟的温室气体排放量占全球温室气体排放总量的12%，且欧盟始终是国际气候治理的倡导者和积极行动方。法国早就通过了两院决议，并在2016年6月15日完成了《巴黎协定》的批约。德国联邦议院于2016年9月22日表决批准了《巴黎协定》。[①] 2016年10月5日，包括法、德、葡等国的欧盟国家和加拿大等11国共同完成了批约手续，为《巴黎协定》生效完成了最后一步。

根据《巴黎协定》第21条，在不少于55个且其合计排放量至少占全球温室气体排放总量55%的《公约》缔约方已经交存其批准、接受、核准或加入的文书之日后的第30天，《巴黎协定》生效。[②]《巴黎协定》开放签署和批约的时间从2016年4月22日到2017年4月21日[③]，为期1年。2016年10月5日，欧盟和其他几个国家完成批约后，《巴黎协定》已经满足了上述全部生效条件，因此于2016年11月4日正式生效。从联合国条约登记网站上可以看到，截至2016年10月9日，已经有191个国家完成了《巴黎协定》的签署，其中有76个向联合国递交了批准文书[④]，批约国家排放量已经超过全球温室气体排放总量的58%。一般来看，像《巴黎协定》这样复杂和带有争议的国际协定往往要经过数年才能完成批约进程，从而具备法律效力，《京都议定书》的生效就耗时7年之久。而《巴黎协定》的生

① 《逾30国批准巴黎协定　离生效再近一步》，德国之声中文网，http：//dw.com/p/1K6TV，2016年9月28日。

② 《巴黎协定》第21条，FCCC/CP/2015/10/Add.1。

③ 《巴黎协定》第20条，FCCC/CP/2015/10/Add.1。

④ "Chapter XXVII：Environment，" United Nation Treaty Collection，https：//treaties.un.org/Pages/ViewDetails.aspx? src = TREATY&mtdsg_ no = XXVII - 7 - d&chapter = 27&clang = _ en，2016.

效堪称飞速，体现了国际社会在协同应对气候变化上的高度政治共识和积极的行动意愿。

（二）《巴黎协定》对国际气候治理进程的影响

全球层面的政治动员。巴黎气候变化大会无疑是继哥本哈根会议之后，国际气候治理的又一次里程碑式大会。中国、美国等主要缔约方的领导人齐聚巴黎，发表了积极合作和行动的政治宣言，是一次极为重要和高效的全球政治动员。相比哥本哈根会议，巴黎气候变化大会的领导人们承诺了更多积极的自主行动而不仅仅表达合作行动的意愿。从《巴黎协定》的生效结果来看，各国积极响应了巴黎气候变化大会上释放出来的政治信号，为后续谈判和全球行动的开展奠定了更加坚实的法理基础。

确立国际气候治理新范式。基于经济社会的发展，也基于国家自主承诺的包容机制，包括我国在内的部分发展中国家提出了相对以往气候协议更为积极的国家自主贡献目标，体现了共同行动的良好意愿。在《哥本哈根协议》的国家适当减缓行动信息文件中（涉及发展中国家 2020 年前的自主减排行动目标），我国以及其他发展中国家提出的减排目标都是以获得资金、技术等支持为条件的条件承诺目标。但在《巴黎协定》的国家自主贡献目标体系中，更多的发展中国家展现了以我为主开展行动的积极姿态，并且在资金机制、透明度、盘点机制等议题的谈判中展现了极大的灵活性，体现了共同行动的意愿和雄心。

基本确立了国际社会的行动力度，未来将重点在操作规则层面开展谈判。到目前为止已经有超过 180 个缔约方提交了国家自主贡献，这些贡献目标的实施阶段大多为 2021～2030 年，部分为 2021～2025 年。这些目标在提出之前已经经历了各缔约方国内反复研讨、调整，随着各国批准《巴黎协定》，各国提出的自主贡献目标将进一步在国际国内层面被予以确立。因此，所有缔约方的行动力度的总体水平也将随之基本被锁定。后巴黎时代气候变化谈判进程的关注重点必然会由巴黎气候变化大会前关注各方自主贡献目标水平转向关注如何实施、执行《巴黎协定》。因此，包括透明度、全球盘点、资金机制等相关执行规则的谈判将成为未来国际气候谈判关注的重点。

《巴黎协定》与“2030 全球可持续发展目标”成为引领全球绿色发展的新动力。国际能源署的研究显示，2015 年全球能源相关二氧化碳排放量与 2013 年水平持平，但同时全球经济增长 3% 以上，表明全球经济增长和碳排放增加正在脱钩。这与可再生能源的迅速发展和煤炭行业的不断萎缩有直接关系。2015 年全球新增发电 90% 来自可再生能源，全球可再生能源投资达 2860 亿美元，而同年燃煤电厂和燃气电厂的总投资额少于可再生能源总投资额的一半。[①] 25 年的全球气候治理已初见成效。2015 年全球绿色发展取得了两项重要国际成果，即《巴黎协定》与“2030 全球可持续发展目标”。根据 2012 年里约大会授权，《巴黎协定》的成果也会自动成为“2030 全球可持续发展目标”的一个部分。因此，这两项成果高度关联，在未来实施过程中也可以相互配合和促进，成为推动、引领全球绿色发展的引擎。

（三）《巴黎协定》对我国绿色转型发展的影响

高层共识。《巴黎协定》不仅凝聚了全球领导人对气候变化问题的认识，而且推动了国内高层领导人就气候变化问题达成共识。从国务院批准《巴黎协定》谈判预案，到习近平主席亲自到主会场做主旨发言，再到张高丽副总理赴联合国总部签署该协定，最后到习近平主席和奥巴马总统在 G20 期间共同向联合国秘书长交存《巴黎协定》批准文书，高层领导这一系列密集紧凑的与气候变化相关事务的互动，展示了高层对气候变化问题的重视，和推进绿色转型发展的决心。这样的共识将是未来持续、高效开展应对气候变化工作的保证，也是我国继续积极建设性参与气候变化全球国际治理的保证。

全方位行动。《巴黎协定》国家自主贡献研讨和提出的时期，正值我国

---

① 李俊峰、陈济：《落实〈巴黎协定〉任重而道远（专家解读）》，人民网，http：//paper.people. com. cn/rmrbhwb/html/2016 - 04/27/content_ 1674279. htm，2016 年 4 月 27 日。

多个部门、行业、地区制定“十三五”规划。因此，事实上我国提出的自主贡献目标，已经或多或少地反映到多个部门的“十三五”规划目标中，并开始实现对国民经济和社会低碳、绿色转型发展的引导。这些目标包括宏观经济结构调整的目标，发展可再生能源、降低能源碳强度的目标，工业、服务业节能降耗的目标，林业和湿地植被碳汇的目标，全国碳市场建设的目标等；此外，还涉及全国低碳发展试点城市和适应气候变化试点城市的建设。可以预见，在《巴黎协定》的约束和促进下，我国应对气候变化的工作不仅会在更广泛的领域开展实施，而且会在实施的深度、质量和效率等方面得到全面提升。

融入中长期发展规划。我国已将“创新”“和谐”“开放”“绿色”“共享”五大理念作为“十三五”期间指导经济社会转型发展的五大理念，并把建立生态文明作为经济社会转变发展方式的方向和目标。我国“转型经济”不同于苏联解体后的“转轨经济”，后者从计划经济向自由市场经济转轨，而我国的转型发展则是从工业文明向生态文明的整体转型，需要突破既有的规则，完善和构建新的发展理念和框架。《巴黎协定》的实施，可以帮助我国启动和推进相关工作进程。同时，《巴黎协定》也是针对到2030年的中长期的国际气候制度的安排，我国积极参与制定和实施《巴黎协定》表明我国低碳、绿色发展的规划，绝不仅仅停留在“十三五”期间，而将是一种中长期的制度安排，将贯穿我国实现工业化和城市化的关键时期。因此，《巴黎协定》的实施，不仅对“十三五”期间的我国低碳发展工作起到引导作用，而且能促进低碳、绿色发展政策的连续性和稳定性，为构建生态文明、实现绿色转型发展做出积极贡献。

国际应对气候变化进程

International Process to Address Climate Change

G.2

1.5℃全球温控目标浅析*

张永香　黄 磊　周波涛　徐 影　巢清尘**

摘　要：《巴黎协定》将努力控制全球温度到2100年不超过工业化前1.5℃确定为全球温控目标之一。科学研究表明，如果将全球温升控制在1.5℃范围内，那么地球各系统要承受的气候风险会远低于2℃。当然相比于2℃目标，1.5℃目标对全球气候变化减缓行动的要求更为严苛。尽管在《巴黎协定》中各缔约方承诺了各自到2030（2025）年的减排目标，但它们相对于实现1.5℃目标的减排力度而言仍有很大的不足。若想

* 本文受国家发改委国家应对气候变化专项经费（“巴黎协定后续能力建设谈判及中国建议方案研究”）的支持。

** 张永香，博士，国家气候中心副研究员，主要从事历史气候、气候变化影响和政策研究；黄磊，博士，国家气候中心气候变化室副主任、副研究员，主要从事气候变化研究；周波涛，博士，国家气候中心气候变化室主任、研究员，长期从事气候变化机理、气候变化诊断预估和古气候模拟研究；徐影，博士，国家气候中心研究员，主要从事气候变化研究；巢清尘，博士，国家气候中心副主任、研究员，研究领域为气候变化诊断分析及政策。

要实现这一目标，全球必须立即行动并采取强有力的减排、脱碳和固碳措施。1.5℃目标不仅是全球努力应对气候变化的方向，而且是开启未来世界低碳可持续发展的重要标志。

关键词：气候变化长期目标　1.5℃目标　减缓行动　低碳发展

2015年12月12日，《联合国气候变化框架公约》第21次缔约方大会（巴黎气候变化大会）一致通过了《巴黎协定》这一全球气候变化新协议。《巴黎协定》指出，各方应加强应对全球气候变化的威胁，把全球平均气温较工业化前水平的升高幅度控制在2℃之内，并为把温升幅度控制在1.5℃之内而付出努力。应对气候变化的长期目标从《联合国气候变化框架公约》（下称《公约》）第二条关于稳定大气温室气体浓度水平的定性表述开始，最终以明确的温升数字被写入《巴黎协定》。从定性描述到定量化数字，《巴黎协定》的通过标志着国际应对气候变化的行动进入一个新的阶段。本文从气候变化长期目标的演变、1.5℃目标和2℃目标的有关对比以及1.5℃目标的实现途径等方面对这一全球温升目标进行解读。

一　气候变化长期目标

（一）气候变化长期目标的演变

《公约》第二条提出“将大气中温室气体的浓度稳定在防止气候系统受到危险的人为干扰的水平上”，呼吁所有缔约方采取有计划的行动来防止和减小气候变化的危害，从而避免达到气候变化阈值，并用“保障粮食供给安全”、“使生态系统能够自然适应气候变化”以及“经济能够可持续发展”作为决策者度量其达到《公约》目标的判别标准。但是，对于什么样的变化是“危险的”气候变化、什么样水平的人为干扰会导致“危险的”气候

变化以及如何避免发生“危险的”气候变化等问题，《公约》并没有做出进一步的阐述。

一般认为，气候变化的危险水平取决于气候变化的程度与速率、气候变化影响的后果以及减缓和适应气候变化的能力。科学研究、技术进步和经济社会的发展为判断气候变化的危险水平提供了支撑。政府间气候变化专门委员会（IPCC）在1995年发布的第二次评估报告中提出，如果全球平均温度较工业化革命前上升2℃，则气候变化产生严重影响的风险将显著增加。据此，欧盟于1996年第一次提出了2℃升温阈值的长期目标。之后的科学研究，包括2001年发布的IPCC第三次评估报告都进一步支持了将全球升温限制在2℃以内这一论点。例如，对于生态系统和水资源来说，气温较工业化前增加1~2℃就会导致明显的影响。一旦全球升温超过2℃，预计气候变化对粮食生产、水资源供给和生态系统的影响将显著增强，一些不可逆的灾难性事件将出现。2007年发布的IPCC第四次评估报告在对气候变化已经产生的经济、社会和环境影响进行科学评估后，将气候变化的未来影响直接与温度升高密切联系。2014年发布的IPCC第五次评估报告指出，相对于工业化前温升1℃或2℃，全球所遭受的风险处于中等至高的风险水平；而温升超过4℃或更高，全球则将处于高或非常高的风险水平。

欧盟于1996年召开的欧盟委员会第1939次会议上首次提出了“2℃”目标，并于2004年在欧盟委员会第2632次会议上确定了气候变化的中长期战略目标，即为尽可能将全球升温控制在2℃以内，全球温室气体浓度必须低于550ppm的二氧化碳当量水平；要使2020年之前的全球温室气体排放量达到峰值，并将2050年的全球温室气体排放量控制在1990年水平的50%以内。2008年7月，欧盟气候变化专家小组发布了评估报告《2℃目标》，对2℃长期目标问题的科学背景、实现路径、措施选择和成本效益进行了较为全面的评估。报告认为，气候变化的负面影响已经显现；如果将全球平均温升幅度控制在2℃以内，人类社会还能够通过采取措施进行适应，也基本能够承受气候变化所带来的经济、社会和环境损失。

在欧盟等的推动下，2009年底《公约》第15次缔约方会议达成了《哥本哈根协议》，该协议接受了2℃目标。虽然《哥本哈根协议》没有得到《公约》缔约方的一致认可，也不具有法律效力，但《哥本哈根协议》的达成对长期目标的量化进程起到了关键作用。2010年底《公约》第16次缔约方会议再次确认了2℃目标，并指出必须从科学的角度出发，大幅度减少全球温室气体排放。自此，2℃温升目标成为一个全球性的政治共识。

（二）1.5℃目标的确立

寻求比2℃更低的长期目标一直是小岛屿国家等受海平面上升威胁的国家的诉求。由于小岛屿国家（AOSIS）和最不发达国家（LDC）认为2℃温升对于易受影响的脆弱地区而言仍具风险，一直试图推动将全球温升目标从2℃降低到1.5℃。2007年，AOSIS曾就长期目标向《公约》有关机构提交了一个详细的提案，就1.5℃目标及其可能的实现路径做了阐述。这些以气候最脆弱国家自居的集团一直试图与欧盟一起推动比2℃更低的长期目标。2009年达成的《哥本哈根协议》提及要考虑包括1.5℃在内的与《公约》第二条相关的长期目标，2010年通过的《坎昆协议》确定了将全球平均温升幅度控制在不超过工业化前2℃的长期目标，计划在2013年启动、2015年完成对长期目标充分性的第一次评估，并考虑1.5℃目标。

随着对全球气候变化研究的深入，科学界对全球温度对累积CO_2排放的响应做了详细分析。已有的研究表明[①]，每万亿吨碳的CO_2排放量会导致全球地表平均气温升高（1.7±0.4）℃，但不同区域的温升幅度不同，如北美为（2.4±0.4）℃、阿拉斯加为（3.6±1.4）℃、格陵兰岛和加拿大北部为（3.1±0.9）℃、北亚为（3.1±0.9）℃、东南亚为（1.5±0.3）℃、中美洲（1.8±0.4）℃、东非为（1.9±0.4）℃。对区域和影响应对气候变化目标的二氧化碳允许排放量的研究表明[②]，将全球温升幅度控制在2℃以内的目标

① Meinshausen, M., et al., "Greenhouse-gas Emission Targets for Limiting Global Warming to 2℃," *Nature* 458 (2009): 1158-1162.

② Seneviratne, S., et al., "Allowable CO_2 Emissions Based on Regional and Impact-related Climate Targets," *Nature* 529 (2016): 477-483.

对于许多区域而言仍存在很高的风险。例如，对于地中海地区而言，如果全球平均温度升高2℃，那么该地区的平均温度会升高3.4℃；而如果地中海的温升幅度被限制在2℃，那么全球的温升幅度必须不超过1.4℃。对于北极而言，如果全球平均温度升高2℃，该地区的平均温度则会升高6℃；如果北极温升幅度被控制在2℃，全球的温升幅度则必须不超过0.6℃。从科学的角度来讲，2℃作为全球温升目标的确存在一定的局限性。

在巴黎气候变化大会的最后阶段，欧盟、美国、加拿大和非洲、加勒比海和太平洋地区国家集团等组成了“雄心壮志联盟”（High Ambition Coalition），目的是推动“把全球温度升高幅度控制在1.5℃以内，建立每5年的对各国承诺排放进行审评的透明度机制”等一系列看起来更有雄心和力度的目标的实现。该联盟在巴黎气候变化大会的后期占领了舆论制高点，大会最终达成的《巴黎协定》在强大的政治推动下将“把全球平均气温升幅控制在高于工业化前水平2℃之内，并努力将气温升幅限制在工业化前水平以上1.5℃之内”作为其三个目标之一。由于目前科学界并没有就1.5℃温升情况下的气候系统风险、实现路径等进行过系统评估，因此《公约》还邀请IPCC在2018年就1.5℃温升对气候系统的影响以及实现路径编写特别评估报告。

二 1.5℃目标和2℃目标对比分析

《巴黎协定》确定了实现2℃目标并努力将温升幅度控制在1.5℃之内的长期目标。虽然当前科学界对气候变化的认知尚未完全清晰，但已对1.5℃目标和2℃温升目标下全球气候变化减缓行动的力度及其对地球系统和人类社会的影响开展了相关研究。

（一）1.5℃目标和2℃目标对应的减排差异

虽然1.5℃目标与2℃目标之间看起来仅有0.5℃的差距，但对于全球的气候变化减缓行动而言，实现1.5℃目标却有着比实现2℃目标更高的要求。要实现1.5℃目标，能源系统的去碳化速度要大幅增加[1]：到2050年，1.5℃目标下能源系统的碳强度需在当前水平上（超过90kgCO_2/GJ）降至-9.6～15.8 kgCO_2/GJ；而在2℃目标下，所对应的碳强度则应为19.5～37.0 kgCO_2/GJ。这意味着在1.5℃目标下能源相关的CO_2排放量需在2010年的水平上以每年2.0%～2.8%的速度下降，而在2℃目标下该速度为每年下降1.2%～1.8%。从不同行业来看，能源电力行业首当其冲，不管是在1.5℃目标下还是2℃目标下，电力行业到2050年都应实现零排放。随着电力行业不断淘汰自由排放的化石能源，其他零碳技术将得到大力发展。除了电力行业外，工业、建筑和交通领域也都需要在2050年前加大减排力度。总之，相比于2℃目标，1.5℃目标对全球减排路径提出了更为严苛的要求。

（二）1.5℃目标和2℃目标的影响对比

IPCC第五次评估报告第二工作组报告对不同温升的影响进行了系统的分析和评估，报告认为1.5℃和2℃温升所造成的影响差别有限，所以并没有给出更为详细的对比分析。最新的研究表明[2]，区域差异是研究不同温升目标下全球气候风险和脆弱性的关键。由于全球温升存在着区域差异，在不同的全球温升目标下，不同气候指标在不同区域之间存在很大的差异。就极端热事件来讲，在赤道地区，0.5℃的升温差异会使气候机制有所不同。在2℃温升情景下，赤道珊瑚礁在2050年后将出现严重的白化。相对于2℃温升，1.5℃温升情景下其白化趋势在2050年会降低10%，而到2100年能低至70%。相对于2000年的海平面，在2℃温升情景下海平面在2100年将上升50cm；而在1.5℃温升情景下海平面的升幅会低10cm，上升速率也比2℃温升情景下低30%。

① United Nations Environment Programme（UNEP），"The Emissions Gap Report 2015，" UNEP，Nairobi，2015.

② Schleussner，C. F.，et al.，"Differential Climate Impacts for Policy-relevant Limits to Global Warming：The Case of 1.5℃ and 2℃，" *Earth System Dynamics* 7（2016）：327－351.

三　1.5℃目标的实现途径

（一）现有INDC与1.5℃目标对比

在2013年底的华沙气候变化大会上，各缔约方就各国自主决定的贡献（Intended Nationally Determined Contributions，INDC，巴黎气候变化大会后因各缔约方已完成INDC的提交，INDC此后也被称为NDC）达成一致，各方同意在自愿的基础上各自提出其应对气候变化的目标。但是，不同的国家和集团对于这一“自下而上”的新规则有不同的解读。[①] 发达国家一致认为INDC仅应包括减排目标，但发展中国家认为INDC也应包括适应目标。另外，由于发达国家和发展中国家在气候变化问题上的历史责任不同，发展中国家认为其减排目标应在得到发达国家提供资金、技术支持的基础上实现。

尽管发达国家和发展中国家两大阵营在对INDC的内容解读上有所不同，但“华沙决议”第一次以这种“广泛、平等参与”的方式将全部缔约方纳入共同的减排行动。截至2016年4月4日，共有189个缔约方（占全部《公约》缔约方的96%）共提交了161份INDC提案（其中，欧盟28个成员国作为整体提交了提案），涵盖了《公约》缔约方排放量的99%。所有的提案均包括了其减排贡献，其中137份（占85%）提案中也包括了适应目标的内容。基于各方提案，《公约》秘书处对各国INDC做了详细分析，并与《巴黎协定》确定的温升目标进行了对比。[②] 如果当前所有的INDC目标均如期实现的话，预计全球温室气体总排放量到2025年将达到

---

① 高翔、邓梁春：《国家自主决定贡献对全球气候治理机制的影响》，载《应对气候变化报告（2015）》，社会科学文献出版社，2015，第34～54页。

② United Nations, “Updated Synthesis Report on the Aggregate Effect of INDCs,” Framework Convention on Climate Change, http://unfccc.int/resource/docs/2016/cop22/eng/02.pdf, 2 May, 2016.

$550GtCO_2$，到2030年将达到$562GtCO_2$。与1990年、2000年和2010年的全球排放量相比，执行INDC后的全球总排放量预计仍将持续增加。与IPCC第五次评估报告所给出的未来2℃温升的排放情景相比，执行当前各国提交的INDC与66%置信区间下的2℃温升所要求的排放路径仍有很大差距，并且与当前科学研究所新得出的1.5℃温升排放路径相比差距更大。多家研究机构①的模拟研究表明，如完全执行当前INDC，则到21世纪末全球温升范围为2.2～3.4℃；要实现2℃目标，到2030年需在当前INDC的基础上再减少30%的排放量②。

在国际社会对气候变化长期目标的关注下，特别是自《巴黎协定》达成以来，科学界关于1.5℃温升目标的相关研究开始大量涌现③。但与具有66%置信度的2℃温升目标相比，众多关于到2100年将全球温升幅度控制在不超过工业化前水平1.5℃的模拟有50%的置信度，而且必须假设采取更为快速和深入的减排措施。截至2025年，在全面实现当前INDC的承诺减排后，在2℃温升目标下全球仍有467 $GtCO_2$的排放空间；而在1.5℃温升目标下全球仅剩$17GtCO_2$的排放空间（见图1）。到2030年，基于INDC的排放已经超过了1.5℃目标的排放量。按当前的路径来看，若想实现将全球温

① 这些机构有Climate Action Tracker（CAT）、Australian－German Climate and Energy College（CCEC）、Climate Interactive、Danish Energy Agency（DEA）、European Commission Joint Research Centre（EC－JRC）、the International Energy Agency（IEA）、London School of Economics（LSE）、Massachusetts Institute of Technology（MIT）、PBL Netherlands Environmental Assessment Agency、the UNFCCC, and the UNEP Emissions Gap Report等。

② Energy Transitions Commission（ETC），"Pathways from Paris：Assessing the INDC Opportunity," http：//www.energy－transitions.org/sites/default/files/20160426%20INDC%20analysis%20vF.pdf, 2016.

③ Luderer, G., Pietzcker, R. C., Bertram, C., et al.,"Economic Mitigation Challenges：How Further Delay Closes the Door for Achieving Climate Targets," *Environmental Research Letters* 8（2013）；Rogelj, J., McCollum, D. L., O'Neill, B. C., et al.,"2020 Emissions Levels Required to Limit Warming to Below 2℃," *Nature Climate Change* 3（2013）：405－412；Rogelj, J., McCollum, D. L., Reisinger, A., et al.,"Probabilistic Cost Estimates for Climate Change Mitigation," *Nature* 493（2013）：79－83；and Rogelj, J., Luderer, G., Pietzcker, R. C., et al.,"Energy System Transformations for Limiting End-of-century Warming to Below 1.5℃," *Nature Climate Change* 5（2015）：519－527.

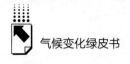

升幅度控制在1.5℃的范围内，不仅需要大幅减排，而且在2100年前，全球还必须实现负排放。

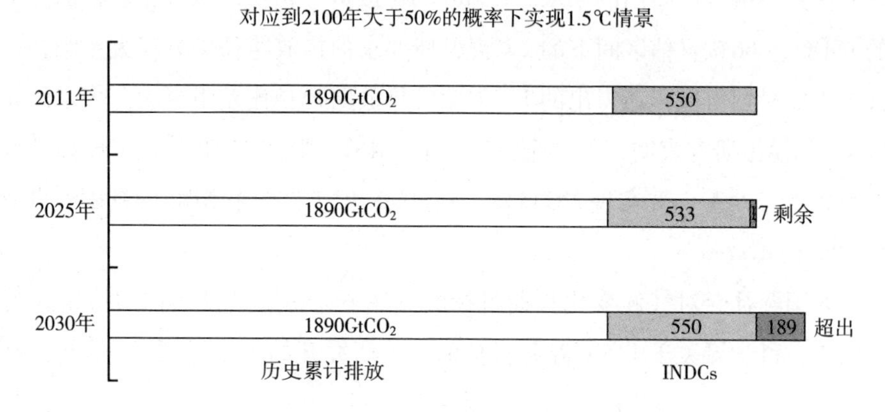

图1　INDC与1.5℃目标对应空间的对比

（二）1.5℃目标实现的可能途径

根据IPCC第五次评估报告可知，全球陆地和海洋的平均表面温度在1880~2012年升高了0.85℃。世界气象组织（World Meteorological Organization，WMO）的监测公报显示，2013年以来全球的升温趋势仍在持续，2014年和2015年的全球平均地表气温连创新高，2016年的全球平均地表气温预计将再次打破历史纪录。2016年全球大气二氧化碳平均浓度也将超过400ppm。IPCC第五次评估报告评估了到2100年在不同的大气温室气体平均浓度情景下的全球温升幅度，指出若大气温室气体平均浓度保持在430~480ppm的二氧化碳当量水平下，则到2100年时全球气温升高幅度将超过工业化前水平1.5~1.7℃；若大气温室气体平均浓度保持在530~580ppm的水平下，则到2100年时温升幅度将超过工业化前水平2.0~2.3℃，温升幅度不可能低于1.5℃。由此可见，相比于2℃目标，1.5℃目标的实现将更为困难。

虽然1.5℃目标给全球留下的碳排放空间非常小，但为了履行全球应对气候变化的共同承诺，当务之急是需要明确如何能够努力实现这一目标。各大能源与政策研究机构纷纷对如何实现这一目标给出了可能路径。[①] 首先，从政治层面来讲，增强国际合作，有效控制温室气体的排放，是实现1.5℃目标的必要前提。其次，即刻采取有力度的气候变化减缓行动是实现温控目标的关键。气候行动追踪组织的报告[②]认为，未来10年是减排的关键时期。迅速而大幅地减排不仅对控制温升在1.5℃以内十分必要，而且也是成本相对最低的途径。如果不采取快速行动，已有的将温升幅度控制在2℃乃至1.5℃以内的机会之窗将在21世纪20年代末期关闭。最后，从技术层面来讲，能源系统的净零排放和负排放是实现1.5℃目标的关键途径。各国减少排放的主要途径包括[③]：①通过增加零碳能源在能源供应中的份额使能源供应去碳化，即通过大量使用可再生能源（如水电、风电、太阳能和生物质能源）、核能，并配套使用碳捕获与封存/碳捕获与利用（CCS/CCUS）技术，从而促进能源系统的去碳化；②通过提高能源效率减少能源需求，这需要引入新的生产工艺、技术和更有效地使用能源的行为，如在所有能源终端使用部门（包括建筑业、交通业和工业）大幅度提高能源效率和推广节能技术，以混合的低碳电力、可持续的生物燃料和氢能取代交通、供暖和工业过程中的化石燃料等。

四　展望

1.5℃温升目标在《巴黎协定》中的出现虽然有照顾到小岛屿国家和最

① United Nations Environment Programme (UNEP), "The Emissions Gap Report 2015," UNEP, Nairobi, 2015.

② Hare, B., Schaeffer, M., Lindberg, M., "Below 2℃ or 1.5℃ Depends on Rapid Action from both Annex I and Non-Annex I Countries," http://www.ecofys.com/files/files/ecofys-ca-pik-climate-action-tracker-update-bonn-june-2014.pdf, 2014.

③ Energy Transitions Commission (ETC), "Pathways from Paris: Assessing the INDC Opportunity," http://www.energy-transitions.org/sites/default/files/20160426%20INDC%20analysis%20vF.pdf, 2016.

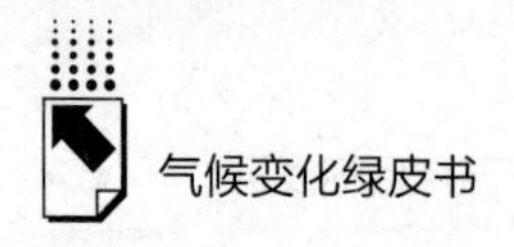

脆弱国家对气候变化风险关切的一面，但也体现了全球强化减排、推进绿色低碳发展的共识和决心。有研究认为，想要在2100年前将全球温升幅度控制在1.5℃以下所需要采取的措施与将其控制在2℃以下所需要采取的措施是相似的，但是1.5℃目标要求立即采取全球性的减排措施。技术进步和能源效率的快速提高是促进实现1.5℃目标的关键，而这所需要的经济、政治和资金要求也是巨大的。目前世界上一些国家在低碳发展领域走在了前列，并先后宣布了有力度的低碳发展计划，如挪威首都奥斯陆将从2025年开始完全禁止燃油汽车的销售；丹麦将到2035年实现电力100%来自可再生能源；美国风电上网电价低至每千瓦时2美分，它已经是成本最低的电能。中国作为一个负责任的大国，将在全球应对气候变化和全球能源转型过程中扮演越来越重要的角色。中国虽然已经明确了2030年的低碳发展目标（包括碳排放达峰以及碳强度降低目标和可再生能源发展目标），但尚未对碳排放达峰之后的总体目标做出规划，需尽早研究制定更长远的低碳发展目标和能源转型目标，以推进中国实现经济生活的低碳转型和可持续发展，为实现全球温控目标做出贡献。

G.3

《巴黎协定》透明度机制的谈判进展

樊星　高翔*

摘　要：《巴黎协定》在基于既有经验的基础上，建立了内容全面、程序明确的强化透明度体系。考虑到发展中国家的能力不足和能力建设需求，这一体系特别强调赋予发展中国家灵活性，并为发展中国家提供透明度的相关支持。然而从《巴黎协定》的各条款来看，透明度机制与其他条款下涉及的信息报告与评估有许多交叉的地方，与核算、遵约、全球盘点等程序也有交叉；此次建立的透明度机制与既有实践中的机制也有交叉，这些都有待后续谈判去解决。强化的透明度机制也给中国带来影响，要求中国进一步系统性地强化信息统计、报告与核实机制，积极参与国际透明度实践，努力与国际通用规则接轨，促进国家治理能力提高。

关键词：巴黎协定　全球气候治理　透明度　中国应对

《巴黎协定》（以下简称《协定》）确定了2020年后全球气候治理的框架，是全球合作应对气候变化进程中的重要里程碑。对于任何一个成熟的国际机制而言，确保透明度都是建立政治互信、维护机制运行的重要基

---

* 樊星，国家应对气候变化战略研究和国际合作中心研究实习员，主要从事应对气候变化国际机制及国际气候谈判战略研究；高翔，国家发展和改革委员会能源研究所副研究员，主要研究方向为能源、环境与气候变化政策，国际气候政治问题。

础。目前在《联合国气候变化框架公约》（以下简称《公约》）下，发达国家与发展中国家在透明度规则上存在不同要求，主要反映了各自在《公约》下有区别的义务和各自能力的不同。巴黎气候变化大会的成果明确要求2020年后建立强化的透明度机制，该机制应建立在现有透明度机制的基础上，制定通用的操作指南，并给予发展中国家一定的灵活性。如何理解《协定》对气候变化透明度问题做出的这一安排？这一安排基于什么样的指导原则？具有哪些基本特征？对这些问题的分析研究不仅有助于国际社会进一步开展关于透明度操作指南的谈判，而且有助于中国国内应对气候变化透明度体系的建设和强化。

一 《巴黎协定》透明度机制的主要特征

1. 体现了“共同但有区别的责任和各自能力”原则

《公约》所确定的“共同但有区别的责任和各自能力”原则是气候变化全球治理的根本原则，也是气候变化全球治理不同于其他国际问题的最显著特征。[①] 在一项有效的国际机制里，原则与规则之间应该是协调一致的关系。规则是原则的具体化、形式化和外在化；规则也应该从属、符合和体现原则，与原则相匹配并最终随着原则的遵守指向一个确定的结果，进而体现和实现这项原则。[②] 自“德班平台”谈判启动以来，“共同但有区别的责任和各自能力”原则成为谈判的焦点，这不仅是发展中国家气候变化谈判的重要关切，而且是指导透明度规则设计的核心原则。2014年，利马会议确定了这一原则在新协议中不可动摇的地位[③]，该原则自此成为推动气候变化相关谈判向前迈进的基础之一，也为达成《巴黎协定》奠定了良好的基础。

① Fleubaey, M., Kartha, S., Bolwig, S., et al., “Sustainable Development and Equity,” in Intergovernment Panel on Climate Change (IPCC) eds., *Climate Change 2014: Mitigation of Climate Change* (Geneva: Intergovernmental Panel on Climate Change, 2014), pp. 317 –319.

② 薄燕、高翔：《原则与规则：全球气候变化治理机制的变迁》，《世界经济与政治》2014年第2期，第48~65页。

③ 朱松丽：《利马气候变化大会成果分析》，《中国能源》2015年第1期，第10~13页。

《协定》对发达国家和发展中国家在透明度方面的义务做出了共同但有区别的规定。由于发达国家和发展中国家在减缓承诺的具体形式、提供资金支持的义务方面有别，而在开展减缓和适应行动方面的义务相同，因此匹配于相应的国际义务，《协定》对发达国家和发展中国家在透明度上的要求也既有共同点（例如，各自都应报告温室气体清单、减缓行动进展，以及适应行动信息），也有区别（例如，减缓行动所需报告的信息项、提供或收到支持的信息有所不同）。考虑到发展中国家能力不足，因此《协定》在透明度的要求方面也强调要给发展中国家提供灵活性。但总体而言，《协定》建立的透明度机制，正如《协定》对减缓、资金、全球盘点、遵约等其他机制的规定一样，更多地强调了所有国家的共同行动，淡化了发达国家和发展中国家“二分”的责任，但也强调了发展中国家的能力不足和能力建设。[①]

2. 涉及信息的全面性

《协定》明确指出透明度包括应对气候变化的行动和支持，其中行动包括减缓和适应，涉及所有缔约方；支持包括资金、技术和能力建设，分别涉及承担提供支持义务的发达国家缔约方、自愿提供支持的其他缔约方，以及受到支持的发展中国家缔约方。

对于减缓行动，《协定》要求所有国家定期报告温室气体清单信息，因为这是评估减缓行动进展和成效的最基础信息。同时《协定》还要求所有国家报告其减缓行动的进展，但考虑到各国提出的国家自主贡献的多样性，在如何报告进展方面，必将有所区别。

适应也是透明度的一部分。《协定》第 13 条第 8 款指出，各缔约方还应当酌情提供与第 7 条下的气候变化影响和适应相关的信息，但适应并未得到与减缓同样的重视。与减缓和支持信息不同的是，适应信息报告的提交不是强制性要求，且报告的信息不需进行技术专家审评和促进性多边审议。

在提供支持方面，《协定》规定发达国家应报告向发展中国家提供资

---

① 巢清尘、张永香、高翔等：《巴黎协定——全球气候治理的新起点》，《气候变化研究进展》2016 年第 1 期，第 61 ~67 页。

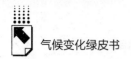

金、技术、能力建设支持的信息，并且这一报告的提交是强制性要求，后续它还要接受技术专家审评和促进性多边审议。而自愿提供支持的其他缔约方可自愿报告相应信息，但一旦报告这些信息，也就要相应地接受技术专家审评；至于是否接受促进性多边审议，目前各方的理解尚有分歧。作为受到支持的发展中国家，可自愿报告相应信息，但这些信息不需接受技术专家审评和促进性多边审议。

3. 赋予发展中国家灵活性

为发展中国家提供灵活性是《协定》所建立的透明度机制的最重要特征。[①]《协定》指出，在履行透明度条款所规定的义务时，发展中国家可以拥有灵活性。巴黎缔约方会议第1/CP.21号决定进一步阐述了与透明度机制相关的灵活性，包括信息的范围、频率和报告的细节程度，以及审评范围和方式。各方的共识是，尽管被赋予了灵活性，但发展中国家也不能以此为借口不作为，不履行《协定》下的义务。然而，这些方面如何体现，在什么情况下可以展现灵活性尚未确定。

一般来说，缔约方在履行法律义务时，总会因为各种原因面临不同的选择。从《协定》的透明度机制看，所谓赋予发展中国家灵活性，应当是指发展中国家在履行透明度义务时，受制于自身能力，而需要做出灵活的处理。这不同于发达国家和发展中国家在《协定》下承担的法律义务，也有别于各国的国家自主贡献内容和形式。国家温室气体排放部门和种类的差别与灵活性无关，造成各国在信息报告时必须做出的选择也不属于灵活性的范畴。例如，承诺采取绝对量化减排目标的国家，就没必要报告“照常发展情景”的信息，这不是由于国家能力不足，而是由国家自主贡献形式不同所导致的选择。这种选择可以被称为匹配性。灵活性与匹配性的区别如图1所示。

4. 模式、程序和指南的通用性

《协定》所确定的透明度机制仍有很多问题有待明确。按照授权，各方

---

① Spencer, T., Gao, X., “Scoping Paper 3: Initial Scope for Joint Work on Transparency under the Paris Agreement by EU and China Experts,” EU - China Climate Expert Dialogue, Bonn, Germany, May 22nd, 2016.

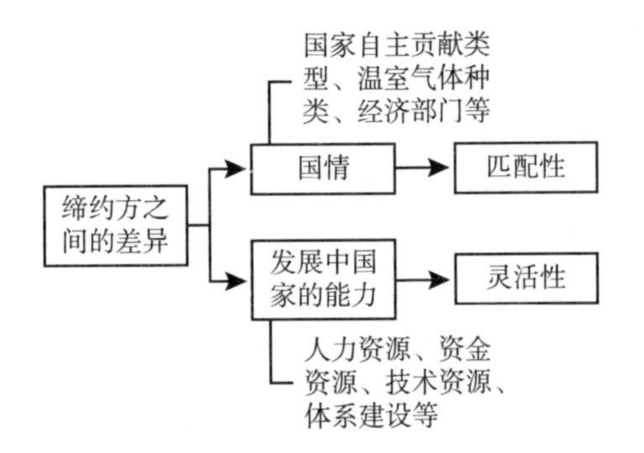

图1　透明度的灵活性与匹配性

将通过谈判制定通用的模式、程序和指南，来明确各种细节问题，使这一机制可操作。其中最关键的问题在于如何将灵活性内含于这个模式、程序和指南。这与前面对灵活性的分析紧密相关。

关于这个通用模式、程序和指南的后续谈判，还面临一个篇章结构的重大政治问题。按照《公约》下现行的透明度机制，发达国家和发展中国家分别遵循各自的报告与审评指南①，从而形成了显著的“二分”。然而《协定》规定的“通用”模式、程序和指南，是否还需要以及是否还能够在篇章结构上形成这样的“二分”，各方存在严重分歧。从技术上讲，发达国家和发展中国家在透明度方面的义务，以及履行义务时的共同和区别已经在《协定》中被规定得十分清楚；在编写模式、程序和指南时，也能够在技术层面体现这些共同和区别。而且在新的国家自主贡献的模式下，如果发展中国家愿意采用与发达国家同样的减缓承诺形式，自愿向其他发展中国家提供支持，并按照发达国家的做法进行报告，国际社会没有理由反对。这就将导致如果仍按照发达国家和发展中国家的区别，分别编写两卷模式、程序和指南，发展中国家那一卷必然得包括发达国家卷中所有的内容，这在技术上难以为人所接受。因此是否仍编写“二分”的两卷本模式、程序和指南，完全是一个政治象征的问题，需要在政治层面给出解决方案。

① 严格说，发展中国家提交的信息不需接受技术专家审评，详见第二章。

5. 对发展中国家支持的持续性

为发展中国家履行透明度义务提供能力建设支持是《协定》所建立的透明度机制的又一重大特征和突破性进展。

《公约》规定发达国家和发展中国家缔约方都有定期提交信息报告的义务，但是也明确规定，“发展中国家缔约方能在多大程度上有效履行其在本公约下的承诺，将取决于发达国家缔约方对其在本公约下所承担的有关资金和技术转让的承诺的有效履行”①。因此在实践中，每当发展中国家需要准备、编制和提交国家信息通报时，一般都向全球环境基金（Global Environment Facility）申请支持。

《协定》对发展中国家履行透明度义务的支持，除了延续《公约》下既有的做法外，还特别强调要对发展中国家与透明度相关的能力建设开展持续性的支持。并在巴黎缔约方会议第 1/CP. 21 号决定中明确建立了“透明度能力建设倡议”（Capacity-building Initiative for Transparency），从 2016 年开始为发展中国家提供相应的支持。这实现了发展中国家持续性获得支持的突破，将极大地有助于发展中国家提高履行透明度义务的能力。

二　透明度与《巴黎协定》其他重大问题的关系

透明度与其他问题之间有着很大的交叉性，在《协定》中，有关减缓、适应、资金、技术、能力建设等的条款也均涉及透明度问题。透明度还与各国自主贡献、核算、全球盘点、遵约机制等有着密切联系。

1. 透明度与国家自主贡献、减缓、适应、支持的关系——内容性的联系

《协定》第 4 条和第 13 条都确认了透明度与国家自主贡献、减缓行动的联系，然而这种联系又纠缠不清，其根本在于《协定》第 3 条和第 4 条对国家自主贡献与减缓行动之间关系的规定模糊不清。《协定》第 3 条明确

① United Nations, “United Nations Framework Convention on Climate Change,” Rio de Janeiro, 1992, Article 4. 7.

表明，“国家自主贡献是全球应对气候变化行动的载体，所有缔约方将采取并通报第4条、第7条、第9条、第10条、第11条和第13条所界定的有力度的努力”，而除了第4条外，其余5项条款分别对应着适应、资金、技术、能力建设和透明度。从逻辑上讲，第4条应当指减缓，然而第4条的文字中又有“国家自主贡献”，这就导致了逻辑上的混乱。而透明度条款要求各方报告“跟踪在根据第4条执行和实现国家自主贡献方面取得的进展所必需的信息”，这一信息究竟指减缓行动信息，还是全面的信息？目前尚无清晰的法律解释。

《协定》第7条和第13条都确认了透明度与适应行动的联系，并且都将提交适应行动相应的信息报告作为自愿性要求。然而第7条专门建立了“国家适应通报”，这与各方将根据第13条要求报告的适应行动信息关系如何，也需要后续谈判进一步明确。

《协定》中有关资金、技术和能力建设的条款同样确认了相应的信息透明度要求，与第13条相呼应。然而第9条明确指出发达国家应每两年报告一次提供支持的信息，并鼓励其他提供资源的缔约方也自愿每两年通报一次这种信息，但是第13条并没有明确各方提交信息的频率，这也使得后续具体规则的制定必须重视条款和谈判议题之间的协调。

2. 透明度与核算、遵约、全球盘点的关系——程序性的关系

《协定》第13条、第14条、第15条分别就透明度、全球盘点、遵约问题单列条款，与这些内容密切相关的核算规则问题，作为减缓的要素被列在第4条第13款和第6条第2款。

第14条“全球盘点”是《协定》创新性建立的新机制，主要内容是每五年开展一次对全球实现《协定》长期目标进展的评估。它考虑到气候变化问题因具有全球性、外部性特征而需要全球共同行动才能解决，也是对《公约》第10.2（a）条款规定的落实。

第15条“促进与遵约机制”的主要内容是决定建立一个委员会形式的遵约机制，该机制的目的是促进各方履约，不具有惩罚性功能。遵约机制是国际环境条约的重要组成部分，是通过缔约方之间及缔约方与条约内设机构

之间的合作，加强缔约方的履约能力，以促进遵约，并处理不遵约问题的一种新型的避免争端的履约保障程序和机制[①]。无论是否具有惩罚性功能，遵约机制的存在本身就有敦促缔约方履约的潜在影响力。

第4条第13款和第6条第2款对各国核算国家自主贡献提出了基本要求，包括促进环境完整性、透明性、精确性、完备性、可比和一致性，并确保避免双重核算等。其中第6条第2款是针对各方若采用国际碳市场机制实现国家自主贡献所特设的条款。

上述每一个条款都体现了透明度与核算、遵约、全球盘点的密切关系，然而《协定》本身并没有把其中的逻辑联系讲明白。事实上，当缔约方按照《协定》规定做出了国家自主贡献的承诺时，相应的信息就此产生了。由于国际法要求缔约方对承诺负责，因此承诺必须公开透明。其中对于量化性承诺，为了最终确认缔约方是否实现承诺，就必须明确相应的核算规则。缔约方在履行承诺义务的过程中，按规定不断报告信息，提高透明度，最终在承诺到期时，缔约方自身和国际社会都可以根据事先明确的核算规则，来评估该缔约方是否遵约。同时在履约过程中，也可以按照核算规则评估遵约进展，发现潜在不遵约的情况，并加以改正。这就是核算、透明度与遵约的关系。与之类似，在各缔约方履行承诺义务的过程中和承诺期到期时，通过将全球所有缔约方的行动信息汇总，可以判断全球应对气候变化、实现《协定》目标的进展。这就是核算、透明度与全球盘点的关系。两者相同之处在于以国家自主贡献及其核算规则为出发点，以实现贡献承诺为终点，透明度贯穿始终；不同之处在于遵约针对缔约方个体行为，而全球盘点针对所有缔约方的整体行为。

三 《巴黎协定》透明度机制与既有机制的关系

《协定》建立的强化的透明度机制是建立在既有实践基础之上的。随着

---

① 苟海波、孔祥文：《国际环境条约遵约机制介评》，外交部官网，http：//www.fmprc.gov.cn/123/wjb/zzjg/tyfls/rdwtyal/t268524.htm，2006年8月22日。

应对气候变化国际进程的推进，透明度相关规则也在发生变化。从《公约》的最早原则性规定，到通过历次缔约方会议决定建立、修订的报告和审评指南，再到《京都议定书》、“坎昆协议”和《巴黎协定》系统性建立透明度机制，总的趋势是透明度机制不断得到强化，并且随着发展中国家承担义务的增加和其能力的不断提高，透明度机制从最早时的发达国家和发展中国家显著不同，逐渐演变为发展中国家向发达国家靠拢。

1.《公约》对透明度做出的框架性要求

《公约》第4条和第12条对缔约方提出了报告履行信息的原则性要求，第10条确立了附属履行机构（SBI）对附件一缔约方报告的信息进行审评的规定，如表1所示。

表1 《公约》本身对透明度的规定

	所有国家	发达国家	发展中国家
通报（报告）	第12.1条和第4.1(j)条规定： ◆清单 ◆实施《公约》的步骤 ◆其他信息	第12.2条、第12.3条和第4.2(b)条规定： ◆政策措施 ◆政策效果 ◆向发展中国家提供的支持	第12.4条规定： ◆“可以”通报：履约需求
考虑（审评）	第10.2(a)条规定： ◆整体效果评估	第10.2(b)条规定： ◆上述第12.2条相关的信息 第4.2(b~d)条规定： ◆与第4.2(b)条相关的信息 ◆清单 ◆行动的充分性	无

需要指出的是，《公约》本身用的词汇是“通报”（Communication）和“考虑”（Consideration），但实践中大家往往通用“报告”（Reporting）和“审评”（Review，以及其他说法：Analysis、Assessment、Consultation）。而《公约》第10.2（a）条规定的对所有缔约方履行《公约》义务的整体效果进行评估，在实践中从未作为授权被正式引用过。

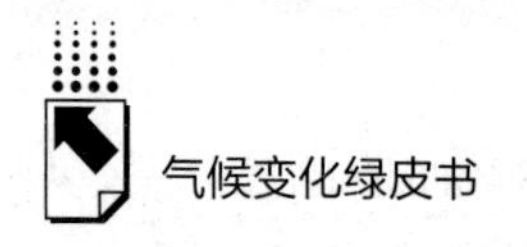

2. 缔约方会议决定做出的具体要求

为了使《公约》提出的透明度框架性要求变成可操作的规则，自《公约》第 1 次缔约方会议以来近 20 年，缔约方陆续通过一系列会议决议，尤其是在“巴厘路线图”谈判授权下，确立了《公约》体系下测量、报告、核实的具体规则，如表 2 所示。

表 2　过去 20 年缔约方会议制定的透明度指南（决议号）

		发达国家	发展中国家	《京都议定书》下发达国家
报告	清单	3/CP. 5、18/CP. 8、24/CP. 19	无	议定书第 7. 1 条下的补充信息：15/CMP. 1
	国家信息通报	A/AC. 237/55、9/CP. 2、4/CP. 5	10/CP. 2、17/CP. 8（包括清单信息）	议定书第 7. 2 条下的补充信息：15/CMP. 1
	坎昆工具	双年报告：1/CP. 16、2/CP. 17、19/CP. 18、9/CP. 21	双年更新报告：1/CP. 16、2/CP. 17	不适用
审评	清单	6/CP. 5、19/CP. 8、13/CP. 20	无	关于议定书第 7. 1 条下的补充信息：22/CMP. 1
	国家信息通报	2/CP. 1、23/CP. 19、13/CP. 20	无	关于议定书第 7. 2 条下的补充信息：22/CMP. 1
	坎昆工具	国际评估与审评：2/CP. 17、13/CP. 20	国际磋商与分析：2/CP. 17	不适用

注：标下划线者为现行有效的指南。

从表 2 可以看出，缔约方会议决定对发达国家透明度提出的具体要求，比对发展中国家的要求更为全面，并且其改进更新的频率也更高。

在发达国家方面，这些规则规定了其温室气体清单的编制、报告和审评，规定了双年报告、国家信息通报的报告和审评，建立了国际评估与审评机制（IAR）。

与此同时，《京都议定书》第 5 条、第 7 条、第 8 条进一步规定了附件一缔约方在该议定书体系下承担的“三可”义务，并通过议定书缔约方会议确立了相应的规则。这些规则对作为议定书缔约方的发达国家持续有效。其中的重点是，这些国家要按照议定书下的“三可”要求开展报告与审评，尤其是针对《京都议定书》所规定的补充信息，并接受“遵约委员会”的审核和承担不遵约的后果。

在发展中国家方面，这些规则规定了双年更新报告、国家信息通报的报告要求，建立了国际磋商与分析机制（ICA）。发展中国家的排放清单在双年更新报告和国家信息通报中合并报告，不必单独提交。此外，根据《公约》第4条和第12条规定，发展中国家履行上述义务，应当以获得发达国家提供的资金和技术支持为前提。

其中“巴厘路线图”谈判达成的历次决议，尤其是“坎昆协议”对发达国家的透明度提出了更高的要求，并且对发展中国家也建立起了相对完整的透明度规则。这些规则集中表现为发达国家承担“双年报告”和“国际评估与审评”，而发展中国家承担“双年更新报告”和“国际磋商与分析”，尽管两者在目的、性质、程度和结果上都有不同①，但总体来说，发达国家和发展中国家在透明度方面的差异在缩小。

3.《协定》所建的透明度机制与既有机制的关系

《协定》基于《公约》框架下20余年来的实践，在为发展中国家提供必要灵活性、向发展中国家提供履约和相应能力建设支持的基础上，强化了对各国的透明度要求。这些要求主要表现在三个方面：一是各国都需要定期报告全面的行动与支持信息；二是各国都要接受国际专家组审评，并参与国际多边信息交流；三是专家组将对各国如何改进信息报告提出建议，同时分析提出发展中国家的能力建设需求。尽管目前《协定》尚未明确这些透明度规则的具体内容、操作程序、相应后果，包括发展中国家如何适用灵活性安排，但总的来说，无论是确定框架性要求，还是帮助发展中国家增强相关能力，全球气候治理的透明度机制又向着通用规则前进了一步。②

然而《协定》并未明确其所建透明度机制与既有透明度机制的关系。

---

① 高翔、滕飞：《联合国气候变化框架公约下“三可”规则现状与展望》，《中国能源》2014年第2期，第28~31页。

② 高翔、滕飞：《〈巴黎协定〉与全球气候治理体系的变迁》，《中国能源》2016年第2期，第29~32页。

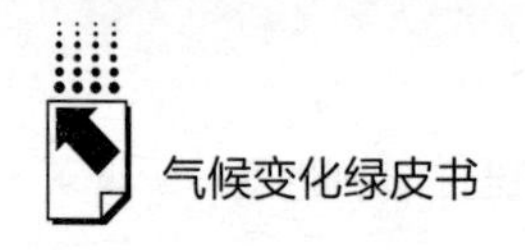

《京都议定书》的透明度机制是在《公约》下透明度机制上进行增补的成果，仅针对缔约方在议定书下额外的义务。考虑到议定书第二承诺期尚未生效，第三承诺期或许不复存在，因此《协定》新建的透明度机制与《京都议定书》的透明度机制不会有重叠和冲突。

缔约方在《公约》下根据“坎昆协议”建立起来的发达国家双年报告、国际评估与审评机制，和发展中国家双年更新报告、国际磋商与分析机制，已经在巴黎缔约方会议第1/CP. 21号决定中设立了“日落条款”。因此“坎昆协议”理应不再与《协定》下的透明度机制发生冲突，但是考虑到“坎昆协议”机制针对各方到2020年的减缓行动，而相应的报告与审评程序需要在2024年才能完成，从而在时间上，“坎昆协议”将与《协定》的透明度机制有所交叉。至于“坎昆协议”创造的这些工具是否能够被《协定》所引用，各方尚持不同观点。

在《协定》所建透明度机制实施后，《公约》下发达国家每四年一度提交国家信息通报并接受审评，每年提交温室气体清单并接受审评，以及发展中国家每四年一度提交国家信息通报的做法，是否还沿用，目前并不清楚。尤其是如果所有缔约方在《协定》所建透明度机制下每两年一度报告相关信息并接受审评，那么上述四年一度的做法是否还有必要，尚需后续谈判去确定。

四　《巴黎协定》透明度机制的影响及中国的应对

《巴黎协定》是一个全面平衡、持久有效的气候变化国际协议，涵盖了包括透明度在内的减缓、适应、资金、技术、能力建设等各要素，透明度是各方落实《协定》、建立互信、确保整体力度的基础。尽管《协定》中透明度的具体规则和操作指南以及各个要素细节还有待后续谈判制定，但就《协定》条款以及巴黎缔约方会议决定的内容看，《协定》下的透明度机制将在给我国带来机遇的同时，也给我国造成一定的压力与挑战，我国应当尽早研究、提前准备、系统部署、从容应对。

1. 强化透明度不仅是国际趋势，而且是我国自身的需求

《协定》所确定的强化透明度框架，标志着气候变化透明度的国际发展趋势。作为《协定》的缔约方，提高透明度也是我国履行国际法的责任和义务。同时，提高应对气候变化行动的透明度也是我国自身的需求。第一，透明度的提升将为我国气候变化治理决策提供更为全面、系统和准确的信息，从而对决策形成有力的支撑。第二，透明度的提升也将为我国建立碳市场提供保障和支持。对于碳市场而言，有关排放许可和排放量的信息是确定市场价格的最基本信息，而信息可信度是必要内容，因此强化的透明度体系可以提升碳市场的可信度、接受度以及系统有效性。第三，强化的透明度机制也将提升我国应对气候变化的公众意识，并进一步有效促进我国应对气候变化的能力建设。

2. 我国国内透明度体系仍需进一步完善

在《协定》达成后，我国应根据透明度机制建设的要求，积极使国内应对气候变化透明度体系建设与国际规则接轨。就目前来看，我国在透明度的统计资源整合、统计数据时效性、统计机构能力建设，以及相关法律法规完善上仍需要进一步加强。在统计资源整合上，当前我国国内统计体系架构相对分散，主要为国家和地方统计局、国务院各部委及下属统计机构、行业协会或数据采集业务部门。为实现统计口径的一致性，平衡各机构的统计能力差别，统计资源有待进一步整合与完善，从而充分发挥我国现有统计体系各组成部分的资源潜力和专业优势。在统计数据的时效性上，我国统计数据发布时间相对滞后，特别是能源统计数据发布时间滞后于国民经济统计数据约一年，难以为温室气体清单编制等提供及时的数据支持。在统计机构能力建设上，透明度机制的强化有赖于相关指标的统计，需要及时、准确、有效的统计数据。加强各类统计机构的能力建设是国家和地区温室气体清单编制、应对气候变化信息收集的基本保障，也是实现强化透明度体系建设的关键要素。

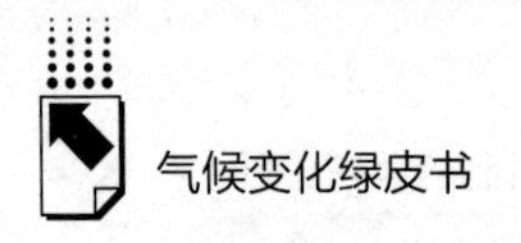

3. 积极参与国际合作，提高我国履约能力

自“巴厘路线图”制定以来，缔约方谈判已经建立了相对完善的国际气候变化透明度机制，各国也都加强了测量、报告与核实力度以及相应的透明度能力。然而《协定》对发展中国家提出了新的要求，特别是在清单报告频率的提高、清单审评，以及资金统计报告与核实方面。我国需逐步完善测量、统计、报告、国内评估，以及接受国际审评的体系。考虑到我国尚未接受过气候变化国际审评，尽管有极少数专家参与了对其他国家的审评，但总的来说，这方面的经验十分有限，尤其是政府部门对此没有经验，无法开展相应的准备工作。建议国家组织承担气候变化信息报告和未来将承担国际审评准备工作的相应部门，与《公约》秘书处，韩国、南非、巴西、新加坡等已经在接受国际审评的发展中国家，以及美国等已经接受国际审评十余年的发达国家开展学习交流活动。这一方面有利于我国自身做好适应《协定》透明度体系的准备；另一方面也有利于我国积极参与相应国际指南的谈判与规则制定，维护国家利益。同时还需要对国内、国际透明度体系制度及与其密切相关的规则开展深入研究，特别是在透明度能力、遵约机制、核算方法学等方面，以便在后续国内工作中形成更好的透明度工作思路和构建体系，在国际谈判中积极给出符合中国大国形象的、有逻辑的、可操作的建设性方案。

G.4

气候变化资金问题进展与后续工作

陈 兰 朱留财*

摘 要： 气候变化资金问题是全球气候治理体系的重要组成部分，也是巴黎气候变化大会争论的焦点和难点。《巴黎协定》在资金问题上维护了“共同但有区别的责任”原则，明确要求发达国家继续出资帮助发展中国家应对气候变化，并在出资主体、资金来源与规模、资金分配、透明度及资金机制等方面对气候资金进行了部署。发达国家出资责任的落实、履约资金透明度体系建设、其他缔约方在资金问题上的行动以及资金机制各运营实体对《巴黎协定》的响应等是气候变化资金谈判的后续工作。

关键词： 巴黎协定 资金问题 后续工作

2015年12月12日，《联合国气候变化框架公约》（以下简称《公约》）近200个缔约方经过2周艰苦谈判，最终通过《联合国气候变化巴黎协定》（以下简称《巴黎协定》）这一举世瞩目的成果文件。《巴黎协定》在坚持“共同但有区别的责任”原则的基础上，确立了以国家自主贡献为核心的“自下而上”的温室气体减排模式，提出了2020年后全球应对气候变化、

* 陈兰，环境保护部对外合作中心工程师，研究领域为多边环境公约资金机制及与我国合作的政策；朱留财，博士，环境保护部对外合作中心研究员，主要研究全球环境治理、全球气候治理。

实现绿色低碳发展的蓝图和愿景，是继1992年《公约》、1997年《京都议定书》之后人类气候治理史上的里程碑[①]。除《巴黎协定》外，《公约》第21次缔约方大会还通过了一个名为《通过巴黎协定》的决定，对《巴黎协定》生效等问题做了进一步的规定和部署。

一 《巴黎协定》及决定对资金问题的具体安排

气候变化资金问题是全球气候治理体系的重要组成部分，在国际气候变化谈判中一直备受关注，也是巴黎气候变化大会争论的难点和焦点。《巴黎协定》延续了《公约》“共同但有区别的责任”原则，在要求发达国家继续提出全经济范围绝对量减排指标，鼓励发展中国家根据自身国情逐步向全经济范围绝对量减排或限排目标迈进的同时，明确了发达国家要继续向发展中国家提供资金支持等义务。《巴黎协定》第9条及《通过巴黎协定》决定的“协定生效的决定”“提高2020年前行动”等部分从以下几个方面对资金问题做出了具体安排。

（一）关于出资主体

《巴黎协定》第9条第1款和第3款明确了以发达国家为出资主体的责任机制，要求发达国家继续履行其在《公约》下的现有义务，提供资金帮助发展中国家采取减缓和适应行动。该协定第9条第2款虽然也鼓励其他缔约方自愿出资，但这与发达国家的法定责任有本质区别。根据其第9条第6款，未来开展的资金全球盘点也仅对发达国家的履约情况进行清查，自愿出资部分不会被强行纳入统计范畴。《巴黎协定》对出资主体的规定体现了当前各方参与应对气候变化行动的主动精神，在维护“共同但有区别的责任”原则的同时亦为其他各方基于各自情况采取更为积极的应对气候变化行动奠定了法理基础。

---

① 张高丽：《推进落实〈巴黎协定〉共建人类美好家园——在〈巴黎协定〉高级别签署仪式开幕式上的讲话》，中国气候变化信息网，http：//www.ccchina.gov.cn/Detail.aspx? newsId = 60580&TId = 61″%20title，2016年4月26日。

（二）关于资金来源与规模

《巴黎协定》强调了公共资金在应对气候变化中的显著作用，同时其第9条第3款亦提出发达国家可从各种来源、工具及渠道并通过采取多样化的行动动员（Moblizing）气候资金。这样的气候资金动员应当超越之前的努力。《通过巴黎协定》决定第52段、第53段和第114段还明确，获得资金支持能增强发展中国家落实《巴黎协定》的力度。发达国家应继续努力实现其到2020年每年为发展中国家动员1000亿美元的出资责任，并将这一目标延续到2025年，直至《巴黎协定》缔约方大会制定新的筹资目标。发达国家应加大2020年前资金支持力度并制定落实1000亿美元目标的路线图。

（三）关于资金分配

《巴黎协定》第9条第4款、《通过巴黎协定》决定第54段提出未来气候资金分配应遵循以下原则：一是应当致力于实现适应行动与减缓行动之间的平衡；二是考虑发展中国家，尤其是特别易受气候变化不利影响和能力严重受限的发展中国家，如最不发达国家、小岛屿发展中国家的国家驱动战略以及优先事项和需要；三是考虑为适应行动提供公共和基于赠款的资金的需要；四是认识到充足的、可预测的资金对森林支持的重要性。

（四）关于资金透明度

《巴黎协定》第9条第5款和第7款及《通过巴黎协定》决定第55段、第56段及第57段针对提高气候资金透明度做了以下安排。一是要求发达国家每两年通报“提供资金帮助发展中国家采取减缓和适应行动”和“动员气候资金”的定量和定性信息，包括通报向发展中国家提供的公共资金的预计数量。鉴此，《公约》第22次缔约方大会将启动一个进程，以确定发达国家根据上述要求提供所需的信息并将其提交给《巴黎协定》缔约方大会以接受审议。二是要求发达国家按照《巴黎协定》第1次缔约方大会通过的模式、程序和指南，每两年通报一次通过公共干预措施向发展中国家所提供和动员的支持的情况，所提供信息应透明一致。《公约》附属科学技术咨询机构制定“通过公共干预措施提供和动员的资金”的统计模式并提交《巴黎协定》缔约方大会审议。上述两类信息安排均鼓励其他缔约方在自愿基础上采取同样行动。

（五）关于资金机制

按照《巴黎协定》第9条第8款、第9款以及《通过巴黎协定》决定第58~64段规定，《公约》的资金机制及其运营实体应服务于《巴黎协定》的资金机制。因此，应敦促服务于《巴黎协定》的各机构，包括各资金机制运营实体通过精简审批程序和强化准备活动支持、确保发展中国家，尤其是最不发达国家和小岛屿发展中国家在国家气候战略和计划方面有效地获得资金支持。绿色气候基金（GCF）、全球环境基金（GEF）、最不发达国家基金（LDCF）及气候变化特别基金（SCCF）继续为《巴黎协定》服务并接受其指导，资金常设委员会亦为《巴黎协定》服务。适应基金则视《京都议定书》缔约方大会和《巴黎协定》缔约方大会相关决定而定。

二 《巴黎协定》资金问题的后续落实

《巴黎协定》确定了2020后全球气候治理模式，但仅仅提出了国际社会合作应对气候变化的总体设想和框架，包括资金在内的众多问题还需在今后的谈判中被加以落实和进一步细化。落实资金问题的后续工作和相关难点主要包括以下方面。

（一）发达国家履行出资责任

尽管《巴黎协定》对出资主体、资金来源和规模均做了相关规定和安排，但要真正使发达国家落实出资责任，有效推进气候变化国际合作进程还存在较大困难。其中资金来源和资金规模是关键，难点突出表现在以下3个方面。一是确定系列关键问题。主要包括气候资金的具体概念、公共资金在气候资金中所占比重、替代性资金的具体所指、资金使用中除赠款和优惠贷款外的其他金融工具等。上述问题是资金谈判中的“老大难”问题，若不能找到有效解决方法，资金问题将很难得到实质性解决。二是落实1000亿美元长期资金目标路线图。发达国家一直希望通过“自下而上”的松散方式实现长期资金目标，以及资金来源与渠道多样化，这与发展中国家要求的有目标、有步骤、有时间表的“自上而下”方式大相径庭。三是制定2025年后新的出资目标。《巴黎协定》缔约方大会负责制定新的资金目标，但该进程何时启动、所采用的依据、是否会纳入新的出资主体等因素均给新目标的制定增加了不确定性。此外，鉴于《巴黎协定》本身不具较强的法律约束力，发达国家的履约情况很大程度依靠自主行动和全球盘点遵约机制。

（二）履约资金透明度体系建设

资金落实情况是建立发达国家与发展中国家政治互信、推动全球气候治理目标实现的重要基石。尽管发达国家声称“300亿美元快速启动资金”目标超额完成，“1000亿美元长期目标”稳步推进，但由于缺乏统一的标准和监测方法，发达国家履行资金承诺的实际情况遭到了发展中国家的普遍质疑。《巴黎协定》对提高气候资金透明度着墨较多，也强调了其在增强未来气候变化国际合作中的重要作用，其中制定资金报告的“模式、程序和指南”是关键，但出台上述政策还面临诸多困难。一是统一气候资金定义。从《巴黎协定》的相关规定来看，气候资金的概念似乎扩大到发达国家“从各种来源、工具及渠道”，并通过采取多样化的行动动员的资金，这与《公约》最初规定的发达国家为发展中国家提供（Providing）的应对气候变化资金存在差异。赋予气候资金清晰、明确的概念是强化资金透明度体系建设的重要一步。二是制定科学合理的统计方法。气候资金的组成较为复杂，既包括公共资金，也包括私营部门资金和其他替代性资金。科学统计通过公共资金动员的资金、区分发达国家和发展中国家动员的私营部门资金、界定资金投入与所支持活动的关系等都是制定统计方法过程中需要厘清的问题。三是各机构的协同及与其他问题的配合。根据《巴黎协定》规定，气候资金透明度的推进不仅需要《巴黎协定》特设工作组、《公约》附属科学技术咨询机构、《公约》缔约方大会、《巴黎协定》缔约方大会各机构的协同配合，而且需要加强与透明度、全球盘点等议题的密切沟通。

（三）其他缔约方在资金问题上的行动

《巴黎协定》为发展中国家展示更为积极的应对气候变化行动留出了空间。根据《巴黎协定》的相关条款，其他缔约方在资金问题上可以自愿出资，也可以自愿报告其出资信息。未来的资金问题谈判将就发展中国家的上述自愿行为如何与发达国家的履约行为进行区分展开进一步的讨论。此外，如何在《巴黎协定》框架下定义发展中国家之间的南南合作也是未来需要探索的问题。并且，《巴黎协定》提出的将确保资金流向低温室气体排放和气候韧性发展领域作为实现全球气候治理目标的重要手段，也对发展中国家加强政策环境建设、引导资金流向提出了要求。

（四）资金机制各运营实体对《巴黎协定》的响应

《公约》签署之初 GEF 被确定为资金机制的临时运营实体。但在随后的谈判中，发展中国家认为它们在 GEF 的治理进程中缺乏话语权，应对气候变化的关切未能切实落实，且 GEF 资金大多用于支持气候变化减缓领域，于是积极倡导并推动在《公约》和《京都议定书》下先后成立了 SCCF、LDCF、适应基金以及 GCF。但 SCCF 和 LDCF 的资金来源仅靠发达国家自愿捐资，没有固定增资模式，导致其资金来源不稳定且远远不能满足发展中国家应对气候变化的实际需求。特别是在当前全球碳市场持续低迷的情况下，适应基金未来的发展更是引起了发展中国家的普遍担忧。《巴黎协定》及相关决定确定了《公约》资金机制继续服务于《巴黎协定》并接受其指导，但对适应基金并无明确安排，其发展尚待《京都议定书》和《巴黎协定》缔约方大会商议确定。同时，为确保《巴黎协定》“资金流向低温室气体排放和气候韧性发展领域”的目标，未来各资金机制的运营实体也将以促进绿色低碳和气候韧性发展作为其施政纲领。因此，对各运营实体提供指导，推动其达成《巴黎协定》相关目标是未来资金机制谈判需要解决的问题，具体包括：各运营实体协同配合，利用公共资金促进市场转变；资金在减缓和适应领域平衡分配；简化运营实体的项目审批流程；项目规划符合发展中国家战略优先要求；适应基金发展方向；等等。

三　结语：展望未来

气候变化资金问题一直是全球气候治理中的焦点之一。根据《公约》“共同但有区别的责任”原则，发达国家应该承担起历史责任，提供新的、额外的、可持续的以及可预测的资金，帮助发展中国家应对气候变化问题带来的挑战，而发展中国家的履约程度取决于发达国家提供支持的力度。后巴黎气候变化大会时代，确保资金流向低温室气体排放和气候韧性发展领域将作为实现全球气候治理目标的重要手段，各方在气候变化资金国际合作进程中将面临新一轮的博弈。发达国家将继续利用气候资金议题，全方位、多角度推动国际社会形成有利于其绿色低碳战略的资金机制格局。对气候变化公平和历史责任问题的一致理解使得发展中国家能够团结一致，积极敦促发达国家履行《公约》出资义务，但由于各国资源禀赋和发展重点不同，发展中国家时常面临被发达国家合纵分化的风险。发展中国家想要在全球气候治理进程，特别是在低碳产业革命中赢得更多参与权和话语权，还需要更多的互信与协作。在国际政治经济格局进一步演化的背景下，新兴经济体通过气候变化资金国际合作，争取全球经济向绿色低碳转型过程中于己有利的布局与权益，需要更大的勇气和智慧。

G.5

《巴黎协定》全球盘点问题谈判进展

傅 莎*

摘 要： 全球盘点机制是《巴黎协定》确立的重要制度安排，旨在确保各方持续性提高力度以解决全球长期目标要求和各方实施进展之间存有差距的问题。本文总结了有关全球盘点的已有谈判进展和成果，识别了后续有关全球盘点谈判需要解决的焦点问题，并就未来谈判提供了一些可资考虑的建议。

关键词： 巴黎协定 全球盘点 气候谈判

一 《巴黎协定》建立的全球盘点机制简介

2015年底召开的巴黎气候变化大会达成了《巴黎协定》和一系列相关决议组成的成果，为2020年后全球应对气候变化国际合作奠定了法理基础，是《联合国气候变化框架公约》（以下简称《公约》）下在《京都议定书》后全球气候治理的又一个重要里程碑。不断提高力度机制（见图1）是《巴

* 傅莎，博士，国家气候战略中心国际合作部助理研究员，长期从事能源与气候变化领域的研究工作，研究方向涉及气候变化国际谈判、国际气候体制、能源－环境－经济系统模型构建和分析、国家和地方层面的能源和低碳发展战略等；现为《联合国气候变化框架公约》中国代表团成员，重点跟踪长期目标、审评和全球盘点的谈判。

黎协定》的重要成果之一，旨在通过长期持续性的制度安排解决各国“自主贡献”力度与公约目标和长期目标（特别是2℃温控目标）之间存有差距的问题。其中，定期提交和更新的国家自主贡献是各方行动的实际载体，强化的透明度体系是确保各国应对气候变化行动和支持有效落实的条件基础，而全球盘点①机制是建立“自下而上”贡献目标与长期目标之间联系的制度保障。

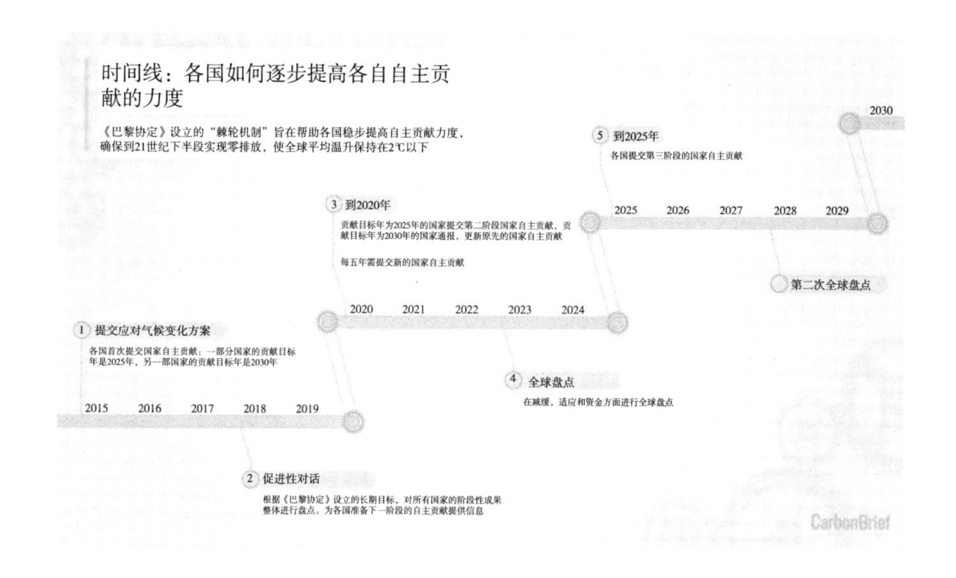

图1 《巴黎协定》建立的不断提高力度机制

资料来源：“Timeline：The Paris Agreement's ‘ratchet mechanism’,” Carbon Brief, https：//www. carbonbrief. org/timeline – the – paris – agreements – ratchet – mechanism, 2016。

《巴黎协定》第 14 条对全球盘点机制的目的、原则、范围、时间和盘点结果的应用做出了规定。

（1）全球盘点的目的是：定期盘点《巴黎协定》的履行情况，以评估

① “全球盘点”（Global Stocktake）一词源自《巴黎协定》，是确保各方持续性提高力度以实现长期目标的重要制度安排。见“The Paris Agreement,” http：//unfccc. int/files/essential_ background/convention/application/pdf/english_ paris_ agreement. pdf, 2015。

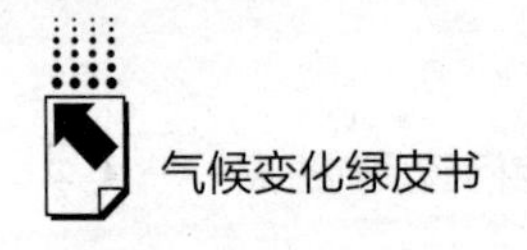

实现该协定宗旨和长期目标的整体进展情况。

（2）全球盘点的原则是：以全面和促进性的方式开展并考虑公平和可获得的最佳科学。

（3）全球盘点的范围是：考虑减缓、适应以及实施手段和支持问题。

（4）全球盘点的结果应用：全球盘点的结果应为缔约方以国家自主的方式，根据该协定的有关规定更新和加强它们的行动和支持，以及为加强气候行动的国际合作提供信息。

（5）全球盘点的时间是：首次盘点在2023年，此后每五年进行一次，除非《巴黎协定》缔约方会议另有决定。

整体来看，《巴黎协定》有关全球盘点的条款确保了盘点的全面性，统筹考虑了行动和支持，还强调了贡献调整“国家自主决定”的方式。这些都为全球盘点机制的落实奠定了良好的基础。尽管如此，全球盘点的实施机制仍有大量规则和细则有待确定，如全球盘点的模式和信息来源等。有鉴于此，在该协定的基础上，《巴黎协定》缔约方会议决定①还对盘点的后续谈判任务做了安排，包括以下三方面内容。一是请《巴黎协定》特设工作组（APA）确定该协定第14条所述全球盘点的信息来源，并向《公约》缔约方会议报告。二是请《巴黎协定》特设工作组制定该协定第14条所述全球盘点的模式，并向《公约》缔约方会议提交报告。三是请《巴黎协定》附属科学技术咨询机构（SBSTA）就政府间气候变化专门委员会（IPCC）的评估如何能根据协定第14条为协定履行情况全球盘点提供信息的问题，提供咨询意见，并就此事项向《巴黎协定》特设工作组第二届会议提交报告。此外，决定还规定将在2018年在全球盘点开始前就全球实现减缓长期目标的进展开展促进性对话。

2016年5月的波恩会议已正式启动有关全球盘点的后续谈判。其中，有关全球盘点的模式和信息来源议题被列入德班平台特设工作组工作议程的

① United Nations, “Report of the Conference of the Parties on Its Twenty-first Session, Held in Paris from 30 November to 13 December 2015,” http://unfccc.int/resource/docs/2015/cop21/eng/10a01.pdf, 2016.

第6项。[①] 有关IPCC如何为全球盘点提供信息的议题则被列入了《巴黎协定》附属科学技术咨询机构的第6（b）项议题。[②]

二 后续有关全球盘点谈判需要解决的焦点问题和各方立场

如前文所述，《巴黎协定》第14条虽然对全球盘点做出了原则性规定，但全球盘点要真正实施仍有众多“未决事宜”。如何解决这些“未决事宜”将直接影响《巴黎协定》的全球盘点机制的有效实施和全球应对气候变化行动的成效。随着后续谈判的开展，众多被《巴黎协定》技巧性掩盖的分歧将会重新浮上水面。如图2所示，全球盘点机制的设计仍需重点解决如下四方面问题。

图2 全球盘点机制设计的后续焦点问题

（一）全球盘点需要哪些信息？信息来源是什么？

全球盘点的信息需直接为全球盘点的目的服务，需综合考虑科学信息和现实进展。“巴黎会议决定”（1/CP.21）第99段已经列出了一些信息来源，包括但不限于缔约方通报的国家自主贡献的总体影响，《巴黎协定》第7条第10款和第11款所述信息通报以及《巴黎协定》第13条第8款所述报告提供的关于适应努力、支持、经验和优先事项的现状，支持的调集和提供情

① United Nations, “Revised Provisional Agenda of Ad Hoc Working Group on the Paris Agreement,” http://unfccc.int/files/meetings/bonn_may_2016/application/pdf/apa2016_l1_revised_provisional_agenda.pdf, 2016.

② United Nations, “Agenda of Subsidiary Body for Scientific and Technological Advice Forty-fourth session,” http://unfccc.int/files/meetings/bonn_may_2016/in-session/application/pdf/sbsta_44_dpa_for_submission_rev.pdf, 2016.

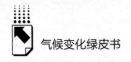

况；政府间气候变化专门委员会的最新报告和附属机构的报告。但最终的信息来源仍有待《巴黎协定》特设工作组会议讨论确定。

目前各方对于全球盘点的信息来源仍有一些不同看法。发达国家与独立拉丁美洲和加勒比国家联盟（AILAC）等谈判集团重点强调科学信息如IPCC报告的重要性，同时建议纳入来自非国家参与方如城市、企业、社区等的信息。立场相近发展中国家（LMDC）强调要确保信息的全面性和各要素间的平衡，特别是应侧重解决有关适应和实施手段的信息缺口问题，并应允许缔约方以提案的方式列出潜在的信息来源。小岛屿国家联盟（AOSIS）强调区域信息的重要性，建议将区域组织和研究机构作为信息来源。

（二）全球盘点进程如何实施？如何开展？

全球盘点需要周期性地对各方集体进展情况开展评估。盘点必须是全面性的和促进性的，平衡考虑减缓、适应以及实施手段和支持问题，并顾及公平和利用现有的最佳科学。但是全球盘点具体要如何开展？需要分要素开展还是综合开展？评估涉及哪些具体指标？如何理解整体进展？是否要区分技术进程及政治进程？各个进程如何设计？全球盘点的持续时间将有多长？所有国家是否适用同样的进程？这些问题都有待通过讨论解决。

从各方立场看，发达国家普遍强调减缓、适应、实施手段要素间的差异，建议采用“分层”的工作方式，分减缓、适应、实施手段三个组分别进行谈判。同时，发达国家还强调应区分技术进程和政治进程，政治进程可考虑高层对话的形式。独立拉丁美洲和加勒比国家联盟、小岛屿国家联盟和巴西等支持技术进程，指出应尽早启动技术进程，给予充分的时间考虑技术信息。小岛屿国家联盟特别强调应参考2013～2015年审评下建立的结构化专家对话（SED）的经验。而以沙特为代表的阿拉伯国家集团则反对区分技术问题和政治问题，反对采用结构化专家对话的方式。立场相近发展中国家、中国、印度、巴西等则强调全球盘点应是非对抗性、促进性、非惩罚性的，盘点模式设计应确保各要素的平衡，不仅要针对各长期目标，而且要有

《公约》实施进展和公平进展。中国进一步强调不能仅限于对“力度”差距进行盘点，盘点应包括更广泛、更积极的内容。

（三）全球盘点的实施机构是什么？如何安排？

全球盘点机制的落实还需解决谁来实施全球盘点，即相应实施机构安排的问题。机构安排与全球盘点的进程密切相关，不同进程需要不同的机构安排。如何定位缔约方大会、《公约》下已有机构、工作组、专家组、秘书处、IPCC 等机构在全球盘点中的作用？全球盘点是基于现有机构还是需要新设机构是需要后续谈判解决的问题。

支持技术进程的缔约方如独立拉丁美洲和加勒比国家联盟、小岛屿国家联盟等强调专家组和 IPCC 的重要性。而强调盘点平衡考虑各要素的缔约方如立场相近发展中国家则强调缔约方大会和《公约》下已有机构的作用。

（四）全球盘点的产出是什么？如何发挥影响？

《巴黎协定》明确指出全球盘点的结果应为缔约方以国家自主的方式，根据该协定的有关规定更新和加强它们的行动和支持，以及为加强气候行动的国际合作提供信息。但全球盘点的具体成果形式是什么？是向《巴黎协定》缔约方会议提交的建议还是《巴黎协定》缔约方会议决定，抑或是技术分析报告？全球盘点结果如何真正影响各国减缓、适应行动及实施手段和支持力度？都仍是有待进一步解决的问题。

欧盟、独立拉丁美洲和加勒比国家联盟、小岛屿国家联盟等强调全球盘点应有技术评估报告，并应为缔约方加大贡献力度提供明确建议。而立场相近发展中国家等则强调缔约方的作用，指出全球盘点是否及如何提供建议有待缔约方大会讨论。

此外，后续有关全球盘点的谈判还需重点解决如下问题。

1. 如何在盘点模式设计中平衡考虑各要素，并有效建立减缓/适应贡献与实施手段/支持之间的联系？

虽然《巴黎协定》明确规定盘点应平衡考虑各个要素，但是由于“巴黎会议决定”中提及的2018年促进性对话仅仅与减缓长期目标挂钩，而发达国家和小岛屿国家联盟普遍倾向于将促进性对话视为全球盘点的预演，因此不可避免地存在重减缓、轻其他要素，将全球盘点演化成减缓全球盘点，弱化、虚化其他要素盘点的可能性。

2. 如何在盘点模式设计中体现区分？

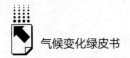

发达国家普遍强调盘点的整体性，反对涉及区分问题。立场相近发展中国家则强调尽管是整体盘点，但也应考虑各方在《公约》下不同的责任和义务，遵循《公约》相关条款。如何在相应规则制定中充分考虑发展中国家的实际能力和困难，体现区分，给予发展中国家充分的灵活性是下一步谈判的重点。此外，还可能存在发达国家如何为发展中国家参与全球盘点提供支持的问题。

3. 如何理解整体进展？如何使盘点真正有效促进减缓行动力度提高？

当前有关全球盘点和整体减缓行动力度水平的研究主要把侧重点置于各国减缓行动力度之和与温控目标的差距上，如“巴黎会议决定”第17段[①]指出“2025年和2030年按预期国家自主贡献估算的温室气体排放总水平不符合成本最低的2℃情景，而是在2030年预计会达到550亿吨的水平，需要做出的减排努力应远远大于与预期国家自主贡献相关的减排努力，才能将排放量减至400亿吨，将全球平均温升幅度控制在低于工业化前水平的2℃之内”，即各国减缓力度与2℃目标要求相比仍存在150亿吨CO_2的差距。然而已有的2013～2015年审评，《京都议定书》目标重审，和德班平台下有关提高2020年减缓行动力度的谈判已经揭示，仅仅关注减缓行动力度并不能真正有效促成减缓行动力度提高。如何跳出“差距”，确保全球盘点提供更全面、更有可操作性的信息，包括信息经验共享等，将是下一步关于盘点模式讨论的重点。

4. 如何理解盘点结果与INDC更新及后续INDC通报的关系？

虽然《巴黎协定》明确指出了更新贡献“国家自主决定”的特征，

---

① United Nations, “Report of the Conference of the Parties on Its Twenty-first Session, Held in Paris from 30 November to 13 December 2015,” http://unfccc.int/resource/docs/2015/cop21/eng/10a01.pdf, 2016.

但在减缓章节仍有相应条款将后续贡献目标的提出与全球盘点挂钩，而且欧盟和小岛屿国家联盟等也可能继续在盘点模式谈判过程中引入“事前评估”的内容。如何理解盘点与定期提高减缓行动力度（调整现有贡献、更新或升级下一阶段贡献）之间的联系仍将是下一步谈判的潜在话题。

5. 如何理解全球盘点与2018年促进性对话的关系？

除了全球盘点，“巴黎会议决定”第20段还决定在2018年召开缔约方之间的促进性对话，以盘点缔约方在争取实现《巴黎协定》第4条第1款所述长期目标方面的进展情况，并按照《巴黎协定》第4条第8款为拟定国家自主贡献提供信息。促进性对话的结果将影响缔约方于2020年提交或者更新国家自主贡献。发达国家特别是欧盟和部分发展中国家如独立拉丁美洲和加勒比国家联盟都在一定程度上希望将促进性对话作为全球盘点的预演，但也有众多发展中国家存在不同看法。各方普遍承认2018年促进性对话与全球盘点授权不同。立场相近发展中国家和中国侧重强调两者目的、范围和模式不同，2018年促进性对话应包含《公约》原则和公平落实情况，这可以为在全球盘点提供借鉴。欧盟指出巴黎气候变化大会并未授权对2018年促进性对话进行设计，但有关全球盘点的讨论可激发2018年促进性对话的设计灵感。小岛屿国家联盟和独立拉丁美洲和加勒比国家联盟则指出2018年促进性对话的成果可作为全球减缓行动盘点的“输入”和经验。由于巴黎气候变化大会的成果并未授权讨论促进性对话的具体形式和组织方式，如何理解两者之间的关系仍将是未来的谈判重点。

6. IPCC如何为全球盘点提供信息？

全球盘点问题谈判的具体分歧体现在如下几方面。①如何理解“如何”的授权，是否需要在议题下讨论全球盘点的信息需求给IPCC提供参考还是让IPCC完全独立完成自己工作即可。②是否要延续类似2013~2015年审评中结构性专家对话的形式，还是仅仅将其作为可资借鉴的经验教训之一。③是否要邀请各方提交提案以及是否要秘书处准备一个技术报告。④如何援

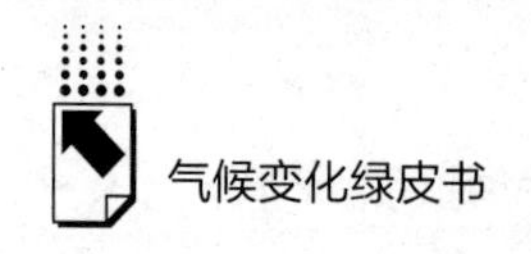

引 IPCC 结论及前面提及的 SBSTA 特别会议成果。⑤是否要援引巴黎缔约方会议第 10/CP. 21 有关 1. 5℃的结论。根据 2016 年 5 月波恩会议成果，缔约方和观察员组织后续将结合有关经验，在 2016 年 9 月 12 日之前就关于 IPCC 的评估如何能为全球盘点提供信息问题提交提案。[①]

三　全球盘点议题的未来谈判展望和考虑

整体来看，全球盘点作为新的机制安排，其具体技术细节谈判直到 2016 年 5 月才被第一次启动，各方在第一次会议上也以相互试探、提原则为主，并未深入讨论机制设计的具体细节。根据波恩会议的谈判结果，缔约方需要在 2016 年 9 月完成两项提案的提交：9 月 12 日前就关于 IPCC 的评估如何能为全球盘点提供信息的问题提交提案；9 月 30 日前就全球盘点的模式和信息来源提交提案。[②] 预计各缔约方会借提案的机会，第一次系统陈述其对全球盘点机制的具体设想。发展中国家，特别是发展中大国需充分利用此次机会，在强调全球盘点机制的相关原则，即确保盘点的全面性、整体性、促进性和缔约方驱动，确保其平衡反映各要素和体现区分的基础上，充分利用《巴黎协定》已经达成的全球盘点条款，在观察和跟踪各方立场和主张的同时，基于下述考虑抓紧研究制订完整的机制设计方案。

（一）盘点的信息来源

确定全球盘点的信息来源需要考虑如下原则。

（1）问题/需求导向原则。在确定盘点信息来源前首先需明确全球盘点要解决的问题。信息应服务于全球盘点的目的。信息的筛选应是需求导

① United Nations, "Subsidiary Body for Scientific and Technological Advice: Advice on How the Assessments of the Intergovernmental Panel on Climate Change Can Inform the Global Stocktake Referred to in Article 14 of the Paris Agreement," http://unfccc.int/resource/docs/2016/sbsta/eng/l16.pdf, 2016.

② United Nations, "Ad Hoc Working Group on the Paris Agreement: Items 3 to 8 of the Agenda," http://unfccc.int/resource/docs/2016/apa/eng/l03.pdf, 2016.

向的。

（2）全面性和平衡性原则。盘点的信息应平衡反映全球盘点涉及的各个要素，即减缓、适应、实施手段和支持。同时，盘点还应涉及有关公平、可持续发展和削减贫困相关的信息。此外，还应确保 IPCC 信息和非 IPCC 信息之间的平衡。

（3）缔约方官方信息优先原则。考虑到全球盘点的目标是评估缔约方的整体进展，因此，缔约方通过官方渠道提交的信息应被优先考虑。其他信息如何使用有待缔约方会议讨论决定。

盘点的信息来源应全面多样，具体包括以下方面。

（1）关于以下内容的信息：

①缔约方通报的国家自主贡献的总体影响；

②《巴黎协定》第 7 条第 10 款和第 11 款所述信息通报以及《巴黎协定》第 13 条第 8 款所述报告提供的关于适应努力、支持、经验和优先事项的现状；

③支持的调集和提供情况；

④《巴黎协定》透明度机制下的相关报告。

（2）政府间气候变化专门委员会的最新报告。

（3）缔约方提案、国家信息通报、发展中国家双年更新报告和发达国家双年报告、国家清单、国际磋商和分析报告、国际分析和评估报告，以及其他缔约方和《公约》进程相关报告。

（4）《巴黎协定》附属机构和《公约》及《巴黎协定》下已有机构的报告。

（5）其他相关联合国机构和其他多边发展机构的报告。

（6）其他经缔约方协商一致的信息来源。

关于 IPCC 如何为全球盘点提供信息，一方面，在使用 IPCC 信息时应避免断章取义和片面，确保做出涵盖所有要素的有关评估结论；另一方面，应充分意识到 IPCC 仍不可避免地存在信息缺口，在全球盘点过程中使用 IPCC 信息时需确保平衡对待 IPCC 信息与非 IPCC 信息。

（二）全球盘点的进程

全球盘点的目的是致力于通过持续的、互动的、强化的、和“干中学”的国际合作进程减少各国特别是发展中国家面临的社会、经济、技术等方面的挑战和不确定性，以加强整体应对气候变化的力度，实现《公约》目标和《巴黎协定》长期目标。盘点应是非对抗性、促进性、非惩罚性的，不能仅限于对“力度”差距的“量化”，而应包括更广泛、更积极的内容，如全球创新发展路径的进展，可供推广的良好做法和经验，技术研发、推广进展，弥补差距的激励合作机制等。盘点的范围已在《巴黎协定》第14条中有明确规定，涵盖所有要素。在制定盘点相关的模式指南时也应覆盖所有要素，不仅仅包含对减缓的盘点，更应包含对适应和实施手段的盘点，同时应建立减缓、适应进展与实施手段/支持进展之间的联系。

盘点的结果可为各国后续 INDC 的提出提供信息参考，但各国更新和提出后续贡献应遵循国家自主决定的方式。

首次全球盘点将于2023年开始，2018年的促进性对话和全球盘点在授权、内容、模式上都不尽相同，不应被视为盘点的预演。但促进性对话可在如何反映公平原则、评估实施《公约》进展和建立行动和支持联系方面为全球盘点提供借鉴。

盘点应是缔约方驱动的，可包含两方面活动：技术进程收集技术信息和政治进程开展政治谈判。最终的盘点结果需得到缔约方认可。

具体而言，全球盘点进程可包含如下步骤。

（1）授权相关机构在秘书处的支持下基于有关信息基础准备全球盘点的技术评估报告，总结进展和经验教训。评估报告聚焦全球整体层面，不涉及对具体国家的政策建议。

（2）《巴黎协定》缔约方大会在技术信息的基础上展开圆桌对话进行讨论，分享实施应对气候变化措施的经验教训。

（3）《巴黎协定》缔约方大会建立接触组或特别工作组基于技术信息及圆桌对话情况就全球盘点的主要结论进行谈判，形成决议草案并将其提交

《巴黎协定》缔约方大会。

(4)《巴黎协定》缔约方大会通过有关全球盘点的决议。

(三)全球盘点的机构安排

全球盘点的机构安排与进程密切相关，其涉及的技术信息收集阶段和政治谈判阶段涉及不同的机构安排。

《巴黎协定》缔约方大会应作为政治谈判的主要场所，具体可通过在缔约方大会下建立接触组、特设工作组的方式。而《公约》和《巴黎协定》下已有的机构，包括但不限于适应委员会、资金常设委员会、技术执行委员会、气候中心网络、巴黎能力建设委员会等，联合秘书处需要在信息收集阶段发挥重要作用。

(四)全球盘点的成果

全球盘点的成果应作为缔约方确定其后续行动和支持以及强化应对气候变化国际合作的重要参考。针对缔约方的任何建议都需要经《巴黎协定》缔约方大会讨论通过，并平衡、完全地反映缔约方的投入。

具体而言，全球盘点的成果可包括：①对实现《巴黎协定》宗旨和长期目标的整体进展情况的评估；②对缔约方实施气候变化行动的经验教训和最优实践的总结；③对如何强化《公约》下已有机制安排和如何强化国际合作的建议。

G.6

美国政府气候变化政策及其未来趋势*

白云真**

摘　要：　美国总统奥巴马认为气候变化是个重要威胁，试图解决气候变化问题，寻求推进国际气候变化合作，以与其他国家共同承担应对气候变化的责任。奥巴马总统发布了《气候行动计划》，不仅力图减少碳排放，应对气候变化的影响，继续领导解决全球气候变化的国际行动，而且谋求推进商业创新以使美国电厂现代化。由于美国气候变化政策受到国内政治争论、政党政治的影响，因而如若美国民主党总统候选人希拉里·克林顿当选美国下届总统，那么她将在很大程度上继承奥巴马政府的气候变化政策。鉴于中国崛起的战略性影响，美国下一届政府很可能进一步加强与中国的双边气候合作，将其作为平衡中国崛起的一种战略手段。

关键词：　奥巴马政府　气候变化　中美气候合作　美国大选

美国总统奥巴马认为气候变化已成为美国的重要威胁，而且美国能够领

* 本文由中国博士后科学基金项目“全球气候变化协议的制度设计”资助；选题得益于中国社会科学院城市发展与环境研究所陈迎研究员的指导。在写作过程中，中国气象局国家气候中心副主任巢清尘，中国社会科学院城环所陈迎研究员、庄贵阳研究员等学者提出了一些建议性意见。笔者在此一并感谢，不当之处由本人负责。

** 白云真，中国社会科学院城环所资源与环境经济学博士后，中央财经大学国际政治系副教授，研究领域为政治思想与国际理论、中国对外战略与全球气候政策、国际组织与发展金融、国家安全与政治经济学。

导世界共同致力于解决气候变化问题。由此，在奥巴马的领导下美国比以往更加努力地应对气候变化。“在国内，奥巴马政府不仅加强以整体政府方法（Whole of Government）以及跨部门协作方式振兴清洁能源产业，而且在国际上以双边、多边伙伴关系的方式寻求在全球气候变化领域的共同行动。”①这意味着奥巴马政府②有关美国气候变化政策的重大转变，谋求在国内、国际推进更为积极的气候变化政策与行动。

一 奥巴马政府的气候政策

奥巴马政府较为清醒地意识到气候变化所造成的诸多挑战，对环境保护、应对气候变化问题做出了历史性承诺。如美国《防务评估报告 2014》所指出的：“气候变化对美国与世界构成了严重挑战。……气候变化所构成的挑战将影响资源竞争，而且向世界范围内经济、社会以及治理制度施以额外负担。这些影响将加剧贫困、环境恶化、政治动荡、社会紧张的状况，从而引发恐怖主义活动及其他形式的暴力活动。”③ 由此，笔者认为“这似乎预示着美国奥巴马政府气候变化政策的重大转变，而且奥巴马总统重新介入其前任小布什总统所摈弃的国际气候谈判，然而法律界却极为敌视任何温室气体减排的真正行动”④。

（一）适应气候变化的政策与计划

奥巴马政府致力于提高应对气候变化的能力，呼吁美国联邦政府加强其计划与运行的适应能力，帮助美国各州、社区应对气候变化。2011 年 6 月，美国环保署首次发布了适应气候变化的政策宣言。2013 年 2 月，美国环保

① 王勇、白云真、王洋等：《奥巴马政治经济学》，中国人民大学出版社，2015，第 78 页。

② 本文侧重分析美国联邦政府的气候变化政策，并不涉及州政府政策，但是在论及美国联邦政府的伙伴关系等内容时会对州政府政策有所涉及。

③ “Quadernnial Defense Review 2014,” http://www.defense.gov/pubs/2014_Quadrennial_Defense_Review.pdf, 2014, p. 8.

④ 王勇、白云真、王洋等：《奥巴马政治经济学》，中国人民大学出版社，2015，第 85 页。

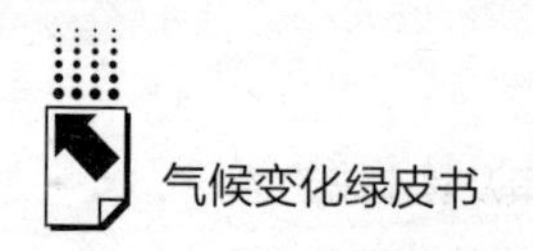

署发布了《适应气候变化计划》(the Climate Change Adaptation Plan)草稿，确定了其10大重点行动。2013年9月，美国环保署发布了《新电厂草拟标准》(Proposed Standards for New Power Plants)。

2013年11月，美国环保署发布了其环保计划办公室、10个区域办公室等所草拟的17项实施计划，为实施其项目提供了路线图。"美国环保署以补助金、合作协议、贷款、技术援助、契约及其他项目等资金机制鼓励与支持更具气候适应力的投资；提供信息、数据、工具、训练以及技术支持；衡量与评价绩效。"① 特别是，美国环保署意识到监督绩效、评价活动与学习经验的重要性。

2014年6月30日，美国环保署发布了《适应气候变化新政策》(A New Policy Statement on Climate Change Adaptation)，取代了2011年6月的政策文件。2014年10月31日，美国白宫发布了环保署等联邦部门与机构制定的《适应气候变化计划》(Climate Change Adaptation Plan)的最终版本，该文件着眼于行动目标、适应能力建设、绩效评估等。

奥巴马政府的气候变化政策与其清洁能源产业密切相关。奥巴马将清洁能源经济视为美国经济复苏、维系其世界经济领导地位的重要政策手段，意在促进就业与新产业发展，摆脱对进口石油的依赖，以此寻求减少温室气体排放，增加太阳能与风能的电力生产，供应经济增长所需的电力。

在美国历史上，奥巴马政府对清洁能源投资最多，包括成千个风能和太阳能项目、对能源技术项目的贷款、对电池及其他先进汽车技术的投资、对燃煤电池大规模碳捕捉与利用的支持。在联邦政府层面上，美国在温室气体减排方面取得一定的进展。具体而言，美国为汽车和卡车设立了历史性的新燃油经济标准，以能源效率提升措施减少温室气体排放，提升了联邦政府设施的可持续性。② 自奥巴马执政以来，清洁能源大幅增加，其中风能增至3倍，然而太阳能增加了30倍。

---

① 王勇、白云真、王洋等：《奥巴马政治经济学》，中国人民大学出版社，2015，第86页。

② "Draft for Public Review," U. S. Department of State, http://www.state.gov/documents/organization/214946.pdf, 2014, Chapter 4.

（二）气候变化的减缓政策

美国联邦机构寻求各种政策工具减少温室气体等的排放。其中电厂是美国温室气体排放的最大来源，其温室气体排放总共占美国国内温室气体排放的1/3左右。除非美国迅速行动起来，否则氢氟碳化物的排放预计到2030年会增至3倍。为此，2014年6月，美国环保署公布了《清洁电力计划》（the Clean Power Plan），它是迄今为止首份针对现有电厂的碳污染标准，以确保到2030年相比于2005年使电力部门碳污染减少30%。与此同时，该计划会避免成千上万的过早死亡以及数以万计的儿童哮喘，从而将使气候与医疗收益从2005年的550亿美元增加到2030年的930亿美元，并使电力开支缩减8%左右。

《清洁电力计划》是减少电厂碳排放的历史性的重要文件，是美国首份解决电厂碳排放的国家标准。《清洁电力计划》削减了大量电厂碳排放及其污染物排放，同时推进清洁能源创新，为解决气候变化问题的长期战略的实施奠定了基础。化石燃料仍将是美国能源的重要组成部分。《清洁电力计划》仅仅确保火电厂更清洁与有效，同时扩大零排放与低排放能源的容量。[①]

在此背景下，美国各州必须提出与实施、灵活地选择其所偏爱的各种措施，以期在2022～2029年改变自己的减排路径。美国各州需要在2016年9月6日之前提交一份最终计划，而且最终完整版计划的提交时间不得迟于2018年9月6日。

尽管美国经济最接近新古典主义的竞争性市场经济模式，但是美国联邦政府在清洁能源产业与气候变化政策中的作用日益显著。一般而言，“产业政策可以表现为有利于特定产业或经济部门的部门性政策，也可以表现为有利于特定企业的政策；从这个角度看，这些政策不同于旨在改善整体经济业

① “Overview of the Clean Power Plan,” United States Environment Protection Agency, https://www.epa.gov/sites/production/files/2015-08/documents/fs-cpp-overview.pdf, 2015.

绩的宏观经济政策，诸如联邦政府支持教育和进行研发活动的政策”①。奥巴马政府支持开发清洁能源与应对气候变化的活动，使美国朝着制定全国性清洁能源经济与气候变化政策迈出了重要的一步。

二 奥巴马政府的气候行动

奥巴马政府在国内致力于通过伙伴关系、倡议、协作性战略等手段提高气候应对能力与适应能力，在国际则以双边、多边伙伴关系，国际倡议等方式谋求全球气候变化领域的领导者地位。

（一）奥巴马政府的国内气候变化行动

2013 年 6 月 25 日，奥巴马总统发布了《气候行动计划》，不仅力图减少碳排放，应对气候变化的影响，继续领导解决全球气候变化的国际行动，而且谋求推进商业创新以使美国电厂现代化、增加清洁能源的本国生产，从而增加就业并减少对进口石油的依赖。

该计划包含一系列广泛的行政行动，由三大重要支柱构成。第一，减少美国国内碳排放。为此，奥巴马政府通过实施更为严厉的新规则来减少碳排放，从而保护美国儿童健康，使美国经济倚重于本国所生产的清洁能源，进而增加就业并降低家庭能源支出。第二，为应对气候变化做准备。为此，奥巴马政府帮助州与地方政府改善道路、桥梁以及海岸线，从而保护美国人的家园、商业以及生活方式免受恶劣天气的影响。第三，领导应对全球气候变化的国际行动。世界上没有一个国家幸免于气候变化的影响，而且没有一个国家能够独自应对这种挑战。因而奥巴马政府不仅寻求在国内采取行动，而且寻求国际领导地位。为此，奥巴马政府着力以国际谈判的方式促成国际减

① 〔美〕罗伯特·吉尔平：《全球政治经济学》，杨宇光等译，上海人民出版社，2003，第 171 页。

排行动，特别是排放大国的减排行动。[①]

2015年11月19日，美国白宫发布了《有关气候的美国校园行动》(American Campuses Act on Climate，ACAC）倡议，以扩大高等教育界支持《巴黎协定》的声音。截至2015年12月10日，318所大学加入了该倡议。[②]经合组织30多个国家承诺大幅减少对海外燃煤电厂的融资。此外，美国出台了《有关气候承诺的美国商业行动》(the American Business Act on Climate Pledge)。美国大公司表示支持《巴黎协定》，在减少碳排放、支持清洁能源以及增加低碳投资方面做出了新的重要承诺。

美国发起了《清洁能源投资倡议》（the Clean Energy Investment Initiative）以扩大私人部门投资，包括确保私人与行政部门40多亿美元的投资承诺以相应地提高流向清洁能源创新的投资。美国也支持乡村清洁能源与能源效率提高项目，扩大美国军事基地的再生能源发电量。

奥巴马政府强调以市场为基础的气候变化解决办法，但是仍然以财政补贴或补助金、合作性协议与契约、贷款担保、研发经费的方式支持适应和应对气候变化的行动。

（二）奥巴马政府的国际气候变化行动

第一，奥巴马政府寻求扩大与新兴经济体的气候合作。美国不仅与巴西共同采取措施，增加再生电力的份额，而且与印度开展双边合作（见表1），采用与发展清洁能源解决办法以迈向低碳经济。美国也与印度尼西亚开展气候合作，包括在保护生态体系、促进气候变化适应以及培养下一代科学家方面史无前例的协作。《热带森林保护法案》（the Tropical Forest Conservation Act）中提及的近6000万美元以及“千年挑战公司”中的5000万美元将用于建立美国与印度尼西亚的这一伙伴关系（见表1）。

---

① Executive Office of the President, “The President's Climate Change Plan,” the White House, http://www.whitehouse.gov/sites/default/files/image/president27sclimateactionplan.pdf, 2013.

② “American Campuses Act on Climate,” the White House, https://www.whitehouse.gov/the-press-office/2015/12/11/american-campuses-act-climate, 2015.

表1 美国的双边气候与能源伙伴关系

合作项目	内容
美印清洁能源安全与绿色伙伴关系	美印两国同意加强彼此在能源、气候变化领域的合作
中美再生能源伙伴关系	提供技术与分析资源以支持再生能源的开发利用，促进中美两国地方政府的伙伴关系以分享经验
美国－印度尼西亚气候变化与清洁能源伙伴关系	强化解决气候变化所需的技术能力，加强清洁能源协作等
美国－墨西哥清洁能源与气候变化	共同致力于发展低碳与清洁能源经济

资料来源："Bilateral Climate and Energy Partnerships," U. S. Department of State, http://www.state.gov/e/oes/climate/c22820.htm, 2016。

第二，气候融资。2014 年，奥巴马总统承诺提供 30 亿美元支持绿色气候基金（the Green Climate Fund），以减少发展中国家，特别是最贫困的国家及其最脆弱的国家的碳排放。美国与其他 10 个国家宣布向欠发达国家基金（the Least Developed Countries Fund，LDCF）注资 2.48 亿美元。

美国同时提供 3000 万美元的资金支持《太平洋灾难性风险评价与融资倡议》（the Pacific Catastrophic Risk Assessment and Financing Initiative）下的诸多保险倡议，将《加勒比灾难性风险保险基金》（the Caribbean Catastrophic Risk Insurance Facility）扩展到中美洲国家，而且支持《非洲风险能力计划》（the African Risk Capacity Program）。

简而言之，美国以双边、多边、发展融资以及出口信贷等机制动员私人融资战略性地投资于气候变化适应力建设，支持发展中国家实施低碳发展战略以及发展清洁能源经济，以国别计划为基础确保其能力建设是有效的、创新的。①

第三，以公私伙伴关系开展国际气候合作。2013 年 11 月，美国、挪威与英国发起了一项公私伙伴关系以支持发展中国家的森林保护，减少毁林所

① "United States Climate Action Report 2014," U. S. Department of State, http://www.state.gov/documents/organization/219038.pdf, 2016, p. 19.

致的排放并且促进可持续农业发展。该项倡议确定了首批4个重点国家，以当时市值3.25亿美元的资金开展工作。

最近，奥巴马政府发起了一项国际公私伙伴关系，即《适应性发展的气候服务》（the Climate Services for Resilient Development），来提供数据、信息、工具与培训等所需要的气候服务使发展中国家有能力适应气候变化。与此同时，美国宣布了一项新的公私伙伴关系以确保美国技术部门所有的气候数据与产品也适用于发展中国家。

第四，中美双边气候变化合作的深化。2014年11月，中美两国在《中美气候变化联合声明》中阐述了各自2020年后的减排目标，即美国计划于2025年实现在2005年基础上减排26%～28%的全经济范围减排目标并将努力减排28%；中国计划在2030年左右使二氧化碳排放达到峰值且将努力使之早日达峰，并计划到2030年使非化石能源消费占一次能源消费的比重提高到20%左右。

为落实《中美气候变化联合声明》，推进中美双边气候变化合作，2015年9月15日至16日，第一届中美气候智慧型/低碳城市峰会（简称“中美气候领导峰会”）在洛杉矶召开。2015年9月25日，中美两国领导人发布了第二份气候变化联合声明。中美两国的共同努力为《巴黎协定》的制定奠定了基础。2016年3月31日，中美两国领导人的第三份气候变化联合声明发布，表明气候变化已经成为中美双边关系的支柱。2016年6月7日，第二届中美气候智慧型/低碳城市峰会在北京开幕，推动了中美在低碳城市发展领域的交流与合作。

三　美国大选中气候变化政策的争论

美国气候变化政策受到国内政治争论、政党政治的影响。“美国政治体系是影响美国气候变化政策与行动的重要因素之一，特别是共和党与民主党的政党政治、立法部门与行政部门之间的斗争、高耗能产业利益集团政治等。共和党对于奥巴马政府的气候政策与行动持消极态度，因而美国国会共

和党议员并不支持气候变化的全面立法。”①

在2016年美国总统大选中，气候变化成为共和党与民主党的竞选话题之一。共和党与民主党的竞选纲领不仅反映出两党气候变化政策的分歧，而且反映了两党对奥巴马政府气候政策的政治态度。由两党的气候政策，我们可以预判美国未来气候变化政策的趋势及走向。

（一）美国共和党的气候政策观

美国共和党对奥巴马政府气候政策持消极态度，因而美国国会共和党议员并不支持气候变化的全面立法。美国共和党总统候选人特朗普（Donald Trump）认为气候变化本身是个骗局。民主党的“方法是以卑劣的科学、恐吓战术、集中调节为基础的。过去8年，奥巴马政府发起大量监管，对我们的经济造成严重破坏，带来最低的环境效益”②。美国共和党指责奥巴马政府往往忽视代价、夸大好处，支持美国联邦机构突破宪法的界限，而且美国环保署及其他联邦机构促使环境恶化。美国共和党拟“将环境监管的责任从联邦机构转移到各州，将美国环保署变成一个独立的两党委员会，类似于原子管制委员会（the Nuclear Regulatory Commission），严格限制国会对缔造规则性权威的授权，而且公民因管制性征收而需得到补偿”③。

美国共和党人计划落实的是《清洁水法》（the Clean Water Act）的原意而非美国环保署监管所导致的扭曲，不准环保署监管二氧化碳排放，重塑国会设定《国家环境空气质量标准》（the National Ambient Air Quality Standards）以及更新《国家环境政策法》（the National Environmental Policy Act）下的许可程序的权威。

① 王勇、白云真、王洋等：《奥巴马政治经济学》，中国人民大学出版社，2015，第91页。

② “2016 Republican Party Platform,” The American Presidency Project, http://www.presidency.ucsb.edu/ws/index.php?pid=117718, 2016, p. 21.

③ “2016 Republican Party Platform,” The American Presidency Project, http://www.presidency.ucsb.edu/ws/index.php?pid=117718, 2016, p. 21.

在其看来，联合国政府间气候变化专门委员会是个政治机制而非不偏不倚的科学机构。“因此我们将评估其建议。我们拒绝《京都议定书》与《巴黎协定》的议程；直到将其提交美国参议院并由其批准时，诸如此类的协议才对美国有约束力。”① 美国共和党要求美国按照1994年《对外关系授权法》（the Foreign Relations Authorization Act）的规定立即停止对《联合国气候变化框架公约》的资助。奥巴马总统按照自己的意愿向《联合国气候变化框架公约》提供数百万美元及其对绿色气候基金（Green Climate Fund）数亿美元的资助，是非法的。由此可见，美国共和党反对自上而下、管制型的气候变化政策。

（二）美国民主党的气候政策观

相比之下，美国民主党强调太阳能与风能等清洁能源的发展，这在某种程度上肯定了奥巴马政府的气候变化政策。“民主党人认为，气候变化对我们的经济、国家安全及其儿童的健康和未来造成了一个现实而紧迫的威胁，美国人无愧于美国21世纪成为清洁能源大国所带来的就业和安全。”② 民主党宣称自己将致力于应对气候变化、发展清洁能源经济，而且确保“环境正义”。

民主党认为，只有美国才能在全球范围内动员共同行动，以应对气候变化等的挑战。美国民主党表示愿履行奥巴马总统在《巴黎协定》中所做出的承诺，将采取大胆的措施减少碳排放，保护清洁空气，领导世界范围内的气候变化行动，确保美国在清洁能源经济方面的领导地位。“我们为奥巴马总统在达成历史性的巴黎气候变化协议方面的领导角色而喝彩。我们不仅满足自己在巴黎所达成的目标，而且将寻求超越这些目标，推动其他国家也如此。我们支持发展中国家努力减少碳排放与其他温室气体排放，更多地使用

① “2016 Republican Party Platform,” The American Presidency Project, http://www.presidency.ucsb.edu/ws/index.php?pid=117718, 2016, p. 22.

② “2016 Democratic Party Platform,” The American Presidency Project, http://www.presidency.ucsb.edu/ws/index.php?pid=117717, 2016.

清洁能源，投资于气候变化应对领域。”[①] 在美国民主党看来，美国不能坐等其他国家在应对全球气候变化方面占上风。

在清洁能源方面，美国民主党承诺在未来10年内使美国电力的50%源自清洁能源，其中在未来4年内安装5亿张太阳能板以提供充足的再生能源。美国民主党将致力于以提高能源效率的方式减少美国家庭、学校、医院以及办公场所的能源浪费，更新美国电网，使美国制造业成为世界上最清洁与最有效的产业。美国民主党也主张减少石油消费，通过增加更清洁能源的使用改变美国交通形态，通过促进交通工具的电气化提高汽车、锅炉、船只以及卡车的燃油效率。此外，美国民主党主张增加对公共交通的投资，在城市与城郊建设针对自行车与行人的基础设施，取消针对化石燃料公司的减税与补贴政策，扩大针对能源效率和清洁能源的税收优惠。

在美国民主党看来，二氧化碳、甲烷及其他温室气体的排放具有负外部性，气候变化问题的解决刻不容缓。美国民主党支持使用所有有效工具减少温室气体排放，实施《清洁电力计划》、汽车和重型车辆的燃油经济标准等污染与效率标准，建立电器标准，加大清洁能源的研发。认为美国也应该减少石油和天然气生产与运输所带来的甲烷排放，使此部分温室气体排放到2025年相比于2005年减少40%~45%。

美国民主党意识到地方气候变化行动领导的重要性，美国清洁能源目标的实现需要联邦政府与各州、各市以及农村社区建立起积极伙伴关系。因此，美国联邦政府应该率先垂范，赋予美国环保署以监管水力压裂（Hydrofracture，指一项有广泛应用前景的油气井增产措施）的能力。美国民主党计划加快新输电线路建设以便于提供低成本的再生能源，发展新的天然气发电厂，激励太阳能、风能及其他再生能源的开发。

美国共和党坚信美国例外论，信奉实力，然而民主党崇信发展与外交的力量。由此观之，如若美国民主党总统候选人希拉里·克林顿当选美国下届

---

① “2016 Democratic Party Platform,” The American Presidency Project, http://www.presidency.ucsb.edu/ws/index.php?pid=117717, 2016, p. 21.

总统，那么她将在很大程度上继续推行奥巴马政府的气候变化政策。正如美国民主党竞选纲领所提到的："我们支持奥巴马总统否决铺设大号拱心石石油管道的决定。我们仍将减少二氧化碳、甲烷及其他温室气体排放，因而我们必须确保联邦政府的行动不会'明显加重'全球变暖。我们支持一项综合性的方法，以确保所有联邦政府的决策一如既往地有助于解决气候变化问题。"① 如前所述，若美国共和党总统候选人特朗普当选美国下一届总统，那么美国在某种程度上将改变奥巴马政府的气候变化政策，特别是有可能扭转美国较为积极的气候变化政策及应对行动。

四 奥巴马政府的气候变化政策对中国的启示

奥巴马政府的气候变化政策根植于美国独特的政治经济体系，但是仍反映了美国政治经济体系的一些新变化，特别是在清洁能源的宏观经济政策制定方面。其中，如下 3 个方面对于中国气候变化政策及应对行动而言具有重要的借鉴或启示意义。

（一）制定市场与行政相结合的清洁能源与气候变化政策

奥巴马政府虽然强调以市场为基础的解决办法，但是显然也以调节和监管的行政手段应对气候变化。由于美国参议院有权批准预算与总统签署的任何条约，所以奥巴马政府在气候变化政策与行动方面无法获得国会的全面立法支持，从而奥巴马政府更倾向于采取行政手段。特别是，奥巴马政府效仿美国国防部高级研究计划局（Defense Advanced Research Projects Agency，DARPA），制定了"高级研究项目机构 - 能源"（the Advanced Research Project Agency - Energy，ARPA - E）计划，以推动能源研究获得突破，进一步支持研发与建立公私伙伴关系以促进生物燃料技术领域的创新。由此，中国决策者应寻求以市场手段与行政监管相结合的方法推进气候变化问题的解决。

① "2016 Democratic Party Platform," The American Presidency Project, http://www.presidency.ucsb.edu/ws/index.php? pid = 117717, 2016, p. 21.

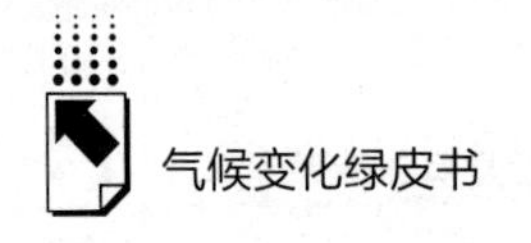

（二）以整体政府与跨部门行动开展气候变化行动

奥巴马政府力推以“整体政府”方法开展气候变化行动。美国环保署、美国国际开发署、美国农业部、美国国防部、美国能源部、美国卫生部、美国国土安全部、美国住房和城市发展部、美国内政部、美国国家航空与宇宙航行局、美国商务部、美国交通部、美国国家海洋和美国大气局等联邦机构协同实施气候变化项目或倡议，以应对气候变化的影响。以“全球气候变化倡议”为例，“美国国务院、美国国际开发署、美国财政部是‘全球气候变化倡议’的三大核心部门。美国国际开发署全面负责‘全球气候变化倡议’的双边援助；美国财政部领导着‘全球气候变化倡议’的多边融资活动；美国国务院领导着外交活动。美国气候变化特使与美国国际开发署、财政部以及美国国务院的海洋、环境与科学局的相关人员协调着‘全球气候变化倡议’，与其他政府机构通力合作。”① 由此，在气候政策、气候行动以及气候研发方面，中国环境保护部应该发挥主导性角色，提出适合不同部位协同的气候变化项目与倡议，以“整体政府”方法加以推进。

（三）提升气候变化在发展及援助领域的角色

奥巴马政府将应对全球气候变化确定为美国发展外交的优先事项，进一步将小布什政府的全球发展政策扩展到气候变化、能源等议题领域，2009年在哥本哈根会议上发起“全球气候变化倡议”，以加快发展中国家经济增长，加大森林保护，为清洁能源技术扩大全球市场。在美国－印度尼西亚气候变化与清洁能源伙伴关系中，美国千年挑战公司、美国国际开发署等援助机构发挥着重要的角色。

例如，美国国际开发署的印度尼西亚林业和气候支持（Indonesia Forestry and Climate Support，IFACS）项目致力于减少森林砍伐与应对气候变化的威胁，保护印度尼西亚的热带森林、野生动物与生态系统；美国国际开发署的

① 白云真：《论奥巴马政府的发展外交》，《美国研究》2015 年第 6 期，第 77 页。

印度尼西亚海洋与气候支持（Indonesia Marine and Climate Support，IMACS）项目以海洋资源可持续管理的方式促进脆弱的沿海社区的气候变化适应行动以及海洋食品安全；美国国际开发署为“低碳发展”建立了一项公私伙伴关系。①

因而中国仍需进一步提升气候变化在发展、援助与外交等领域的角色和地位，特别是在气候援助方面。中国应不仅注重分享国内节能、减排以及应对气候变化方面的知识与经验，而且应以可再生能源利用项目援建、向发展中国家提供环境保护所需的设备和物资的方式，开展发展中国家气候变化能力建设。②

五　结语

奥巴马政府的气候变化政策显然受到自由主义意识形态、政治保守主义者的影响和塑造。尽管奥巴马政府强调气候变化行动中的“整体政府”方法以及跨部门协作，但是美国气候变化行动仍受制于美国联邦政府各自为政的政治框架。正如罗伯特·吉尔平所言：“美国政治经济中的这些意识形态、结构和公私对立，大大限制了美国政府实施连续有效的全国经济战略的能力。”③ 由此来看，美国未来气候变化政策仍将受制于国内意识形态之争、联邦政治体系以及公私对立与伙伴关系的变化。

环境保护、应对气候变化等气候议题仍将是中美战略与经济对话的中心议题。如若共和党人当选美国总统，中美在气候变化国际谈判领域的沟通与协调必然受到一定的阻碍或制约，有碍于《巴黎协定》的落实。鉴于中国崛起的战略性影响，美国下一届政府很可能进一步加强与中国的双边气候合作，将其作为平衡中国崛起的一种战略或手段，但是中美气候变化合作仍可能是中美两国伙伴关系或新型大国关系的重要组成部分。

---

① “Fact Sheet: Expanding The U. S. – Indonesia Partnership On Climate Change And Clean Energy,” the White House, https://www.whitehouse.gov/sites/default/files/india-factsheets/US-Indonesia_Climate_Change_and_Clean_Energy_Fact_Sheet.pdf, 2010.

② 中华人民共和国国务院新闻办公室：《中国的对外援助》，人民出版社，2014，第22页。

③ 〔美〕罗伯特·吉尔平：《全球政治经济学》，杨宇光等译，上海人民出版社，2003，第170页。

G.7

国际航空、海运业减排的发展现状与展望

张琨琨　赵颖磊　周玲玲*

摘　要：　国际航空、海运业排放议题是《联合国气候变化框架公约》下最早启动应对气候变化谈判的行业议题之一，其源头在于国际航空、海运业自身特征所带来的技术问题，即其无国界性及派生于经济需求带来了温室气体排放统计和分配的难题。多年来，航空海运减排谈判在《联合国气候变化框架公约》和行业组织下同时推进，各方围绕行业减排谈判的主渠道、减排的适用原则等一系列问题分歧不断、徘徊前行。《巴黎协定》虽未涉及国际航空海运减排内容，但决不意味着这两行业的减排责任有丝毫减轻。相反，近期会议的进展和各大利益集团的动向均表明，未来全球将进一步加速为两行业绿色低碳发展寻找符合其特征的解决方案和路径，行业组织也将按照既定的框架和路线图，更为有力地推进《巴黎协定》的落实。

关键词：　国际航空、海运业　行业组织　巴黎气候变化大会

---

* 张琨琨，浙江海事局发展战略研究中心科员，研究领域为海运温室气体减排、海事发展战略；赵颖磊，浙江海事局发展战略研究中心副主任，研究领域为海运温室气体减排，长期跟踪、参与《联合国气候变化框架公约》和国际海事组织气候变化谈判；周玲玲，中国民航科学技术研究院环境保护室助理研究员，清华大学管理科学与工程专业博士，主要从事民航碳市场、民航气变谈判等工作。

一　国际航空、海运业减排的现状与动态

国际航空、海运业是经济社会发展的重要战略性产业，在维护国家权益和经济安全、推动对外经贸发展、促进产业转型升级等方面具有日益重要的作用。中国的国际经贸往来主要由航空和海运完成，对其的依存度按价值计算达到80%以上，按重量计算达到90%以上。[①]

航空、海运业有着与其他行业显著不同的特点。一方面，世界经济和贸易的无边界决定了航空、海运业从诞生之日起，即是全球化产业。特别是随着国际航空海事组织等多边框架的成立，在国际海上货物运输、民用航空业务等国际航空、海运领域均建立了统一适用的、不区分发展中国家和发达国家的“非歧视”“无差别”的国际标准。在国际海运方面，船舶“方便旗”登记制度的普遍存在导致很难区分船舶实际的归属国，进一步弱化了该行业的国别属性。

另一方面，航空、海运业是一种派生需求，它是随着各国经济发展而派生的，并为国际贸易服务[②]，因而航空、海运业的发展与全球经济和贸易的发展变化及市场的供需关系休戚相关，世界经济的发展决定了这两行业的长周期，客货运供需关系的对比决定了两行业的短周期[③]。

（一）国际航空、海运业减排的发展历程

国际航空、海运业排放议题是《联合国气候变化框架公约》（以下简称《公约》）框架下最早启动的行业议题之一，其源头在于国际航空海运业自

① 马硕：《航运业对中国经济三十年高速发展的贡献》，《中国航海》2009年第32卷第1期。

② International Maritime Organization（IMO），“Third IMO GHG Study 2014：Executive Summary and Final Report，” https：//www. researchgate. net/publication/281242722_ Third_ IMO_ GHG_ Study_ 2014_ Executive_ Summary_ and_ Final_ Report，July 2014.

③ 以2010年上海世博会为例，约1500万人次搭乘民航班机到上海参观游览，使我国航空业的需求增加约8.27%，由此上海世博会期间被称为民航业的“黄金184天”，当年5月，“南航”增加各地至上海浦东9条线共计768班；受益于客座率明显提升，春秋航空当年实现单耗历年最低。

身特征所带来的技术问题。

早在《公约》生效前，1993 年 8 月，在日内瓦举行的《联合国气候变化框架公约》第八次政府间谈判委员会（以下简称“INC”）会议，在讨论编制国家温室气体排放清单方法时，就已提出了国际民航和船舶排放的分配问题。政府间气候变化专门委员会（IPCC）指出，各国在统计民航和船舶排放数据上缺乏统一和连续性，建议制定民航和船舶排放分配的程序。

此后，《公约》第一次缔约方会议授权其附属科学技术咨询机构（以下简称 SBSTA）研究国际燃油消耗排放的划分和控制问题，SBSTA 经讨论，决定鼓励缔约方根据《经修订的 1996 年 IPCC 国家温室气体清单指南》的方法统计民航和船舶排放清单，在汇总上则沿用了此前的决定，即单独列出且不计入国家排放总量。

基于统计民航和船舶燃油销售数据的做法与当时各国向联合国统计局上报数据的要求一致，因此在统计方法上保持了连续性。然而，这也带来了另一个问题。由于销售燃油的国家对于购买和使用燃油的他国飞机和船舶缺乏控制其排放的手段，因此 INC 第九次会议指出，需要制定一个国际协议来协调全球行动，于是，随后通过的《京都议定书》第 2.2 条对海运减排问题进行了明确的授权：“附件一所列缔约方应分别通过国际民用航空组织和国际海事组织作出努力，谋求限制或减少航空和海运燃油消耗产生的《蒙特利尔议定书》未予管制的温室气体的排放。”由此拉开了行业组织下航空海运排放议题讨论的序幕。

（二）两行业组织下的减排谈判

在《公约》下，长期以来，国际航空、海运业排放问题主要被列于《公约》附属科学技术咨询机构会议的议题中讨论，讨论的重点限于国际运输飞行器和船舶温室气体排放的计算和国别划分等技术问题。但是，2009 年 7 月，在于德国波恩举行的气候变化国际谈判会议上，长期合作行动特设工作组（AWG - LCA）根据“巴厘岛行动计划”，将航空海运领域的减排问题纳入减缓议题下的“行业方法和特定行业活动，1b（iv）”进行讨论。然而，各方对于开展航空海运减排谈判的主渠道、减排的适用原则等基础问题始终分歧严重，《公约》下谈判处于胶着状态，发达国家通过国际航空、海运业强拉发展中国家承担强制减排义务的意图一再受挫，国际民航组织（ICAO）和国际海事组织（IMO）逐渐成为推动两行业减排谈判的主要战场。

1. 国际民航组织下的航空减排谈判

国际民航组织在1944年组建之初对环境问题的关注仅限于航空器噪声问题。1981年ICAO发布了《航空发动机排放》标准。在1997年《京都议定书》第2.2条对航空海运减排问题明确授权后，ICAO开始正式介入国际航空减排议题。随后在2001年，ICAO第33届大会提出限制或减少航空温室气体排放对当地空气质量的影响、对全球气候的影响目标。2007年在ICAO下组建了一个新的国际航空和气候变化组（GIACC），制定了《国际航空和气候变化行动方案》，该方案承认“共同但有区别责任”原则，并确定了燃油效率形式的“全球意向性目标”。

2010年，ICAO下开启了以市场机制措施为核心的国际航空应对气候变化谈判。2010年，ICAO第37届大会决定制定一个基于市场机制措施的国际航空减排框架，敦促各国在设计新的和执行现有的国际航空市场措施时与其他国家开展双边、多边磋商和谈判以达成协议。同时大会还制定了2020年前及2021~2050年全球年平均燃油效率改进2%的目标。

2013年，ICAO第38届大会保留了2%的年均燃油效率改进目标，同时提出2020年全球国际航空二氧化碳排放零增长的“意向性目标”（碳排放中性增长目标），该目标并不将减排责任分配到各个国家。第38届大会决议还要求2016年前完成全球市场机制措施的技术分析及方案设计，提交第39届大会审议，并确保其于2020年开始实施。

2013年以来，ICAO下全球市场机制谈判在政治和技术两个层面展开。近三年，在技术层面，已初步形成监测、报告、核证方法，减排单位标准等；在政治层面，各方立场分歧较大，就实质性问题一直较难达成一致。鉴于此，ICAO理事会主席阿留博士于2015年底起草了拟提交第39届大会的“国际航空全球市场机制措施决议”草案，对市场机制的实施方式、参与

国、责任分配方法等做出了具体安排。2016年以来ICAO下谈判均围绕该决议草案展开，在密集的多轮谈判后，发达国家和发展中国家两大阵营间的分歧依旧，9月的第39届大会前途未卜。

2. 国际海事组织下的海运减排谈判

近10年来国际海事组织下的海运减排谈判主要经历了3个发展阶段①。

第一阶段为技术措施制定期，从MEPC第57届会议（2008年4月）到MEPC第62届会议（2011年7月）。MEPC第57届会议在国际海运温室气体减排进程中具有重要意义。尽管争议很大，但该会议仍以多数表决的方式通过了国际海运减排机制的9大原则，强调减排机制应“平等适用于所有船旗国”，确定了国际海运减排机制的基本框架。并最终导致MEPC第62届会议以唱票表决方式通过了《MARPOL公约》附则Ⅵ修正案②，从而诞生了全球第一个行业领域的温室气体减排国际规则——船舶能源效率规则，但唱票表决方式加剧了IMO成员国间的不信任、隔阂甚至对立，使此后的IMO谈判蒙上了阴影。

第二阶段为市场措施制定期，从MEPC第63届会议（2012年3月）到MEPC第65届会议（2013年5月）。各方从构建市场机制的原则、目的、方法和资金使用等角度相继提出了构建市场机制的方案。MEPC第59届会议（2009年7月）在欧盟和伞形集团的提议下，制定了市场机制路线图工作计划，试图对各方提议的共计20种市场机制措施进行分类审议，确定可供进一步筛选讨论的具体市场机制措施。但由于在支持与反对市场机制的方案之间，甚至在各种市场机制方案内部分歧较大，加之美国提交的关于建立

① IMO最初讨论“船舶CO_2排放”问题始于1997年召开的《国际防止船舶造成污染公约》（以下简称MARPOL公约）缔约国大会，此次大会通过了关于“船舶CO_2排放”的决议，邀请IMO海洋环境保护委员会（MEPC）考虑关于减少CO_2排放的可行措施。此后10年间IMO以开展温室气体排放问题研究为主，并在估测排放及其影响的基础上，提出了技术、营运和市场机制的减排措施。

② 根据程序，仅有《MARPOL公约》附则Ⅵ的缔约方可参与投票，当时该附则共有64个缔约方，55个到会，其中48票支持，5票反对（中国、巴西、沙特阿拉伯、科威特和伊朗），2票弃权。

营运船舶数据收集及能源效率标准的提案开始引起各方广泛关注，会议决定搁置市场措施的讨论，转向美国提议的建立营运措施的讨论。

第三阶段为数据收集机制制定期。自 MEPC 第 66 届会议（2014 年 3 月）起，按照美国提议，分三个阶段建立营运船舶强制能源效率标准：数据收集阶段、试行论证阶段和强制实施阶段。美国的方案得到了欧盟、伞形国家集团等的支持，航运业界对数据收集机制的目的，即营运船舶强制能效标准的必要性、可行性和合理性提出了质疑，由此反对船舶运输周转量数据的收集。美国在 MEPC 第 68 届会议上对原路线图做出调整，将其改为数据收集、数据分析和决策制定三个阶段，此举打消了航运业界的疑虑，到 MEPC 第 69 届会议，“新三步走”的路线图已成为各方共识。

二 《巴黎协定》后两行业减排的展望

2015 年 12 月通过的《巴黎协定》作为全球应对气候变化的转折点，传递出国际社会坚定致力于低碳未来的强力信号。对于航空和海运行业，正如 IMO 前秘书长 Koji Sekimizu 所言，“《巴黎协定》虽未涉及国际海运减排内容，但这并不意味着此后海运业与全球共同应对气候变化的责任有丝毫减轻”①。相反，全球将进一步加速为两行业低碳发展寻找解决方案和合适的途径，行业平台也将按照既定的框架和路线图，更为有力地推进《巴黎协定》的落实。

（一）国际航空业未来减排的展望

无论是《公约》下的气候变化谈判还是国际民航组织（ICAO）框架下的气候变化谈判，表层是方案之争，实质则是各国发展空间之争。

① International Maritime Organization（IMO），“Full Speed Ahead with Climate-change Measures at IMO Following Paris Agreement，” http：//www. imo. org/en/MediaCentre/PressBriefings/Pages/55 - paris - agreement. aspx，2015.

1. 国际航空全球市场机制措施将于2020年启动

未来，ICAO 框架下将力推一揽子措施以减缓全球国际航空二氧化碳排放，包括技术、运营、替代燃料及市场措施等。2020 年，ICAO 框架下将启动全球市场机制措施（GMBM），以 2020 年全球国际航空碳排放中性增长为目标，将减排责任分配到各个已被纳入该框架的航空公司。尽管当前 GMBM 下谁减排、减多少、如何减等核心问题尚无定论，但一旦加入 ICAO 框架，各航空公司将承担量化的减排（或抵消）责任，而这会新增发展中国家航空公司的发展成本。

ICAO 借助国际航空运输协会（IATA）等行业组织提出的 2050 年比 2005 年减排 50% 目标、2020 年碳排放中性增长目标，以保护气候为名行共同减排之实，最终目的是使中国等发展中国家超越发展阶段与发达国家共同承担减排责任，维护发达国家在全球民航业中的领导作用。GMBM 下若不加区分地实施相应措施势必将抑制发展中国家，特别是中国等快速发展中国家民航产业的发展。由此，行业层面积极、建设性地参与谈判进程，企业提前部署、应对未来减排压力，科研机构加快民航业未来排放趋势研究是十分紧迫而必要的。

2. 我国主要民航企业将于2017年第一批参与全国碳市场

“十一五”以来，中国民航业节能减排工作取得了显著成效，先后颁布了《关于全面开展民航行业节能减排工作的通知》《民航局关于加快推进行业节能减排工作的指导意见》（下称《指导意见》）等纲领性文件，明确了 2020 年前民航业绿色发展路线；发布《民航节能减排专项资金项目指南》，明确了民航业减排工作的推进方向。民航业“十二五”节能减排项目投资百亿元人民币，实现年减排能力近百万吨。

当前我国民航燃油效率已处于全球领先水平，且我国航空制造技术对外依赖性强，行业自身节能减排潜力十分有限。未来民航业仍需点面结合、固化成效、深挖潜力，积极探索引入市场机制措施，努力实现行业绿色发展目标。

引入市场机制措施是行业节能减排工作的部署与创新。早在 2011 年，民航局在《指导意见》中表示将在2016～2020年，适时采取市场措施减少碳排放。“十二五”期间，欧盟将在其境内起降的航班纳入欧盟碳排放交易体系，我国航空公司经营的部分航班因航行于欧盟境内，参与了欧盟的碳排放交易；同时北京、上海民航企业也已参与地方碳试点。[①] 2016年初，国家发改委发布的《关于切实做好全国碳排放权交易市场启动重点工作的通知》已明确民航行业为2017年全国碳市场的第一批纳入行业。未来，市场措施将成为民航行业企业的“紧箍咒”，同时也是民航行业推进节能减排的有力工具，只有糅合市场、非市场措施，集合力才能统筹好行业发展与节能减排工作。同时，在全国碳市场建设阶段有必要有效利用行业企业的实操经验，稳步扎实地推进国内碳市场的机制设计工作。民航行业国际性强，只有构建国际化标准，严谨规范的国内碳市场制度才能保障行业碳市场的健康运行，也才能有效应对ICAO下市场机制带来的严峻挑战。

（二）《巴黎协定》后国际海运业低碳发展的展望

如何更好地提升能源效率管理水平、与全球共同应对气候变化一直是整个海运行业工作的重心。目前，海运业被认为是环境友好型、能源效率最高的运输行业，同时也是全球唯一一个面向所有国家、针对全行业采取具有法律约束力的减排规则的行业。《巴黎协定》通过后，IMO再次迅速地向国际释放出了推动海运减排的积极信号。

2016年4月召开的MEPC第69届会议推动船舶能源效率“三步走”路线图成功迈出了至为关键的第一步——被视为“先手棋”的船舶油耗数据收集机制获得委员会的同意，预计将于MEPC第70届会议以修订《MARPOL公约》附则Ⅵ的形式强制实施。

不仅如此，在该会议上航运业协会还主动提出《巴黎协定》后海运业应提交“IMO自主贡献”，由此引发了关于如何推动海运业展示应对气候变

① 最初欧盟规定将外国国际航班均纳入欧盟碳排放交易体系，因多国强烈反对欧方采取单边行为，欧盟不得不修改为只将在欧盟境内起降的航班纳入碳交易体系。

化贡献的大讨论。10月召开的MEPC第70届会议将专门成立工作组对其进行深入讨论。在此之前，各大利益集团结合各自在应对气候变化领域的战略考量，通过密集的提案展开了异常激烈的交锋，主要形成了3派观点：欧盟联合小岛屿发展中国家和环保国际组织提出海运行业须明确应当为全球应对气候变化承担的“公平减排份额”，设置海运业绝对量化减排目标及相应市场减排机制，并推广其排放交易体系战略；立场相近发展中国家强调从行业实际出发，以相对能源效率提升为导向，遵循业已达成的“三步走”路线图并细化时间表，以数据收集机制形成的可靠排放统计数据为基础，为海运业量身定制减排方案；美国等则借鉴《巴黎协定》中“长期温室气体低排放发展战略”的概念，提出制定海运温室气体减排到2050年的长期战略，战略内容可包括减排目标在内的一揽子方案。

由此可见，后《巴黎协定》时代，IMO海运业低碳发展战略前景尚不明朗，各大利益集团争相博弈、试图抢占下一轮海运业低碳发展主导权，但毋庸置疑的是，各方均认可并期待海运业制定更具雄心的减排战略和措施以展示贡献。不同的是，以往按照“自上而下”的模式设置绝对量化目标的思路遭遇了更多抵触，以提升能源效率为导向的方案由于照顾到行业实际，逐渐受到多方青睐。这充分说明，尽管《巴黎协定》未涉及海运业减排的内容，但其“自下而上”的模式和依据各自实际情况等原则已成为各方共识，海运业减排未来也将遵循《巴黎协定》的精神“量身定制”符合其特征的减排方案。

我国政府高度重视“共商共建共享”的全球共同治理理念。作为航运大国，我国实际拥有及经营的船队规模居全球第三①，因此未来也必将以更为积极的姿态参与国际海运减排治理，共同推动国际社会形成科学合理的、切实符合行业利益的能源效率措施和温室气体减排方案，为海运业可持续发展贡献中国智慧。水路运输是我国能源消耗和温室气体排放的主要来源之

① 统计数据源于联合国贸易和发展组织（UNCTAD）的《世界海运回顾2015》，统计截至2015年1月1日。

一，我国提出排放达峰目标后，海运业未来将承担艰巨的减排任务，交通部门将依赖更加有力的管理、市场及技术手段，加快产业低碳化进程和推动转型升级，海运绿色发展之路将面临前所未有的机遇与挑战，如能抓住机遇，顺势而为，就有望在这一轮的绿色浪潮竞争中实现“弯道超车”。

G.8

BECCS的发展挑战与《巴黎协定》目标的实现

翁维力*

摘　要：　2015年12月达成的《巴黎协定》，是全球应对气候变化里程碑式的成果，将把21世纪内全球平均温升幅度控制在2℃以内设为全球减排目标。多数2℃目标下的减排模式需要从21世纪中叶开始大规模应用能带来“负排放”的BECCS技术。本文整理介绍了BECCS的技术概念，其进入气候变化综合评估模型（IAMS）和减排情景的历程及其全球示范项目的发展现状；探讨了BECCS技术所面临的主要挑战和不确定性；并指出若无革命性的技术突破、足够的政策和资金支持，在可预见的未来，BECCS技术几乎没有可能发展成为一种能帮助实现《巴黎协定》目标的关键技术。

关键词：　巴黎协定　2℃目标　BECCS

一　引言

2015年12月国际气候变化谈判达成的里程碑式的成果——《巴黎协定》——设定了“在本世纪内将全球平均温升幅度控制在2℃以内”的减排

---

* 翁维力，中国社会科学院城市发展与环境研究所博士研究生，主要研究方向为可持续发展经济学、气候变化政策和地球工程的国际治理。

目标。根据政府间气候变化专门委员会（IPCC）第五次评估报告，2℃目标的可能减排路径是：全球温室气体排放量在 2030 年之前要被削减到 2010 年的排放水平之下，即约 500 亿吨二氧化碳当量；2050 年要在 2010 年的排放基础上减少 40% ~70% 的排放；2100 年必须要实现零排放。因此，绝大多数有可能实现 2℃目标的排放方案，都需要从 21 世纪中叶开始大规模应用二氧化碳的“负排放”技术，通过大量减少大气中的二氧化碳存量才能实现减排目标。同 IPCC 的研究结果一致，世界银行、国际能源署等机构的研究报告和大部分学术文献中有可能实现 2℃目标的情景路径设计方案，同样离不开“负排放”技术的大规模应用。

在现阶段，这种对 2℃目标的实现起到至关重要作用的“负排放”技术主要指的是生物质能源与碳捕集和封存（Bio-energy with Carbon Capture and Storage）技术，简称 BECCS 技术。理论上，BECCS 技术被认为能降低减排成本，实现更低的二氧化碳浓度目标。但在现实中，BECCS 技术是否可以真正实现“负排放”？BECCS 技术有无可能在 2050 年左右得到大规模应用，从而帮助实现《巴黎协定》的 2℃目标？面对全球气候与环境的急剧恶化，亟须对以上问题做出切实的评估和严肃的思考。

二　BECCS 的概念和发展历史

（一）BECCS 的概念和技术原理

BECCS 技术主要依靠生物质俘获大气中的二氧化碳，通过将生物质燃烧或与化石能源一起燃烧来产生能源，或者将其提炼为液态燃料（如乙醇），或者将其直接用于发电；再通过使用碳捕集技术将这个过程中产生的二氧化碳分离、收集、液化和运输，封存于地层深处。液态二氧化碳被泵压到地下 1000 ~3000 米的盐水层，与砂岩孔隙中的盐水混合，通过各种地球化学过程，能被“永久”保存在这些构造中。这样通过生物质能源对大气中二氧化碳的吸收，经过转化，最后深埋于地下的过程，可以实现大气中二氧化碳的净移除，因此 BECCS 技术被视为一种能带来“净负排放”的技术。

理论上，BECCS 技术能够被广泛用于任何与生物质能源有关的生产活动，如电厂（专用生物质能电厂和生物质能与化石燃料共烧电厂）发电、乙醇生产、沼气生产、纸浆生产和造纸等。虽然 BECCS 的这些技术步骤在小范围内已得到实验验证，但尚未被大规模应用于任何工业领域，目前也几乎没有迹象表明该技术能在可预见的未来变得具有经济可行性，但为何它能被视为国际社会应对气候变化的“关键技术”呢？针对这个问题，总部设在英国的气候研究机构碳简报（Carbon Brief）在 2016 年 4 月曾召集相关领域的科学家一起回顾了 BECCS 的发展历程。

（二）BECCS 的发展历史及其在气候变化减排情景中的作用

“BECCS”的概念最早于 20 世纪 90 年代后半期出现在科学文献上。[①] 2001 年有学者主张在瑞典的纸浆和造纸行业配备碳捕集和封存技术，通过参与《京都议定书》下的碳交易获取经济利益来激励该行为。这个想法经由国际应用系统分析学会（IIASA）科学家的共同努力，最终发展出“BECCS”的概念雏形，并于 2001 年 12 月见于《科学》杂志，当时用的是“生物质能源和碳移除及处置”（Biomass-energy with Carbon Removal and Disposal）的说法[②]。这篇文章认为 BECCS 可以作为一种气候变化的风险控制手段而发展，当极端灾害性事件，或其他会对人类和生态系统造成重大损失的事件可能发生时，可以利用 BECCS 技术清除大气中的二氧化碳，从而起到规避风险的作用。由于气候变化综合评估模型的结果常常是确定性的、单一性的，缺乏风险控制的机制，因此将这样的负排放技术作为后备的、辅助性的选项便显得十分必要，但是该文章的两位主要作者都表示没有想到后来 BECCS 技术可以在综合评估模型中作为一种关键的减排技术而

① Williams, R. H., “Fuel Decarbonization for Fuel Cell Applications and Sequestration of the Seperated CO_2,” Center for Energy and Environmental Studies, Princeton University, 1996.

② Obersteiner, M., Azar, C., Kauppi, P., et al., “Managing Climate Risk,” *Science* 94 (2001): 786 – 787.

被采用[①]。

差不多在同一时期，美国的几位环境科学家也在对将生物质能和碳捕集与封存技术相结合来达成负排放开展研究，并在 *Climatic Change*、*Nature* 等杂志上发表了相关的研究成果。学术界开始就 BECCS 逐步展开研究和讨论。2005 年 IPCC 发表的 CCS 特别报告中已有 BECCS 的提法和相关讨论。[②] 与此同时，一些学者开始将 BECCS 纳入气候变化综合评估模型，研究结果表明 BECCS 能极大地增加实现低排放浓度目标（350ppm）的可能性[③]。随着气候变化科学研究取得更多发现，气候敏感性的数值被提升，科学家们逐渐认识到 2℃目标的实现需要更多强有力的减排措施，因此，包含 BECCS 技术的模型越发增多。到了 2014 年 IPCC 第五次评估报告发布之际，绝大多数对应 2℃目标的减排情景中都采用了 BECCS 技术。[④] 换句话说，如果不借助 BECCS 技术的大规模应用，绝大部分气候变化综合评估模型无法得出在 21 世纪末实现 2℃温升目标的减排路径。但 IPCC 同时也指出大规模应用 BECCS 这种负二氧化碳移除技术和方法的潜力还不确定，其支持证据有限，一致性只能达到中等程度。

从 BECCS 概念的提出，到 BECCS 最初作为气候变化风险规避的备用手段的提法，再到 BECCS 技术被视为关键技术纳入气候变化减排方案的设计这样一段发展历史，过程很快。目前，对该技术的认识缺乏坚实的实验或者示范项目的数据支持，更多的是建立在计算机系统的模拟结果上。在未来的减排情景中对 BECCS 技术的严重依赖更像是一种无奈之举，没有更好选择下的选择。

① “The History of BECCS,” Carbon Brief, https://www.carbonbrief.org/beccs-the-story-of-climate-changes-saviour-technology, 2016-4-13.

② IPCC, *Carbon Dioxide Capture and Storage: Special Report of the Intergovernmental Panel on Climate Change* (Cambridge University Press, 2005).

③ Azar, C., Lindgren, K., Boerstener, M., et al., “The Feasibility of Low CO_2 Concentration Targets and the Role of Bio-energy with Carbon Capture and Storage (BECCS),” *Climatic Change* 100 (2010): 195-202; Van Vuuren, D. P., Deetman, S., Bliet, J. V., et al., “The Role of Negative CO_2 Emissions for Reaching 2℃—Insights from Integrated Assessment Modelling,” *Climatic Change* 118 (2013): 15-27.

④ IPCC, *Climate Change 2014: Mitigation of Climate Change*, Vol. 3 (Cambridge University Press, 2015).

三 BECCS在减排情景中的规模要求和成本估算

英国气候变化委员会（UK Committee on Climate Change）委托“AVOID 2”项目对BECCS技术进行综合评估，结果表明实现2℃目标需要借助BECCS技术在2100年前共移除608 Gt的二氧化碳[①]。从全球生物质能源的潜能、埋存地质条件等方面去估算，全球BECCS的潜力为10GtCO_2/yr（浮动范围为0~20GtCO_2/yr）。[②] 这就要求在BECCS的部署上，最晚从21世纪中叶开始大规模地应用BECCS技术，再经过半个世纪的努力，才有可能在21世纪末实现《巴黎协定》的目标。为了能在2050年开始大规模应用BECCS技术，则要求在这之前能完成BECCS从实验到工业化示范的过程，据全球碳捕集与封存研究院估算，需要在2010~2020年实现每年3500万吨的BECCS二氧化碳的捕集和埋存量，在2050年之前实现每年24亿吨的BECCS二氧化碳的捕集和埋存量（见图1）。

2℃目标的减排情景对BECCS技术的依赖不仅仅在于它的“负排放”，更在于它能够以更低的成本实现减排。部分研究表明，BECCS技术是脱碳成本最低的一种技术，使用BECCS技术能显著减少全球减排成本，对发电厂的减排尤为关键。换句话说，如果不采用BECCS技术的话，减排成本会显著增加（见图2）。以英国为例，若不采用BECCS技术，英国的减排总成本将增加440亿英镑。IPCC报告粗略估算了BECCS技术的减排成本为60~250美元/tCO_2。但如果不采用CCS技术，全球碳减排成本将提高140%。[③]

---

① Wiltshire, A., and Davies - Barnard, T., “Planetary Limits to BECCS Negative Emissions,” http://avoid - net - uk. cc. ic. ac. uk/wp - content/uploads/delightful - downloads/2015/07/Planetary - limits - to - BECCS - negative - emissions - AVOID - 2_ WPD2a_ v1. 1. pdf, 2015.

② IPCC, *Climate Change 2014: Mitigation of Climate Change*, Vol. 3 (Cambridge University Press, 2015).

③ IPCC, *Climate Change 2014: Mitigation of Climate Change*, Vol. 3 (Cambridge University Press, 2015).

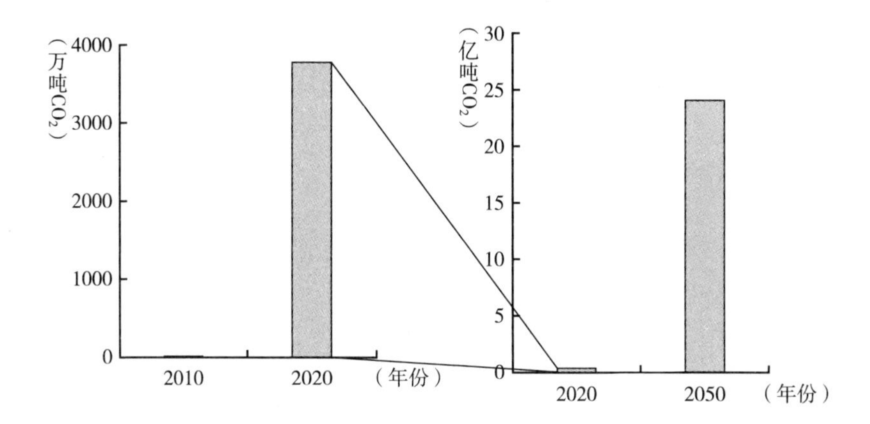

图 1　BECCS 的部署路线

资料来源："Global Status of BECCS Projects 2010," Canberra, Australia: Global CCS Institute, https://www.globalccsinstitute.com/publications/global-status-beccs-projects-2010, 2010。

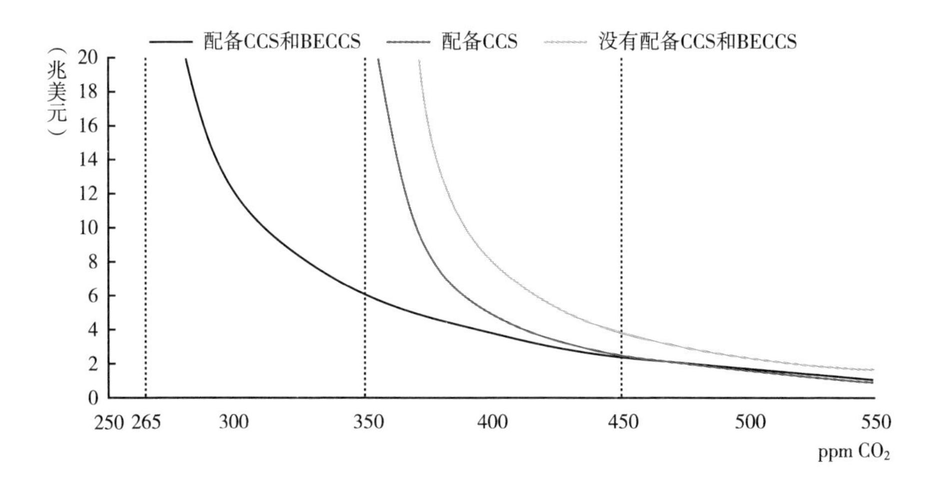

图 2　应用不同技术在达成不同 CO_2 浓度目标下的成本曲线

资料来源：Azar, C., Lindgren, K., Larson, E., et al., "Carbon Capture and Storage from Fossil Fuels and Biomass—Costs and Potential Role in Stabilizing the Atmosphere," *Climatic Change* 74 (2006): 47-79。

四　BECCS 的技术现状和示范项目

（一）BECCS 示范项目的总体情况

在“BECCS”的概念被提出之后，2013～2015 年，由美国能源部主导在美国堪萨斯州进行了世界上第一个 BECCS 实验项目，该项目所捕集的二氧化碳气体经卡车运输到 11 公里外的废弃油田，用于提高石油采收率。该实验项目的规模和范围都很小，两年总共捕集 7700 吨二氧化碳，增加采收 27900 桶石油。从增加石油采收的效率来看，该项目被认为是一个失败的尝试，绝无商业应用的可能性。

到 2010 年，世界范围内正在计划或执行的 BECCS 项目共有 16 个（见表 1），主要集中于美国和瑞典等少数发达国家[①]，大多数由国家实验室和大学主导。剔除其中已完成、已取消，或是还处在初步意向或考察评估阶段的项目，在 2010 年，全球范围内正在进行中的 BECCS 项目有 2 个，正在建设中的项目亦有 2 个，一共 4 个。

表 1　截至 2010 年世界范围内正在计划或执行的 16 个 BECCS 示范项目

项目	年份	二氧化碳	国别	运输方式	封存方式	现状(2010 年)
Russel	2003～2005	乙醇生产 7700 吨(总量)	美国	卡车	EOR	已结束
Liberal	2009～	乙醇生产 105000 吨/年	美国	管道	EOR	进行中
Garden City	2011～	乙醇生产 140000 吨/年	美国	管道	EOR	建设中

① 巴西的项目由联合国开发署（UNDP）和全球环境基金（GEF）联合发起，而在坦桑尼亚的项目则由一家瑞典乙醇生产公司 Sekab 发起。当时巴西的项目在评估状态，而坦桑尼亚的项目在经过初步考察之后，被 Sekab 公司取消了。

续表

项目	年份	二氧化碳	国别	运输方式	封存方式	现状(2010 年)
Rotterdam	2011 ~	乙醇生产 330000 吨/年	荷兰	管道	温室种植(并非永久负排放)	进行中
Decatur	2011 ~ 2015	乙醇生产 1000 吨/天	美国	管道	盐水层	基础设施建设完成
Värö	有待决定	纸浆生产 800000 吨/年	瑞典	轮船或管道	盐水层	评估中
São Paulo	2013 ~ 2014	乙醇生产 20000 吨/年	巴西	管道	盐水层	评估中
North Dakota	2012 ~	生物质能气化 100 ~ 500 吨/年	美国	管道	盐水层	评估中
Artenay	有待决定	乙醇生产 45000 吨/年	法国	管道	盐水层	评估中
Domsjö	有待决定	纸浆生产 260000 吨/年	瑞典	轮船	盐水层	初步意向
Norrköping	有待决定	乙醇生产 170000 吨/年	瑞典	轮船	盐水层	初步意向
Skåne	有待决定	沼气生产 500 ~ 5000 吨/年	瑞典	卡车	盐水层	初步意向
Greenville	2011 ~ 2014	乙醇生产 1000000 吨(总量)	美国	管道	盐水层	取消
Wallula	2015 ~	纸浆生产 750000 吨/年	美国	管道	盐水层	取消
Ketzin	2008 ~	80000 吨(总量)	德国	管道	盐水层	取消
Rufiji Cluster	2025 ~	500 万 ~ 700 万吨/年	坦桑尼亚	管道	盐水层	取消

资料来源："Global Status of BECCS Projects 2010," Canberra, Australia: Global CCS Institute, https://www.globalccsinstitute.com/publications/global-status-beccs-projects-2010, 2010; "Analysis: Negative Emissions Tested at World's First Major BECCS Facility," Carbon Brief, https://www.carbonbrief.org/analysis-negative-emissions-tested-worlds-first-major-beccs-facility, 2016-5-31。

此后的五六年间，BECCS 技术的示范项目的发展十分有限（见表 2）。2010 年已投入运营的位于美国的 Liberal 项目和位于荷兰的 Rotterdam 项目仍在进行中；2010 年处于建设状态的 Garden City 项目和 Decatur 项目预计将于 2016 年底进入运营。此外，由美国能源都出资，由堪萨斯地质调查局（Kansas Geological Survey）和堪萨斯大学主导的 Wellington 示范项目，原计划于 2014 年开始，但由于许可申请延迟等原因，预计将于 2016 年底开始，年捕集二氧化碳 40000 吨。另外，一家瑞典的致力于 BECCS 技术的研究和商业应用的创业企业 Biorecro A. B.，曾入围"维珍地球挑战"决赛①，目前正与美国的北达科他大学等机构合作，在北达科他州建设了一个小规模的实验项目，预计每年将捕集和封存 1500 ~ 5000 吨二氧化碳。表 1 中那些在 2010 年处于初步意向、评估或者是取消状态的 12 个项目，则几乎都销声匿迹，再无更新的消息了。

表 2　2016 年全球 BECCS 实验或示范项目

项目	年份	二氧化碳	国别	运输方式	封存方式	现状(2010 年)
Liberal	2009 ~	105000 吨/年	美国	管道	EOR	进行中
Garden City	2011 ~	140000 吨/年	美国	管道	EOR	进行中
Rotterdam	2011 ~	330000 吨/年	荷兰	管道	温室种植（CCUS）(并非永久负排放)	进行中
Decatur	2016 ~	1000000 吨/年	美国	管道	盐水层	预计 2016 年底进入运营
Wellington	2016 ~	40000 吨/年	美国	—	EOR	预计 2016 年底开始
North Dakota	有待决定	1500 ~ 5000 吨/年	美国	—	EOR	筹备中

① 维珍地球挑战（Virgin Earth Challenge），将"移除大气中的二氧化碳"视为努力目标，由维珍公司的创始人理查德·布兰森设立，为各种碳移除技术，如 BECCS、生物炭、直接空气捕集和封存、加强风化等提供资金支持，其最大的奖项高达 2500 万美元，参赛企业多达 1 万多个，最终选定 11 个入围者。评委共五人，包括理查德·布兰森和诺贝尔奖得主，以及美国前副总统艾尔·戈尔。

如果 Decatur 和 Wellington 两个项目都能顺利如期开始，到 2016 年底，全球将有 4 个运行中的 BECCS 项目，年捕集二氧化碳可达 161.5 万吨，但这跟 2℃目标下的 BECCS 部署路线图中 2020 年达成 3500 万吨的捕集和封存量的目标相距甚远。

需要特别注意的是，目前运营中的 Liberal 项目和 Garden City 项目，包括筹划中的 Kansas 项目和 North Dakota 项目全部都是 EOR① 项目，并不是单纯的封存项目。也就是说，在这些项目中，所捕集的二氧化碳将用于提高石油的采收率，而不仅仅是为了被封存，其所捕集的二氧化碳最终会帮助开采出更多的本来不会被开采和使用的化石能源，而这会反过来增加了二氧化碳的排放。

因此，严格地来说，所有以 EOR 形式存在的 BECCS 项目并不是“负排放”的示范项目。同样地，荷兰 Rotterdam 项目从 Abengoa 乙醇生产厂中捕集二氧化碳，用于大面积的温室种植，其所捕集的二氧化碳最终会从多种渠道重新回到大气中，并非永久封存，因此也不能算是“负排放”的示范项目。因此，就目前而言，只有美国伊利诺伊州的 Decatur 项目，是一个将二氧化碳注入深盐水层永久封存，而不是用于 EOR 或者 CCUS 的项目，也可以说是目前全球唯一一个和 BECCS 最为相关的示范项目。

（二）Decatur 项目的进展和局限

Decatur 项目位于盛产玉米的美国伊利诺伊州，在玉米制乙醇工厂上配备 CCS，并将捕集的二氧化碳永久埋存于西蒙山砂岩（Mount Simon Sandstone）。西蒙山砂岩属于寒武纪地层，该地层具有良好孔隙率和渗透率，可以很好地储存二氧化碳；此外，在储留层上方有一层孔隙率和渗透率较低的盖岩层（Cap Rock）可以防止二氧化碳逃逸，可以说是比较理想的二氧化碳埋存点。该项目共分为两个阶段。第一个阶段被称为 IBDP（Illinois Basin Decatur Project），在 2011 ~ 2014 年的三年间，IBDP 项目每天封存

① 指的是通过向天然能量枯竭或废弃的油田中注气而提高石油采收率的一种技术。

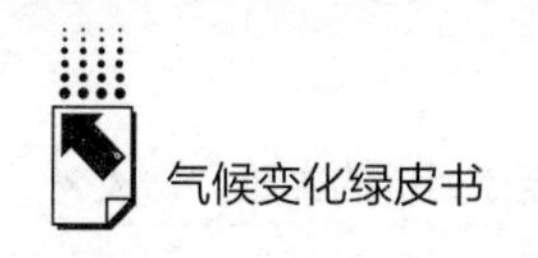

1000吨二氧化碳，三年共封存了100多万吨二氧化碳，已顺利完成①，这一阶段属于实验性质阶段。

第二阶段是工业化示范阶段，被称为IL－ICCS项目（Illinois Industrial CCS Project）②。该项目作为美国应对气候变化行动方案的一部分，从美国能源部得到1.41亿美元的资助，加上其他私人部门的资金投入，总投资为2.08亿美元。Decatur项目有可能在2016年底取得美国环境保护署（EPA）的第Ⅵ类注入井的许可证，完成基础设施的建设，进入大规模运营的示范阶段。项目预计将在三年内每年捕集100万吨二氧化碳，在规模上与常规的CCS示范项目持平。

从项目本身的进展来看，虽然在开始时间上有一些延迟，但是总体比较顺利。该项目在2011～2014年成功运行了三年，所埋存的二氧化碳也通过了为期三年的监测，并将开始更大规模的工业化生产的示范。但是，在最为关键的“负排放”问题上，即便在第一阶段IBDP项目顺利完成之后，该项目仍未能提供相应的排放数据和核算结果，至少从公开的渠道无从获知。第二阶段的项目亦没有设置绝对的减排量目标，而只有相对的强度目标。碳简报根据Decatur项目的乙醇产能来估算，该项目在未来的三年中将排放1050万吨二氧化碳，却只能捕集和封存共300万吨二氧化碳，预计排放量将是封存量的三倍多③，远远谈不上“负排放”。由此可见，即便是目前世界上唯一一个最接近“BECCS技术”概念的示范项目，其实现“负排放”的可能性也是相当的渺茫；相反，却有可能带来更多的排放。

五　BECCS的发展挑战与不确定性

前文的分析指出要实现《巴黎协定》目标，需要在2020年利用BECCS

① 即表1中的Decatur项目。

② 即表2中的Decatur项目。

③ “Analysis：Negative Emissions Tested at World's First Major BECCS Facility，” Carbon Brief，https：//www.carbonbrief.org/analysis－negative－emissions－tested－worlds－first－major－beccs－facility，2016－5－31.

技术实现每年 3500 万吨二氧化碳的捕集和封存，到 2050 年，需要实现 24 亿吨二氧化碳捕集和封存。假设一个典型的 BECCS 项目能实现每年 100 万吨二氧化碳的“负排放”，则需要在 2020 年有 35 个这样的 BECCS 项目，在 2050 年需要 2400 个。而在现实中，截至 2016 年 8 月，还没有这样能实现 100 万吨“负排放”的 BECCS 项目出现，唯一一个有可能在 2016 年底开始运行的捕集和封存 100 万吨的 Decatur 项目，其实现“负排放”的可能性却微乎其微。

真正地实现“负排放”是 BECCS 技术发展最核心的挑战。BECCS 技术首先假设大规模生物质能源的生产过程是一个碳中和的过程，理论上可能确实如此，但实际上，生物质的种植过程中大规模清理树木、灌木丛和草，破坏土壤碳储藏，改变地表反射率，以及化肥的生产和使用过程中释放的氧化亚氮等都会增加温室气体的排放，加剧气候变化。此外，生物质的收获、加工以及运输过程也需要使用能源，从而会带来额外的排放。因此大规模生物质能源是否可以真正做到“碳中和”并未可知。在 CCS 环节同样如此，二氧化碳的捕集、运输和埋存，以及埋存之后的长期的监管都需要大量的能源消耗。若从全生命周期考虑，整个 BECCS 的“生产”过程是否能实现“负排放”，目前还只有理论上的模拟和估算，尚没有任何实际的数据支持。

在能否实现“负排放”这一核心问题之外，BECCS 技术面临的另外一个核心难题是生物质的可持续生产和供应。研究表明，2℃ 目标下的 BECCS 所需生物质种植面积约为 5 亿公顷，相当于全球 1/3 的耕地面积。在全球人口不断增加、极端灾害气候事件频发的情况下，在保证粮食需求之外，再留出 1/3 的耕地面积部署 BECCS 项目，目前来看几乎是不可能的。此外，大规模开展生物质能源需要挪用本来可以作其他用途的土地资源和淡水资源，很可能会造成粮食减产或生物多样性的损失，并带来森林砍伐、地表反射率改变等后果。考虑到所有这些因素，BECCS 应对气候变化的综合效果如何并不好确定。

对高投资的需求则是 BECCS 技术能否被继续研发，并投入大规模应用的一个主要制约因素。在经济成本上，虽然各种模型的模拟结果显示，应用

BECCS 技术能大幅降低全球减排成本。IPCC 估算 BECCS 的减排成本为60 ~ 250 美元/tCO_2。但是在当前欧盟 ETS 的碳价还不到 6 美元/tCO_2[①] 的情况下，这就意味着需要至少十倍于欧盟碳市场碳价的碳补贴价格才能使 BECCS 技术具备商业竞争力。

从时间上而言，BECCS 项目需要较长的考察期和投资回报周期，这在很大的程度上影响了私人部门对它的投资。将从工业过程中捕集的二氧化碳封存到地质层是二氧化碳捕集和封存技术链的重要组成部分，同样也是一个巨大挑战。每个地质封存点都是独特的，在做最终决定之前，一般需要花费数年的时间与大量资金用于封存点的场地勘察和筛选。因此，目前全球范围内正处于进行中或筹备中的 BECCS 项目，绝大部分的资金支持来自公共领域。

近年来，随着全球经济的低迷，好几个被寄予厚望、几经周折的大型 CCS 示范项目因为得不到足够的公共资金支持而被叫停。英国德拉克斯发电厂计划用木质颗粒代替燃煤发电，并配备全流程的 CCS，有望成为世界第一座“负排放”发电厂。该 CCS 项目也被称为“白玫瑰”项目。然而在 2015 年 9 月，由于英国政府削减了对该项目的补助，英国德拉克斯发电厂 (Drax) 宣布撤出对“白玫瑰”项目的投资。[②] 随后，在 2016 年 4 月 13 日，英国能源与气候变化部宣布取消“英国 CCS 商业计划”，作为该计划一部分的“白玫瑰”项目也被终止。[③] 美国大型 CCS 项目“未来电力”（Future Gen），从 2003 年开始，总投资额预计为 17 亿美元，最终因公共资金投入的不足，在几经反复之后，于 2015 年初被彻底叫停。[④]

---

① 参见网站：European Energy Exchange AG，https：//www. eex. com/en#/en。

② 亚历山德罗·维特利：《英国：碳捕捉技术遭遇重挫》，中外对话，https：//www. chinadialogue. net/article/show/single/ch/8220 – Carbon – capture – a – distant – prospect – as – UK – utility – ducks – out – of – major – project –，2015 年 6 月 10 日。

③ 参见 http：//www. whiteroseccs. co. uk。

④ “Future Gen Dead Again：Obama Pulls Plug On ‘NeverGen’ Clean Coal Project,” https：//thinkprogress. org/futuregen – dead – again – obama – pulls – plug – on – nevergen – clean – coal – project – 674558dd83a3#. xz5a1nh9p，2015 – 2 – 5.

公众对生物质能和 CCS 的接受程度同样会影响 BECCS 技术的发展。美国俄亥俄州的 Greenville 项目就是在基础设施建设完成之后，因遭公众反对而被取消的。公众对生物质能源和 CCS 的反对主要出于对减排效果的质疑和对安全的担忧，这不无道理。目前，无论是生物质能源，还是二氧化碳的捕集和封存技术都还不够成熟。生物质能源的发展与土地、粮食、水资源的争夺，对生态系统的影响和破坏，二氧化碳封存的长期安全性等都是需要克服的难题。在 BECCS 技术的发展过程中，必须从粮食、能源、水源、气候等方面综合去考虑和评估，并加强信息的公开度和透明度，增进与公众的沟通。

六　结论

简而言之，BECCS 技术促成了生物质能源和二氧化碳的捕集和封存这两种技术的结合，在理论上有着实现“负排放”的美好前景，在没有更好的选择的情况下，被广泛地纳入 2℃ 目标下的减排情景之中，成为实现《巴黎协定》关键的技术。然而，从现实的示范项目的发展来看，其作为减缓气候变化选项的可信性未经证实，在全生命周期核算下实现“负排放”的可能性极小。它在经济成本、土地面积极限、安全监测等方面的可行性和可靠性尚未得到足够的论证，远远未到大规模应用的程度。不仅如此，该技术还可能在气候稳定方面变成危险的干扰，破坏生态平衡和多样性。

由公共资金为 BECCS 项目提供资金支持，是促进该技术研发和商业化所不可或缺的第一步。近年来 CCS 示范项目的发展大部分都是 EOR 的项目，其目的、结果和经济效益皆源于石油增产，这样的发展轨迹无疑有悖于 BECCS 技术发展的“负排放”的初衷。

此外，由于二氧化碳会在大气中停留非常长的时间，利用 BECCS 等碳移除的方法需要在大气中移除相当一部分比例的二氧化碳之后才能对能源消耗的平衡起到作用。也就是说，即便 BECCS 的大规模应用能即时地减少二氧化碳的排放，仍然需要长达几十年的时间，才能带来可被人察觉的气候效

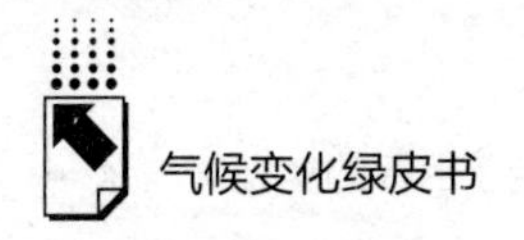

应。若想要达成全球规模的气候效应，二氧化碳移除的规模需要跟全球减排总量相当或者更多，才能在理论上，在几百年的时间维度上，将大气中的二氧化碳浓度降到一个较低的水平，这将是一个非常漫长的过程。

因此，从某种意义上而言，如果没有革命性的技术突破，没有足够的政策和资金的支持，在可预见的未来，BECCS 很难成为实现《巴黎协定》目标的技术途径。以此为基础而制定的全球减排情景和路径则会有误导或是贻误全球减排行动的可能性。随着全球经济的持续低迷，诸如难民、反恐等其他国际事务重要性的提升，能够给予 BECCS 的公共政策和资金的支持只怕会相对越来越少。另外，全球平均温度却在加速上升，据英国气象局最新观测数据，2016 年 2 月和 3 月的全球平均温度已经比工业革命前的水平高出 1.38℃[①]。在严峻的升温趋势前，在紧迫的时间压力下，要实现《巴黎协定》的 2℃ 目标，对各种减排技术和行动有着更为清晰、更为客观的认识显得更加重要，这一点对于 BECCS 而言，还有许多的工作要做。

① "Spiralling Global Temperatures," Climate Lab Book, http://www.climate-lab-book.ac.uk/2016/spiralling-global-temperatures/, 2016-5-9.

G.9

全球气候观测系统的过去、现在和未来*

王朋岭　聂 羽　巢清尘**

摘　要： 通过对地球气候系统的全球观测，可以确认气候的变率和变化程度以及认识其变化原因。1992年，由多个国际组织发起并制定了全球气候观测系统（GCOS）计划，发展了基本气候变量的概念和标准，有序实施了涵盖大气、海洋和陆地三大领域的行动计划。面对日益增长和不断变化的国际社会对气候观测和气候信息服务的需求，GCOS将于2016年底前发布新的实施计划，重点关注适应和减缓气候变化及其区域影响，以建立支持气候服务及有助于了解气候系统的综合气候观测系统。我国宜综合考虑中国区域气候及其变化特征和具体国情，加强顶层设计和统筹规划，稳步推进中国气候观测与气候信息服务的现代化。

关键词： 全球气候观测系统　气候服务　未来发展

引　言

气候的形成和演变是全球气候系统运动和变化的结果，气候变率和变化

---

* 本文获得了公益性行业（气象）科研专项（项目编号：GHYH201406016）“气候数据时空分析关键技术及网格化产品的研发应用”课题的资助。

** 王朋岭，博士，中国气象局国家气候中心高级工程师，从事气候变化及区域气候环境演变研究工作；聂羽，博士，中国气象局国家气候中心工程师，研究领域为中高纬气候动力学；巢清尘，中国气象局国家气候中心研究员、副主任，全球气候观测系统指导委员会委员，主要研究领域为气候变化政策、海气相互作用。

正是由大气圈、水圈、岩石圈、冰冻圈和生物圈所构成的复杂气候系统内外部的相互作用所促成的①。鉴于全球气候系统是一个复杂的有机整体，只有依靠国际合作组网观测才能实现对气候状态及其变化的完整描述，为此建立一个能够全面反映全球气候状况、综合监测全球气候变化的观测系统②，是提高人类对气候及气候变化的科学认知和预测水平、合理利用气候资源及减轻气候灾害风险的重要前提。

1990 年，第二次世界气候大会首次明确提出，在世界天气监测网全球观测系统和全球综合海洋服务系统的基础上，迫切需要建立一个全球气候观测系统（Global Climate Observing System，GCOS）。1992 年，由世界气象组织（WMO）、联合国教科文组织的政府间海洋学委员会（IOC of UNESCO）、联合国环境规划署（UNEP）和国际科学理事会（ICSU）联合发起，GCOS 联合科学技术委员会（1998 年后改称“指导委员会”）第一次会议正式确认了该机构的成立③，指导委员会负责组织 GCOS 的总体工作，设立大气、海洋和陆地气候观测专家组推进和协调三大领域观测系统的计划实施；联合计划办公室（1998 年后改称“秘书处”）负责协助指导委员会和专家组开展工作。

GCOS 的基本目标是提供对整个气候系统的综合观测，包括气候系统的物理、化学和生物特性，大气、海洋、水文、冰冻圈和陆地等多圈层相互作用过程。其本身并不直接进行观测和产生相应的数据产品，它通过鼓励和协调等方式，提供整合和加强观测系统以满足气候问题需求的业务框架，制定基本气候变量（ECV）的概念和标准，确保观测连续性，促进各国和国际

---

① 吴国雄、林海、邹晓蕾等：《全球气候变化研究与科学数据》，《地球科学进展》2014 年第 1 期。

② 丁裕国、范家珠：《GCOS 计划——监测气候变化的重大举措》，《气象教育与科技》1997 年第 4 期。

③ Houghton, J. , Townshend, J. , Dawson, K. , et al. , “The GCOS at 20 Years: The Origin, Achievement and Future Development of the Global Climate Observing System,” *Weather* 67 (2012): 227 -235.

组织对现有观测进行综合、适当改进和补充[1]，以获取既满足国家需求，同时也满足GCOS计划目标的观测结果。

为响应GCOS计划，世界各国纷纷制定了本国开展GCOS活动的政策。中国于1997年成立了由13个部委组成的GCOS中国委员会，并制定和更新了中国气候观测系统（CCOS）计划，以推动中国气候观测系统的发展与完善。

一 全球气候观测系统的发展现状

（一）全球气候观测系统的基本概念和范围

关于“气候”的定义有狭义和广义之分。狭义的气候，是指天气的平均状况，即一定时段内天气要素（如地表的气温、降水量和风速）的平均值和变率的统计特征，WMO推荐采用30年的平均；而广义的气候[2]，涵盖整个气候系统的统计特征，复杂的气候系统由大气圈、水圈、冰冻圈、岩石圈和生物圈及圈层间的相互作用共同组成。GCOS在自身及其实施计划、评估报告中，均采用广义的气候概念。

全球气候观测系统并非指一个单独的、集中管理的观测系统，实质上是一个高度集成的“综合系统”，由一系列与气候相关的观测系统、数据管理系统、产品制作和数据分发系统等构成。其中包括世界气象组织的综合观测系统（WIGOS）[3]、政府间海洋委员会领导下的全球海洋观测系统（GOOS）、陆地表面观测系统（GTOS），还包括由其他计划所承担的特定领域的气候观测系统及与气候变化影响相关的观测系统。

---

① The WMO, the IOC of UNESCO, the UNEP, et al. , “Memorandum of Understanding between the World Meteorological Organization, the Intergovernmental Oceanographic Commission of the United Nations Educational, Scientific and Cultural organization, the United Nations Environment Programme and the International Council for Science,” Global Climate Observation System Newwork, http://www.wmo.int/pages/prog/gcos, 1998, pp. 1 – 8.

② Intergovernment Panel on Climate Change (IPCC), *Climate Change 2013: The Physical Science Basis* (Cambridge University Press, 2013) .

③ 张文建：《世界气象组织综合观测系统（WIGOS）》，《气象》2010年第3期。

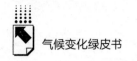

（二）全球气候观测系统的主要进展与不足

为全面评估全球气候观测系统的发展现状及其近期尤其是自2010年修订"GCOS实施计划（IP－10）"以来所取得的主要进展，2015年10月，GCOS秘书处发布《全球气候观测系统现状报告》[①]，并于2015年底的巴黎气候变化大会期间正式呈交《联合国气候变化框架公约》的各缔约方。该报告将气候观测系统分为地面观测和卫星遥感观测两大组成部分，并系统审查大气、海洋、陆面和顶层的/跨领域的138项行动计划和51项基本气候变量[②]的运行现状及存在的缺陷与不足。

总体而言，大气领域的观测近年来取得的进展最大。地面气象观测网络所提供数据的数量和质量、时空分辨率均稳步提升，观测标准明确，开放数据的交流共享几乎覆盖所有的观测变量，且对大气领域观测的优化有序进行。海洋领域的观测网络快速发展，新技术的应用推进观测数据的自动收集，但已建观测网仍有局限性和部分问题，总体结构有待进一步改进。陆地领域的观测仍未打破传统的空间范围限制，不同国家间的观测标准和方法不一，数据的交流共享没有取得明显进展；卫星遥感观测已可提供全球覆盖、较高质量的陆面要素产品，并且开放数据的可获取性得到提升；全球冰川和多年冻土观测网络建设取得明显进展，关键水文变量的观测标准、方法和数据交换协议等有所进展；但陆地观测领域目前仍未形成一套可靠的综合方法，其总体的组织框架及资助机制仍不完善。

针对"GCOS实施计划（IP－10）"所提出的138项具体行动计划，《全球气候观测系统现状报告》就近5年所取得的进展逐项给出了定性的评估结果（见图1），它将观测任务的实施完成情况分为五个等级。大部分行动

---

① GCOS, "Status of the Global Observing System for Climate（GCOS－195）," Global Climate Observation System, 2015.

② Bojinski, S., Verstraete, M., Peterson, T. C., et al,. "The Concept of Essential Climate Variables in Support of Climate Research, Applications and Policy," *Bulletin of the American Meteorological Society* 95 (2014): 1431－1443.

计划进展的评级为良好和中等，两者合计约占138项的67%；但仍有22%的行动计划被评定为有限进展或无进展，其中处于最低等级的占总体的7%，即共有9项行动计划所涉及的观测任务近5年处于无进展状态；而在这9项行动计划中有4项出现于陆地领域，主要受困于GTOS尚未形成有效的运行机制。

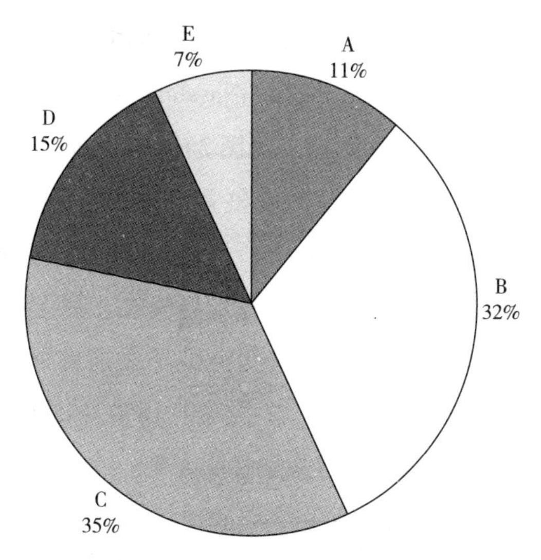

图1 "GCOS实施计划（IP-10）"138项行动计划的进展分类评级

注：A为优秀，表示全部完成或超额完成行动计划；B为良好，表示基本按预期完成行动计划；C为中等，表示部分完成行动计划；D为有限进展，表示仅部分完成少量行动计划；E表示行动计划基本无/无任何进展。

资料来源：2015年《全球气候观测系统现状报告》。

二 全球气候观测系统对气候系统及其变化科学认知的贡献

（一）观测到的气候系统变化

GCOS计划推进地面观测和卫星遥感观测协调发展，其直接观测数据及衍生的气候数据产品、气候变化指标满足了世界气候研究计划（WCRP）、UNFCCC缔约方会议和IPCC科学评估报告等对气候观测信息的需求，为认识气候系统变化规律及其影响和成因提供了有力支撑。正是基于对大气、海洋、冰冻圈、生物地球化学循环等的观测事实，IPCC 科学评估报告①指出：气候系统的变暖是毋庸置疑的。自 20 世纪 50 年代以来，观测到的许多变化在几十年乃至上千年时间里都是前所未有的。大气和海洋已经变暖，积雪和冰量已减少，海平面已上升，温室气体浓度已增加。

大气领域的观测包括地表大气观测、高空大气观测和大气成分观测三大组成。GCOS 地面观测网（GCOS Surface Network，GSN）是一个全球参照网络，它包含约 1000 个气象观测站点（见图 2），这些站点可为气候分析和气候变化监测检测提供空间覆盖度比较完整并且数据质量较高的大气观测数据。基于长序列的地面观测资料及再分析气候数据产品，可准确监测相关气候要素的最新状态及其长期趋势变化。据世界气象组织最新发布的全球气候状况声明②，2015 年全球平均表面温度突破了之前的所有观测记录，比 1961 ~ 1990 年平均值高出 0.76℃，首次高于 1850 ~ 1900 年约 1℃；同时 2011 ~ 2015 年也成为有气象记录以来最暖的五年。

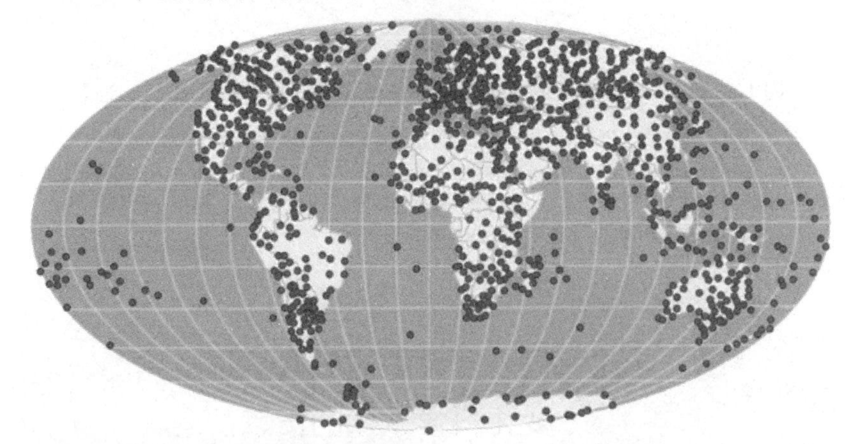

图 2　GCOS 地面观测网络（GSN）的站点分布

资料来源："GCOS Surface Network，" GCOS Secretariat，http：//www.wmo.int/pages/prog/gcos/documents/GSN_ map_ 2014.pdf，2014 - 3 - 1。

① IPCC，*Climate Change 2013*：*The Physical Science Basis*（Cambridge University Press，2013）.

② WMO，"Statement on the Status of the Global Climate in 2015，" WMO - No. 1167，2016.

世界气象组织全球大气监测网（Global Atmosphere Watch，GAW）计划负责协调对大气温室气体及相关痕量物质的系统观测和分析。GAW 包括 31 个全球大气本底站（见图 3）、400 多个区域大气本底站和 100 多个志愿贡献站，旨在实现大气组分的系统观测。最新的监测结果显示[①]，2015 年，主要长寿命温室气体（二氧化碳、甲烷和氧化亚氮）的浓度均为有观测记录以来的最高值；全球范围内二氧化碳的年平均浓度达到 400.0ppm[②]，其中夏威夷莫纳罗亚本底站（Mauna Loa Observatory）的二氧化碳年平均浓度为自 1958 年有连续观测记录以来首次突破 400ppm 的观测值。

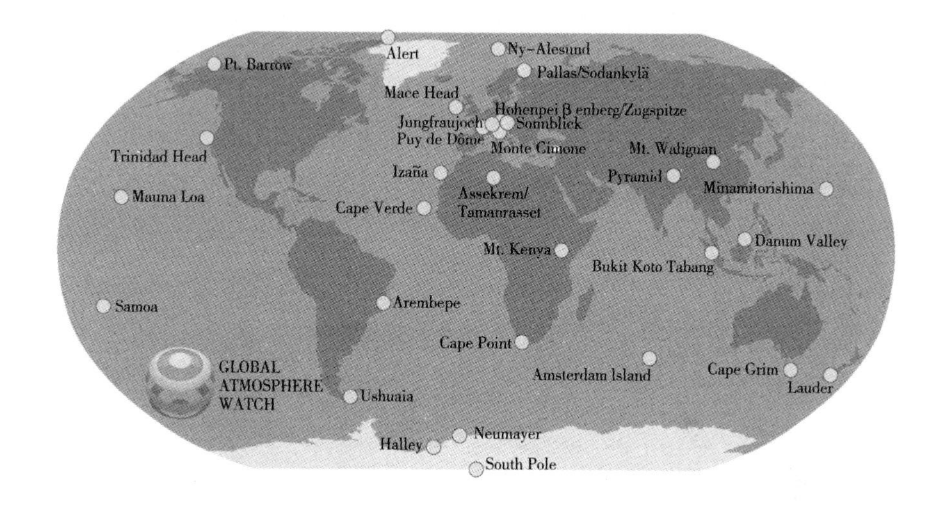

图 3　全球大气监测网（GAW）的 31 个全球大气本底站分布

资料来源：世界气象组织官网，http：//www. wmo. int/。

全球海洋观测系统（GOOS）依靠卫星遥感以及海面与次表层观测仪器获取大洋、沿海和陆架海区的海洋观测资料和信息，主要气候变量包含温度、盐度、洋流、海平面高度等。海洋观测的手段包含海洋卫星、船舶、漂

① WMO，“Greenhouse Gas Bulletin，” No. 12，2016.

② ppm 表示干空气中每百万（10^6）个气体分子中所含的该种气体分子数。

移和系泊浮标观测等。其中，20 世纪 90 年代末以来，Argo 计划[1]致力于监测全球海洋上层温度、盐度的演变，可实现对全球海洋 2000 米深度以上的温度、盐度廓线的系统性观测。自 1999 年 Argo 计划全面实施以来，全球范围内已经累计投放超过 10000 个浮标，截至 2016 年 9 月 1 日共有 3739 个浮标（见图 4）处于有效运行状态。基于大量观测资料的众多研究表明，近几十年来全球范围内的上层海洋正在变暖。根据世界气象组织的 2015 年全球气候状况声明，海洋上的大片区域都经历了显著变暖；2015 年，海洋上层 0～700 米和 0～2000 米的海洋热含量都达到历史新高；卫星高度计及验潮仪观测均表明，2015 年全球平均海平面为有记录以来最高的水平。

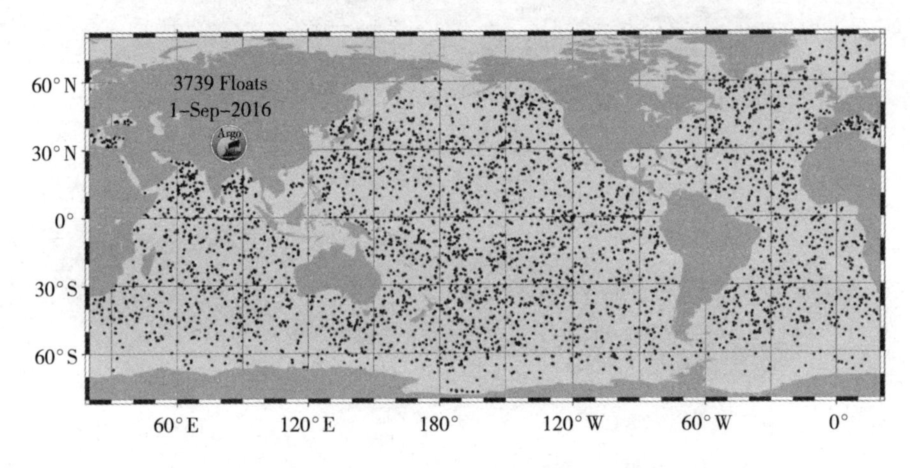

图 4　全球 Argo 浮标观测网的空间分布

资料来源：Argo 官网，http：//www. argo. net，2016 年 9 月 1 日。

（二）全球气候观测系统与气候变化科学认知的不确定性

得益于 GCOS 计划的成功实施和发展，特别是卫星组网观测、深层大洋探测等新观测技术的应用以及数据综合分析技术的提高，人们对气候系统变

---

① Riser, S. C. , Freeland, H. J. , Roemmich, D. , et al. , “Fifteen Years of Ocean Observations with the Global Argo Array,” *Nature Climate Change* 6 (2016): 145 – 153.

化的认识越发深入。但是，对气候变化的科学认识需要对气候系统中的多圈层基本气候变量进行长期的观测，这需要长期的、稳定的全球范围内的广泛国际协作。尽管气候变暖的科学事实已为大众所接受，但对与气候系统变暖有关的其他许多方面的认识，还存在很多的不确定性，这主要受制于气候系统的综合观测能力和数据共享的水平等。

作为表征气候系统变化的最根本的指标，地球表面平均温度在高纬地区、青藏高原、非洲大部、南美洲中北部的百年趋势仍存在空白区域；此外，海洋上许多区域的海表温度观测资料也不完整。反映气候变暖的观测序列长度有限，且不同来源的数据集之间存在明显的不一致性。

全球降水变化的空间差异很大，且降水的观测序列在许多地区不完整。这种不完整性在百年时间尺度上尤为明显。对于降水的观测序列，在 1951 年以前，基于 5 套数据集计算的纬向平均降水量存在明显的不一致性。在极端天气事件的变化方面，很多地区极端降水指数序列的建立存在空白。在大气成分观测方面，不少全球观测序列的长度有限。关于地表风速的观测，由于观测中存在不确定性，陆地和海洋表面风速变化的信度较低。

总之，对气候系统变化方面的认识，包括大气圈的能量交换、极端天气事件的变化、全球尺度的水循环、海洋热含量、冰冻圈变量等的变化，受到气候观测系统能力或观测资料共享的制约，在许多方面这些认识的确定性程度仍然不高。面对气候系统认识、模拟和预估等研究工作对空间无缝隙、高时空分辨率、高质量和高度一致性的气候系统综合观测资料的需求，GCOS 仍需完善和优化国家和地区尺度上的观测网络系统和数据管理系统，从而为进一步认识全球和区域气候变化的事实和适应气候变化提供全面支撑。

三　全球气候观测系统的未来发展

近年来随着国际社会对气候和气候变化问题的高度关注，GCOS 不仅要面向气候和气候变化科学，即如何理解、模拟和预测气候变率和变化，而且需要面向减缓和适应气候变化的需求，如适应气候变化要求更好地理解与未来气候变化有关的直接和系统性风险的演变，以及采取合适的风险降低和弹性管理手段。由于卫星遥感、雷达探测、多源观测资料同化与再分析、深层大洋探测等技术方法的积极进展，制订更为与时俱进的 GCOS 实施计划成为必要和可行，新的全球气候观测发展远景和战略将有助于气候系统的观测更加适应未来。

经过广泛讨论，并综合考虑了地球观测和气候政策的新动态，同时为了对现有全球气候观测系统做有针对性的改进和补充，GCOS 将于 2016 年底前发布新的实施计划（IP－16）。新实施计划将遵循“一个系统－多种用途”的发展模式，支持“全球气候服务框架（GFCS）计划”的全面实施，并将适应和减缓气候变化及其区域影响纳入 GCOS 的职责范围，最终建立高效运行、协调发展的支持气候服务及促进理解气候系统的综合气候观测系统。它将确保原有观测系统的延续性，以满足不断增长的新老用户对气候系统综合观测和气候信息服务的需求，其执行周期为未来 5～10 年。该计划新增了 5 项基本气候变量，为高空闪电、海水 N_2O 含量、海洋生境、陆地表面温度和人类活动温室气体通量，并将原有的 51 项基本气候变量优化整合为 54 项；同时将原 138 项具体行动计划调整为 195 项，按领域划分依次为大气领域 36 项、海洋领域 54 项、陆地领域 71 项、顶层/跨领域 34 项。同 IP－10 相比，新实施计划的亮点主要表现在以下几个方面。

（1）支撑气候变化适应与减缓、风险分析和新气候指标的观测。GCOS 将增强对气候变化敏感地区和高影响行业的观测，提供高时空分辨率的气候数据产品。GCOS 及其发起方将与气候变化脆弱性、影响和适应全球研究计划（PROVIA）和未来地球（Future Earth）等国际研究计划保持沟通；增加人类活动温室气体通量作为新的基本气候变量，以更好地认识陆地碳汇作用、支持国家排放清单编制；设计历史气候变化指标，除了温度以外，包含海洋热含量、海平面、海洋酸度、积雪面积、海冰范围等 6 个指标，以更全面地表征气候变化事实。同时，研发适应和风险指标以满足气候风险评估与决策支撑的需要，如极端事件的重现期，以及与暴露度、脆弱性和恢复力提高相关的物理和社会驱动力指标。

（2）拓展气候观测的广泛相关性。协调《生物多样性公约》、《联合国防治沙漠化公约》和《关于特别是作为水禽栖息地的国际重要湿地公约》，开展跨公约的协同观测，并确保对共同变量的要求遵循科学严格的评估和确定共同的规范；建立同联合国可持续发展目标（SDGs）和仙台减灾框架的合作机制，保证监测和报告的畅通机制，为社会经济可持续发展和防灾减灾提供气候观测支撑。

（3）实施对全球能量循环、水循环和碳循环的协调观测。为全面认识地球能量平衡和碳循环、水循环过程，新实施计划将增强对各圈层间物质和能量交换的观测，在传统状态变量基础上加强对圈层间相互作用通量的观测，如海－气和陆－气潜热通量、海－陆碳通量、海洋营养物等。

（4）加强 GCOS 能力建设及其对区域、国家的支撑。完善 GCOS 合作机制，优先协助发展中国家维持和更新气候观测系统；充分发挥 GCOS 国家级议事协调机构的作用，通过区域行动计划提升非洲、亚洲、南美和小岛屿国家的气候观测能力，填补全球气候观测系统空间覆盖上的空缺；增进国际和国家级利益相关方之间的信息沟通与联络。

四　结语

自 1992 年成立以来，GCOS 计划致力于构建一个高度集成的综合系统，以满足开展气候变化研究的科学界、GCOS 计划发起方及利益相关方和公众对气候观测的需求。目前 GCOS 已成为国际公认的气候观测的权威计划，气候界需要 GCOS 计划。

中国气候观测系统（CCOS）作为 GCOS 的重要组成部分，其大气、海洋、陆地气候观测系统逐渐建立和发展，各部门在加快观测网络建设的同时，加强了观测数据的收集整理、气候数据产品的研发和分析应用，为满足国家应对气候变化、节能减排、国际谈判等的需要提供了重要保障和支持。“十二五”期间，新建了 4000 多个区域级自动气象站，实现了“极轨”和“静止”两个系列气象卫星的业务化运行。在 16 个气候关键区中选择了 18

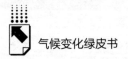

个具有代表性典型地表特征的区域开展了基本气候变量和辅助变量的观测，拓展和完善了包括全球和区域大气本底监测站的大气成分观测网络。初步建立了由沿岸台站、近海浮标、定期船舶断面、志愿船、雷达、卫星遥感、航空遥感等平台组成的立体化海洋气候观测网络，在南北极建有中山、长城、昆仑和黄河科学考察站，能够对中国近岸、边缘海区域及部分大洋的海洋环境要素和海洋灾害实施监测，初步构建了典型海洋生态敏感区监测体系。建立了拥有数万个各类水文观测站的陆地水文观测网，以及针对湿地生态系统、森林生态系统和荒漠生态系统的生态观测体系。

2013 年，根据 GCOS IP－10 目标要求，CCOS 委员会组织修订了《中国气候观测系统实施方案》，确定了相应的近、中、长期目标，并明确将数据共享和国家气候观象台建设作为重点工作加以推进。随着 GCOS IP－16 的即将发布，我国宜综合考虑中国区域气候及其变化特征和具体国情，加强顶层设计和统筹规划，优化、完善现行气候观测系统网络，增加考虑针对气候变化适应和减缓、气候服务，以及风险管理方面需求的气候变量观测，提高面向区域气候和气候变化政策需求的气候变量的观测精度，加强气候数据以及社会经济数据的共享共用。以气候观测需求为牵引，将观测和应用服务有机结合，提高气候观测的针对性，准确把握气候变化内政外交、生态文明建设、“一路一带”经济发展战略和气候变化科学研究等方面对气候观测的需求及其变化；不断优化观测站网布局和功能、调整完善气候观测指标体系，逐步构建地面和卫星遥感观测综合集成的现代化气候观测系统；有序推进观测仪器和观测方法、数据和产品格式的标准化进程，发展地面和卫星遥感的长序列、无缝隙、稳定一致的气候数据集产品；发挥 CCOS 国家级议事协调机构的职责，推进气象、海洋、环境保护、科研等部门机构间基础观测数据及相关经济社会数据、基础地理信息数据的交流共享，积极参与 GCOS 相关活动和观测数据国际交换，以满足不断变化的国际社会对气候观测的需求。

国内应对气候变化行动

Domestic Actions on Climate Change

G.10

“十三五”：我国能源低碳转型的关键期

杜祥琬*

摘　要：本文在“十二五”时期经济社会发展的基础上，首先分析了“十三五”时期我国能源发展的四个背景：我国经济发展进入新常态；2020年要实现全面小康的国家目标，“十三五”需补短板；实现并争取超额实现2020年国家低碳发展目标；《巴黎协定》开启了全球绿色、低碳发展的新阶段，“十三五”时期能源的发展必须明确指引低碳转型。其次重点阐述了“十三五”时期能源低碳转型的发展路径：节能、提效，改变粗放的发展方式；减煤，煤炭年消耗在“十三五”时期见顶；大力发展非化石能源；稳油增气；发展智慧能源互联

* 杜祥琬，中国工程院院士，国家能源咨询专家委员会副主任，国家气候变化专家委员会主任，中国工程物理研究院研究员、博士生导师，俄罗斯联邦工程院外籍院士，主要从事应用物理与强激光技术和能源研究。

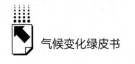

网；新型城镇化应走低碳道路。最后给出了“十三五”时期我国能源低碳转型应达到的四个标志性目标。

关键词：“十三五” 能源 低碳转型

一 “十三五”时期我国能源发展的时代背景

1. 我国经济发展进入新常态

“十二五”期间，我国经济由较粗放的高速增长转入新常态，不同年份的GDP增长率如表1所示。

表1 2010～2015年中国GDP增长率

年份	2010	2011	2012	2013	2014	2015
增长率(%)	10.4	9.3	7.7	7.7	7.4	6.9

资料来源：国家能源局发展规划局等《能源数据手册2014》，中国电力出版社，2014。

从表1可以看出，我国的GDP增长率已经放缓至中高速，经济发展的思路由追求量的增长转向了以提高质量为中心，重点体现在以下两方面。

（1）主动调整经济结构：“十二五”期间不断弱化投资拉动，转向增强消费拉动，消费对经济增长的贡献率由2010年的43.1%提高到了2015年的66.4%；更多资金从高耗能产业转向服务业和高附加值制造业，2015年第三产业产值占比（50.5%）首次超过第二产业；与此同时，经济增长的能耗强度逐步降低，“十二五”期间能源强度降低了19.7%。

（2）能源发展进入新常态（2015年能源消耗增长0.9%，用电量仅增0.5%）：能源结构逐步优化，煤炭的年消耗从“十二五”前两年的每年增长一亿多吨标准煤，到“十二五”后两年实现负增长，并且非化石能源在一次能源中的占比达到12%；更加注重能效和环境（包括气候变化）。能源利用的新标志是：总量增速放缓、能源效率提升、结构优化加速、能源科技进步。

我国战略机遇期的内涵发生了深刻变化：“新常态”是国家绿色、低碳转型发展的机遇，需要能源革命的支撑。粗放的发展模式不可持续是中国经济进入新常态的根本动因。只有转变发展方式，才能成就未来。

2. 2020年实现全面小康的国家目标

为了到2020年实现全面小康的国家目标，“十三五”要补短板，尤其要补环境保护和生态文明建设的短板。我国环境质量应明显改善，污染排放和碳强度应有明显下降。能源的绿色、低碳转型是2020年实现全面小康目标的必要条件，国家提出了“大保护”的理念，能源的“环境安全”观念应进一步提高。

十八届五中全会以后，我国进入以“绿色、协调、创新、开放、共享”五大理念推动经济、社会健康发展的阶段，能源转型是基础，转型的必要性是显然的。同时，低碳转型的技术和经济的可行性也日益增加。

3. 实现（并努力超额实现）2020年国家低碳发展目标

2009年，我国确定了2020年的低碳工作目标：2020年的碳强度比2005年下降40%～45%；非化石能源在一次能源中的占比达到15%左右。

2014～2015年，国家又确立了2030年低碳发展的目标：2030年的碳强度比2005年下降60%～65%；2030年前后使中国碳排放总量达到峰值，并争取提前实现。

这些目标的提出，是创新中国发展路径的历史性决策，2020年目标的超额实现有可能为2030年目标的提前实现打下基础。

4.《巴黎协定》开启了全球绿色低碳发展的新阶段

《巴黎协定》指出的目标和方向，是人类发展路径创新的新成果。走绿色、低碳之路是一场国际比赛，我国要在这场比赛中不落伍并争取主动、走在前面，能源革命是其关键。

基于各典型发达国家的能源经济学数据（见图1）分析[①]，可以得到“两类发达国家”的概念，即以美国、加拿大为代表的高耗能、高碳型和以

① 杜祥琬、刘晓龙、杨波等：《中国能源发展空间的国际比较研究》，《中国工程科学》2013年第6期。

欧盟、日本为代表的相对低碳型。由此，可得出对我国发展的四点启示：一是我国不能也不可能沿袭美国这类国家高耗能、高碳型的发展模式；二是按照所谓的"发达国家平均水平"（见图1），也必将把我国引向比欧、日更耗能、更高碳的准美国模式；三是第二类发达国家（欧、日）已走出了相对低碳的发展模式，如果按照第二类发达国家的水平，中国的能源消耗总量只有（在2010年基础上）约一倍的增长空间；四是按照走新型工业化道路的理念，我国理应比欧、日更节能、更低碳。由此可见，不同发达国家的发展经验证实：高碳发展并非通向现代化的必由之路，低碳也可通向现代化。更重要的是，按照21世纪前10年中国的发展路径线性外推，将是一种不可接受的高碳惯性情景（见图1中虚直线），中国必须转型发展（见图1中虚曲线）。因此，我们需要认清国情，我国尤其需要低碳发展。

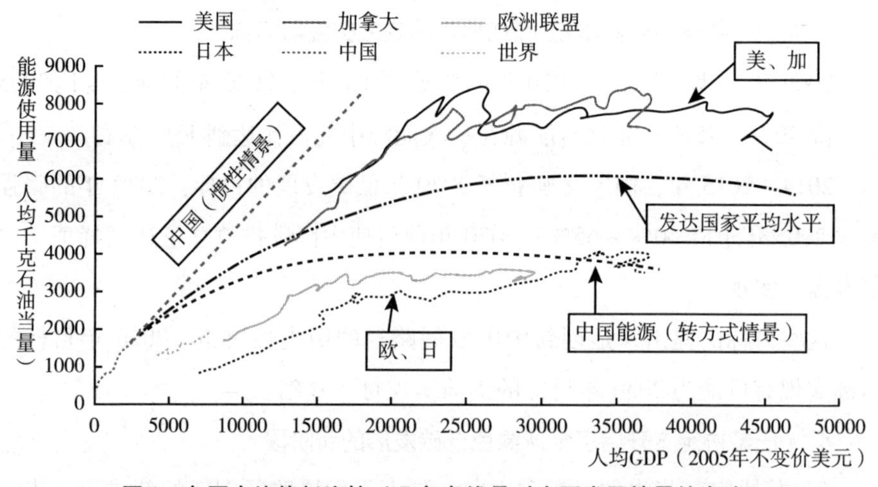

图1　各国人均能耗比较（几条虚线是对中国发展情景的表达）

尽管"十三五"期间我国高碳化石能源仍占"大头"，但能源的消、长、变革必须明确指引低碳转型。我国"十三五"时期能源发展的战略导向是《中共中央关于制定国民经济和社会发展第十三个五年规划的建议》①：

① 《中共中央关于制定国民经济和社会发展第十三个五年规划的建议》，人民网，http://politics.people.com.cn/n/2015/1103/c1001-27772701-8.html，2015年11月3日。

推进能源革命，加快能源技术创新，建设清洁低碳、安全高效的现代能源体系；提高非化石能源比重，推动煤炭等化石能源清洁高效利用；加快发展风能、太阳能、生物质能、水能、地热能，安全高效发展核电；加强储能和智能电网建设，发展分布式能源，推行节能低碳电力调度；有序开放开采权，积极开发天然气、煤层气、页岩气；改革能源体制，形成有效竞争的市场机制。

我国绿色、低碳能源战略的三个支柱是：节能优先，提高能效；煤炭和石油的高效、洁净化利用，提高天然气（含非常规天然气）的比重；发展非化石能源（可再生能源与核能），改善能源结构。

因此，多元能源结构是能源结构革命的过渡期。我国要立足现实，重视化石能源的洁净、高效利用，同时要认清未来，将发展非化石能源置于战略之首。

二 “十三五”时期我国能源低碳转型的路径

1. 节能、提效：改变粗放、高耗能的发展方式

通过产业结构调整、抑制不合理需求、技术进步、能效标准管理等方式，多管齐下节能提效，实现“能源总量和强度的双控”，具体表现为：（1）2020 年总能耗应可控制在 <48 亿 tce（2015 年为 43 亿 tce）；（2）能效低、能源强度高的状况，应有明显的改观（2015 年我国单位 GDP 能耗是世界平均水平的 1.7 倍）；（3）做好“去产能、去库存”，并防止产生新的产能过剩（特别是在煤炭、煤电、房地产及其拉动的高耗能产业）。

2. 减煤：煤炭消费总量应在“十三五”时期见顶

煤炭年消耗总量（“天花板”）应在 40 亿吨以下，这是经济新常态和产业结构调整的必然结果，也是大气污染治理的必然要求。为此，要着重进行以下方面的工作。（1）散烧煤替代是“十三五”时期的实际工作。我国目前有 45 万台燃煤炉需替代，可由天然气、电力、工业余热进行替代，“十三五”时期应能替代不少于 1 亿吨的散烧煤。（2）煤电装机要防止过剩，

煤电行业的重点是推进清洁化、高效化能源利用，并以适当装机支持风电、光电的调峰，且应由发电主角逐步向提供服务和原料转型；探索碳捕获、利用与封存（Carbon Capture，Utilization and Storage，CCUS）相关技术的创新和应用（CO_2 排放下不来，不是真正的“超低排放”）。（3）煤炭行业协会已提出，“十三五”期间，用 3 ~ 5 年时间，再减少产能 5 亿吨左右，减量重组产能 5 亿吨左右。

3. 大力度、高质量发展非化石能源

2020 年，非化石能源在一次能源中的比重应由 2015 年的 12% 增加至≥15%；电力中非化石能源电力的占比应由 27% 增加至 35% 左右。

其中，可再生能源（水能、风能、光能、生物质能、地热能、海洋能等）是发展重点，要集中与分散结合，鼓励分布式（如能量墙、家庭太阳能、生物沼气等）能源开发利用。可再生能源的高比例发展需要克服以下几点障碍。（1）价格：2020 年风电成本降至与煤电相当，光电实现用户侧平价上网，这有赖于材料、工艺及概念的创新。（2）储能技术：涉及物理储能（抽水蓄能、压缩空气等）和化学储能（空气锂电池、石墨烯电池等），高密度的储能技术可能促成最具颠覆性的突破。（3）调峰、用峰：目前需要火电的配合、协同，峰电可用于电解水制氢、海水淡化等；多地域、规模化的风电、光电发展对间歇性用电有一定的平滑化作用，有利于提高并网率。要将多品种的可再生能源逐步整合成一个新的有机的能源体系。

安全高效发展核电要注重科学谋共识、理性谋发展，沿海和内陆的核电都要做到安全第一，还必须完善相关的法律、制度和工作机制，并加强基础研究和全产业链的纵深安排。

4. 稳油增气

加强油气勘探，包括非常规油气和深海油气，推进石油的多种替代，如电替代、生物质替代和氢能替代等；发展新能源车，提倡小型电动的公民车；提高燃油标准；中国的车数、车型要体现国情特点，中国不能“踩着油门”追赶美国。

天然气（含非常规天然气）是相对低碳的化石能源，要努力提高天然气在一次能源中的比重，2020 年，该比重要从 2015 年的 6% 提高到 10% 以上；生物天然气属于（可再生）生物质能源，对它的开发利用，欧洲和我国都已有成功的实践，应予以更多重视。

5. 发展智慧能源互联网

电力系统向可再生能源的适应性变革，是能源体系低碳转型的核心。中国的智慧能源互联网的特征是“三化”“两结合”。

三化：电气化（提升终端用能中电力的比例）、低碳化（增加非化石能源的比例）、智能化（与信息技术、数据处理技术深度融合）。

两结合：第一是分布式低碳能源网络（自下而上）与智能电网（自上而下）的结合、互动；第二是横向的“多能互补”和纵向的“‘源－网－荷－储－用’优化”的结合。

基于以上转型发展，逐步形成一个基于互联网，包容智能电网、分布式能源网络、水网、气象网、天然气网、供热（冷）网等的能体现“重塑”能源的高效、低碳、安全、经济、共享的广义智慧能源网络。

6. 新型城镇化可走低碳道路

基于燃煤的传统城镇化会加重已踩“红线”的环境负荷，因此，我国的城镇化需要精心设计，如实行紧凑型城镇化，减少职住分离，建设方便的公共交通，以及节能、环境友好的建筑，注重梯级用能等。

同步推进农业现代化，以分布式低碳能源网络满足用能的增量需求。要因地制宜，视情利用天然气、光、风、生物质、地热等，以及进行垃圾的资源化利用；基于大数据的智能化管理，推进农村能源形态的改进，是新型城镇化和农业现代化的重要内涵。

三　“十三五”时期我国能源低碳转型的标志性目标

1. 实现经济增长与高碳能源的解耦

在我国经济保持中高速增长的同时，煤炭总消耗量应达到峰值（<40 亿吨原煤），在一次能源中的占比应由 64% 降为 59% 左右；能效有明显提

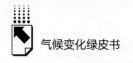

高；节能工作有更大进展（总能耗 <48 亿吨标准煤）。

2. 低碳能源高质量发展取得显著进展

2020 年低碳能源（包括非化石能源和天然气）在一次能源中的占比超过 25%；电力在终端能源中的占比上升到 >25%；低碳能源电力在发电总量中的占比由 2015 年的 27% 上升至 >35%；2017 年建立全国碳交易体系。

3. 超额完成2020年低碳目标

2020 年碳强度可比 2005 年下降约 50%，超过国家承诺的目标；非化石能源在一次能源中的占比超过 15%；2025 年左右开始，新增能源由低碳能源满足，为完成 2030 年的低碳目标打下一个好的基础。

4. 空气质量取得公认的可观的改善

我国政府提出①：2020 年重度霾污染天数比 2015 年减少超过 25%；PM2. 5 浓度下降 25%；空气质量优良天数超过 80%；秸秆利用、垃圾分类资源化利用取得实质性进展。

四　结语

低碳转型是我国可持续发展的必然选择，低碳转型是全球可持续发展的共同取向。“十三五”时期很关键！

能源的低碳转型有复杂性、长期性，但战略方向和路径清晰；努力“重塑”能源网络，创造“经济－环境双赢”的新型中国道路，是当代中国人的历史使命！

① 李克强：《政府工作报告——2016 年 3 月 5 日在第十二届全国人民代表大会第四次会议上》，新华网，http：//news. xinhuanet. com/fortune/2016 - 03/05/c_ 128775704. htm，2016 年3月5日。

G.11

中国煤炭行业绿色转型及深度碳减排可选技术对比

姜大霖*

摘　要：　在推进生态文明建设和应对气候变化的时代背景下，我国煤炭行业必须实现绿色转型。煤炭行业绿色转型的内涵丰富，在转型过程中，化解产能过剩、减少污染物排放以实现清洁化转化利用应为近中期的紧迫性问题，但如何实现高效和低碳化利用，将是煤炭行业面对的更为持久性和瓶颈性的问题。推动煤炭行业深度碳减排既是行业自身实现可持续发展的必需条件，也是我国能源革命与经济绿色转型总体进程的必要过渡。煤基/碳基固体氧化物燃料电池技术（SOFC）和二氧化碳捕集、利用与封存技术（CCUS）分别从前端和末端给出了有效控制煤炭行业碳排放的技术方案，两种技术路线在中国煤炭行业的深度碳减排过程中均有望发挥重要作用。

关键词：　煤炭　绿色转型　深度碳减排

一　引言：现状与问题

1. 中国煤炭行业发展现状及煤炭在未来能源结构中的地位

煤炭是我国储量、产量、消费量最大的化石能源资源，在经济高速发展

* 姜大霖，神华科学技术研究院发展战略研究所主管，研究领域为能源经济、能源战略、气候变化。

的30多年里发挥着基础能源和产业重要支撑的作用。2002~2011年（也被称为中国煤炭行业的“黄金十年”），我国经济平均增速为10.7%，能源消费平均增速为9.6%，年均能源消费增长2.17亿吨标准煤，其中66.1%以上来自煤炭。[①] 随着我国经济发展步入“新常态”，增长方式、产业结构将发生重大转变，能源消费也将进入低增速、调结构的新时期。近年来，我国在核能、可再生能源、天然气等方面的投入和发展取得了巨大成效，能源结构不断优化。“十二五”时期，煤炭消费占一次能源消费的比重由70.2%下降到64.0%，清洁能源（包括核能、可再生能源、天然气）消费的比重则由13.0%提高到17.9%。[②] 但是，必须清醒地认识到能源系统的变革是缓慢而渐进的，可再生能源对传统煤基能源的大规模替代仍面临着成本、技术等诸多制约因素。由于我国到2030年前仍处于城镇化和工业化发展的进程之中，能源消费总量仍将维持一定的增长；又由于煤炭占我国化石能源资源储量的93%以上，因此，煤基能源体系仍将是我国中远期具有成本优势的和稳定可靠的主要能源供应来源。预计2030年煤炭在一次能源消费结构中占比为50%左右，未来相当长时期内煤炭作为主体能源和重要工业原料的地位不会发生根本性改变。

2. 中国煤炭行业发展面临的形势与挑战

经济增速趋势性降低，带动能源消费供需矛盾有所缓解。但同时，在推进生态文明建设和绿色发展转型的大环境下，我国煤炭行业的发展仍面临着一系列突出的问题和挑战。

首先，产能过剩问题严重。在“黄金十年”的高速增长之后，煤炭消费进入“慢车道”，2013~2015年煤炭消费总量由42.4亿吨下降到39.5亿吨，降幅达6.8%。由于前期煤炭生产投资形成的新产能不断释放，再加之国外进口煤炭大量涌入的冲击，我国煤炭供过于求的形势加剧，煤炭的市场价格大幅下跌。据统计，2015年我国煤炭产量为37.5亿吨，而产能达到57亿吨以上，过剩产能近20亿吨，产能利用率低于65%，煤炭企业的生产经营面临巨大压力。

---

① 国家统计局能源统计司编《中国能源统计年鉴2015》，中国统计出版社，2016。

② 国家统计局：《2015年国民经济和社会发展统计公报》，中国政府网，http://www.gov.cn/xinwen/2016-02/29/content_5047274.htm，2016年2月29日。

其次，煤炭生产和消费造成的生态破坏和环境污染问题突出。我国煤炭开采引发了地表沉陷、水资源流失、固体废弃物堆存等环境问题。2014 年，全国煤矸石产生量约为7.8 亿吨，全国累计煤矸石堆存量约为42 亿吨，占地 1.2 万公顷。至2014 年，矿井开采造成的地面塌陷面积已达 140 万公顷。煤炭的大规模利用是我国大气污染的主因，煤炭使用对我国环境 PM2.5 浓度的贡献总体在 61% 左右。[①] 能源消费区环境容量日趋饱和，特别是我国能源消费中心区，单位国土面积的煤炭消费强度畸高，这造成区域性雾霾事件频发。此外，由于我国煤炭开发和利用重心向西部转移，水资源短缺对产业发展的制约加大。

再次，煤炭利用方式和效率亟待转变和提高。我国煤炭利用的结构和方式需要得到进一步优化调整。2014 年，我国煤炭消费总量为 41.2 亿吨，其中电力用煤占比不足 50%，钢铁、建材、化工用煤占比分别为 15%、14%、6%（如图 1 所示），此外还有大量民用散烧煤。相比美国等发达国家 90% 以上的煤炭用于发电而言，中国的煤炭利用结构和方式还处于较为原始的状

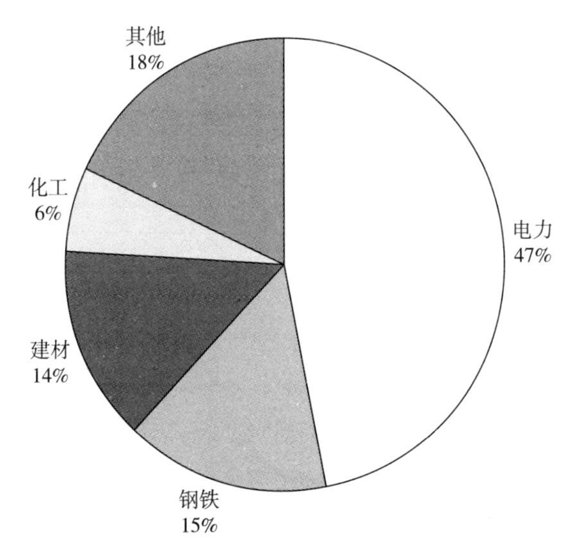

图 1　中国煤炭消费结构（2014 年）

数据来源：Wind 数据库。

① 薛文博等：《中国煤炭消费对大气环境的影响模拟》，环境保护部环境规划院，2015。

态。另外，总体而言，我国能源开采、转化和利用效率偏低，2013 年的能源利用效率（包括中间转化和终端消费）为 36.8%（见表 1），而煤炭转化利用效率仅为 30% 左右。

表 1　中国物理能源效率（2013 年）

序号	项目	数值（%）
1	开采效率	36.2
2	中间环节效率	68.6
3	终端利用效率	53.7
4	能源利用效率（2×3）	36.8
5	能源系统总效率（1×4）	13.3

注：中间环节包括能源加工、转换和储运。

资料来源：王庆一编《2015 年能源数据》，http://wenku.baidu.com/link?url=D8kKnPDyfVfUbp7FlkM6PV484bd_ikEPvZnHkgwquiqapU4rlbgxUzsF1M9ck3puqjMrOiuA6dJTT5g15C6L3doPzf2FQ_dbkxI3WZ3at5i，2015 年 12 月。

最后，煤炭行业发展面临着日趋紧迫的碳排放约束。2009 年，我国成为全球最大的温室气体排放国，在国际社会上承受着越来越大的碳减排压力。从中国能源活动碳排放的来源看，煤炭碳排放量占我国能源活动碳排放总量的比重长期保持在 80% 左右（如图 2 所示）。我国提出，到 2030 年左

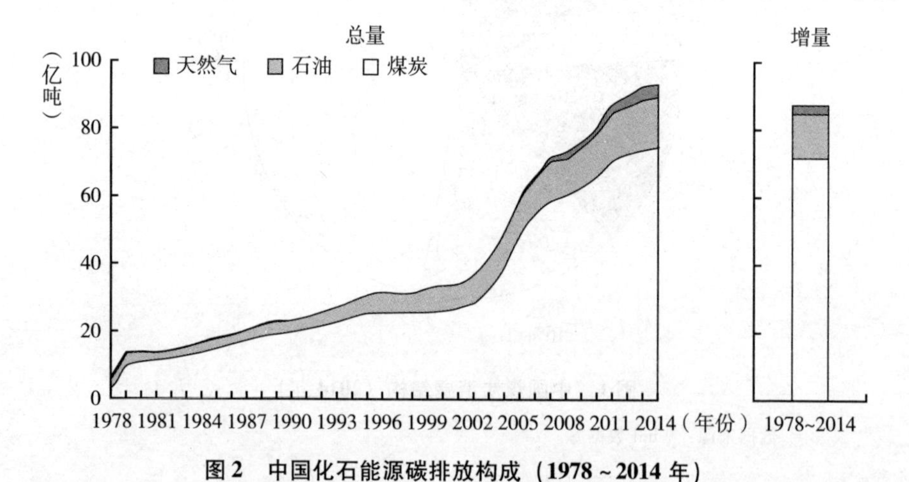

图 2　中国化石能源碳排放构成（1978～2014 年）

资料来源：全球 CO_2 排放统计数据库，国际能源署官网，http://www.iea.org/statistics/topics/CO2emissions/。

右实现温室气体排放总量达到峰值，而控制煤炭消费无疑是我国有效控制碳排放总量的根本途径。

综合对比分析煤炭行业绿色转型所面临的诸多挑战和约束，化解产能过剩、减少污染物排放以实现清洁转化利用十分紧迫，但这些总体上是近中期的问题；而如何实现煤炭高效和低碳化利用，大幅降低碳排放量是煤炭行业面对的更为持久性和长期性的问题。

二　煤炭行业绿色转型的内涵与思路

1. 绿色转型的内涵

在资源、环境、气候等多元目标的约束下，煤炭行业绿色转型的内涵包括实现转化利用的高效化、清洁化与低碳化等方面。

先从高效化方面看，以燃煤发电机组效率为例，我国具有国际领先机组与较为落后机组同时并存的特点，而整体燃煤发电的平均效率与发达国家相比仍有一定差距。当前先进的高参数大功率燃煤发电机组主要分布在中国，2014 年我国百万千瓦超临界机组达到 70 台，居世界第一位，平均供电煤耗比火电平均值少 31gce/kWh[①]；但与此同时，一些低效率的小型机组仍在服役。2014 年，全国 6000 千瓦及以上功率的火电厂机组的平均供电煤耗为 319gce/kWh，而同年日本的该指标值为 302gce/kWh。

再从清洁化来看，消费总量与结构都对煤炭污染物排放造成了影响。我国燃煤发电机组的烟尘、NO_x、SO_2 等的排放标准已经远远高于发达国家。近年来，随着神华等大型电力集团开展煤电机组超低排放改造，燃煤发电的烟尘等污染物排放均达到或优于燃气机组的排放标准，燃煤电厂的污染物排放总量大幅下降。然而电力、钢铁、建材等耗煤行业的煤炭利用基数巨大，2014 年工业二氧化硫、氮氧化物和（粉）尘排放量仍分别为 1740. 4 万吨、

① 中国电力企业联合会：《电力统计年鉴》，中国电力出版社，2015。

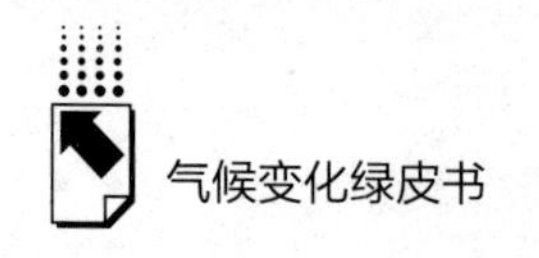

1404.8 万吨、1456.1 万吨。[①] 另外，由于燃煤方式不合理，特别是大量落后锅炉、窑炉及民用散烧煤设备的存在，空气污染仍然十分严重。

最后从低碳化来看，为了实现 2℃温升目标，《巴黎协定》提到全球应在 21 世纪下半叶实现净零碳排放，这对全球化石能源系统提出了严峻挑战，必须实现碳排放量的大幅度降低。煤炭作为高碳化石能源，对其减量利用、替代利用是实现能源系统低碳化的最终途径。因此，为了顺利实现我国的碳排放达峰目标，煤炭的减量替代进程势在必行，煤炭消费总量率先达峰与总量控制是我国碳排放总量达峰的先决条件。除此之外，针对煤炭自身消费的大规模碳减排（本文称之为“深度碳减排”），仍有大幅提升转化效率与实施碳排放捕集两条技术路线可循。从煤炭行业自身低碳化转型来看，应在利用技术和方式上实现根本性的变革，大幅提升系统效率，如固体氧化物燃料电池（SOFC）技术可以将煤炭的转化利用效率提高一倍以上；利用碳捕集、利用与封存（CCUS）技术可以将燃煤电厂等排放的 80% 以上的 CO_2 捕集。这两项技术也应作为满足气候目标下的煤炭行业发展可选或过渡的技术方案。

2. 煤炭行业绿色转型的思路

从长远目标出发，逐步推进煤炭行业的绿色、低碳转型，需要在总体转型过程中明确和把握系统性、结构性、阶段性问题的基本思路。

煤炭绿色转型的系统性主要体现为需要注重能源大系统的安全性与协同性。从系统安全的角度来看，由于能源系统关乎经济社会发展的基础，必须考虑低碳或零碳能源在成本经济性和供应稳定性方面的不足。在系统协同性方面，应注重煤炭与可再生能源的协同互补发展。比如，在逐步规模化发展可再生能源的同时，煤电将从基荷电源转变为调峰电源，需要从系统协同的角度来重新认识煤电的地位与作用。

推进煤炭行业绿色转型，还要把握好转化利用和空间布局两个结构性问题。在转化利用的结构调整方面，煤炭应逐步由以燃料为主向燃料与原料并

① 环保部：《全国环境统计公报（2014 年）》，环保部官网，http://zls.mep.gov.cn/hjtj/qghjtjgb/201510/t20151029_315798.htm，2015 年 10 月 29 日。

重转变，未来高效燃煤发电与先进清洁转化利用是煤炭消费结构优化的主要方向，同时应大力实施终端电力替代以减少散烧煤。在空间布局结构方面，大型化、基地化、一体化是煤炭利用的主要特点和方向，煤炭生产、煤电、煤化工进一步向西部地区集中，形成大型综合能源化工基地符合我国煤炭资源赋存分布和工业经济集聚发展的特点与规律。此外，发展煤基多联产系统，推动煤炭一体化转化利用也有利于效率提高及污染与碳排放问题的集中治理。

充分认识能源系统变革的复杂性和长期性，应把握煤炭绿色转型过程中的阶段性重点工作。在现阶段，提升效率和节能、治理大气污染是重中之重；从长远看，煤炭利用技术的革命性变革，包括煤炭利用方式和碳捕集技术等的大规模应用既需要技术突破，也需要同当前产业基础的适应与逐步调整。

三　碳减排是煤炭行业绿色转型的“紧约束”

按照生态治理的要求，土地资源、水资源、环境污染和碳排放等都对煤炭开发和利用形成了制约，针对不同的约束条件，不同学者和研究机构对煤炭行业的发展趋势做出了大量的预测，给出了不同情景下我国煤炭消费总量管控的阶段性目标。

1. 基准情景下煤炭消费总量预测

煤炭消费基准情景预测是基于现有煤炭消费的驱动因素和消费结构，按照既有政策导向和约束条件，对未来能源发展和煤炭消费的趋势性预测。不同研究的预测结果表明，基准情景下煤炭消费需求增长将在 2025 ~2030 年达到顶峰，煤炭消费峰值水平为 45 亿~50 亿吨。[①]

2. 大气环境治理情景下煤炭消费总量的管控目标

近年来，我国加大了大气环境治理力度。由此，有学者基于国家和不同区域的大气环境质量约束，研究了煤炭消费总量的管控目标。分析结果表明，要实现空

① 陈潇君、张保留、吕连宏等：《大气环境约束下的中国煤炭消费总量控制研究》，《中国环境管理》2015 年第 5 期。

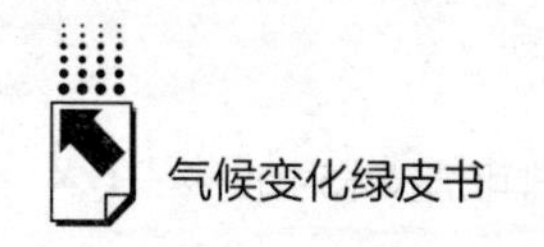

气质量改善目标，我国煤炭消费总量应在2020年前后达到峰值，约41亿吨；2020年、2030年全国煤炭消费总量应分别控制在40.8亿吨和37.7亿吨以内。①

3. 2℃气候目标情景下煤炭消费趋势预测

姜克隽、贺晨旻、庄幸等利用中国能源环境政策综合评估（IPAC）模型分析了中国在全球框架下实现2℃目标的排放情景、能源消费及技术可行性。研究发现，如果全球要实现2℃温升控制目标，中国需要使CO_2排放在2025年之前达到峰值。2020年之后我国将进入能源需求缓慢增长阶段，而煤炭消费总量要在2020年前达到峰值。②

此外，自然资源保护协会（NRDC）在研究中指出，在严守全国、地区和部门生态环境资源（空气、水、土地、气候变化等）红线的约束情景下，中国煤炭消费峰值分别在2030年、2020年和2015年之前出现。③

综合不同研究结果可以看出（如图3所示），气候变化约束是限制煤炭

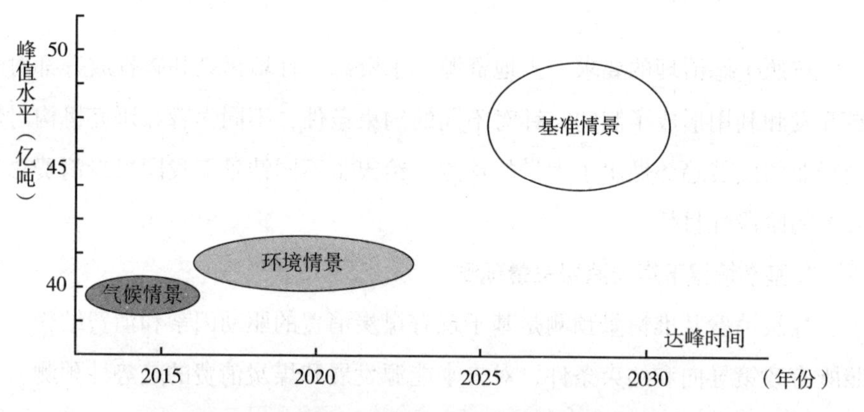

图3　不同情景约束下中国煤炭消费达峰预测

注：本图由笔者综合多个研究结论制得。

---

① 吕连宏、罗宏、王晓：《大气污染态势与全国煤炭消费总量控制》，《中国煤炭》2015年第4期；张有生、苏铭：《严守资源环境红线，控制煤炭消费总量》，《宏观经济管理》2015年第1期。

② 姜克隽、贺晨旻、庄幸等：《我国能源活动CO_2排放在2020—2022年之间达到峰值情景和可行性研究》，《气候变化研究进展》2016年第3期。

③ “中国煤炭消费总量控制和政策研究”课题组：《建言“十三五”中国煤炭消费总量控制规划研究报告》，2015年10月。

消费总量和驱动煤炭消费逐步降低的“最紧”约束。由此，为了推动煤炭行业的绿色转型，长期而核心的问题在于如何大幅减少煤炭转化利用过程中所产生的碳排放。

四　中国煤炭行业深度碳减排的可选技术对比

在2℃温升目标下，全球能源活动产生的温室气体排放需要尽早达到峰值，并随之快速、大幅地下降。从煤炭行业深度减碳的要求出发，想要有效降低煤炭的碳排放强度，要么大幅提升单位煤炭的能源产出（大幅提升利用效率），要么大幅降低单位煤炭消费的碳排放（碳捕集与封存）。下面，本文将围绕两种煤炭行业深度碳减排技术的路径、减排潜力及应用前景，并结合中国当前产业和技术发展水平，对这两种技术进行对比分析。

1. 煤炭转化利用效率大幅提升

固体氧化物燃料电池（Solid Oxide Fuel Cells，SOFCs）是将燃料中的化学能直接转化为电能的一类电化学装置。与传统的火力发电技术相比，SOFC发电技术极大地降低了化石燃料在能量转换中的能量损失，一次电转化效率可以达到50%～60%，与蒸汽轮机联动后电转化效率可达到70%～80%，比传统燃煤发电的效率高一倍以上。单位发电量所需燃料减少一半以上，也就意味着二氧化碳排放量会大幅降低。①

针对中国以煤为主的能源资源禀赋条件，发展以煤炭气化为基础，以气化煤气为燃料的SOFC系统具有广阔的前景。煤基/碳基SOFC系统通过整合煤炭气化、蒸汽轮机发电和燃料电池发电技术，可以大幅度提高煤炭的利用效率。此外，在煤的气化环节煤炭中各类杂质可被清除，并可以在此基础上发展氢分离技术和CO_2捕获和回收技术，真正实现煤炭的高效、清洁、低碳转化利用。

① 彭苏萍、韩敏芳：《煤基/碳基固体氧化物燃料电池技术发展前沿》，《自然杂志》2009年第4期。

2. 煤基能源结合 CCUS

二氧化碳捕集、利用与封存（CCUS）技术是指将 CO_2 从工业或者能源生产相关源中分离出来，加以地质、化工或生物利用，或输送到适宜的场地封存，使 CO_2 与大气长期隔离的技术组合。[①]

CCUS 技术的减排总贡献潜力巨大。据国际能源署（IEA）2013 年发布的报告《CCS 技术路线图（2013）》估计，为了达成 2℃ 温升目标，2015 ~ 2050 年，全球总共将有 1200 亿吨 CO_2 会被捕集和封存，累积减排量将占到全部减排量的 14%。

CCUS 技术在当前各类化石能源行业中均可以得到应用。CCUS 同传统化石能源系统具有广泛的结合度，煤电、钢铁、水泥、燃气发电以及化工行业是应用碳捕集技术的主要行业部门。由于生物质发电属于碳中和技术，如果它结合碳捕集则将成为一项负碳技术方案。

3. SOFC 与 CCUS 的综合对比研究

根据 SOFC 技术与 CCUS 技术的特点，综合对比这两种技术路线的减排潜力和推广应用的可行性（见表 2）。

表 2　SOFC 技术与 CCUS 技术的综合对比

技术路线	固体氧化物燃料电池(SOFC)技术	二氧化碳捕集、利用与封存(CCUS)技术
减排潜力	煤炭利用效率提升一倍	80% 以上集中的碳排放被捕集(生物质燃料结合碳捕集可实现零碳排放甚至负碳排放)
特点类型	前端治理(无悔型)	末端治理(部分有悔型)
能源利用效率	大幅提升煤炭利用效率至 55% ~80%(纯发电 - 热点联产)	会有额外能源消耗,会降低能源系统效率,使现有燃煤电厂净效率损失 8% ~12%
技术周期	早期研发阶段,大多处于 1 ~10kW 级研发,最大规模为 300kW	大规模工业示范阶段,CO_2 捕集规模超过 100 万吨/年
规模适宜性	小型、中型、大型均适合	适合于大型、集中碳源
地域适宜性	无特殊需求	需要合适的运输条件和封存场地

① 中国 21 世纪议程管理中心编著《中国二氧化碳利用技术评估报告》，科学出版社，2014。

续表

技术路线	固体氧化物燃料电池(SOFC)技术	二氧化碳捕集、利用与封存(CCUS)技术
行业结合度	整合煤炭气化、发电、燃料电池、氢气分离、碳捕集技术,对当前能源系统和下游产业产生重大影响	与既有和新建煤炭转化利用产业均可结合
产业化难度	材料科技需要有重大突破	技术相对成熟,捕集成本有待降低
附带效益	环境效益(煤炭前端一体化清洁转化)	环境效益(一体化脱除)、其他经济社会效益(CO_2资源化利用)
燃料多样性	多(气化煤气、甲烷、石油液化气、甲醇、生物质燃料等)	多(化石能源、生物质能源)
技术适用性	小规模分散式发电、移动电源、大规模热电联供	大规模能源、电力、热力、化工、钢铁、水泥等工业生产
技术耦合性	SOFC 原料转化过程中可富集 CO_2,便于实施碳捕集及系统循环利用	

注：本表系笔者根据相关文献资料整理。

从 2℃气候目标约束来看，两种技术都有大幅减少煤炭消费利用所产生碳排放的潜力，可以满足全球碳排放总量下降的要求。按照应对气候变化的无悔性原则，SOFC 技术通过提高能源系统的效率可以减少煤炭消费，属于是完全无悔型技术；而 CCUS 技术由于会产生额外的能源资源消耗，带来系统效率损失，属于部分有悔型技术。

从技术的适用性角度来分析，在技术规模上 SOFC 可以应用于大型、中型和小型动力热力系统，而 CCUS 更适于在大型、集中固定排放源实施捕集；在与既有产业的基础性衔接方面，CCUS 具有更大的优势，碳捕集技术可以广泛适用于煤电、钢铁、水泥、煤化工等现有工业，包括既有和新建的煤炭转化利用工厂，而 SOFC 技术则更具系统创新性，会给现有能源生产和下游产业带来更大的变化，需要重构产业链条和新建能源基础设施。

两种技术路线都具有较好的环境附带效益，无论 SOFC 系统还是碳捕集装置都具有污染物一体化脱除的协同效益，可以有效降低煤炭利用所产生的大气污染物排放。此外，两种技术也有耦合发展的潜力，SOFC 系统在煤炭转化的过程中富集高浓度 CO_2 气源，而这可以以较低的成本被捕集。

五 小结

在我国经济高速增长时期，煤炭行业发挥了重要的支撑作用，但粗放的发展方式也带来了诸多问题。在经济新常态下，传统的煤炭开发利用方式不符合生态文明建设和应对气候变化的目标要求，煤炭行业面临着产能过剩、转化利用效率低下、生态环境破坏严重以及碳排放量巨大等一系列挑战，煤炭行业的绿色转型成为我国新时期经济转型发展的重点领域和重要内容。

煤炭行业绿色转型是一项内涵丰富、行业与时间周期跨度极大的长期系统性工程，“绿色”的要义包括循环、高效、清洁、低碳，其核心在于“低碳”。从近中期看，化解产能过剩、减少污染物排放以实现清洁化转化利用的任务更为紧迫，而从中长期来看，如何实现煤炭更加高效和低碳化利用，是解决煤炭行业可持续发展问题的根本。

在气候目标的约束下，必须寻求新的技术突破以实现煤炭行业的深度碳减排。煤基/碳基固体氧化物电池技术是一种前端治理方式，可通过提升煤炭利用的综合效率大规模减少煤炭消费和 CO_2 排放，其推广应用将引发现有能源和下游产业体系的重大转变。而二氧化碳捕集、利用与封存技术则是一种末端治理的方式，可以同现有的煤基行业较好地衔接。两种技术路线在中国煤炭行业的深度碳减排过程中均有望发挥重要作用，而且两种技术路线还有着相互耦合发展的可能。

本轮能源革命的总体方向和长期目标必将是要构建一个以可再生能源为主体、近零碳排放的能源系统，但在能源结构转型的过程中，同样不应忽视传统化石能源的技术改进或技术革命。推动煤炭行业深度碳减排不但是该行业自身实现可持续发展的必需条件，而且应当成为我国能源系统革命与经济绿色转型总体进程的必要过渡。

G.12

“十三五”期间我国风能太阳能发展关键问题及“绿证”政策探讨*

刘昌义 朱 蓉**

摘 要： “十二五”期间，我国风能和太阳能快速发展。“十三五”期间，在经济调整转型、能源需求放缓的背景下，风能和太阳能发展将面临更大的挑战，如并网不足导致弃风、弃光现象严重；缺乏有效机制保障可再生能源的环境效益；电力需求下降，财政资金不足，可再生能源全额保障性收购和补贴政策无法落实到位，资金缺口增大。为了解决上述问题，能源部门适时提出了非水可再生能源配额证书交易机制（即“绿证”交易机制）。“绿证”交易可以有效地解决当前补贴资金不足的问题，保障2020年可再生能源比例目标的达成，推动我国电力市场改革和碳交易市场建设。我国已具备建立“绿证”交易市场的条件，但仍需做好“绿证”交易市场制度及配套机制的顶层设计。

关键词： 可再生能源 风能 太阳能 绿证

前 言

在气候变化的背景下，尤其是在巴黎气候变化大会后，随着各国纷纷做

* 本文获得中国气象局2016年气候变化专项“中国风能开发潜力和二氧化碳减排潜力研究”（项目编号：CCSF201624）的资助。

** 刘昌义，国家气候中心高级工程师，研究方向为可持续发展经济学；朱蓉，国家气候中心研究员，研究方向为大气污染潜势气候影响评估和风能资源评估与预测。

出“自主贡献”减排承诺，可再生能源在各国制定的减缓目标中将起到越来越重要的作用。2015 年，中国正式公布国家自主贡献预案《强化应对气候变化行动——中国国家自主贡献》，明确了中国2030 年应对气候变化的系列行动目标，包括二氧化碳排放目标及非化石能源占一次能源消费比重目标。正在制定中的《可再生能源“十三五”发展规划（征求意见稿）》确定的新目标是到2020 年使风电和光电装机分别达到 2.5 亿千瓦和 1.5 亿千瓦，表明政府对未来发展高比例的风能和太阳能寄予厚望。从资源的角度来看，我国的风能和太阳能资源是有这个潜力的。

“十二五”期间，我国风能和太阳能快速发展，取得了举世瞩目的成就。风电和光电累计装机容量均为全球第一。2015 年，我国风电新增装机容量为 3297 万千瓦，约占全球的一半；风电累计装机容量达到 1.29 亿千瓦，约占全球的1/3。相比风电，我国光伏发电发展起步较晚，但近几年也得到了快速发展。2015 年，光电新增装机容量达 1513 万千瓦，约占全球的 31.5%；光电累计装机容量为 4318 万千瓦，约占全球的 19.0%。[①] 此外，我国风能和太阳能利用的有关政策体系不断完善。自 2005 年全国人大常委会通过《中华人民共和国可再生能源法》以来，我国确立了总量目标制度、强制上网制度、分类上网电价制度、费用补偿制度、专项基金制度及全额保障性收购制度等系列制度，为推动我国风能和太阳能快速发展提供了重要的支撑作用。[②] 与此同时，风能和太阳能产业也迅猛发展。风能和光伏发电的开发投资成本不断下降，风能和太阳能装备制造业迅速发展，核心技术正全面赶超，一批具有国际竞争力的企业迅速崛起，为我国风能和太阳能发展奠定了良好的产业基础。

一 我国风能和太阳能发展面临的问题及原因

在当前新的经济形势下，我国风能和太阳能的发展正面临着一系列新的

① 风电相关数据来自国家能源局、全球风能理事会；光电相关数据来自国家能源局、国际能源署光伏发电系统项目，下同。

② 任东明：《论中国可再生能源政策体系形成与完善》，《电器与能效管理技术》2014 年第 10 期，第 1～4 页。

挑战。近两三年，受多种因素的影响，我国华北、东北和西北（“三北”）地区弃风、弃光现象日趋增多，风能和太阳能限电比例不断增加。2015年，全年弃风电量同比增加213亿千瓦时，平均弃风率达15%，同比增加了7个百分点；光伏全国限电比例达到11%。2016年上半年，弃风、弃光现象进一步加剧，西北五省（区）（陕西、甘肃、青海、宁夏、新疆）风能发电利用小时数仅为688小时，弃风率为38.9%；其中，甘肃、新疆、宁夏风电运行形势最为严峻，弃风率依次为46.6%、44.2%和20.9%；西北五省（区）光伏发电利用小时数为611小时，弃光率为19.7%，其中新疆、甘肃的弃光率高达32.4%和32.1%。

虽然风电装机容量快速增长，但由于“三北”弃风现象严重，风能发电量总量和增速显得滞后。2015年，我国风电累计并网装机容量占全部发电装机容量的8.6%，风能发电量为1863亿千瓦时，占全社会用电量的比重仅为3.3%。相比之下，光伏发电利用情况较好。2015年，我国光电累计并网装机容量占全部发电装机容量的0.29%，光伏发电量为392亿千瓦时，占全社会用电量的比重为0.69%。这与二者的空间分布不同有关，风电装机主要集中在“三北”地区，弃风率很高。这在一定程度上反映出当前风电产业空间分布的不合理问题，过于依赖“三北”大规模风电基地，而分布式风电和海上风电发展不足。光伏装机则集中在东部和西北地区，尤其是东部的分布式光伏发电发展很快，有效地提高了光电利用率。①

造成弃风、弃光问题的主要原因，可被归结为能源需求放缓、并网输送制约和可再生能源市场机制不完善三个方面。

（一）能源需求放缓、消纳不足是内因

近年来，国际和国内经济形势发生了深刻的变化，新常态下中国经济下行，电力需求增速放缓，煤炭价格大幅下降，直接导致可再生能源与常规能

① 数据来源于国家能源局编写的《2015年风电产业发展情况》和《2015年光伏发电相关统计数据》。

源之间的矛盾加剧。“十二五”期间全社会用电量年均增长率为5.7%，相比“十一五”期间的增速下降5.4个百分点，电力消费稳定小幅增长将成为新常态。2015年，全国全社会用电量为5.55万亿千瓦时，同比仅增长0.5%，增速同比下降3.3个百分点。[①] 另外，由于煤炭价格大幅下降，各地煤电投资热情高涨。2015年，新增煤电装机超过5000万千瓦，且有超过3亿千瓦的煤电项目处于在建、核准或前期工作状态。[②] 这直接加剧了当前全国电源过剩的趋势，造成煤电与可再生能源之间直接争夺当前的利益空间和未来的发展空间的局面。

（二）大规模并网、输送制约是关键

弃风、弃光问题反映了我国电网运行机制和管理体制的深层次矛盾。首先，风电和光电的市场消纳机制没有完全建立起来，电网公司缺乏连接风电和光电的激励机制，导致电网公司不愿将风电和光电连入电网。其次，由于电网公司与大规模风电和光电场在发展规划方面缺乏协调，“三北”地区风电和光电场与电网连接滞后，特高压交流电网建设相对缓慢，制约了跨区域送电能力，难以满足这部分电力的外送需求。最后，电力运行调度仍沿用传统以火电为主的“计划”方式，在当前火电与风电、光电竞争的形势下，各地为了完成火电年度计划不得不限制风电和光电的发展空间。

（三）电力市场机制不完善是根源

归根结底，弃风、弃光问题的根源是我国电力市场体制问题，传统的电力市场机制已无法适应风能和太阳能大规模发展的形势，而新的电力市场机制又未建立。随着风电、光电开发大规模增长，市场消纳已成为可再生能源发展的最大瓶颈，而现有的以“固定标杆价格”和“全额上网收购”等为特

---

① 《中电联发布〈2016年度全国电力供需形势分析预测报告〉》，中国电力企业联合会官网，http://www.cec.org.cn/yaowenkuaidi/2016-02-03/148763.html，2016年2月3日。

② 时璟丽：《发电配额和绿证交易破解可再生能源政策瓶颈》，《中国能源报》2016年5月16日，第2版。

征的电力市场机制已无法适应新形势下可再生能源的发展要求。[①] 随着风能、光伏发电规模扩大，补贴资金缺口也随之增大。《可再生能源法》明确规定向用户征收电力附加费来平摊上网电价补贴和可再生能源电力连接电网的相关成本。2006年，该附加费初始设定为0.001元/kWh，2015年这一标准提高到0.019元/kWh，但资金缺口依然很大，据估计，到2015年底我国可再生能源电价补贴累计资金缺口约为400亿元。[②] 从长远来看，我国可再生能源的费用补偿制度面临的最大问题仍将是资金不足问题。因此，亟须建立起一套风能和光伏发电配额和电网保障性收购制度，从而有效地解决可再生能源补偿资金的问题。这也正是国家能源局于2016年初启动"绿色证书"交易的背景和初衷。

二 可再生能源政策转型——价格型工具与绿色证书交易

世界主要的可再生能源大国对可再生能源发展有不同的支持方式，最常用的经济政策工具有两类。第一类是可再生能源固定电价或固定补贴，并往往辅之以可再生能源电价附加征收政策这一费用分摊制度，这一类可被称为价格型工具。例如，德国对可再生能源采用固定电价政策和动态的电价附加征收政策，同时制定的固定电价政策又有一定的"动态性"，固定电价水平逐年降低，且根据新增装机容量每季度采取自动调价机制进行调节。丹麦、意大利等国都采用了类似的固定补贴和费用分摊制度。

第二类是建立可再生能源配额证书交易体系，让电力供应商和可再生能源发电商直接采用配额证书进行交易。可再生能源电力绿色证书（Green Certificate）（简称"绿证"）是一种可交易的有价凭证，是对可再生能源发电方式和额度予以确认的一种指标。"绿证"既可以作为独立的计量可再生

① 赵勇强、王红芳：《我国可再生能源限电问题分析及对策建议》，《中国能源》2015年第12期，第15~20页。

② 时璟丽：《发电配额和绿证交易破解可再生能源政策瓶颈》，《中国能源报》2016年5月16日，第2版。

能源发电量的工具，也可以作为转让可再生能源的环境效益所有权的交易工具。①

（一）价格型工具

当前我国可再生能源政策采用的就是价格型工具，即可再生能源固定电价、电价附加征收的费用分摊政策。在风电方面，随着风电开发成本下降，全国风力发电标杆上网电价也逐步下调。2009年国家发改委出台陆上风电标杆上网电价，按风能资源状况和工程建设条件，将全国分为四类风能资源区，确定了不同的标杆上网电价（见表1）。此后，国家发改委分别于2014年和2016年两次下调了风电标杆上网价格，并制定了2018年后的风电上网标杆电价（见表1），以便引导市场预期。在光伏发电方面，国家发改委于2011年制定标准，将2011年前的全国统一标杆上网电价为1.15元/kWh调整为1元/kWh；2013年初国家发改委实行分区域标杆上网电价政策，将全国分为三类不同的资源区，实行不同的光电上网标杆电价；2016年再次下调三类资源区的光电上网标杆电价（见表1）。

表1　全国陆上风电和光电上网标杆电价

单位：元/kWh（含税）

资源区	陆上风电标杆上网电价				光电标杆上网电价			
	2009年	2014年	2016年	2018年	2011年前	2011年后	2013年	2016年
Ⅰ类	0.51	0.49	0.47	0.44	1.15	1.00	0.90	0.80
Ⅱ类	0.54	0.52	0.50	0.47			0.95	0.88
Ⅲ类	0.58	0.56	0.54	0.51			1.00	0.98
Ⅳ类	0.61	0.61	0.60	0.58	—	—	—	—

（二）“绿证”交易

绿色证书交易机制一般由绿色证书、证书交易管理机构、电力系统企业、证书交易管理系统、消费者、自愿认购者等构成（见图1）。从世界各

① 绿色证书在不同的国家有不同的称谓，如可再生能源证书（Renewable Energy Certificate）、可再生能源义务证书（Renewable Obligation Certificates）、可再生能源交易证书（Tradable Renewable Certificate）、绿色标签等，但其内涵基本相同。

国的实践来看，美国、英国、瑞典、澳大利亚、日本、韩国等几十个国家和地区已广泛采用可再生能源责任目标机制和强制市场份额（或配额制度）。例如，在美国，由于电力交易市场发达，目前已有32个州或地区实施了配额制度。[①] 美国同时采取税收抵免政策和可再生能源电力配额度。具体而言，首先各州在州层面设立可再生能源增长的总目标，然后将其分解到各电力供应商，要求供电商必须供应一定比例的来自可再生能源的电力。供电商可以自建可再生能源发电厂，也可以从别的可再生能源发电商处购买配额指标。可再生能源发电商可以同时通过销售可再生能源电力和配额证书获利。在可再生能源配额证书交易体系里，配额证书价格由市场供给和需求决定。同时配合实施联邦税收抵免政策，如生产税抵免、投资税抵免和现金补助等。

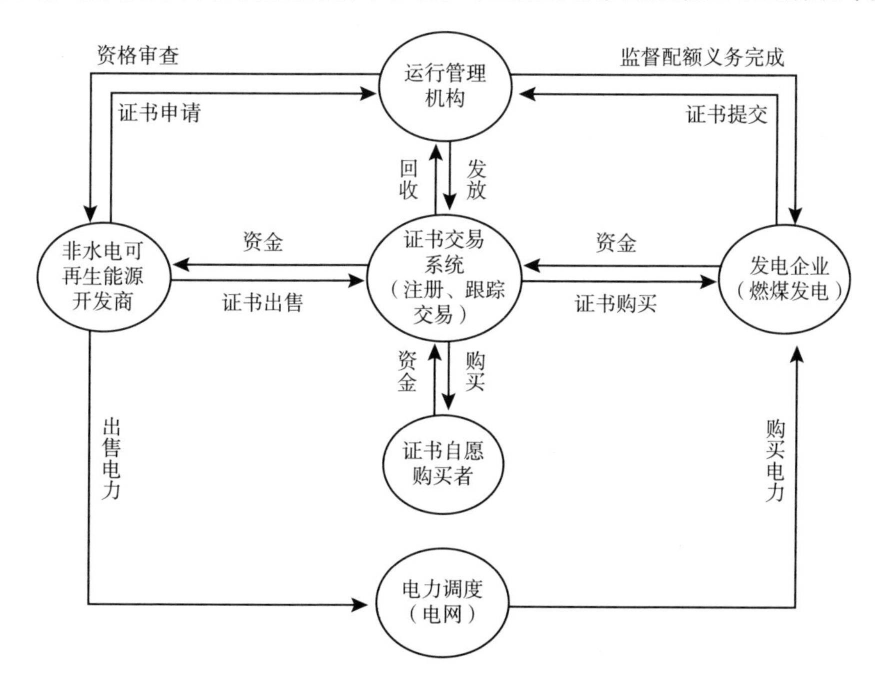

图1 “绿证”交易系统示意

注：参考编辑部《绿色证书交易机制》，《风能》2015年第7期，第31页，但有所改动。

① 谢旭轩、王仲颖、高虎：《先进国家可再生能源发展补贴政策动向及对我国的启示》，《中国能源》2013年第8期，第15～19页。

虽然我国明确制定了2020年和2030年的可再生能源发展战略目标，即2020年和2030年非化石能源占一次能源消费比重分别达到15%和20%，但并没有针对各级政府和各类电力企业制定明确可量化的考核指标。同时，针对近年来出现的弃风弃光、可再生能源发展资金不足、煤电与可再生能源之间产生直接竞争等问题，2016年3月，国家能源局发布《国家能源局关于建立可再生能源开发利用目标引导制度的指导意见》（以下简称《意见》）。《意见》明确了各省（区、市）2020年的全社会用电量、非水电可再生能源电量比重目标及达标消纳量指标（见表2）。到2020年，除专门的非化石能源生产企业外，各发电企业非水电可再生能源发电量应达到全部发电量的9%以上。2016年4月，国家能源局综合司发布《关于建立燃煤火电机组非水可再生能源发电配额考核制度有关要求的通知（征求意见稿）》（以下简称《通知》），进一步明确要求到2020年燃煤发电企业承担的非水可再生能源发电量配额与火电发电量的比例应达到15%以上，这一指标恰好可以保证实现“非水电可再生能源发电量应达到全部发电量的9%以上”的总目标[1]。

表2 2020年各省（区、市）全社会用电量及达标非水电可再生能源电力消纳情况

三类地区	省（区、市）	全社会用电量（亿千瓦时）	非水电可再生能源电力消纳量比重目标(%)	达标消纳量（亿千瓦时）
需要跨区接纳地区/购买绿色证书	北京	990	10	99
	天津	1080	10	108
	辽宁	2230	13	290
	重庆	1300	5	65
	广东	6300	7	441

① 2015年我国火电装机容量为9.9亿千瓦，占总装机容量的65.6%；火电发电量为4.1万亿千瓦时，占总发电量的73.1%。根据“十三五”可再生能源发展规划初步确定的目标，折算2020年非水可再生能源发电量总计约为6800亿～7000亿千瓦时，2020年的燃煤发电量约为4.4万亿～4.8万亿千瓦时，届时非水可再生能源发电量约相当于燃煤发电量的15%。

续表

三类地区	省（区、市）	全社会用电量（亿千瓦时）	非水电可再生能源电力消纳量比重目标（%）	达标消纳量（亿千瓦时）
需要跨区外送地区/出售绿色证书	河　北	4100	10	410
	吉　林	800	13	104
	黑龙江	1000	13	130
	甘　肃	1450	13	189
	青　海	980	10	98
	宁　夏	1160	13	151
	贵　州	1700	5	85
	云　南	2100	10	210
	湖　南	2000	7	140
	西　藏	100	13	13
基本平衡地区（|本地区非水可再生能源发电量 - 达标消纳量|/本地区全社会用电量≤2%）	山　西	2300	10	230
	山　东	5600	10	560
	内蒙古	3500	13	455
	陕　西	1800	10	180
	新　疆	3500	13	455
	上　海	1560	5	78
	江　苏	6400	7	448
	浙　江	4430	7	310
	安　徽	2430	7	170
	福　建	2350	7	165
	江　西	1600	5	80
	河　南	3900	7	273
	湖　北	2300	7	161
	四　川	2800	5	140
	广　西	1800	5	90
	海　南	400	10	40

数据来源：《国家能源局关于建立可再生能源开发利用目标引导制度的指导意见》。

同时，《意见》首次提出建立可再生能源电力绿色证书交易机制，将可再生能源电力绿色证书作为各供电和售电企业完成非水电可再生能源发电比重指标情况的核算凭证。“绿证”可以在电力市场上进行买卖交易。《通知》

将燃煤发电企业作为配额的承担主体，这一制度安排是符合我国当前电力行业的实际情况的。2015 年，我国火电装机容量占总装机容量的 65.6%，因此“抓住”了火电行业就能保证实现可再生能源目标。此外，我国放开“发电侧”已有十余年，已形成五大发电集团，2014 年底全国 30 万千瓦及以上功率的火电机组比例达到 77.7%，行业内规模以上企业比较集中，因此，将燃煤发电企业作为责任和被考核主体具备基础和条件。

此外，《意见》还明确了“绿证”交易配套的监管机构、交易主体、交易平台、监测和评价制度等。国家能源局作为“绿证”交易的市场主管部门，会同其他有关部门，依托全国可再生能源信息管理系统，建立可再生能源电力绿色证书登记及交易平台，对可再生能源电力的经营者按照非水电可再生能源发电量，核发“绿证”，作为对非水可再生能源发电量的确认以及所发电量来源于可再生能源的属性证明。省级能源主管部门负责制定本地区的非水电可再生能源电力比重指标，并督促本地区发电企业按时足额完成指标。同时，省级能源主管部门需建立相应激励机制确保可再生能源电力的接入、输送和消纳。此外，省级能源主管部门还需会同统计部门做好监测统计工作，负责定期监测本地区的可再生能源利用量、可再生能源占能源消费总量比重、非水电可再生能源电量比重三个关键指标，而各发电企业、电网企业和电力交易机构需按月向全国可再生能源信息管理系统报送相关数据。国家能源局对火电发电装机容量超过 500 万千瓦的发电企业开展可再生能源电力建设和生产的情况进行监测评价，并按年度公布监测和评价结果。

三　我国建设“绿证”交易市场的优势和挑战

“绿证”交易市场具有独特的优势和作用，可以与当前的电力市场改革和碳交易市场建设同步推进，相互促进和补充。

第一，“绿证”交易可以有效地解决当前风能和太阳能发展中补贴资金不足的问题，实现市场竞争机制与扶持政策结合。“绿证”交易机制不仅可以有效地将燃煤发电企业造成的环境污染内部化，而且可以解决可再生能源发展补贴的资金缺口问题，兼顾平衡燃煤发电和可再生能源发电之间的利益冲突，有助于推进可再生能源电力市场建设和完善电力市场改革。按照“电改”的方向，未来的风电、光电价格形成机制需要由目前的分资源区固定上网电价机制逐步调整为“市场电价 + 溢价补贴”或差价合约机制，即由现有的差价补贴向定额补贴转变，在市场价格的基础上对可再生能源电力给予“度电补贴”。因此，实施“绿证”交易机制，可降低可再生能源发电对政府财政补贴的需求，推动可再生能源电力尽快实现平价上网。①

第二，弃风、限电的本质还是供给侧的优先权问题，而“绿证”制度配合电力市场改革出新的机制设计可以保障风电和光电的优先权。在“绿证”制度下，在发电环节，先考虑可再生能源发电，后考虑化石能源利用；在上网和输配电环节，凭“绿证”配额可优先上网，优先出售；在用电环节，能源消费企业必须持“绿证”配额首选可再生能源电力并以此得到国家政策优惠；对于可再生能源建设没有达到相关指标的地方和企业，强制其从其他地方和企业购买“绿证”、交易可再生能源电力，从而强化可再生能源电力的市场供给优先权。

第三，建立“绿证”交易市场，可以降低政府的管理成本，有助于推进当前的电力市场改革和全国碳交易市场建设。“绿证”交易机制可保证实现可再生能源的量化发展目标，而这是价格和补贴机制所不具备的。同时，建立“绿证”交易市场，通过公平竞争的市场机制和淘汰机制，促使可再生能源企业降低成本、提高效益。此外，“绿证”交易促进资金和资源在不同地区的流动，扩大了可再生能源开发利用的范围。“绿证”交易市场已经具备碳交易市场的雏形，“绿证”本身就具有金融属性，未来可以作为碳市场和碳金融的重要组成部分。

但是，“绿证”交易市场建设还有一些关键问题有待解决。首先，我国电力交易市场从无到有，“绿证”交易市场体系建设还有很长的路要走。目

① 时璟丽：《发电配额和绿证交易破解可再生能源政策瓶颈》，《中国能源报》2016 年 5 月 16 日，第 2 版。

前国家能源局只出台了《意见》和《通知》，只勾勒出了一个大致的框架，很多具体的细节还有待明确。其次，“绿证”交易制度需要建立配套的体制机制。如出台统一的计量和标准体系，建立公正有效的监管体系，明确具体的惩罚措施，逐步完善“绿证”交易市场政策体系。再次，我国电力市场，无论是发电市场还是输电市场，都是典型的寡头垄断市场，在“绿证”交易市场制度及配套机制设计时需考虑特殊国情和市场安排，借鉴国际经验，根据目前的政策环境、发展阶段和技术条件，做好顶层设计。

四 结论与建议

“十二五”以来，我国风电和光电都经历了快速的增长，风电和光伏发电作为可再生能源发展的主要支柱，为我国能源转型、应对气候变化和绿色低碳发展奠定了重要的基础。展望未来，中国具备发展更高比例可再生能源的潜力和愿景。我国在促进可再生能源大规模发展方面已形成了完整的政策支撑体系。同时，当前风能和太阳能发展也面临着困难和挑战，如当前经济调整转型，能源需求放缓，可再生能源并网不足，导致弃风、弃光现象严重；缺乏有效机制保障可再生能源发电、输送和消纳；可再生能源全额保障性收购和补贴政策没有落实到位，使得可再生能源发展资金缺口增大等。

为了解决可再生能源发展资金缺口问题，推进可再生能源市场化改革，能源部门提出了非水可再生能源配额证书交易机制（“绿证”交易机制）。“绿证”交易市场作为电力市场的重要组成部分，可以有效地解决当前补贴资金不足的问题，保障2020年可再生能源目标的达成，推进电力市场改革。我国当前已具备建立“绿证”交易市场的条件，但同时还需建立配套的体制机制，如计量和标准体系、监管体系和惩罚措施，以确保“绿证”制度有效发挥作用。

G.13

气候变化对我国不同气候区建筑供热制冷能耗的影响

李明财　曹经福　陈跃浩*

摘　要：本文选取五个建筑气候区代表城市，分析探讨了气候变化对办公建筑供热制冷能耗、建筑节能设计气象参数的影响，预估了未来中等排放情景下50～100年的供热制冷能耗。结果表明：各气候区建筑供热能耗均受温度影响，制冷能耗在哈尔滨受温度影响，在天津、上海和广州受温度和湿度的共同影响，夏季空调系统应充分考虑除湿功能；在气候变暖的背景下，建筑节能气象参数发生了明显变化，不同气候区的变化幅度明显不同，且冬季影响大于夏季，考虑气候变暖北方地区供热有3%～5%的节能量，夏季制冷设计负荷将升高0.8%～2.2%，在建筑供热制冷系统设计中应充分考虑气象参数变化；未来50～100年各气候区供热能耗呈降低趋势，而制冷能耗则会升高，在新建建筑空调系统容量设计中应充分考虑未来气候条件，做好前瞻性布局。

关键词：建筑节能　供热制冷　气候区　应对措施

一　引言

全球气候变化威胁到全球生态系统以及人类的生存环境，已经成为国际

---

* 李明财，博士，天津市气象局正研级高工，主要研究方向为气候变化应对与城市应用气候；曹经福，硕士，天津市气象局工程师，主要从事气候变化影响评估工作；陈跃浩，硕士，天津市气象局工程师，主要从事应用气候工作。

社会普遍关注的重大全球性问题。气候变化成为科学研究的热点是因为近100多年来地球表面温度的显著上升以及由此引起了地球气候系统其他圈层要素的明显变化。全球平均陆地和海洋表面温度的线性趋势计算结果表明，1880～2012年这一温度升高了0.85℃，全球几乎所有地区都经历了地表增暖。[①] 过去30年的地表已连续偏暖于1850年以来的任何一年，尤其是在北半球，1983～2012年可能是过去1400年中最暖的30年。与全球相比，我国增温幅度略高，1913～2012年，中国地表平均气温上升了0.91℃。在全球变暖的大背景下，北京、天津、上海等大城市受城市化影响，升温幅度明显偏高。[②]

在气候变暖对全球的诸多影响中，其对能耗的影响受到特别关注，气候变暖不仅改变能源消耗，而且也将改变能源消耗过程中的大气污染物排放。能源与气候/气候变化的关系是当今世界各国政府和学者关注的热点问题之一。建筑能耗（这里指运行或使用能耗）与交通能耗和工业能耗并列为三大用能领域，建筑节能因此也是节能减排的重点领域。建筑节能的开展成效，关系我国政府对外宣布的总体减排目标的最终实现，因此一直是我国节能减排工作的重点。美国2010年的建筑能耗已经达到总能耗的41%。[③] 中国虽然是发展中国家，但其建筑在能耗需求当中也扮演着极其重要的角色，1996年建筑能耗约占社会终端总能耗的24.1%，而至2001年这一比重上升到27.5%，至2010年则达到30%以上，而预计到2020年将达到35%[④]。

建筑能耗，即建筑使用能耗，通常包括采暖、空调、热水供应、照明、炊事等方面的能耗，其中采暖、空调能耗占到60%～70%。一方面，建筑

---

① Intergovernment Panel on Climate Change（IPCC），*Summary for Policymakers of Climate Change 2013：The Physical Science Basis*（Cambridge University Press，2013）.

② Ren，G. Y.，"Urbanization as a Major Driver of Urban Climate Change，" *Advances in Climate Change Research* 6（2015）：1－6.

③ Wang，H. J.，Chen，Q. Y.，"Impact of Climate Change Heating and Cooling Energy Use in Buildings in the United States，" *Energy and Buildings* 82（2014）：428－436.

④ Cai，W. G.，Wu，Y.，Zhong，Y.，et al.，"China Building Energy Consumption：Situation，Challenges and Corresponding Measures，" *Energy Policy* 37（2009）：2054－2059.

能耗的快速上升与经济的快速增长有关。随着经济社会发展和人民群众生活水平的提高，人们对生活居室、办公环境和公共场所的环境温度适宜度的要求越来越高，在室内停留的时间也明显加长，导致能耗不断升高。另一方面，能耗的增加与气候变化有直接的关系。建筑能耗与室外气象条件息息相关，建筑节能设计、暖通空调运行、建筑节能技术以及太阳能及风能等可再生能源的利用均与气象要素有密切关系。气候变化改变了室外的气候条件，从而极大地影响到采暖和空调能源的使用。[①] 在气候变化的背景下，如何提升建筑用能效率成为国内外政府部门和相关学者普遍关注的问题。[②] 开展气候变化对建筑能耗影响的评估，尤其是定量评估气候/气候变化对建筑采暖、空调能耗的影响，可为政府部门节能应对、建筑节能设计部门制定节能设计对策、建筑用能部门制定采暖空调调控策略提供依据，从而对保证能源的可持续供给和减少污染气体排放具有重要意义。

欧美等发达国家政府一直非常重视建筑能效的提升，充分考虑了气候变化的影响，及时修订了相关节能标准。比如，美国规定《新建多层住宅建筑节能设计标准》必须大约 5 年修订一次。日本也在不断完善节能设计标准，并于 2008 年提出了面向 2050 年的中长期规划，提出节能设计要充分考虑气候变化的影响。新西兰于 20 世纪 90 年代开始探讨气候变化及极端气候事件对建筑性能、设计和标准产生的影响，提出了适应措施。挪威从 2000 年起研究气候变化对建筑环境的影响，提出了修订施工标准和规范的技术依据。

与发达国家相比，我国单位面积采暖、空调能耗明显偏高，提高建筑能源效率是抑制能耗快速上涨和降低碳排放的主要对策之一，政府也为此做了

---

① Radhi, H. , "Evaluating the Potential Impact of Global Warming on the UAE Residential Buildings: A Contribution to Reduce the CO_2 Emissions," *Building and Environment* 44 (2009): 2451 - 2462.

② Huang, J. H. , Gurney, K. R. , "The Variation of Climate Change Impact on Building Energy Consumption to Building Type and Spatiotemporal Scale," *Energy* 111 (2016): 137 - 153; Li, M. C. , Cao, J. F. , Guo, J. , et al. , "Response of Energy Consumption for Building Heating to Climatic Change and Variability in Tianjin City, China," *Meteorological Applications* 23 (2016): 123 - 131; Wang, H. J. , Chen, Q. Y. , "Impact of Climate Change Heating and Cooling Energy Use in Buildings in the United States," *Energy and Buildings* 82 (2014): 428 - 436.

大量的工作。我国于1986年出台了第一个建筑规范，之后陆续出台了很多对策以提升建筑能效。[①] 然而，建筑能效跟同气候条件下的发达国家相比依然很低，特别是单位面积供热能耗是欧洲发达国家的2～4倍。[②] 低能效在某种程度上与缺乏气候变化对建筑能耗的准确定量评估有关，而相关评估的缺乏导致相关部门无法提出充分考虑有利气候条件的能源保护对策。另外，我国暖通空调系统建成后在运行过程中普遍存在“大马拉小车”、设备选型偏大、长期在低效区间运行等现象，其中最重要的原因就是气象参数以及设计标准滞后，没有充分考虑气候变化的影响，这也是我国建筑用能浪费的重要原因。我国每年新增建筑面积18亿～20亿平方米，而且每年住建部有近亿平方米的既有建筑节能改造任务，如何使新建建筑建设得和既有建筑改造得更加节能，尤其是供热制冷系统能够充分利用有利气候条件，在避免能源浪费的同时提高建筑环境舒适度，需要准确把握我国不同建筑气候区的气候变化特征，充分考虑气候变化的影响以及未来的气候条件，做好建筑节能工作。

二　研究区域及研究方法

（一）研究区域

根据建筑气候分区，可将我国分为严寒地区、寒冷地区、夏热冬冷地区、夏热冬暖地区和温和地区。本文分别从5个建筑气候区各选择一个代表城市进行分析，在各气候区分别选择哈尔滨、天津、上海、广州和昆明。

建筑物按不同的用途可以被分为两大类，即民用建筑和工业建筑。民用建筑又分为居住建筑和公共建筑，公共建筑又可以分为办公建筑、商场、酒店、图书馆、影剧院等。随着城市化进程的加快，大型公共建筑快速增加，

① Yao, R., Li, B., Steemers, K., “Energy Policy and Standard for Built Environment in China,” *Renewable Energy* 30 (2005): 1973－1988.

② Cai, W. G., Wu, Y., Zhong, Y., et al., “China Building Energy Consumption: Situation, Challenges and Corresponding Measures,” *Energy Policy* 37 (2009): 2054－2059.

机关办公建筑和大型公共建筑的节能工作成为节能减排工作的重点。本文选择办公建筑研究气候变化对建筑能耗的影响、气候变化对建筑节能气象参数及设计负荷的影响以及对未来气候条件下的建筑能耗进行预估。

（二）研究方法

1. 气候变化影响评估

以往气候变化对能耗影响的评估主要基于度日数法或者能耗统计数据。度日数法可以分离经济影响，但是仅考虑气温的影响。事实上能耗不仅与气温有关，而且与辐射、湿度、风速等有密切关系。能耗统计数据不仅仅与气候变化有关，更多受经济社会发展和人口增加的影响，因此仅凭能耗统计数据难以评估气候变化的影响。本研究应用国际上通用的能耗模拟软件TRNSYS（Transient System Simulation Program，瞬时系统模拟程序），通过将建筑参数固定，输入逐时气象要素，得到逐时能耗数据，包括供热和制冷负荷（负荷是维持一个稳定的室内热环境所需的供热或者供冷量）。该能耗数据可以比较客观地反映办公建筑供热以及制冷能耗，由于在模拟过程中将建筑参数固定了，因此该能耗数据仅受气候条件影响，有利于定量评估气候/气候变化对建筑能耗的影响。

因昆明夏无酷暑，冬无严寒，气候四季宜人，供热和制冷都没有强制要求，没有围护结构限值，无法完成对其建筑能耗的模拟，本文未考虑气候变化对昆明建筑能耗的影响。根据实际情况，不考虑广州地区冬季的空调供热。

2. 气象参数计算方法

根据《民用建筑供暖通风与空气调节设计规范》（GB50736－2012），本研究主要计算采暖及空气调节室外设计计算参数，各参数及计算方法如下：

采暖室外计算温度：历年平均不保证5天的日平均温度（℃）；

冬季空调室外计算温度：历年不保证1天的日平均温度（℃）；

夏季空调室外计算温度：历年不保证50小时的温度（℃）。

夏季空调室外计算温度的理论算法应采用历年不保证50小时的温度，

即采用30年不保证1500个小时的温度，而各台站2005年左右之前均用一日四次观测数据，所以规范当前应用方法主要根据一日四次数据进行计算，用一日四次数据代替24小时的数据，即30年不保证250个小时的温度。

3. 未来能耗数据计算

通过主成分分析，将影响能耗的逐月干球温度、湿球温度和太阳总辐射进行整合，构建一个新的变量 Z，并将该变量与逐月能耗做回归分析，结合未来气候的预估数据，推算出未来能耗。气候预估数据来自IPCC第五次评估报告中CMIP5全球气候模式MIROC5的逐月输出结果，要素包括温度、相对湿度和辐射，通过温度和相对湿度计算得到湿球温度。排放情景选取IPCC第五次评估报告中提出的典型浓度路径RCP 6.0（中等排放），即到2100年辐射强迫为6.0W/m²。

三 气候变化对建筑供热制冷能耗的影响

（一）气候变化对办公建筑供热负荷的影响

从表1可以看出，不同气候区影响办公建筑各月供热能耗的气象要素没有差异，严寒地区的哈尔滨、寒冷地区的天津和夏热冬冷地区的上海，办公建筑逐月供热能耗均主要受平均温度影响。干球温度可以解释逐月供热能耗的90%以上（$R^2 \geqslant 0.90$）。与逐月能耗一样，各气候区逐年供热能耗均主要受平均温度的影响（$R^2 \geqslant 0.86$），尽管其他气象要素也有一定的影响，但对供热能耗的影响不大。

受气候变化影响，1961～2010年不同气候区建筑供热能耗均呈显著的下降趋势（见图1），但变化幅度在不同气候区之间有差异，哈尔滨降幅最大，为142 W/（m²·10年），而天津和上海降幅分别为71 W/（m²·10年）和72 W/（m²·10年）。因为供热能耗主要受平均温度的影响，图1给出了能耗的1℃效应量。可以看出，平均温度每升高1℃，哈尔滨建筑供热能耗降低253 W/m²，天津降低177 W/m²，而上海仅降低126 W/m²。

表1　办公建筑月及年供热负荷与气象要素的多元线性回归分析

时间	哈尔滨		天津		上海	
	第一影响要素	决定系数(R^2)	第一影响要素	决定系数(R^2)	第一影响要素	决定系数(R^2)
一月	平均温度	0.98***	平均温度	0.90***	平均温度	0.91***
二月	平均温度	0.98***	平均温度	0.91***	平均温度	0.94***
三月	平均温度	0.98***	平均温度	0.92***	—	—
四月	平均温度	0.93***	—	—	—	—
十月	平均温度	0.97***	—	—	—	—
十一月	平均温度	0.98***	平均温度	0.92***	—	—
十二月	平均温度	0.98***	平均温度	0.91***	平均温度	0.93***
年	平均温度	0.96***	平均温度	0.86***	平均温度	0.94***

注：表中给出供热负荷的第一影响要素、决定系数和显著性水平；*** 表示 $p<0.001$。

总体来看，气候变暖明显降低了冬季供热能耗，而且不同气候区均呈现一致的变化趋势。新建建筑供热系统设计应充分考虑气候变暖的影响，根据各气候区气候变暖对建筑供热能耗的影响降低供热系统的设计容量，避免供热系统“大马拉小车”以及多数情况下设备选型偏大、长期在低效区间运行等现象，充分利用供热节能，降低建筑总能耗。

从各月和年建筑供热能耗与平均温度的回归分析来看，决定系数达到0.9以上（除天津年供热能耗与平均温度的 R^2 为0.86），表明可利用平均温度预测各气候区建筑月及年尺度的供热能耗，从而为建筑供热运行调控提供依据。

（二）气候变化对办公建筑制冷负荷的影响

从表2可以看出，不同气候区影响办公建筑各月和年制冷能耗的气象要素有明显不同。哈尔滨除七月制冷能耗受湿球温度影响外，其余各月的制冷能耗均受平均温度的影响；天津六月和九月制冷能耗受平均温度影响，而七月和八月的制冷能耗受湿球温度影响；上海除六月制冷能耗受平均温度影响外，其余各月的制冷能耗均受湿球温度影响；广州各月制冷能耗均受湿球温度的影响。总体来看，从严寒地区到夏热冬暖地区，影响夏季各月制冷能耗的气象要素逐步从平均温度变为湿球温度。

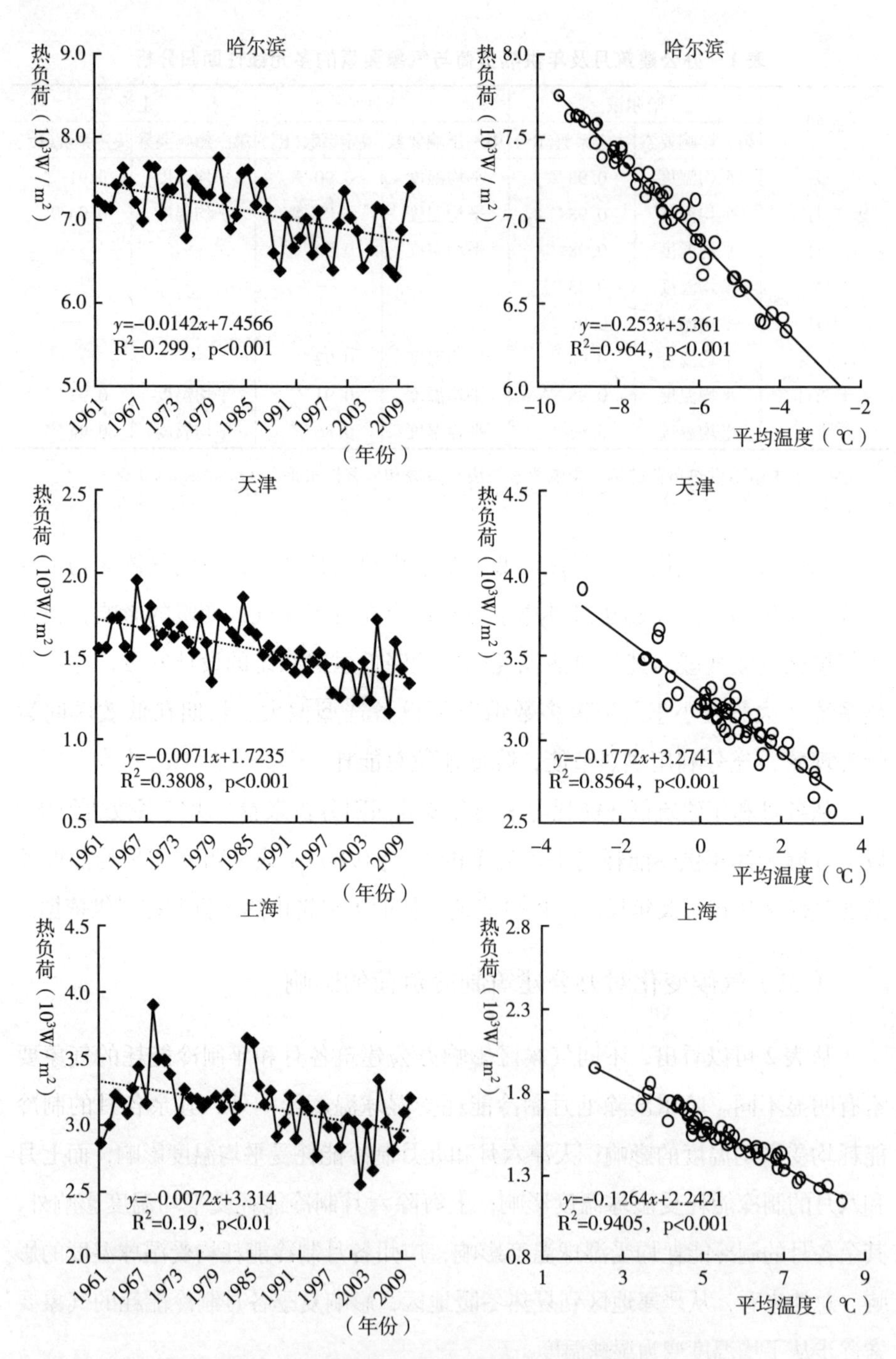

图1　不同气候区 1961～2010 年供热能耗及气象要素影响

表 2　办公建筑月及年制冷负荷与气象要素的多元线性回归分析

时间	哈尔滨		天津		上海		广州	
	第一影响要素	决定系数（R^2）	第一影响要素	决定系数（R^2）	第一影响要素	决定系数（R^2）	第一影响要素	决定系数（R^2）
六月	平均温度	0.94 ***	平均温度	0.54 ***	平均温度	0.84 ***	湿球温度	0.77 ***
七月	湿球温度	0.80 ***	湿球温度	0.81 ***	湿球温度	0.88 ***	湿球温度	0.80 ***
八月	平均温度	0.83 ***	湿球温度	0.78 ***	湿球温度	0.89 ***	湿球温度	0.79 ***
九月	—	—	平均温度	0.65 ***	湿球温度	0.90 ***	湿球温度	0.81 ***
年	平均温度	0.84 ***	湿球温度	0.55 ***	湿球温度	0.85 ***	湿球温度	0.49 ***

注：表中给出制冷负荷的第一影响要素、决定系数和显著性水平；*** 表示 $p<0.001$。

从年制冷能耗影响要素来看，哈尔滨受平均温度影响，而天津、上海和广州均受湿球温度的影响，即夏季制冷能耗受温度和湿度共同控制，高温高湿天气易引起高制冷能耗。

图 2 表明，与供热能耗在不同气候区均呈下降趋势不同，1961～2010 年建筑制冷能耗变化趋势在不同气候区之间有明显不同。近 50 年来哈尔滨制冷能耗呈显著上升趋势，升幅为 38 W/（m^2 · 10 年）；天津和上海的制冷能耗呈极弱的升高趋势，但没有达到显著性水平（$p>0.05$）；相反，广州近 50 年来的制冷能耗呈弱的降低趋势（$p=0.072$）。从平均温度或者湿球温度的 1℃效应量来看，上海影响最大，湿球温度每升高 1℃，制冷能耗升高 368 W/m^2；其次是广州，湿球温度每升高 1℃，制冷能耗升高 268 W/m^2；哈尔滨最低，平均温度升高 1℃，制冷能耗升高 126 W/m^2。

该研究结果表明，气候变暖仅增加了哈尔滨的制冷能耗，而其他区制冷能耗并没有显著增加（天津和上海），或呈现弱的下降趋势（广州）。通过分析发现，这主要跟制冷能耗的控制因子有关，哈尔滨制冷能耗受平均温度的影响，在气候变暖的背景下，制冷能耗显著升高；天津、上海和广州制冷能耗受湿球温度的影响，即温度和湿度的共同影响，单一温度的升高并没有显著增加制冷能耗。广州近 50 年来湿球温度显著降低（每 10 年降低 0.07℃），尤其是 1993～2010 年降幅达到 0.35℃/10 年，在温度升高的情况下，由于湿度的下降而使得能耗呈现弱的下降趋势。

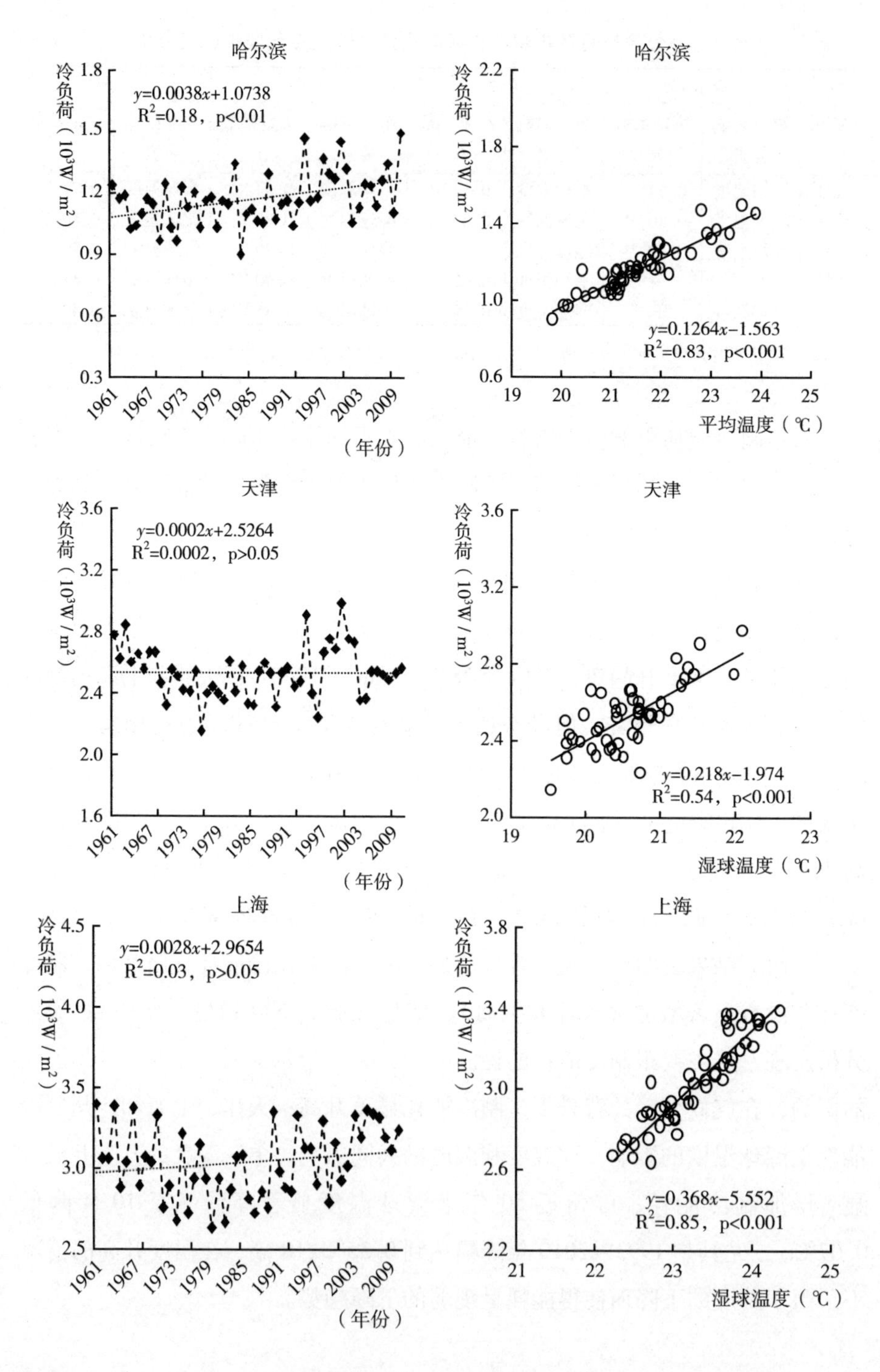
哈尔滨
冷负荷（10^3W / m^2）
y=0.0038x+1.0738
R^2=0.18，p<0.01
（年份）
哈尔滨
y=0.1264x−1.563
R^2=0.83，p<0.001
平均温度（℃）
天津
y=0.0002x+2.5264
R^2=0.0002，p>0.05
天津
y=0.218x−1.974
R^2=0.54，p<0.001
湿球温度（℃）
上海
y=0.0028x+2.9654
R^2=0.03，p>0.05
上海
y=0.368x−5.552
R^2=0.85，p<0.001
湿球温度（℃）

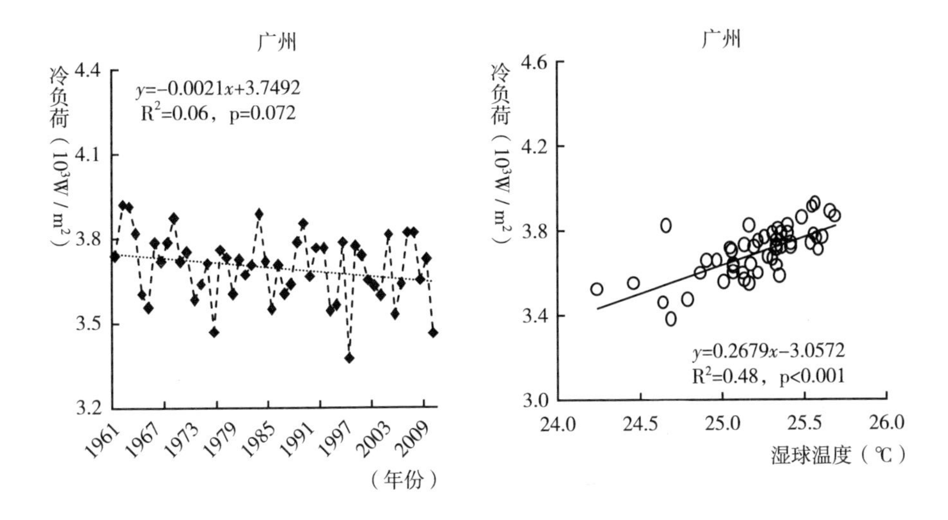

图 2　不同气候区 1961～2010 年制冷能耗及气象要素影响

从建筑制冷系统设计上来看，干球温度通常影响显热负荷，而湿度通常影响潜热负荷。随着湿度的降低，比如近 50 年来哈尔滨、天津、上海和广州湿度的降幅分别为 0. 82%/10 年、1. 29%/10 年、1. 76%/10 年和 1. 87%/10 年，用于除湿的能耗将明显降低，这理论上有助于降低制冷总能耗，在建筑设计或使用中应对此给予充分考虑。

从各月和年建筑制冷能耗与平均温度的回归分析来看，决定系数最高可达到 0. 8 以上，而最低却仅为 0. 48，表明难以用单要素预测建筑月及年尺度的制冷能耗，需要考虑多个要素的综合或交互影响，建立多要素预测模型，为建筑制冷运行调控提供依据。比如，天津和上海年湿球温度可以解释制冷能耗的 54% 和 85%，而湿球温度和太阳辐射共同可以解释制冷能耗的 93% 和 98%，在能耗预测中应充分考虑多气象要素的影响。

四　气候变化对建筑节能设计气象参数的影响

受气候变暖影响，近 30 年（1981～2010 年与 1961～1990 年相比）建筑采暖室外计算温度发生了明显变化，位于严寒地区的哈尔滨和位于寒冷地区的天津的采暖室外计算温度升高幅度分别为1.4℃和1.5℃（见表3）。同样，冬季空调室外计算温度明显上升，但不同气候区的变化幅度明显不同，变化幅度最大的为哈尔滨（1.7℃），其余各区升高1.0℃（上海）或者0.9℃（天津）。在气候变暖的背景下，夏季空调室外计算温度也呈现上升趋势，但各气候区变化幅度明显不同，夏热冬冷地区的上海升幅最大，为1.3℃，其次为夏热冬暖地区的广州，为0.9℃，寒冷地区的天津和严寒地区的哈尔滨仅升高0.6℃和0.4℃（见表3）。

表3　不同气候区建筑节能设计气象参数

设计参数	城市	年份			1981～2010年与1961～1990年的差值
		1961～1990	1971～2000	1981～2010	
采暖室外计算温度(℃)	哈尔滨	-24.8	-24.2	-23.4	1.4
	天　津	-7.6	-6.7	-6.1	1.5
冬季空调室外计算温度(℃)	哈尔滨	-28.3	-27.0	-26.6	1.7
	天　津	-9.7	-9.2	-8.8	0.9
	上　海	-2.7	-2.1	-1.7	1.0
夏季空调室外计算温度(℃)	哈尔滨	30.4	30.6	30.8	0.4
	天　津	33.6	33.9	34.2	0.6
	上　海	34.0	34.4	35.3	1.3
	广　州	33.8	34.2	34.7	0.9

采暖室外计算温度主要用于计算锅炉，尤其是集中采暖锅炉的燃料定额，从而确定其供热系统容量。采暖室外计算温度升高，对降低燃料定额非常有利，可在设计中考虑降低锅炉燃料定额。冬季空调室外计算温度用于计算空调系统容量，空调室外计算温度升高，有助于降低空调系统容量，严寒地区的这一降幅最为明显，在设计中应充分考虑，以有利于冬季空调节能。夏季空调室外温度主要用于计算夏季空调系统容量，温度升高加大空调系统容量，使当前使用的夏季空调系统容量偏小，会增加夏季空调的运行风险。

根据《实用供热空调设计手册》（第二版）（以下简称《设计手册》）计算了气象参数的变化对建筑采暖、冬季空调和夏季空调设计负荷的影响

（结果见表4）。冬季采暖室外计算温度每升高1℃，可使得天津采暖单位面积设计负荷降低2.89%，哈尔滨采暖设计负荷降低2.03%，通过计算得到天津和哈尔滨近30年由于气候变暖，冬季采暖设计负荷分别降低了4.34%和2.84%。这表明仅考虑气候变暖的影响，在严寒地区和寒冷地区就可以节能3%~5%，在实际设计中应充分考虑这点以达到节能减排的目的。

近30年仅考虑温度升高的影响，哈尔滨、天津和上海冬季空调设计负荷分别降低了1.65%、1.35%和2.35%。与此相反，近30年夏季空调设计负荷在哈尔滨、天津、上海和广州分别上升了0.83%、1.15%、2.82%和2.15%。这表明，气候变暖降低了冬季空调的设计负荷，增加了夏季空调的设计负荷。就不同气候区来看，严寒和寒冷地区冬季空调设计负荷降幅明显大于夏季空调升幅，有利于节能；相反，夏热冬冷地区冬季空调设计负荷降幅小于夏季空调升幅，对节能不利，应加大空调容量设计以满足夏季降温的负荷所需。夏热冬暖地区，温度升高增加了夏季空调设计负荷，结合前文气候变化对建筑运行能耗的影响，在实际设计中应充分考虑湿度的影响，综合考虑降温和除湿能耗进行建筑节能设计。

表4　室外计算温度每升高1℃对应的设计负荷的变化率

单位：%

对象	哈尔滨	天津	上海	广州
采暖设计负荷	-2.03	-2.89	—	—
冬季空调设计负荷	-0.97	-1.50	-2.35	—
夏季空调设计负荷	2.09	1.92	2.17	2.39

夏季空调室外计算逐时温度主要用于计算夏季空调系统的最大负荷，进而通过负荷确定设备选型。图3表明，日平均温度以及各时次温度近30年来（1981~2010年与1961~1990年相比）在不同气候区均表现出上升趋势，日平均上升幅度最大的为上海（1.2℃），其次为天津（0.9℃），哈尔滨和广州的均为0.8℃。所不同的是，各气候区逐时温度最大值出现的时段

有明显不同。1981～2010年与1961～1990年相比，哈尔滨和天津逐时温度的差异最大值出现在凌晨3～5点，至午后3点左右逐渐降至最低，之后又升高。与此相反，上海逐时温度的差异最大值出现在午后2～3点，差值达到2.4℃。与上述城市不同，广州逐时温度的差异一日内变化不明显，逐时温度各时段差值为0.7～0.9℃。

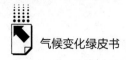

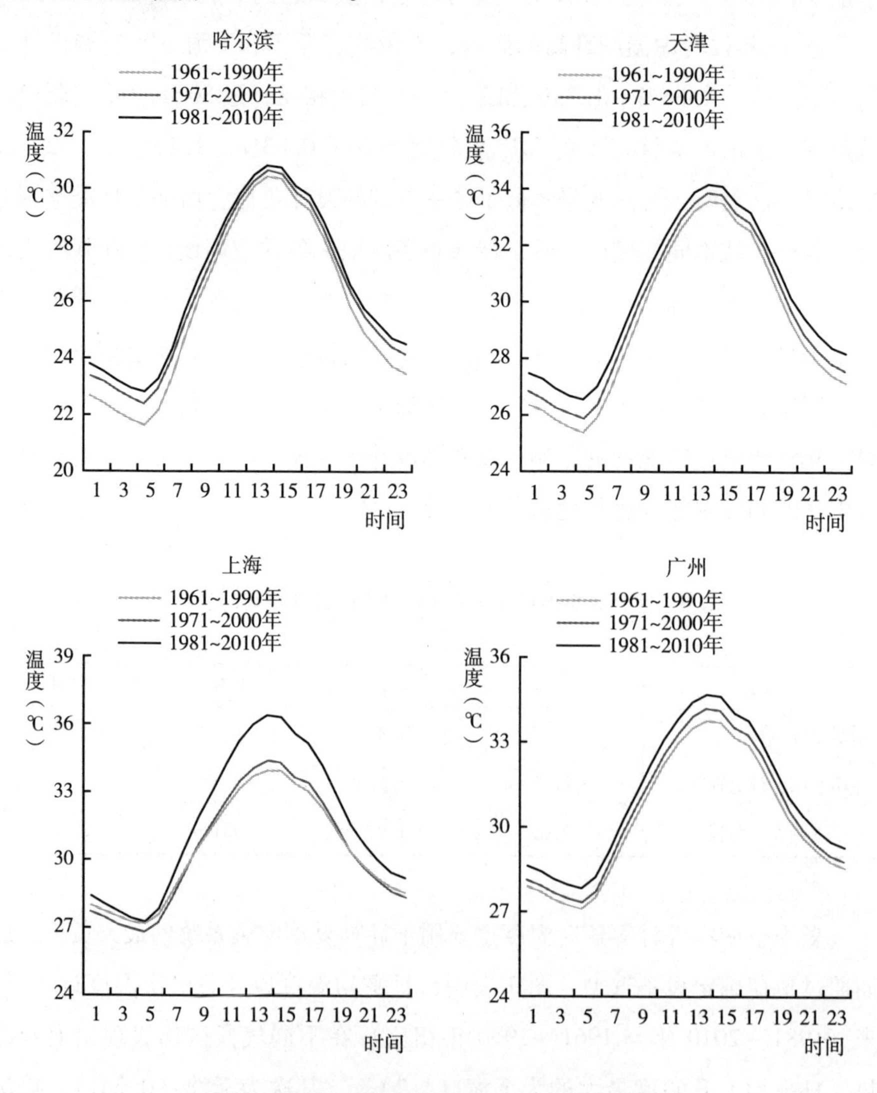

图3　不同时期夏季空调室外计算逐时温度

从全国不同气候区各城市来看，哈尔滨和天津逐时温度的差异最大值出现在凌晨3~5点，虽然天津的差异最大值近30年达到0.7℃，但由于此时是一日中的低温时段，空调基本处于关闭的状态，温度升高对空调设备的日最大负荷影响不大。同样，哈尔滨夏季公共建筑有一定数量的空调开启，一日中差异最大值近30年达到了1.1℃，但出现在凌晨3~5点，此时也是一日中的低温时段，此时段空调处于关闭状态，因此气候变化对空调负荷影响不大。广州各时段温度近30年均为升高，尤其是午后空调运行的高峰时段（14：00~15：00）的温度升高了0.9℃，此时是一日中的高温时段，温度升高对空调最大负荷有明显影响，使负荷理论值小于实际负荷，易造成设备选型时最大负荷的偏低，影响下午空调在开启时段的运行效果。日逐时温度的变化对夏季空调最大负荷影响最为明显的是上海，一日中温度变化最为显著的时间为14：00~15：00，近30年温度升高达到2.4℃，该时段空调运行负荷最大，也是一日中的高温时段，温度的变化将对空调最大负荷产生极为显著的影响，使负荷理论值远达不到实际需求，不但影响下午空调运行的效果，而且会对空调的安全运行产生一定的影响。

五　未来气候条件下建筑供热制冷能耗

利用TRNSYS模拟得到建筑供热和制冷能耗，应用主成分分析和回归分析方法，结合未来中等排放情景温度、湿度和辐射预估数据，得到未来50~100年建筑供热制冷能耗。总体来看，未来50~100年哈尔滨、天津和上海3个城市的供热能耗均呈下降趋势，表明随冬季温度升高，供热能耗逐渐下降。相反，哈尔滨、天津、上海和广州4个城市的制冷能耗则呈现上升趋势，表明夏季制冷能耗受多要素影响逐年上升。而在总能耗的变化上，各气候区的变化趋势有所不同，哈尔滨呈弱的下降趋势，主要是由于供热能耗总量及其下降幅度均超过制冷能耗；天津和上海均呈上升的趋势，主要由于制冷能耗的升幅明显高于供热能耗的降幅。

为了更为详细地探讨气候变化对未来建筑能耗的影响，本文分3个时段

（1961~2010年、2011~2050年和2011~2100年）分析了不同气候区代表城市供热能耗、制冷能耗和总能耗的变化情况（见图4）。各气候区供热能耗降幅最大的是上海，和1961~2010年相比，上海2011~2050年平均供热能耗降幅为6.6%，天津降幅为4.8%，哈尔滨降幅最小，为2.9%。2011~2100年各气候区供热负荷的变化和2011~2050年供热能耗的变化趋势类似，与1961~2010年相比，上海平均供热能耗降幅为13.5%，天津降幅为8.6%，哈尔滨降幅为6.1%。

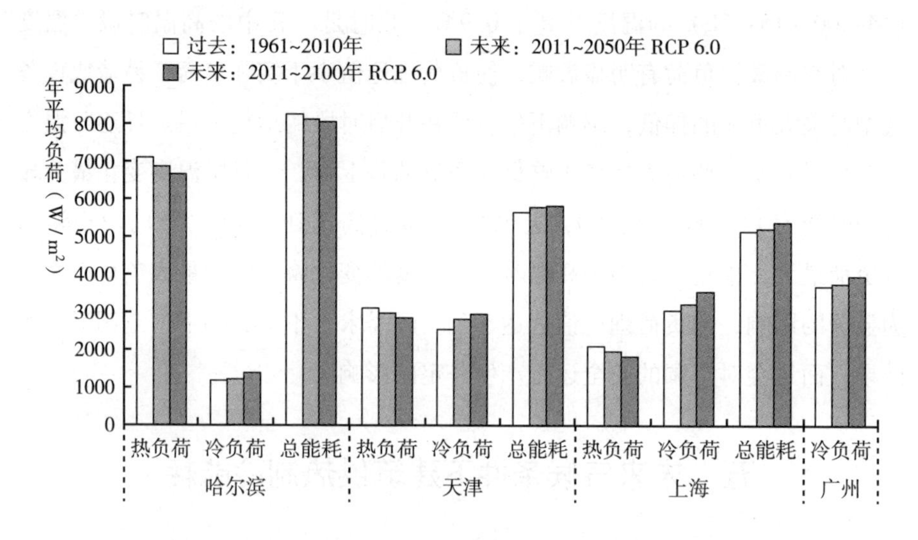

图4　不同时期办公建筑年平均供热、制冷及总能耗变化

在制冷能耗的变化上，2011~2050年平均制冷能耗上升幅度最大的是天津，和1961~2010年相比，制冷能耗升幅为10.6%，上海为6.1%，哈尔滨为4.9%，广州为1.9%。2011~2100年制冷能耗与1961~2010年相比，升幅最大的是哈尔滨，为17.9%，上海为16.6%，天津为16.4%，广州为6.9%。

在总能耗的变化上，与1961~2010年相比，哈尔滨2011~2050年平均总能耗下降1.85%，2011~2100年平均总能耗降幅为2.72%；天津2011~2050年平均总能耗升高2.07%，2011~2100年平均总能耗升高2.56%；上海2011~2050年平均总能耗升高0.91%，2011~2100年平均总能耗升高 4.24%。

根据现行国家标准《建筑结构可靠度设计统一标准》（GB50068－2014），普通房屋和构筑物，设计使用年限为50年；纪念性建筑和特别重要的建筑结构，设计使用年限为100年。而目前来看，建筑暖通空调系统设计均是以过去30年气候条件或计算得到的气象参数作为依据，其系统容量或者供热制冷运行难以适应未来气候条件，必然造成供热系统的偏大、制冷系统的偏小，一方面影响其节能，另一方面增加运行风险。从本研究可以看出，不同气候区未来供热制冷能耗变化幅度有明显的差异，在新建建筑暖通空调设计中应该对此给予充分考虑，以更好地应对未来气候变化，在提高室内环境舒适度的同时，促进我国建筑的节能减排。

G.14

我国低碳省份和低碳城市试点进展与分析

杨 秀 王雪纯 周泽宇 李惠民*

摘 要: 我国已有两批42个低碳省份和低碳城市试点。试点地区牢固树立生态文明理念，因地制宜，从峰值目标、低碳规划、制度创新、配套政策、数据统计、产业转型、绿色消费等各方面开展行动，取得了显著成效。本文从试点省份的低碳行动入手，概括试点成果与现状，给出优秀实践案例，总结试点省份的工作经验，并从国家和地方两个层面提出深化试点、推进低碳发展的建议。

关键词: 低碳试点 温室气体排放 体制机制 峰值目标 配套政策

从2007年开始，我国温室气体排放总量超过美国、欧盟等主要经济体，成为世界第一排放大国，成为全球控制温室气体排放和应对气候变化的焦点①。习近平总书记提出，应对气候变化是“我们自己要做”，党的十八大报告首次提出“推进绿色发展、循环发展、低碳发展”和“建设天蓝、水清、地绿的美丽中国”的目标②，必须树立尊重自然、顺应自然、保护自然的生

---

* 杨秀，国家气候战略中心副研究员，研究领域为能源经济学、能源与环境政策、气候变化相关战略及政策分析；王雪纯，国家气候战略中心科研助理，研究领域为中国应对气候变化政策制度设计及评估、减缓及适应气候变化试点分析；周泽宇，国家气候战略中心助理研究员，研究领域为应对气候变化的法规、制度与政策；李惠民，北京建筑大学副教授，研究领域为气候变化政策。

① 谢庆:《大力推进节能减排促进经济发展方式加快转变——专访国家发展和改革委员会副主任解振华》,《行政管理改革》2012年第6期，第4~8页。

② 孔丽频:《探索低碳试点实践 加快发展方式转变》，中国改革报，http://www.crd.net.cn/2014-03/26/content_10799446.htm，2014。

态文明理念，着力推进绿色发展、循环发展、低碳发展，形成资源空间和保护环境的空间格局，生产方式和生活方式，为我国的低碳发展指明了方向。

中国的经济发展、环境保护及应对气候变化等工作均在同步进行，并面临着诸多挑战[①]。作为拥有十三亿人口，正处在工业化、城镇化发展过程中的大国，主动控制碳排放和努力实现低碳发展转型，在人类历史上没有现成的经验可以学习。

为着力推动绿色低碳发展的总体要求和“十二五”规划纲要关于开展低碳试点的任务部署，加快经济发展方式转变和经济结构调整，确保实现控制温室气体排放行动目标，探索不同特点地区低碳发展的模式、路径和措施，国家发改委气候司于2010年、2012年先后开展两批低碳省份和低碳城市试点，共选择了42个省份，要求试点地区明确低碳发展的原则和方向，编制低碳发展规划，制定配套政策，建立低碳产业体系，建立温室气体排放数据统计和管理体系，建立温室气体排放目标责任制，以及倡导低碳绿色生活方式和消费模式[②]。

一　基本情况

2010年7月，国家发改委气候司发布《关于开展低碳省区和低碳城市试点工作的通知》（发改气候〔2010〕1587号），确定在广东、辽宁、湖北、陕西、云南五省和天津、重庆、深圳、厦门、杭州、南昌、贵阳、保定八市开展试点工作。2012年11月，气候司再次发布《关于开展第二批低碳省区和低碳城市试点工作的通知》（发改气候〔2010〕3760号），确定了北京、上海、海南和石家庄、秦皇岛、晋城、呼伦贝尔、吉林、大兴安岭、苏州、淮安、镇江、宁波、

① 李俊峰、杨秀、张敏思：《中国应对气候变化政策回顾与展望》，《中国能源》2014年第2期。

② 国家发改委气候司：《国家发展改革委印发关于开展第二批国家低碳省区和低碳城市试点工作的通知》，国家发改委网站，http：//qhs. ndrc. gov. cn/gzdt/201212/t20121205_ 517419. html，2012。

温州、池州、南平、景德镇、赣州、青岛、济源、武汉、广州、桂林、广元、遵义、昆明、延安、金昌和乌鲁木齐29个省份开展第二批试点。

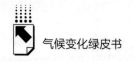

从地域分布和经济社会发展基础看，试点地区遍布全国，包括：具有优越产业、资源、经济、文化和高新技术研发条件的华北地区，如北京、天津、保定、秦皇岛等；自然环境条件优越、物产资源丰富、全国综合技术水平最高的华东地区，如上海、苏州、杭州、宁波、温州、淮安、镇江等；自然资源丰富、资源类型多样、经济增长速度较快的西南地区，如重庆、贵阳、遵义、昆明等；经济发展最为迅速和活跃的华南地区，如广州、深圳、厦门、赣州、海南等；地域辽阔、矿产资源丰富，但经济欠发达的西北地区，如乌鲁木齐、金昌等；森林和矿产资源丰富、属于老重工业基地的东北地区，如辽宁、吉林、呼伦贝尔和大兴安岭地区①。以上六大区域涵盖了我国华北、华东、华南三个经济发达地区，处于经济快速增长时期的我国西南地区，以及中西部经济欠发达地区和东北老工业区。

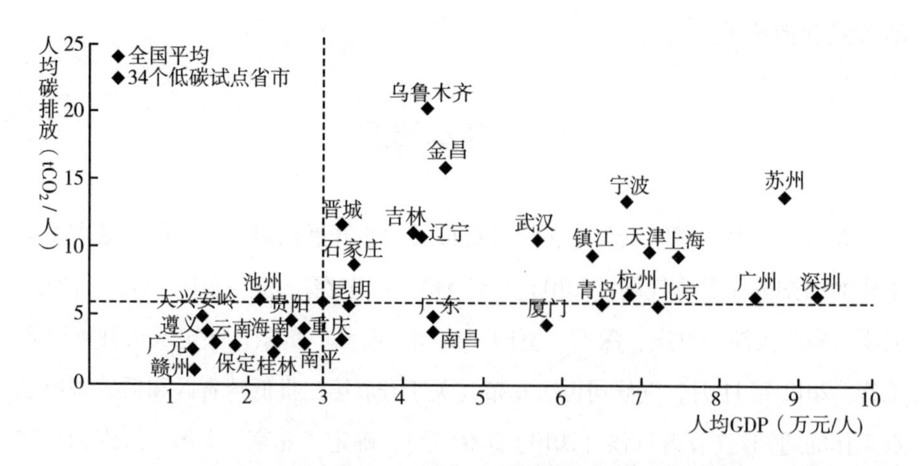

图1　部分试点地区的2010年人均GDP和人均碳排放分布

从经济发展水平和碳排放水平看，试点省市充分涵盖了不同类型的地区，图1为部分试点地区2010年的人均GDP和人均碳排放（直接排放，不包括

① 刘映月：《我国低碳发展试点进展》，《学术评论》2015年第1期，第40～46页。

电力调入的排放量)[1]。试点地区经济社会发展基础、自然条件、资源禀赋和发展水平不同，其低碳发展的基础条件也有较大差异，针对我国不同地区现有的低碳发展模式还未成熟，也没有协调经济增长与低碳发展的根本解决途径，针对地区差异开展低碳试点示范具有重大意义，有助于探索不同地区经济发展方式的转变路径、探索地区竞争力的提升路径，以及探索小康社会目标的实现路径[2]。

二 实践案例

开展低碳试点示范工作是我国为深入贯彻落实科学发展观，在全国范围内加快探索转变经济发展方式、推动生态文明建设、积极承担控制温室气体排放责任的重大举措和发展战略。试点省份以全面落实经济建设、政治建设、文化建设、社会建设、生态文明建设五位一体总体布局为原则，加快形成绿色低碳发展的新格局，先行先试，积极创新体制机制，探索低碳发展的制度与政策措施，形成了一批可复制、可推广的优秀经验。

（一）提出峰值目标，倒逼发展路径

我国已于2014年向国际社会提出到2030年左右实现碳排放峰值并努力尽早达峰的目标，由于我国地区之间经济发展水平高低不一，公共财政支持发展能力有差异，产业结构及资源禀赋不同，历史文化各具特色，在低碳转型发展过程中存在着显著的空间分异性。碳排放峰值必然是基于经济和社会发展情况、分区域逐步实现的过程。“十三五”规划纲要提出“支持优化开发区域率先实现碳排放峰值”。碳排放峰值年份的提出是衡量城市低碳发展路径的关键指标，不仅与城市发展的阶段密切相关，也反映了城市在低碳发

① 各省市的碳排放量根据统计年鉴和国民经济与社会发展统计公报测算。

② 国家发改委气候司：《推进低碳发展试点 加快发展方式转变》，《宏观经济管理》2014年第3期，第27~28、54页。

展方面的意愿与雄心。提出峰值目标并把其落实在经济社会发展的全进程，对于低碳转型具有极其重要的实践意义。

2015 年 9 月 15 ~ 16 日，第一届中美气候智慧型/低碳城市峰会在美国洛杉矶举办，中国共有 11 个省份参会，并在会上与美国州、市、郡形成良好互动，共同签署发表了《中美气候领导宣言》，表明中美两国的地方政府将更积极地应对气候变化，以落实各自国家的节能减排目标。这 11 个省份还在会上宣布了各自的达峰目标，成立了中国达峰先锋城市联盟（以下简称“APPC”）。此后，有更多的中国省份提出了自己的达峰目标并相继加入 APPC。同时，省份以其峰值目标为工作方向，创新体制机制，采取一系列的举措，以利用峰值目标倒逼发展路径，部分工作举措见表 1。

表 1　《中美气候领导宣言》中国城市行动汇总

城市	低碳发展行动
北京	在推动区域协同发展中提高城市可持续发展水平；持续推进经济结构调整和优化升级；继续完善市场化减排机制；大力发展和应用先进低碳技术和产品
镇江	建设碳排放管理平台，从城市、区域和行业、企业及项目这三个层级构建完善的城市低碳发展综合管理体系，促进产业碳转型，实施区域碳考核，开展项目碳评估，推行企业碳管理
广州	制订 2020 年控制温室气体排放具体行动方案；大幅提升能源效率，积极发展绿色建筑，建设低碳交通体系；组织开展碳排放权交易，优先发展低碳技术和相关产业
武汉	积极调整产业结构，优化能源结构，推广绿色建筑，发展绿色交通，推进碳排放权交易，引导市民低碳生活消费
深圳	制定实施低碳发展规划和路线图；积极调整能源结构，推广使用清洁能源；控制交通和建筑领域排放，积极推广新能源汽车，大规模推广绿色建筑；完善碳排放权交易机制
吉林	加快推进产业结构调整和发展方式转变，优化能源结构，增加森林碳汇，倡导绿色消费模式和低碳生活方式，建立和完善低碳发展体制机制
贵阳	加快构建以大数据为引领的现代产业体系，积极倡导低碳交通、低碳消费、低碳建筑、低碳社区等全民低碳行动
金昌	继续培育和发展以风光电为主的清洁能源；推动重点排放行业低碳化升级改造；积极发展现代智能交通，提高运输组织化程度和集约化水平；推广绿色节能建筑
延安	加快产业结构调整、开展大气污染综合治理、提高能源利用效率、改变能源消费结构、推进低碳重点项目、打造低碳新区，积极创新低碳体制机制，培养全民低碳消费习惯，增加森林碳汇

续表

城市	低碳发展行动
海南	大力调整产业结构,加快发展以旅游业为龙头的现代服务业;加大生态环境保护力度,在全省范围内开展低碳发展试点示范,推进绿色发展、循环发展、低碳发展
四川	实施清洁能源与智能电网、低碳交通与新能源汽车、绿色建筑与低碳社区等绿色低碳发展行动计划,努力推动国际和地区间和合作

资料来源:《中美气候领导宣言》,第一届中美气候智慧型/低碳城市峰会。

镇江和武汉两市作为第二批低碳试点城市主动加入了 APPC,两市积极推进应对气候变化的一系列举措,测算峰值目标,均于首届中美峰会上公布目标,且武汉市将其峰值目标写入了《武汉市国民经济与社会发展第十三个五年计划纲要》[①],镇江市将峰值目标写入了《关于推进生态文明建设综合改革的实施意见》,将低碳理念认真落实,以峰值目标倒逼城市发展路径。

(二)编制发展规划,落实低碳理念

很多试点省(市)编制了应对气候变化或低碳发展专项规划,并以省(市)人民政府或发改委的名义发布;部分省份不仅积极编制低碳总体规划,还将低碳理念落实到城市建设的方方面面,积极编制部门领域的低碳发展规划,如镇江市除《镇江市中长期低碳发展规划》外,还编制了《镇江市主体功能区规划》、《镇江市生态红线区域保护规划》、《镇江市低碳建筑(建筑节能)专项规划》和《镇江市绿色循环低碳交通运输发展规划(2013—2020 年)》等领域规划;部分城市将低碳发展、应对气候变化相关内容纳入了本市国民经济和社会发展规划(纲要),如深圳市在《深圳市国民经济和社会发展第十二个五年规划纲要》中设置“绿色低碳发展专章”;厦门市在《厦门市国民经济和社会发展第十三个

① 《武汉市国民经济与社会发展第十三个五年规划纲要》,中国武汉网,http://www.wuhan.gov.cn/hbgovinfo/szfxxgkml/ghjh/gmjjhshfzgh/201604/t20160419_72222.html,2016。

五年规划纲要》中设置“积极应对气候变化”专节；天津市将二氧化碳排放强度降低目标纳入《天津市国民经济和社会发展“十二五”规划纲要》等。

广东省为了实现“三规合一、多规融合”体系，推广实行了“碳规”编制方法，即将绿色低碳理念和主要目标指标贯穿在国民经济社会发展规划、城乡规划、土地利用总体规划编制之中①。“碳规”编制实行后取得了一些良好效果，因此广东省进一步要求粤东西北12个地市的重点地区编制低碳生态专项规划，将低碳发展理念落实到城市规划、建设与管理的各个环节。

云南省人民政府较早印发实施了《低碳发展规划纲要（2011—2020年）》《“十二五”低碳节能减排综合性工作方案》《“十二五”控制温室气体排放工作实施方案》《“十二五”应对气候变化专项规划》《低碳试点工作实施方案》等一系列规划和工作方案，把应对气候变化和低碳发展工作内容纳入了全省国民经济和社会发展“十二五”规划中②。云南省率先在全国完成了16个州（市）级低碳发展规划的编制工作，并通过州（市）人民政府印发实施。

（三）加强制度创新，完善配套政策

可靠完善的制度建设是推行低碳发展的关键因素。试点省份坚持顶层设计和试点示范相结合，先行先试，加强重大制度设计，探索碳排放总量控制、碳评价、碳排放配额管理、碳标准标志与认证、碳普惠等制度创新，建立与低碳发展相适应的制度体系，完善配套政策，为全国的低碳发展树立典型经验。

例如，北京市通过发布地方性法规、政府规章、标准体系等一系列文件，确立了碳排放总量控制、配额管理、碳排放权交易、碳排放报告和第三

---

① 《广东：碳规指引 + 多规衔接》，《领导决策信息》2015年第24期，第15页。

② 《云南省国民经济和社会发展第十二个五年规划纲要》，气候变化信息网，http：//dtfz. ccchina. gov. cn/Detail. aspx？newsId = 45957&TId = 171 “ title = ” 云南省国民经济和社会发展第十二个五年规划纲要，2012。

方核查等5项基本制度[①]，见表2。结合北京市碳排放构成特征，对不同行业实行绝对总量和相对强度控制相结合，既抓直接排放又抓间接排放的碳排放权管控机制，对行业排放设定控排系数，多措并举控制碳排放总量[②]。市政府发布了《北京市碳排放权交易管理办法（试行）》，市发改委会同有关部门制定了核查机构管理办法、交易规则及配套细则、公开市场操作管理办法、配额核定方法等17项配套政策与技术支撑文件，构建覆盖碳市场闭环运行全过程的制度政策体系。

表2　北京市控制碳排放的制度与政策

制度/政策	规章指南文件
碳排放总量控制制度	《关于北京市在严格控制碳排放总量前提下开展碳排放权交易试点工作的决定》
配额管理制度	《碳排放权交易试点配额核定方法》 《关于2014年配额交易有关事项的通知》 《关于发放重点排放单位2014年碳排放配额的通知》
碳排放权交易制度	《关于北京市在严格控制碳排放总量前提下开展碳排放权交易试点工作的决定》 《北京市碳排放权交易管理办法(试行)》 《碳排放权交易试点配额核定方法》 《北京市碳排放权交易公开市场操作管理办法(试行)》 《规范碳排放权交易行政处罚自由裁量权规定》 《北京市碳排放配额场外交易实施细则(试行)》 《北京市发展和改革委员会关于做好2016年度碳排放权交易试点有关工作的通知》 《北京市发展和改革委员会河北省发展和改革委员会承德市人民政府关于推进跨区域碳排放权交易试点有关事项的通知》 《北京市发展和改革委内蒙古自治区发展和改革委员会呼和浩特市人民政府鄂尔多斯市人民政府关于合作开展京蒙跨区域碳排放权交易有关事项的通知》《关于印发北京市碳排放权抵消管理办法的通知》

① 《北京市人民代表大会常务委员会关于北京市在严格控制碳排放总量前提下开展碳排放权交易试点工作的决定》，首都之窗，http：//zhengwu. beijing. gov. cn/gzdt/gggs/t1336104. htm，2013。

② 《镇江市碳平台二期工程正式启动》，中国碳排放交易网，http：//www. tanpaifang. com/tanguihua/2014/0411/30900. html，2014。

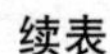
续表

制度/政策	规章指南文件
碳排放报告制度	《北京市统计局关于〈协助提供国家对本市"十二五"单位国内生产总值二氧化碳排放降低目标责任考核评估相关材料〉的复函》 《北京市发展和改革委员会关于发布北京市重点排放单位及报告单位名单的通知》《关于开展第二批企业二氧化碳核查报告抽查工作的通知》 《关于做好第二批新增重点排放单位二氧化碳历史排放报告报送及核查等相关工作的通知》
碳评制度	《北京市碳排放交易管理办法(试行)》 《北京市水土保持条例》

（四）建设统计体系，奠定数据基础

试点省份通过编制温室气体排放清单、构建碳排放数据平台、加强企业碳盘查等工作奠定减排数据基础。其中取得优异成效的有镇江、宁波、温州等市。

镇江市围绕实现2020年碳排放达峰目标，构建完善的城市碳管理体系，摸清全市碳家底。依托碳平台的技术支撑，指导产业碳转型、开展项目碳评估、实施区域碳考核、探索碳峰值、管理企业碳资产①，见图2。

（五）建立低碳产业体系，加强领域减排

国家发改委气候司在《关于开展第二批国家低碳省区和低碳城市试点工作的通知》中规定了试点省市的6项具体任务，其中明确提出"建立以低碳、绿色、环保、循环为特征的低碳产业体系"，要求试点结合本地区产业特色和发展战略，加快低碳技术研发示范和推广应用。推广绿色节能建筑，建设低碳交通网络。大力发展低碳的战略性新兴产业和现代服务业。探索建立重大新建项目温室气体排放准入门槛制度。

① 《镇江市碳平台二期工程正式启动》，中国碳排放交易网，http://www.tanpaifang.com/tanguihua/2014/0411/30900.html，2014。

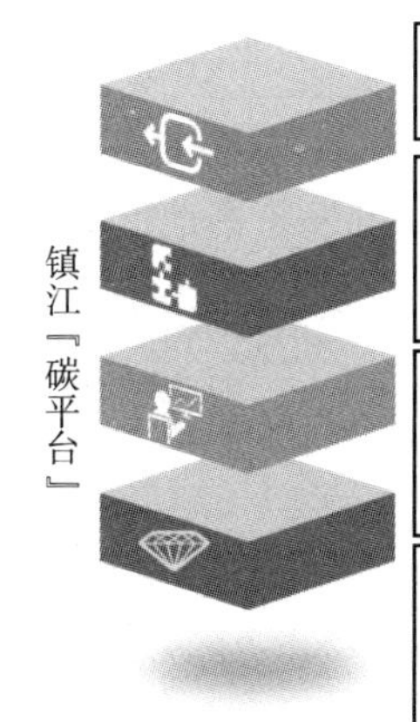

开展“碳评估”建立产业发展防火墙
能源、环境、经济、社会4领域+8项指标+精确权重→评估指标体系

实施“碳考核”发挥指挥棒的导向作用
人口、产业结构、能源结构、GDP、主体功能区单位+各地历史排放量&实际减排能力→全市及辖市区差异化的年度碳排放总量和强度目标任务→以县域为单位的碳排放总量和强度的双控考核

探索“碳峰值”形成低碳发展倒逼机制
峰值测算（提取、收集、整理历史数据）+路径分析（基准、强减排、产业结构强减排、能源结构强减排4种情景）+行动举措=碳峰值及路径研究系统

开发“碳资产”实现企业精细化管理，全面参与碳交易
推动企业开展碳直报工作，与省直报系统实现对接和数据共享；
在线监测电、煤、油、气等能源消耗，引导企业节能降碳精细化管理

图2 镇江市“碳平台”组织管理体系

产业方面，试点省市依托先进的产业调整理念，加快发展战略性新兴产业、提速发展现代服务业、加快农业现代化步伐、促进工业低碳化发展，“十二五”以来产业结构逐步变轻变高变绿。例如广州市通过以下措施调整产业结构：一是大力发展总部经济、现代金融、现代物流，卫星导航、科技服务、工业设计、文化创意等服务业新业态；二是推动制造业低碳化升级改造，成立广州市淘汰落后产能工作联席会议办公室，推动落后产能淘汰，大力推进“退二进三”工作，关闭搬迁市区 314 家高耗能高污染工业企业，推动 600 多家规模以上工业企业新一轮技术改造；三是培育壮大战略性新兴产业，设立每年 20 亿元的战略性新兴产业专项资金，培育扶持新能源和节能环保产业、新能源汽车等 6 个战略性新兴产业发展，建设 35 个战略性新兴产业基地；四是推动农业低碳可持续发展，农业科技进步贡献率达到 63.5%。

能源方面，各试点省份以因地制宜和严控煤炭为优化原则，以促进新能源与清洁能源项目落实为抓手，“十二五”以来在能源结构优化方面取得了显著的成绩。其中，吉林市作为典型的东北老工业基地城市和经济欠发达地区，努力优化能源结构：一是实施丰满水电站重建工程；二是用生物质锅炉取缔 10 吨以下燃煤锅炉；三是积极推进实施“气化吉林”工程；四是严格

实施煤炭消费总量控制，制定了《吉林市煤炭消费总量中长期控制工作实施方案》。

建筑方面，目前各低碳省份比较好的做法有：积极编制发布本地低碳建筑发展专项规划、政府投资公益性建筑项目和保障式住房采用绿色建筑标准、加强公共建筑节能运行监管水平、开发建筑节能数据库、实现建筑能耗分项计量并以此为基础开展公共建筑改造等。

公共交通方面，共有13个试点城市同时还是低碳交通运输体系城市建设试点，主要做法为完善公共交通设备、增加新能源设备比例、建立智慧交通体系、促进慢行交通等。例如，杭州市建立了由公共自行车、电动出租车、低碳公交、水上巴士及地铁组成的五位一体绿色公交体系；全市共投入纯电动公交车、出租车分别1600辆、560辆，CNG（压缩天然气）双燃料出租车3500辆，LNG（液化天然气）公交车2400余辆；建成全球规模最大的公共自行车系统，市区公共自行车服务点超过3000个，投用公共自行车8万辆，累计租用超过4亿人次；在国内首创了纯电动汽车分时租赁服务的“微公交”模式，已设微公交站点近百个，覆盖主城区及富阳、淳安等区域，投用纯电动车约1.5万辆；地铁建设提速，已投用1号、2号、4号三条线路，运营线路总长度约83公里，轨道交通初步成网①。

（六）引导绿色消费，创建低碳生活

试点省份通过公共宣传教育和民众参与机制等方式积极倡导低碳绿色生活方式和消费模式。以武汉市为例，一是大力开展节约型公共机构示范单位创建活动，先后有5家和8家单位被评为国家级和省级节约型公共机构示范单位；二是认真办好一年一度的全国节能宣传周暨低碳日活动，大力宣传节能减碳的法律法规和基础知识，提倡重拎布袋子、菜篮子，倡导节约简朴的

① 《杭州“五位一体”绿色公交体系初步建成》，浙江环保新闻网，http://epmap.zjol.com.cn/system/2015/12/04/020939217.shtml，2015。

餐饮消费习惯，引导选择低碳环保产品[①]；三是开展“碳积分”，鼓励市民乘坐公共交通、践行“光盘行动”、参与垃圾分类回收、使用节能家电和低碳产品等生活方式。

三 经验总结

开展低碳试点工作，着眼于低碳发展模式和发展途径的顶层设计，重在夯实发展的数据基础和建立体制机制，并通过制度保障将工作落到实处。总体说来，低碳试点省份发挥主动性和创造性，积极实践，在区域低碳发展方面积累了大量工作经验，从整体上带动和促进了全国范围的低碳绿色发展。

一是“抓数据”。数据是确定工作重点和衡量工作成效的核心与基础，各试点完善数据统计体系，一些地级市在不健全的统计体系情况下也对温室排放的基本情况做了很多探索，许多省份不仅完成了能源平衡表，而且完成了年度温室气体排放清单，一些试点省份已先行建立了数据与信息平台。与开展低碳试点工作前完全没有数据支撑的情况相比，已经有了很大的转变。

二是“建机制”。试点省份设立高规格的低碳发展领导小组，统筹低碳试点创建的组织、指导、协调、监督和考核，建立完善的长效机制。形成了领导亲自担任组长，主管部门负责牵头协调，各个部门都积极参与的工作局面，对低碳试点工作确实发挥了重要作用。在领导小组的统筹下，部分试点省份建立联席会议制度、年度推进计划等部门间的协调机制，成立专门处室，健全工作机构，强化低碳工作的管理，为推进相关工作提供重要保障。

三是“出措施”，围绕如何尽快达到峰值，实现区域和行业的大幅度减排，试点省份编制并实施低碳发展规划，坚持规划引领，探索适合本地区的绿色低碳发展模式，明确低碳发展的方向和目标、工作路径及任务要求，并将低碳发展目标分解到各个职能部门，贯彻落实低碳理念，提出本地区低碳

① 《2016 武汉节能宣传周和低碳日活动启动 卡通形象“碳宝宝”亮相》，人民网，http://hb.people.com.cn/n2/2016/0615/c194063-28514257.html，2016。

发展的原则和路线。各试点省份在推进低碳产业、能源、交通和建筑等方面开展了相关工作，取得了较大的进展。

四是“寻创新”，各试点省份在创新体制机制方面亮点频出，开展低碳立法，碳排放总量控制、碳评价、碳排放配额管理、碳标准标志与认证、碳普惠等机制创新和探索，推动碳金融、碳市场的建设，完善配套政策，建立了低碳发展的制度体系，试点工作初见成效，为全国的低碳发展积累了典型经验。

四　下一步建议

生态文明建设是一个长期目标，低碳试点工作是推动生态文明制度建设的重要抓手和切入点。相比节能、环保等领域，低碳仍属于较新的发展理念，低碳发展的基础相对薄弱，体制机制不完善，促进低碳发展的制度与政策措施尚不完备。借鉴低碳试点的经验，进一步推动不同层次的低碳发展实践，可从国家和地方两个层面入手考虑。

（一）国家层面

首先，加快形成政策保障体系。低碳发展需要完善的法律法规和政策体系来保障，而我国目前还没有顶层立法来统筹低碳发展相关工作，相关政策也较为分散，没有形成统一的政策体系。国家层面需要加快制定温室气体排放控制顶层立法，形成促进低碳发展的总量控制、排放许可、排放评价和排放权交易等重大制度的顶层设计，完善绿色金融政策、产业政策、投资政策，形成有利于低碳发展的政策环境，提供完整的法律保障与政策支持。

其次，建立合作交流平台。针对地方实践的局限和不足，结合现有国际、国内相关资源为试点工作开展提供支持。建议建立全国范围的低碳交流平台，加大国际合作交流力度，拓宽国内外试点之间的交流与合作渠道，吸收低碳发展经验、专业人员和低碳技术，开展多层次、多主体的务实合作，建立常态化省份间合作机制，推动低碳试点经验、技术的推广和应用。

再次，进一步扩大和深化低碳试点。虽然前两批试点省份对于低碳发展路径的探索为我们提供了一些经验，但是也反映出试点数量和类型覆盖不足的问题，地方创建低碳试点的积极性较高，有更多地方希望加入低碳试点行列，以此为契机推动地方的发展转型。我国已进入经济发展新常态，应以低碳试点为抓手，深入贯彻绿色发展理念，加快探索不同地区碳排放下降模式，促进全国经济增长方式转型。建议尽快选定第三批低碳试点省份，更大范围探索符合不同区域、不同发展阶段省份的低碳发展模式，树立典型，更有针对性地带动我国低碳发展。建议将各试点省份在达峰路径、体制机制建立、制度和政策创新等方面已有的成功经验和优良做法作为低碳发展的模型引导兄弟省份参观学习，以点带面推动全国的低碳发展。

（二）地方层面

首先，研究峰值实现路径。绝大多数试点省份已提出峰值目标，但尚未形成切实可行的倒逼机制和路线图，需通过深入研究，尽快提出碳排放峰值的时间表、路线图及支撑体系，并确定与之相衔接的任务、行动和重大项目，增强峰值目标的可达性。

其次，夯实数据基础。试点省份总体尚未建立完善的温室气体排放清单编制机制，排放数据与现有的统计核算体系中的能耗、产业等指标也缺乏有机的衔接，不利于地方政府开展温室气体排放目标的制定和考核。建议地方政府将温室气体排放有关数据和指标纳入统计核算体系，尽快出台完整的统计核算办法。

再次，创新政策与制度。各试点省份均提出了体制机制的创新项。但体制机制的创新需结合本地区自身基础条件、经济发展现状以及碳减排目标，做到因地制宜，做出自己的特色。重点内容、保障制度以及实施路径要具体，体制机制创新不仅是概念创新，关键要有深度、有突破、有较强的可操作性；创新的实施还需要基础条件、人力、物力等方面提供保障；同时创新的实现需要对难点和关键点有充分认识的基础上，提出具体实施路径。

最后，因地制宜推进行动。我国现有 42 个低碳试点，各省份在地理位置、气候条件、经济基础、人才力量、市民生活习惯等方面有很大的差异，很多时候某一个低碳省份的成功经验和优良做法只能在相同类型的省份中示范推广，有时即使是相同类型的省份也不能把其他省份的经验照搬全用。这时候就需要各省份低碳工作相关人员充分了解本地自然条件和历史进程，深刻认识本地发展现状和存在的问题，在学习其他省份优秀经验、汲取其他省份失败教训的基础上，因地制宜，开创出一条适合本地低碳发展的道路。

G.15
《城市适应气候变化行动方案》的解读及实施

郑 艳 史巍娜*

摘 要： 随着人口增长和经济总量的提升，我国城市地区面临的气候灾害风险不断加剧。2016年2月发布的《城市适应气候变化行动方案》旨在推进我国城市地区适应气候变化的能力。本文介绍了该方案出台的背景、内容、目标及最新政策进展，分析了我国城市落实适应方案的机遇和障碍，并结合国际经验从理论和实践层面提出了我国建设韧性城市的具体建议。

关键词： 气候变化 适应 韧性城市 城市规划

城市是全球灾害风险的高发地区，也是适应气候变化的热点地区。2015年联合国减灾署的报告指出过去20年间遭受气候灾害影响的41亿人口中，75%来自亚洲快速发展中的国家，如中国、印度等。我国是全球自然灾害风险的高发国家。目前，我国已经进入城镇化高速发展期，城镇人口超过7.6亿。由于城市的快速发展和扩张，大城市、特大城市和城市群不断增加，人口增长速度加快，经济活动密集程度高，自然灾害风险的暴露度也在不断加大。以京津沪为例，每平方公里的GDP密度均超过2000万元，人口密度均

---

* 郑艳，经济学博士，中国社会科学院城市发展与环境研究所副研究员，研究领域为气候变化经济学、城市风险治理与适应政策等；史巍娜，经济学博士，国家发改委宏观院对外经济合作办公室。

超过1000人，风险暴露程度居全球城市前列。据《中国极端天气气候事件和灾害风险管理与适应国家评估报告》预测，21世纪中国高温、洪涝、干旱等主要灾害风险将加大，未来人口增加和财富集聚对于极端天气气候等灾害风险具有叠加和放大效应，因此，需要关注大城市、特大城市及城市群地区的灾害风险，提升其适应气候变化的能力。[①]

继《国家适应气候变化战略》（以下简称《适应战略》）[②]、《国家应对气候变化规划（2014—2020年）》两个重要的政策文件之后，2016年2月，国家发改委联合住房和城乡建设部共同发布了《城市适应气候变化行动方案》（以下简称《适应方案》）[③]。为了落实《适应战略》和《适应方案》的有关工作，更好地开展气候适应型城市建设的试点工作，科学、有效、及时地对《适应方案》进行解读，并探讨落实行动和措施至关重要，一方面有利于加深我国城市对于适应行动的认知和理解，另一方面可以加快推进我国城市的适应行动和实施。基于此，本文简要介绍了该方案出台的相关背景、主要内容和重点目标，分析了《适应方案》的重大突破和重要进展，及我国城市落实《适应方案》的机遇和挑战，并从理论和实践层面提出了落实《适应方案》，建设韧性城市的具体建议。

一 《适应方案》出台的背景、目标及主要内容

（一）背景

城市地区在全球、国家及地区层面的社会和经济发展中扮演着重要的角色，也是遭受气候灾害风险的热点地区和高发地区。“建设包容、安全、有韧

---

① 秦大河等主编《中国极端天气气候事件和灾害风险管理与适应国家评估报告》，科学出版社，2015。

② 国家发改委气候司：《国家适应气候变化战略》，国家发改委网站，http：//qhs. ndrc. gov. cn/zcfg/201312/W020131209358501374937. pdf，2013。

③ 国家发改委气候司：《城市适应气候变化行动方案》，国家发改委网站，http：//www. sdpc. gov. cn/zcfb/zcfbtz/201602/t20160216_ 774721. html，2016. 2. 4。

性的可持续城市和人类住区”是联合国《2030年可持续发展议程》中的重要目标之一。2015年3月，第三届联合国减灾大会通过的《2015—2030年仙台减轻灾害风险框架》呼应了联合国2015年后发展议程，将城市减灾作为重点领域之一，建议加强城市关键基础设施的风险防护投资。全球城市一直以来积极推动应对气候变化的政策和行动，然而，相比减排行动而言，城市地区的适应行动较为滞后，目前全球约1/5的城市制定了不同形式的适应战略，其中制订了具体翔实的行动计划的城市仍属少数。从近年来一些比较有代表性的国际城市的适应规划来看，虽然气候风险类型、规划侧重点和投资力度各有不同，但是这些适应规划的共同目标都是提升适应能力和建设韧性城市。①

现阶段，我国正处于城镇化快速发展的历史阶段，城镇化将增加气候风险的暴露程度，使人们的生活和居住环境处于高风险状态，并且使相关的基础设施和服务的脆弱性增加。我国政府高度重视适应气候变化问题，2013年，国家发改委联合八部委制定了《国家适应气候变化战略》，将城市地区列为中国适应气候变化区域战略格局的重要内容之一。2016年2月，国家发改委联合住房和城乡建设部共同发布了《城市适应气候变化行动方案》，方案将对有效提升我国城市适应气候变化能力，统筹协调城市适应气候变化相关工作发挥至关重要的作用。2016年8月，两部委又共同发布了《气候适应型城市建设试点工作方案》，积极推进城市适应气候变化行动。此外，2015年9月和2016年6月，第一届和第二届中美气候智慧型/低碳城市峰会分别在中美两国轮流举办，峰会在低碳城市规划、低碳交通、低碳建筑、低碳金融、构建韧性城市等专题领域开展了经验交流和分享，为我国城市搭建了国际合作与交流的平台，提升了我国城市应对气候变化的积极性。

（二）目标

《适应方案》从规划统筹、适应试点、标准规范、建设管理、适应能力

① 郑艳：《推动城市适应规划，构建韧性城市——发达国家的案例与启示》，《世界环境》2013年第6期。

五个方面设定了定量和定性的目标，旨在建设气候适应型城市、维护城市安全宜居。具体来说，一是明确了到2020年城乡规划体系等经济和社会发展规划及相关领域的规划及建设标准需纳入适应气候变化的相关指标；二是确定了气候适应型城市的试点数量；三是指出了绿色建筑的建设推广比例；四是提出了到2030年城市适应能力全面提升，特别是应对极端天气气候事件的灾害能力；五是提出典型城市需提高其适应气候变化的治理水平。

（三）主要内容

《适应方案》明确了两项主要内容，一是中国建设韧性城市重点领域的主要行动，主要包括七大领域。总体来说，可以概括为“规划统筹、设施保障、规范标准、体系支撑”。具体来说，城市的各项社会经济发展规划应统筹考虑适应气候变化，建设具有稳定性和抗风险能力的城市基础设施，规范建筑、生态绿化和水安全方面的适应标准，构建城市灾害风险综合管理体系和适应技术支撑体系。二是开展气候适应型城市的试点示范工作。考虑到城市面临的气候灾害风险的区域差异性，有必要在统筹协调的基础上根据不同区域的气候风险和突出性、关键性问题进行分类指导，开展试点示范，摸索和推广有关经验和做法，逐步推进城市适应气候变化的建设工作。试点示范的内容主要是编制气候适应型城市试点工作方案。

二　对《适应方案》的评价：进展与挑战

（一）主要突破和重要进展

1. 我国首次发布城市适应气候变化的指导性文件

城市是典型的自然生态和人类社会的复合系统，适应气候变化涉及城市规划、基础设施、公共服务等诸多城市管理部门，在适应的目标、领域和治理手段等方面，比减排具有更大的多样性和复杂性。近年来，在风险防护、前瞻性和适应性规划等理念的主导下，城市规划成为国际城市适应气候变化的热点领域。《适应方案》是继九部门联合编制《适应战略》之后，首次由国家发改委与住房和城乡建设部联合编制并实施的适应行动方案，是我国部门之间加强气候政策和协同规划的一个重要进展和突破。

2. 明确了城市适应气候变化的主要领域和行动

《适应方案》充分考虑到了城市适应气候变化的复杂性、差异性和多样性及城市对于适应气候变化认知和理解的程度不同，根据“因地制宜、分类指导”的原则确定了城市规划、基础设施、建筑、生态绿化系统、水安全、灾害风险综合管理体系、适应科技支撑体系七大优先领域，并在每个领域指出了推进城市适应气候变化的建设目标、具体要求和行动措施。《适应方案》是我国首次在国家层面明确城市这一人类社会复合系统在提高适应能力方面的主要领域，有利于城市根据所处区域的气候风险、关键问题和经济社会发展水平等，在各优先领域内采取相应措施“对号入座”。

3. 提出了试点示范作为落实《适应方案》的主要抓手

《适应方案》提出了“气候适应型城市”试点示范的目标和时间表，对于促进适应方案的落地是一个积极的突破。2016 年 8 月，国家发改委联合住房和城乡建设部发布了《气候适应型城市建设试点工作方案》，要求具有一定适应工作基础的地厅级及以上城市政府组织编制试点方案。试点方案的内容主要包括以下四个方面：一是开展城市气候变化影响和脆弱性评估；二是编制城市适应气候变化行动方案；三是针对不同气候风险和重点领域开展适应气候变化行动；四是适应气候变化能力建设。《适应方案》要求试点城市应注重谋划近中期的适应气候变化行动措施，确保在 2020 年之前取得阶段性成果。

（二）落实《适应方案》的难点和挑战

1. 如何在试点示范中落实分类指导的原则

一是试点城市的遴选如何分类指导。《适应方案》要求试点城市设计因地制宜、分类指导的适应方案，明确安全、宜居、绿色、健康、可持续的发展目标和控制要求，坚持“一城一策”，分区施策、分步实施。同时，《适应方案》指出了“按照地理位置和气候特征将全国划分东部、中部、西部三类适应地区，根据不同的城市气候风险、城市规模、城市功能，如超大或特大城市、三角洲城市、沿海沿江临湖城市、旅游城市、荒漠化、石漠化地区城市、港口城市等，选择30个典型城市，开展气候适应型城市建设试点”。然而，这些城市类别在气候风险和适应需求方面存在差异性，不同城市政府对于适应气候变化的意识、管理能力和研究基础存在不同。虽然一些东部发达城市在应对城市水灾、高温热浪等气候灾害过程中已经积累了不少经验，例如，上海、广州、北京等城市，但是中西部欠发达地区的城市还处于人口和经济发展快速提升阶段，一方面灾害风险尚未突出暴露，未能予以重视，另一方面也缺乏对气候适应型城市的认识。

二是试点示范的考核如何分类指导。不同区域城市的致灾因子、脆弱性、暴露度不同，因而遭受的气候风险也不同，采取的适应行动和适应工程及选择的适应优先重点领域也存在差异。目前，《适应方案》中明确的城市开展适应气候变化的七大优先领域中，大部分的领域并未设定关于适应领域的标准规范，如能源领域、建筑领域，特别是某一区域的城市在某一领域的适应建设的标准。例如，东部沿海地区城市适应气候变化的建筑建设标准与东北内陆地区城市适应气候变化的建筑建设标准恐难统一而定。此外，针对碳减排等减缓气候变化设定的相关领域的标准也不适用于适应气候变化的建设工作。

2. 如何加强气候适应型城市与其他试点建设的衔接

一是建设理念和系统的衔接。以海绵城市建设为例，海绵城市与气候适应型城市在本质上都是以韧性城市作为建设理念，前者主要针对沿海和内陆城市的城市型水灾、洪涝风险，加强城市吸纳、滞留、供排水和防洪等综合水安全能力，后者则涉及城市社会经济和生态系统等多个方面，侧重于从规划层面提升前瞻性和系统性的适应能力。又以智慧城市建设为例，智慧城市是运用信息和通信技术手段感测、分析、整合城市运行核心系统的各项关键信息，从而对包括民生、环保、公共安全、城市服务、工商业活动在内的各种需求做出智能响应。气候适应型城市也需要城市加强信息工程建设，特别是气候风险预警预报体系的建设，实现气候智慧型城市。两者的实质都是利用先进的信息技术，为城市中的人创造更美好的生活，促进城市的和谐、可持续成长。

二是建设项目和资金的衔接。以海绵城市建设为例，2015 年 4 月，财政部、住房和城乡建设部、水利部公布了 16 个国家级海绵城市建设试点目录，按照城市规模将提供为期 3 年总计 865 亿元的专项财政资金补助，其中直辖市每年 6 亿元，省会城市每年 5 亿元，其他城市每年 4 亿元，投资规模为每平方公里 1 亿～1.5 亿元，加上地方政府的配套资金，平均每个海绵城市将投入数十亿到数百亿元资金。《适应方案》试点申请和遴选工作由国家发改委与住房和城乡建设部牵头实施，两个部门的试点工作需加强衔接，避免项目和资金重复支持和补助。

三　落实《适应方案》的政策建议

城市风险管理已成为 21 世纪最具挑战的发展问题之一。联合国减灾署发布的《全球减轻灾害风险评估报告（2015 年）》提醒国际社会，风险不是发展带来的负面效应，而是社会和经济活动的固有属性；传统的防灾减灾体系已难以面对全球化时代层出不穷、难以预测的各种新风险，需要从灾害发生之后的应急管理、灾后救援与重建等工作，转向灾害的预警、监测和预防。[①]《适应方案》的发布恰逢其时，从目标、建设路径和行动等方面提高了城市对于适应气候变化的认识和理解，对于进一步推进气候适应型城市的建设发挥了重要作用。为了更好地落实《适应方案》，现提出以下建议。

（一）多部门统筹协作，探索创新协同机制

城市防灾减灾是联合国和国际社会普遍关注的焦点议题。联合国政府间气候变化专门委员会（IPCC）评估报告指出，城市化进程中不合理的发展

① 《全球减轻灾害风险评估报告（2015 年）》，http：//www. unisdr. org/we/inform/gar，2015。

政策和城市土地利用规划会引发和加剧灾害风险，在全球气候变化背景下，需要综合考虑防灾减灾和应对气候变化的目标，提升政府和社会应对灾害风险的预防、响应和恢复能力。[①] 目前，我国仍处于分灾种、分部门、分地区管理的单一减灾模式，而发达国家普遍建立了以危机管理为主的综合灾害风险治理机制。例如，日本、英国、新加坡等国家采取全灾种（All-hazard Approach）、全政府（Whole of Government）的风险治理模式，地方政府的所有部门各司其职、协作管理。美国在城市规划体系外设联邦、州和地方政府三级综合防灾减灾规划，分别侧重于灾后应急和灾前预防工作。日本于1975年启动“大城市和地区防灾对策”并建立城市地区防灾中心，通过法律明确并细化各级政府、各部门和公众的法律责任，建立了东京都防灾中心，建立了首都圈八都县市联合应急体系，通过及时高效、快速联动的救援确保了首都安全。

未来30年是我国城镇化和工业化的持续、快速提升时期，各种人为与自然灾害风险将伴随着社会经济的发展进程，加剧城市地区灾害风险的复杂性和应对难度。对此，迫切需要加强城市防灾减灾的综合能力，在适应方案和试点项目中加强灾害规划、应急管理等方面的多部门合作，探索不同领域和部门的协同措施，鼓励建立特大城市和城市群的多部门、多层级适应决策协调机制。

（二）建设韧性城市，提升城市风险防护能力

现代社会中城市的各种要素紧密关联，自然灾害往往容易引发系统性风险，使得发生在局部范围的单一灾害事件演变为蔓延整个城市及更大范围的危机事件，造成风险放大效应。例如，2005年美国的卡特琳娜飓风和2008年中国的南方冰冻雨雪灾都是波及范围广、时间长、影响大和损失高的典型案例。针对风险社会的减灾需求，国际社会提倡建设韧性城市（Resilient

---

① IPCC，*Managing the Risks of Extreme Events and Disasters to Advance Climate Change Adaptation*：*Special Report of the IPCC*（Cambridge University Press，2012）.

City)。气候适应型城市以提升城市韧性为目标，不仅包括提升城市地区灾害风险的预防、应对、适应和恢复能力，还涉及一系列长期性、系统性的制度和文化建设。[①]

国际城市在气候防护设计方面积累了一定的可借鉴的经验，包括在城市规划和建设中综合考虑地区人口、产业发展和土地利用对地区气候、生态环境要素及灾害风险的长远影响。例如，城市绿色廊道是兼具多功能的城市规划设计，主要体现为依托河流、山谷、道路等自然和人为廊道建成的绿色开放空间。英国伦敦的环城绿带建设，美国纽约将废弃铁路改造为城市休闲绿色廊道，波士顿的城市干道绿色改造都是非常成功的协同生态建设、城市更新与防灾减灾的特色案例。2010 年以来，广东通过借鉴国际经验在珠三角地区最早建设了城市绿道网络体系。此外，气候地图（Urban Climatic Map）也是城市应对气候变化规划设计的重要工具，包含三大要素：风、热量和污染物。20 世纪 70 年代以来，已有十几个国家制定了城市气候设计导则，使之成为低碳城市和减缓温室气体排放的制度保障。城市气候地图设计的实践应用包括减少人为活动的热排放、改进步道通风、增加绿化和植被覆盖率、创造城市风道、塑造建筑景观，城市热辐射的空间分布及户外舒适性研究等。德国斯图加特市在城市环境署设立了专门的气候部门，以加强气象学家、城市规划人员和城市决策者之间的密切沟通。[②] 目前，北京等城市也考虑借助城市绿色廊道和风道以减小空气污染物的沉积。

（三）构建科学合理的分类指导体系，使城市适应建设“对号入座”

中国城市灾害风险很大程度上受气候、地质和地理等条件的影响。其中，东、中部地区的高风险主要来自人口和财富的高暴露度影响；而西部地

---

① 郑艳：《适应型城市：将适应气候变化与气候风险管理纳入城市规划》，《城市发展研究》2012 年第 1 期，第 47 ~51 页。

② Ren, C., Ng, E., Katzschner, L., “Urban Climatic Map Studies: A Review,” *International Journal of Climatology*, 31 (2011): 2213 -2233.

区的城市风险则主要受制于社会经济发展的脆弱性驱动及资源环境制约。从灾害风险的主要类型看，东部沿海发达城市地区的灾害风险主要是城市水灾、城市热岛、海平面上升等；中、西部城市地区主要受到干旱、洪涝、地震和地质灾害等风险的影响。

考虑到城市气候风险、适应需求以及不同城市政府对于适应气候变化的意识、适应能力的差异性，一是需要结合未来我国建设新型城镇化的空间战略，平衡不同风险类别、发展阶段、城市规模的试点城市比重。例如，考虑到未来中西部城市地区将吸纳近1亿农村人口使其市民化，需要给予西部干旱地区、长江经济带、沿海三角洲城市群等气候灾害风险比较突出的地区和领域优先支持，同时，着重考虑申报城市适应气候变化建设的工作基础和保障措施，给予有一定工作基础和保障措施完善的城市优先支持。二是需要设计分类指导的评价考核指标体系，包括针对试点城市适应行动效果的考核指标体系和示范评比指标体系。

（四）加强公众参与，推动气候适应型城市社区建设

城市是人口和社会经济活动的密集区域，防灾减灾需要提升全社会应对灾害风险的学习能力。发达国家对于城市防灾减灾的制度建设和能力培养尤为重视，充分突出了自救、互助、政府行政责任的理念。在城市危机管理方面，发达国家注重引导和支持社会公众通过志愿者招募、非政府组织、社区自救和赈灾组织等方式参与防灾减灾，形成了政府、非政府组织、市民责任共担的城市危机管理体系。例如，德国除有6万人专门从事民防工作外，还有约150万名消防救护和医疗救护、技术救援志愿人员；日本将防灾教育和演练纳入中小学基础教育必修课程，支持社区成立自助防灾组织，设立“国家防灾日”，每年选择一个城市地区开展防灾救灾综合演习和全国性的科普宣传和防灾演练活动，培育国民的风险意识和文化。

目前，我国民众的防灾减灾意识还较为薄弱，对于适应气候变化的认知程度还不高。中国扶贫基金会2015年5月发布的《中国公众防灾意识与减灾知识基础调研报告》指出，中国居民的防灾减灾意识相对发达国家非常

薄弱，城市居民中，做好基本防灾准备的不到4%[①]。2016年5月12日是我国第八个“全国防灾减灾日”，主题是“减少灾害风险，建设安全城市”。国家减灾委办公室呼吁“人人参与防灾减灾，构建安全宜居城市”，倡议培育新型的公众参与的风险意识和防灾减灾文化[②]。

（五）拓展适应资金渠道，建立政府和市场相结合的资金机制

在试点过程中，可以探索适应领域的市场融资机制，包括政府与保险企业结合的政策保险、开发天气保险指数等创新保险产品。发达国家对巨灾普遍加强保险立法，例如，英国政府与保险公司缔结“洪水保险协议”，由政府负责建设防洪工程，保险公司负责赔偿洪灾导致的损失；美国通过《全国洪水保险法》及“区划法令”和“土地细分规则”等立法，划定危险土地区域并指导地方的土地开发和利用，对洪泛区实施强制性的国家洪水保险计划，以加强洪泛区管理并对其损失提供洪灾保险赔付；美国新奥尔良市2005年遭受卡特琳娜飓风袭击导致80%的城市地区被淹没，造成960亿美元的直接经济损失，保险损失436亿美元，占美国当年巨灾保险损失的66%，其中有193亿美元由国家洪水保险计划理赔。

对我国而言，考虑到适应行动对资金的巨大需求，有必要多渠道筹集适应资金，一是建议参照发达国家的做法，设立适应基金，由政府财政投资或征收环境税支持，并将基金通过资本市场的投资运作，实现基金增值，同时通过财政和货币政策干预，引导民间资本向适应领域流动，为适应气候变化提供资金基础。二是完善市场化机制，拓宽投资渠道，鼓励金融机构建立和完善绿色信贷机制，创新金融产品和服务方式，为符合条件的适应工程和项目提供投融资支持。鼓励商业保险公司拓展巨灾保险业务，促进灾害风险管

① 赵晓妮、赖敏：《防灾减灾日：我们为何关注城市?》，《中国气象报》2016年5月。

② 《国家综合防灾减灾规划（2011—2015年）》提出防灾减灾文化建设重点：政府防灾减灾的责任意识、公众和学校的防灾减灾知识和技能、综合减灾示范社区和安全社区建设、防灾减灾重大主题宣传，综合防灾减灾宣传教育及法规制度，推动非政府组织和公众的积极参与等。

理市场化运作，减轻政府负担，用市场化手段提高抵御气候灾害风险的能力，提高灾害风险管理与适应气候变化的灵活性，并加强其可持续性。

四 结论与展望

安全宜居是人类最基本的发展需求。开展气候适应型城市的试点工作，既需要摸着石头过河、不断试错和总结经验，更需要践行“创新、协调、绿色、开放、共享”发展理念，实现风险治理理念从政府主导到公众参与的积极转型。落实《适应方案》应主要围绕开展气候适应型城市的试点工作来开展，遵循“一个核心，三个提升，四大支撑”的路径，其中核心目标是提升城市适应气候变化风险的综合能力，提升地方城市对适应气候变化的重视程度，提升城市风险防护能力，提升公众对气候风险的认知水平，以构建科学合理的分类指导体系、多部门统筹协调的机制设计、多渠道融资的资金模式、气候适应型社区的建设方式为支撑，建立与减缓协同的适应体系，实现城市可持续发展的长远目标。

G.16

京津冀雾霾的协同治理与机制创新*

庄贵阳　周伟铎**

摘　要：　京津冀地区雾霾问题备受关注，且其治理已提上政治日程。由于区域大气环境问题具有整体性、复杂性的特征，京津冀地区的雾霾治理必须采取联防联控，协同行动。由于京津冀三地处于不同的发展阶段，基本诉求不一，因此京津冀协同治理雾霾应当树立由属地治理走向区域一体化治理的思想，打破行政区域限制，建立京津冀雾霾联合治理的合作机制。本文总结了京津冀地区雾霾问题的成因，分析了京津冀雾霾协同治理的挑战，并提出了推进京津冀雾霾协同治理机制创新的对策建议。

关键词：　京津冀　雾霾　协同治理　机制创新

京津冀区域总面积为21.6万平方公里，区域整体的城镇化水平较高，工业基础雄厚，是国家经济发展的重要引擎。2015年京津冀地区常住人口总数达到1.114亿人，占全国的8.1%；三地GDP总量达到69312.9亿元，占全国的10.3%；地方公共财政预算收入为10039.4亿元，占全国的6.6%。环境治理是京津冀一体化国家战略提出的重要背景之一，日益恶化

---

* 中国社会科学院国情调研重大项目“京津冀协同治理雾霾问题调研”的成果。

** 庄贵阳，中国社会科学院城市发展与环境研究所研究员，研究领域为低碳经济与气候变化政策；周伟铎，中国社会科学院研究生院博士生，研究领域为低碳经济、全球气候治理、环境政策等。

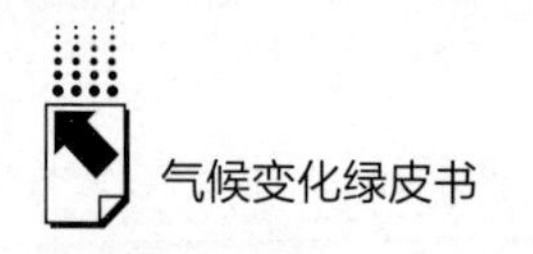

的环境问题已经成为京津冀地区发展面临的最大瓶颈和制约因素。大气污染防治具有典型的公共物品性质，大气污染的传输性和复杂性决定了京津冀区域大气污染防治需要三地政府通力合作，破解三地间治理成本和收益目标的不兼容性问题，创新雾霾协同治理的机制。

一　京津冀雾霾成因分析与治理成效

大气污染具有跨域溢出效应，特定地区的空气质量会受到毗邻地区污染排放水平的严重影响。2012～2013年，北京市PM2.5的来源中，外来污染的贡献占28%～36%，在一些特定的空气重污染过程中，通过区域传输进京的PM2.5会占到总量的50%以上。[①] 天津市PM10来源中区域传输占10%～15%，PM2.5来源中区域传输占22%～34%。[②] 河北省石家庄市PM2.5的23%～30%来自区域污染传输，PM10来源中10%～15%由区域外污染传输。[③] 尽管公布的监测结果并未明确各地区域传输的来源，根据对京津冀主要污染排放的分析，扣除京津冀三地之间的互相传输，河北省仍是最大的区域传输来源。

以煤为主的能源结构和以重化工为主的产业结构是造成京津冀地区大气污染的直接原因。相比长三角和珠三角地区，京津冀地区多数城市的支柱产业为钢铁、水泥、火电、平板玻璃、石化等高耗能产业，污染物排放总量大，单位GDP排放强度大，京津冀地区二氧化硫排放强度是全国平均水平的3.5倍，氮氧化物排放强度是全国平均水平的4.3倍。[④] 根据环保部等机

① 《北京市正式发布PM2.5来源解析研究成果》，北京市环境保护局网站，http://www.bjepb.gov.cn/bjepb/323265/340674/396253/index.html，2014。

② 《天津召开新闻发布会 发布颗粒物源解析结果　扬尘成为首要污染物》，天津市环境保护局网站，http://www.tjhb.gov.cn/news/news_headtitle/201410/t20141009_570.html，2014。

③ 《石家庄市公布环境空气颗粒物源解析研究成果　燃煤排放是PM2.5首要污染来源》，河北省环境保护厅网站，http://www.hb12369.net/hjzw/hbhbzxd/dq/201409/t20140901_43629.html，2014。

④ 赵慧：《京津冀治霾：从落后区到示范区》，《民生周刊》2016年第5期。

构测算，北京市的第一污染源是机动车，第二是燃煤，天津市石化行业是工业污染的重点来源，河北省则是以钢铁、水泥为主。

2015 年，京津冀 13 个城市平均达标天数比例为 52.4%，尽管同比提高了 9.6%，但与长三角 25 个城市 72.1% 的达标天数和珠三角 9 个城市 89.2% 的达标天数相比，仍相差甚远。按照环境保护部环境空气质量综合指数评价，2015 年 74 个城市中空气质量相对较差的后 10 个城市中除沈阳市之外，其他城市都在京津冀以及周边地区，此外北京、沧州和天津三座城市被环境保护部列为 2016 年度大气污染治理重点城市。[①]

早在 2013 年 9 月，京津冀就建立了区域性的大气污染联防联控协作机制，共同贯彻落实国家“大气十条”。经过三年多的协同作战，京津冀地区空气质量明显改善。环保部数据显示，2015 年，京津冀三地空气中 PM2.5、PM10、二氧化硫和二氧化氮浓度分别下降了 17.5%、16.8%、27.1% 和 5.1%，重污染天数明显减少。其中河北省重污染天数由 2014 年的平均 66 天降为 33 天。天津市的 PM2.5 浓度已降至 70 微克/立方米，比 2013 年下降 27.1%，提前两年完成 2017 年的治霾目标。《京津冀协同发展生态环境保护规划》（以下简称《规划》）要求到 2020 年，京津冀地区 PM2.5 年均浓度控制在 64 微克/立方米左右，这意味着京津冀地区环境治理必须在未来 4 年实现快速赶超。

2013 年成立的京津冀及周边地区大气污染防治协作小组，筹建之初就涵盖了北京、天津、河北、山西、内蒙古、山东等省份，如今已形成七省份、八部委的大气污染联防联控协作机制。目前，京津冀及周边地区已建立定期会商、区域信息共享、空气质量预报预警视频会商及应急联动、机动车排放污染控制、联动执法等工作机制，开展了燃煤清洁化、机动车跨区域管理、落后产能淘汰、工业污染治理、电厂超低排放改造等区域共治工程。

2015 年，京津冀及周边区域以大气污染联防联控为重点，联手在机动

---

① 《2016 年度大气污染治理重点城市和预警城市名单》，今日头条网，http://toutiao.com/i6311913763826041345/，2016。

车污染、煤炭消费总量、秸秆综合利用和禁烧、化解过剩产能、挥发性有机物治理、港口及船舶污染六大重点领域协同治霾。与2012年相比，京津冀三地累计压减燃煤4448万吨，完成5.5万台燃煤锅炉改造，基本完成了城市建成区10蒸吨/小时以下燃煤小锅炉淘汰任务。三地完成农村地区优质煤替代散煤887万吨。北京市关停了3座燃煤电厂，天津市、河北省实施燃煤机组超低排放改造271台、4820万千瓦。在淘汰落后产能方面，2014～2015年，京津冀三地淘汰炼铁产能2107万吨、炼钢2130万吨、水泥5073万吨、平板玻璃2976万重量箱。此外，三地全部淘汰黄标车，两年共淘汰198万辆黄标车、老旧车。

京津冀区域大气污染防治中现有的合作机制，存在行政等级化特征突出、发展水平悬殊等问题，致使京津冀合作基础薄弱、合作效果较差。2013年中央政府强力介入后，京津冀区域大气污染的防治效果总体上大为改观，但仍存在横向政府间合作不足、协调性欠佳和非政府部门主动参与程度有限等问题。①

二　京津冀雾霾协同治理的重要意义

京津冀雾霾协同治理是国家“十三五”的重点任务之一，被提升到国家战略的高度。国务院在2013年出台了《大气污染防治行动计划》（以下简称《行动计划》），环境保护部、国家发改委、工业和信息化部等6部门联合印发《京津冀及周边地区落实大气污染防治行动计划实施细则》（以下简称《实施细则》），建立了由北京市牵头，涵盖北京、天津、河北、山东、山西、内蒙古的“六省区市协作机制”。2015年12月，京津冀三地环保厅（局）正式签署了《京津冀区域环境保护率先突破合作框架协议》（以下简称《协议》），确立了联合立法、统一规划、统一标准、统一监测、信息共

① 石小石、白中科、殷成志：《京津冀区域大气污染防治分析》，《地方治理研究》2016年第3期。

享、协同治污、联动执法、应急联动、环评会商、联合宣传作为京津冀地区未来可以协作的十大突破口。

尽管京津冀大气污染联防联控的协作机制已经初步建立，政策规划正在逐步推进和实施之中，但是由于空气污染区域协同治理的复杂性和长期性，相关机制仍不完善，京津冀地区的雾霾治理效果并未明显改善。2015 年 11 月～12 月底，京津冀地区经历了三次持续时间在 5 天以上的重污染天气，开启了三次重污染天气应急预警。如何创新机制，提高联防联控效率，是摆在研究者和决策者面前的重大问题。

京津冀地区雾霾源解析的研究结果表明，燃煤、机动车和扬尘是主要污染因素。从京津冀地区大气污染的成分来看，北京市的污染源主要是机动车尾气排放，天津市的首要因素是扬尘，石家庄市则是燃煤排放。其中外来污染物对北京市雾霾的贡献度为 28%～36%，对天津市的贡献度为 22%～34%，对石家庄市的贡献度为 23%～30%。重雾霾天气下雾霾空间溢出效应的存在为京津冀地区大气污染联防联控提供了理论支撑。

雾霾治理表面上是环境问题，本质上是发展问题。从污染源的分布密度、产业结构调整难度及政府治理能力来看，当前京津冀雾霾联防联控的重点和难点主要在河北省。钢铁、火电、焦化、玻璃、水泥等“两高”行业布局过于集中在河北省，而且河北省与京津两地的社会发展水平存在较大的差距，因此必须通过体制机制创新，协同推进京津冀地区的经济发展和生态环境治理。

为推进雾霾治理，根据国家层面的《行动计划》及《实施细则》要求，目前京津冀三地都已结合自身大气污染源特性制订出台了各自的雾霾治理实施方案。京津冀地区的雾霾治理必须采取联防联控，协同行动，否则谁都无法独善其身。由于空气具有流动性，大气污染物的传输是有外部性的，其危及范围包括污染源地及邻近区域，因此雾霾是局部地区污染与区域传输污染相互叠加的结果。传统的依靠地方政府各自为政的治霾方式会陷入“高投入、低回报”的困局，所以治理雾霾应当打破行政限制，建立京津冀雾霾协同治理的合作机制，使雾霾治理由局部走向区域协同治理。

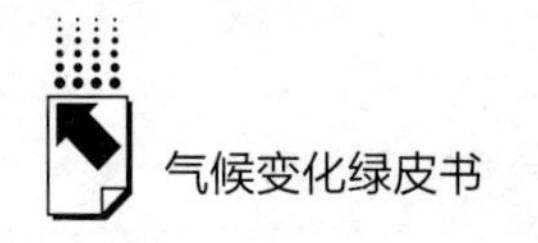

三　京津冀雾霾协同治理面临的挑战

虽然京津冀地区环保合作协同发展体系日渐完善，雾霾协同治理工作取得了一定成效，但与公众期望还有差距。由于容易操作、见效快的措施已经用过，进一步改善环境的难度将越来越大，再加上外部气象环境条件的不稳定、缺乏治理经验等因素，使得目标实现面临很大挑战。

第一，目前三地合作是问题倒逼式的合作，以问题导向为主，侧重于雾霾问题的末端治理，在区域财政体制、政绩考核体制、产业协作机制方面的创新较少，缺乏顶层设计。2013 年，京津冀及周边地区大气污染防治协作小组成立，办公室设在北京市环保局，成员单位包括北京市、天津市、河北省、山西省、内蒙古自治区、山东省、国家发改委、工业和信息化部、财政部、环境保护部、住房和城乡建设部、中国气象局、国家能源局。但协作小组属于非常设机构，临时性、依附性较强，权威性不够，运行中存在诸多困难和挑战。它仅仅是省部级层面的一种临时性的协商对话方式，在行政体系内部还未形成对话机制、协调共商机制，更缺乏行动上的一致性，而且现有的合作在城市规模、城镇布局、职能定位、产业分工、基础设施建设等方面缺乏必要的协调，缺乏战略性和长远性。

第二，三地地位不等，难以激励相容。《京津冀协同发展规划纲要》（以下简称《规划纲要》）对京津冀三地有明确的功能定位。北京市是全国的首都，承担政治中心、文化中心、高科技中心和国际交往中心等城市核心功能，城市地位具有不可比拟的重要性。天津市是直辖市，是重要的港口城市和商业城市，并将承担先进制造研发基地功能。河北省环绕京津两大直辖市，为北京市、天津市提供水源和农副产品，更是京津冀区域的生态支撑区。然而现实中，三地在市场、资源和发展上都把另两方视为竞争对手，都从各自利益出发，追求行政区划内的经济绩效，竞争大于合作。三地合作基本是在省级政府主导下进行，目标主要是处理公共事务，由市场驱动的合作比较少见。此外，目前的合作多数以北京为中心，合作主体没有形成平等关系。北京市往往从国家利益的角度来对天津市和河北省形成政治压力，难以实现三地之间真正的平等合作，从而难以构建激励相容的合作机制。

第三，区域差距大，产业协同难。区域环保联防联控要与地区发展相适应，各地的环境条件、环保目标、环境治理所调动的资源和能力应该相互匹配。相比之下，河北省财政实力较弱、环境管理和公共服务水平较低，公共资源配置的不均衡极大地阻碍着京津冀的协同发展，这些外部条件影响着产业的合理布局，反过来又影响着经济发展和环境治理水平。从人均 GDP 来看，2015 年，北京市、天津市人均 GDP 均超 1.69 万美元，已达到中等发达国家水平，而河北省人均 GDP 仅为 0.64 万余美元，是京津两市人均 GDP 的 37.9%。从产业结构看，北京市以第三产业为主，三产比重达到 79.8%，已进入后工业化阶段，产业结构高端化趋势明显；而天津市、河北省第二产业比重分别为 46.7% 和 48.3%，天津处于工业化阶段后期，河北省尚处于工业化阶段中期。从城镇化率来看，京津冀三地城镇化率分别为 86.5%、82.6% 和 51.3%，河北省城镇化水平不仅远低于京津两地，甚至还低于全国平均水平。区域环保联防联控要与经济社会发展相协调，与产业协调是其中的重要一环，产业转移也是《规划纲要》提出的要率先取得突破领域，而产业结构调整因为影响着经济、环境、就业等诸多因素而更具有复杂性。三地已经在有序疏解北京非首都功能这个核心和首要任务方面取得了一定进展，但如何在淘汰过剩和落后产能之后，培育新的经济增长点是河北省面临的重要问题。

第四，市场措施少，协同创新慢。区域环保联防联控涉及多地区、多机构、多企业，基于国家治理框架的环境区域治理方式应该是政府、市场与社会的互动。目前，治理状态总体上是政府主导，最新出台的《协议》和《规划纲要》中也更偏重行政力量，对市场的调节和对社会大众的引导略显不足。污染来自日常生产和生活，能否有效建立利益相关者之间的利益协调机制，决定了长期环境治理的成败。《规划纲要》提出建立排污权交易市场、深化资源型产品价格和税费改革是很好的探索，需要在实施过程中重点关注和不断完善。区域环保联防联控不仅要看眼前，更要从长远上改善环境，因此需要清洁生产和洁净能源技术的进步和广泛应用。京津冀地区要实现协同发展，

亟须通过协同创新来开辟发展新道路，开创发展新局面。尽管2016年9月，《北京市“十三五”时期加强全国科技创新中心建设规划》对京津冀三地协同创新进行了明确分工，北京市将重点打造技术创新总部聚集地，天津市要打造现代制造研发转化基地，河北省将建设转型升级试验区等。但如何通过区域科技合作机制，搭建绿色科技资源共享平台，使创新链与产业链对接融合，从而真正实现京津冀地区的创新驱动绿色发展，仍有一系列工作要完善。

第五，成本分担机制有待建立。由于雾霾和治霾的外部性，京津冀三地经济发展阶段的差异，使得如何确定治霾成本和收益成为建立成本分担和收益共享机制的难点。从2015年开始，京津两地已经通过签署合作协议的方式结对帮扶廊坊、保定、唐山、沧州四市治理燃煤锅炉和散煤清洁化改造项目，其中北京市支持廊坊市、保定市4.6亿元，天津市支持唐山市和沧州市4亿元开展大气治理工作。尽管这种帮扶为四市控制大气污染工作提供了资金支持，但这种帮扶并不是建立在明确的成本收益分析的基础上的。成本与收益相对等是各地方政府参与雾霾治理的基本条件。如果外部性导致成本收益不对等，则根本无法调动各地政府通力合作的积极性并取得治理的实效。由于地方政府考虑问题多从自身利益出发，而受地区经济发展水平不同、资源分配不均和环保意识差异的影响，相较于“花钱献爱心”，政府更倾向于“搭便车”。在缺乏成本分担机制的情况下，京津冀三地政府均存在治理范围的认知盲区，存在将治理成本转嫁到其他地方的动机，导致国家治霾政策效果“打折”。由于地理环境的因素，长期以来，河北省为保护京津生态环境做出了巨大的牺牲，付出了经济和生态双重成本。目前，河北省需要面对促进经济发展、解决就业和因治霾而导致的经济转型阵痛的压力要远大于京津两地。在缺乏合理成本分担机制的情况下，由于河北省财政资金相对匮乏，参与雾霾联合治理的资金投入不足，使得整个京津冀区域雾霾联合治理的成效低于社会最优水平。

四　创新京津冀雾霾协同治理机制

由于区域大气治理上的政府失灵和多元主体利益相关的现状，必须探索区域多元主体协同治理的路径，中央政府应加强顶层设计，地方政府应积极落实，市场应合理配置资源，建立成本效益合理分担机制，以调动各方积极性。创新雾霾协同治理机制，目的在于打破市场间的行政区隔，提高京津冀雾霾联防联控政策执行效果；围绕产业分工和产业转移、生态环境保护与治理、资源合作开发与利用、基础设施建设与社会服务等，尽快建立区域利益共享与成本分担机制，实现京津冀三地合作博弈；并通过加强监管与问责机制，建立并完善公众参与机制，提高参与性治理水平。

第一，决策协调机制创新。大气污染（雾霾）是一种典型的跨界公共危机，其难点在于环境污染的跨界性、流动性、不确定性与行政管理对于明确职责和边界属性的矛盾。2014 年京津冀协同发展领导小组成立，国务院副总理张高丽任组长。京津冀协同发展的决策体系是中国应对超大城市群治理问题的一个创新机制。大气污染防治是京津冀协同发展的突破口，建议由中央有关部门直接牵头，提高京津冀及周边地区大气污染防治协作小组的级别，逐步将协作小组通过法定程序过渡为常设领导机构，理顺其与三地环保部门的关系。协作小组以会商机制为基础，通过在环保部设立办公室，建立跨区域会同其他部门的联合监察执法机制，从而实现统一监察执法，并可以加强信息互通共享。

第二，成本分担机制创新。由于区域经济发展的不平衡，如何改进竞争大于合作的思维，改善“各扫门前雪”的现状，需要建立合作共赢的成本分担机制。首先，京津冀三地政府要加大治理大气污染的投入力度，在中央大气污染防治专项资金的基础上，应按照各自财政收入的一定比例提取资金，用于建立京津冀大气环境保护的专项基金，由专门的领导小组机构管理和支配，通过“以奖代补”的方式，促进京津冀大气污染防治工作。其次，产学研相结合，对大气污染治理展开定量研究，量化京津冀雾霾治理的溢出效应，设定合理的成本分担机制，实现京津冀区域合作博弈。再次，发挥市场机制的优越性，通过税收优惠及品牌效应，吸引社会闲散资金，使各个主体都参与到大气污染联防联控的行动中来。建立京津冀地区排污权交易制度和碳排放权交易制度，降低整个社会的减排成本。

第三，监督与问责机制创新。2015 年环保部督查组实地调研发现的散煤燃烧问题，脱硫、除尘设备停运问题，渣土车白天运输问题，应急响应不及时等问题反映了京津冀雾霾联防联控机制中监督与问责机制的缺失。[①] 虽然三地 2015 年探索了联合预警，但是预警机制仍存在政策执行不力、部门之间步调不一致等问题。在环境管制方面，以 GDP 作为重要政绩考核标准的激励机制使得河北省环境管制比京津两地都要松，以至于出现了北京市的企业搬迁到河北省后排放增加、监管放宽的新问题。因此，必须明确即将出台的《京津冀协同环境保护条例》的法律性质。由于三地是同级的行政区，要让该条例发挥战略引领和刚性控制作用，确立其法律地位十分重要。目前三省市依据不同的环境保护条例，环保标准不统一。因此，需分阶段逐步统一区域环境准入门槛、排污收费标准，实现环境成本的统一，避免出现“污染天堂”现象，以达到京津冀区域环境质量总体改善的目标。还有就是建立三地统一的监督执法机构。在协作小组的领导下，三地政府应让渡跨区域部分的环境监管职责，建立“区域监察管理联合执法机构”。与环保部监察局华北监察中心合作，承担立法、监管和执法职责。

第四，公众参与机制创新。京津冀大气污染联防联控工作的顺利有效实施需要公众的积极参与。发挥公众的主观能动性需要建立有效机制以增加公众对自身利益的决策权，使公众能够根据自身状况和能力，与其他利益相关者一起制订有效的发展计划，并采取行动来实现合作共赢。虽然目前公众的知情权正在建立，但是监督权和决策权仍然缺失。公众参与机制是京津冀大气污染联防联控多层治理机制的重要组成部分之一。目前公众参与的方式主要有三种：一是以 NGO 为主体进行宣传活动；二是政府通过宣传等方式，引导公众自觉投身环保，实践绿色生活方式；三是公众参与监督。上述三种渠道已经初步搭建了框架，框架性文件已认识到了公众参与的重要性，政府也提供了一些公众参与平台，但仍有待在运行中进一步细化完善，以充分调

---

① 《环保部：督查发现京津冀多地散煤污染严重》，中国天气网，http：//www. weather. com. cn/video/2015/12/lssj/2433597. shtml，2015。

动公众积极性、自主性和创造性。可借鉴国内外经验，建立环境决策听证会、成立环境监督委员会、鼓励环境 NGO 和个体作为环境督查员等参与式的环境管理和执法方式，完善大气污染治理的公众参与机制，提高大气污染治理的科学决策水平，监督各方对政府政策的落实质量，实现公众参与机制同行政和市场治理手段的良性互动和有效补充。

第五，激活企业创新活力。区域之间的利益关系主体多元，责任收益难以明确。而建立横向支付的机制亟须解决的问题是，确定收益的大小以及核定补偿成本。这需要更加科学的雾霾成因分析以及准确的地区间雾霾相互影响关系，从而才能实现科学合理的补偿机制。作为雾霾重要产生者的企业界，目前还处于消极应付的阶段。学术界对治理成本和收益的分摊的研究和实践还仅仅限于区际政府层面，补偿仅发生在地市级政府和所属省级政府之间，仍然没有实现同级行政区划政府间的补偿。不仅难以界定补偿者、受偿者和补偿标准，更重要的是并未将企业纳入成本分担和收益共享机制主体范围之内。应该尊重企业在污染治理上的选择权和决策权，发挥企业治污的主体作用。政府和有关部门通过建立重污染企业退出机制，对企业提供税收和土地使用、供电等方面的优惠，以及财政、信贷等方面的支持，引导企业开展技术升级、末端治污工程、兼并重组、企业转产、搬迁等重大决策。同时要鼓励北京市更多的科技和文化资源通过在河北省建立科技合作示范基地或“科技中试中心”来向河北省转移，政府部门应与企业充分沟通，签署合作契约，并且公开信息，接受社会监督。

G.17

北京城市通风廊道建设与雾霾治理

杜吴鹏　朱 蓉　房小怡*

摘　要：城市通风廊道建设的主要目的是缓解城市热岛、提高城市空气流通和保护用于改善城市气候环境的土地。对典型区域通风廊道效果观测和模拟表明，通风廊道对微气候环境有一定影响，可降低局地热岛强度和增加局地风速，而在静风或接近静风时，其增风作用不太明显。近年来受气候变化和城市化影响，我国大范围雾霾天气频发，但城市通风廊道并不能改变大范围空气滞留等不利扩散气象条件，控制污染源排放是治理空气污染最有效的手段，而合理的通风廊道规划建设可以作为长期的改善城市生态环境的辅助措施。

关键词：通风廊道　热岛效应　局地气候　大气环境容量　雾霾

一　前言

近期北京城市规划部门提出在北京建造5条一级通风廊道，引起了民众的极大关注①。关于城市通风廊道规划和构建，国内外已有一些研究和应用先例，德国气候学之父诺赫在19世纪50年代初提出建立以规划应用为目标

* 杜吴鹏，北京市气候中心高级工程师，研究领域为应用气候和城市规划气象环境评估；朱蓉，国家气候中心研究员，研究领域为大气污染潜势气候影响评估和风能资源评估与预测；房小怡，北京市气候中心正研级高工，研究领域为应用气候和气候可行性论证。

① 邓琦、沙璐：《北京将构建5条一级通风廊道》，《新京报》2016年2月20日，第A06版。

的城市气候地图系统，19 世纪 70 年代末，德国学者 Kress 进一步将城市通风系统划分为作用空间、补偿空间与空气引导通道，以此确定城市中哪些区域适宜作为风道①。

城市通风廊道在缓解城市热岛、增强空气的流通性以及提高城市宜居性方面有着不可忽视的作用。2015 年 12 月召开的中央城市工作会议特别提出要“增强城市内部布局的合理性，提升城市的通透性和微循环能力”②；2016 年 2 月，国家发改委与住房和城乡建设部联合印发《城市适应气候变化行动方案》，其中也明确提出要“打通城市通风廊道，增加城市的空气流动性”③。

随着城市化进程加快，人口、产业、能源消耗等汇聚于城市，导致城市气候问题愈加严重，其平均气温和极端最高气温高于郊区和生态背景区，气候变化在城市中体现得尤为明显，在此背景下高温、暴雨、雾霾等极端灾害天气时有发生。城市通风廊道通过改善局地气候环境、减轻城市热岛，很大程度上可以抑制或减弱由于城市规模扩张、人口聚居所导致的城市气候变暖④，对城市适应和应对气候变化起到一定的促进作用，并降低城市化对气候变化的影响，利于全球气候变化影响下的城市可持续发展。

二　国内外实践进展

国内外已有许多城市进行了通风廊道的规划和构建实践。德国斯图加特市为充分保护用于改善城市气候环境的土地，通过构建通风廊道将新鲜冷空

① 姜鹏等：《利用城市通风廊道治理灰霾　成功经验用在北京效果存疑》，《中国战略新兴产业》2016 年第 7 期。

② 范云波：《中央城市工作会议在北京举行》，新华网，http：//news. xinhuanet. com/politics/2015 - 12/22/c_ 1117545528. htm，2015。

③《国家发展改革委、住房城乡建设部关于印发城市适应气候变化行动方案的通知》，国家发改委网站，http：//www. sdpc. gov. cn/zcfb/zcfbtz/201602/t20160216_ 774721. html，2016。

④ 朱亚斓等：《城市通风道在改善城市环境中的运用》，《城市发展研究》2008 年第 1 期。

气源地与城市中心地区沟通，确保了有效的空气流动[1]。日本东京将风、绿、水相结合，通过分析海—陆风、山—谷风和公园风等系统，规划出五级通风廊道[2]。香港规划署制定的《香港规划标准与准则》中，专门设有空气流动的章节并对其做出了详细规定，提出“应沿主要盛行风的方向辟设通风廊，增设与通风廊交接的风道，使空气能够有效流入市区范围内，从而驱散热气、废气和微尘，以改善局部地区的微气候”[3]。此外，香港还将局地风场特征和建筑物排列、街道布局相联系，进行基于通风环境影响评估的城市分区规划设计管控[4]。

近年来，国内的广州、武汉、西安、南京、福州等城市都在城市规划设计中提出过类似“通风廊道”的概念。在《生态福州总体规划》中明确规划了“一轴十廊、一门多点”的通风格局[5]。随着北京城市规模的快速扩张，大量的人工建筑代替了原有的自然下垫面，造成了城市局地气候的显著变化，建筑物的存在增加了城市下垫面的粗糙度，降低了城市街区内部的空气流通效率，恶化了城市局部地区的通风环境，加剧了城市热岛效应。基于此，当前北京的城市规划部门与气象部门也在探讨在中心城区构建多级通风廊道体系。

三　城市通风廊道作用

城市通风廊道规划的最初和最主要目的是在城市中留出一定的通道，促进空气流通和内外交换，在通风廊道构建过程中优先考虑城市热岛效应严重

---

① Baumueller, J., “Climate Atlas of a Metropolitan Region in Germany Based on GIS,” The Seventh International Conference on Urban Climate, 2009, pp. 1282 - 1286.

② 任超、吴恩融：《城市环境气候图——可持续城市规划辅助信息系统工具》，中国建筑工业出版社，2012。

③ 《香港规划标准与准则》，香港特别行政区政府规划署网站，http://www.pland.gov.hk/pland_sc/tech_doc/hkpsg/full/index.htm，2016。

④ 袁超：《缓解高密度城市热岛效应规划方法的探讨——以香港城市为例》，《建筑学报》2010 年第 S1 期。

⑤ 黄乾晔：《〈生态福州总体规划〉公布福州未来绿色宜居智慧》，新华网，http://news.xinhuanet.com/house/fz/2016-01-22/c_1117856625.htm，2016。

区域是否可连通风道，防止热岛连片激增，同时，通过构建通风廊道也可防止建设用地的“板结”和生态功能用地的缺失，利于保护水土和动植物生态系统，强化现有生态用地的串联。构建通风廊道的核心工作是在规划之始，对用于改善城市气候环境的土地进行有效保护和合理利用。由此可见，构建通风廊道的核心目的是缓解城市建筑和人口密集等因素引起的热岛效应、提高城市内部空气的流通以及合理规划和保护用于改善城市气候环境的土地，而有利于减轻城市局地大气污染只是通风廊道客观上起到的一个效果，并不是最主要和最关键目的。

城市通风廊道在改善局地微气候、缓解热岛效应方面已被多数研究公认，而在减轻空气污染方面，良好的城市通风一定程度上有助于大气污染扩散，降低城市污染水平，在德国鲁尔区、斯图加特市、日本旭川市等城市很多案例也得到了部分证实，即使如香港这样的高密度建筑城市，通风廊道也可促进空气流动，减弱热岛与污染岛之间的连带效应，达到一定的治霾效果①。

在城市尺度上，风向、风速与城市空气污染物扩散有着密切关系。理论上，规划科学的城市通风廊道能为风在城市中的良性流动创造便利条件，有利于城市“局地环流”的加强及污染扩散，降低局地污染水平。但是，“引风除霾”“通风廊道治霾”等观点背离了通风廊道构建的初衷。一方面，通风廊道对城市大气污染的减轻有限，例如北京市出现重污染天气时，大气多呈静稳状态，此时风速较小或接近静风，城市通风廊道并不能有效利用或明显增强这段微弱风速，即使通风廊道在一定范围内能提高局地风速，增强污染的扩散能力，但在大尺度的区域污染静稳天气背景下，廊道所起到的作用微乎其微。另一方面，在实际的城市规划中，合理地构建改善大气污染的通风廊道存在很大的现实困难②。首先，科学合理的通风廊道建设必须严格基

---

① 姜鹏、徐颖、周利亚：《北京利用城市通风廊道治理灰霾效果存疑》，http：//mp. weixin. qq. com/s? _ _ biz = MzM3ODM2NjAxMA = = &mid = 402620738&idx = 1&sn = 4d93c5517a1d22596c718fe44566c72a&scene = 1&srcid = 0412sCsCazLBjocaYeZVaWKq#wechat_ redirect，2016。

② 姜鹏等：《利用城市通风廊道治理灰霾 成功经验用在北京效果存疑》，《中国战略新兴产业》2016 年第 7 期。

于城市的风环境特征、热岛分布、各类土地利用与高分辨率城市地理信息等现实条件；其次，精确的数值模拟是保证风道有效性的必要前提，翔实的气象和城市地理信息数据，准确的城市风环境模拟分析，以及针对廊道规划方案的风环境评估，都是科学决策的必要依据；再次，即使获得了较为科学的廊道规划，但在实际执行过程中仍会面临规划调整、土地属性变更、城市改造、房屋拆迁等困难和其他不可预知因素，在实施周期和完成程度上很难达到预期目标。

城市大气污染的成因复杂，污染物来源及天气状况对空气质量均有重要影响，利用通风廊道来有效消除城市大气污染超出了通风廊道规划设计的初衷，不能仅靠其来解决严重的大气污染问题。治理大气污染是一项长期艰巨的任务，需标本兼治，有效的治本措施应是调整能源结构、控制污染源排放，而城市局地微气候的改善有助于在治本过程中减轻大气污染的影响程度。同时，我国城市气候和城市形态差异较大，不同城市需因地制宜开展通风廊道规划研究，针对具体城市，廊道规划是否合理，可在多大程度和多大范围改善城市微气候环境，其能否有效辅助改善大气污染，还存在很大的研究和实践空间。

四　北京城市通风廊道探讨

（一）观测试验

廊道的“通风降温”效果如何是关注的重点，选取北京市昆玉河通风廊道及廊道附近位置，在中小风速空气质量良好的情景下进行现场对比观测。两个站点相距约400米，采取24小时不间断气象要素观测。

从风速对比观测结果（见图1）可知，在观测时段内，虽然两个站点风速时间变化特征相近，但在中等风速时，通风廊道观测点的平均风速明显大于非通风廊道观测点，而在风速接近静风时两个站点观测值相差不大。表明在中小风速背景下，通风廊道能使得风速明显增加，而在静风或接近静风时，廊道对风速的影响则不明显。

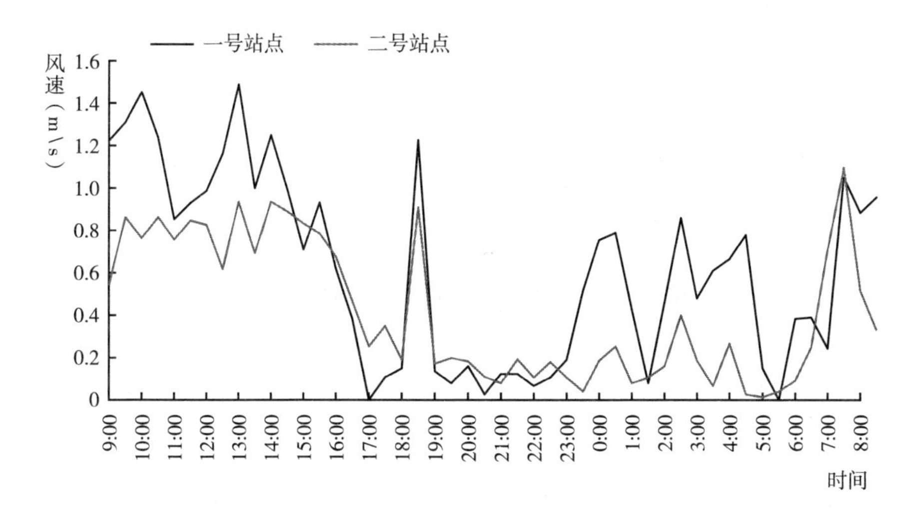

图 1　通风廊道和非通风廊道观测点风速观测对比

注：一号站点：廊道观测点；二号站点：非廊道观测点。

从气温的对比观测（见图 2）可以看到，7 点到 16 点，一号站点气温观测值较二号站点观测值偏低，即在白天气温较高时通风廊道处的气温明显低于周边，廊道有较明显的降温作用；而在夜间，一号站点气温观测值较二

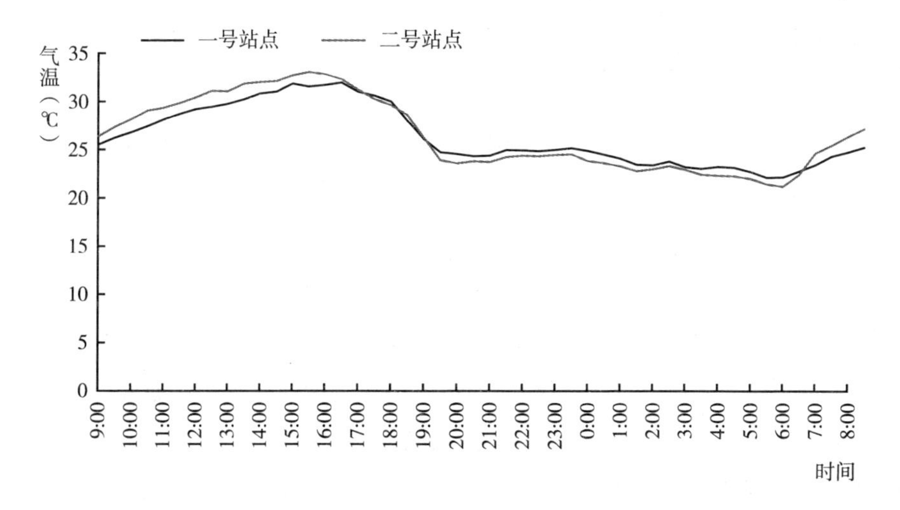

图 2　通风廊道和非通风廊道观测点气温观测对比

注：一号站点：廊道观测点；二号站点：非廊道观测点。

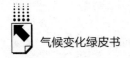

号站点观测值略偏高，即在夜晚气温较低时，由于水体热容量较大（通风廊道主要由水体和绿地组成），导致廊道观测点的气温还略高于邻近的非通风廊道处。

（二）模拟试验

在实际的城市建设和改造过程中，通过科学合理地改变城市用地类型，控制城市局部地区的建筑高度和密度，打通影响地面空气流通的障碍点，在一定程度上会对风环境和热环境造成影响。选择北京市中心城区拟规划改造或正在研究的重点区域，采用小区尺度气象模式进行下垫面变化前后模拟，通过模拟规划与现状两种情景下的气温和风速分布，探讨通风廊道对局地微气候环境的影响。

以北京市前三门盖板河和十里河区域作为模拟对象，关注规划实施后的热环境和风环境变化，通过模拟结果反映城市下垫面变化对局地微气候环境的可能影响。两个地区规划和现状两种情景的模拟结果差值均显示：将河道打通或将低矮建筑群改造为生态绿地形成通风廊道后，改造区域及周边邻近地区的气温场和风场有明显改变，总体上呈现气温降低、风速增加的效果，表明规划实施形成通风廊道后对局地有缓解热岛、增强通风的作用，且改造的面积越大，其起到的缓解热岛和增强通风的作用越强，影响范围也越广，对微气候环境的改善越明显；气温受下垫面影响较大，随着高度增加，气温的变化幅度随之降低；同理，受下垫面影响，风速一般在低层较低，随高度升高逐渐增加。

由于选择的个例有限，且模式模拟存在误差和不确定性，在定量研究和评估方面还存在不足，但不可否认科学合理地将城市建设用地部分恢复为河流和绿地等生态用地后对缓解局地的城市热岛、增强空气的流通性能发挥一定作用，未来可通过更多区域的典型个例模拟和实证，深入探讨不同气象条件下城市用地改变对气候环境造成的影响，以便对北京城市通风廊道的效果进行更为翔实的研究。

五 大范围空气滞留的极端天气导致京津冀雾霾

近年来我国雾霾天气频发，主要特点是影响范围大、持续时间长，尤其在京津冀地区，通常是中部和南部城市同时发生严重污染。例如，在2014年2月20~26日的7天内，京津冀地区13个城市中的8个城市7天均为严重污染等级，3个城市有6天严重污染；2014年10月7~11日的5天内，5个城市5天均为严重污染等级，2个城市有4天严重污染；2015年11月27日~12月1日，5个城市5天均为严重污染等级，3个城市有4天严重污染；2015年12月20~26日，2个城市7天均为严重污染等级，5个城市有6天严重污染（见表1）。由此可见，这些城市的空气重污染不是由于城市内部空气流通不畅造成的，而是有一定的大尺度气象条件在起作用。

表1 京津冀地区主要城市重污染天气期间出现的严重污染天数

城市	空气质量五级及以上（AQI≥200）的天数			
	2014.2.20~2014.2.26	2014.10.7~2014.10.11	2015.11.27~2015.12.1	2015.12.20~2015.12.26
北京	7	5	5	7
天津	5	3	3	5
石家庄	7	5	5	6
廊坊	7	4	5	6
保定	7	5	5	6
邢台	7	5	5	5
邯郸	7	4	4	6
衡水	7	5	4	7
沧州	6	1	4	6
唐山	7	3	3	5
秦皇岛	5	0	0	3
承德	6	2	0	1
张家口	6	0	0	0

大气环境容量是描述大气通风扩散对污染物的清除能力，大气环境容量值大，说明大气扩散能力强，反之则弱[1]，一段时间内大气环境容量较常年平均值偏低70%以上，说明这段时间大气扩散能力非常差，空气停滞，通常称为静稳天气。如果此时对大气污染排放不加以控制，极易造成严重空气污染。2014年2月20~26日，我国东北三省、内蒙古北部、河北、山东、山西、河南、湖北、湖南和江西的大气环境容量均较近10年偏低50%以上，其中河北省沿燕山南部和太行山东部地区，大气环境容量均较近10年偏低75%以上，京津冀大部分地区处于空气停滞区；2015年12月20~26日，我国西北、华北、华东和华南共有18个省份的大气环境容量均较近10年偏低50%以上，其中河北、山东和山西大部分地区的大气环境容量均较近10年偏低75%以上，空气停滞区覆盖范围很大。由此可见，大范围的空气滞留且无降水的天气条件，导致了京津冀地区多个城市同时出现空气严重污染，因此建设城市通风廊道无法解决大范围空气滞留问题。

六 结论

城市通风廊道建设的主要目的是缓解城市建筑群和人口密集等因素引起的城市热岛效应，增强城市空气的流通以及合理规划和保护用于改善城市气候环境的土地。城市通风廊道通过改善局地气候环境，很大程度上可以抑制或减弱由于城市规模扩张、人口聚居所导致的城市气候变暖，降低城市化对气候变化的影响，利于城市的可持续发展。通过对典型区域通风廊道效果的对比观测和模拟表明，廊道对微气候环境有一定影响，可以降低局地热岛强度和增加局地风速，但在静风或接近静风时，廊道的增风作用则不太明显。

在区域静稳天气这种极端不利的情况下，大气环境容量与常年相比明显偏低，大范围的空气滞留且无降水的天气条件是京津冀地区空气严重污染的

---

① 徐大海等：《我国大陆通风量及雨洗能力分布的研究》，《中国环境科学》1989年第5期；徐大海等：《城市扩散模式与二氧化硫排放总量控制方法的研究》，《中国环境科学》1990年第4期。

重要原因，城市通风廊道不能解决大范围空气滞留，也就无法从根本上解决城市雾霾问题，而治理空气污染最有效的手段是控制大气污染物排放，合理的通风廊道规划建设可作为改善城市生态环境的辅助措施。在京津冀城市发展和规划过程中，建议做到区域协调、精细规划、科学评估，优化城市结构和城市未来发展总体布局，加强北京中心城区与京津冀区域规划气候环境影响研究和评估工作，改变粗放的发展方式，调整不合理的产业和能源结构，形成绿色低碳循环的生产生活方式，从源头上减少雾霾的发生。

G.18

气候变化背景下气象指数保险产品开发及应用

栾庆祖　叶彩华*

摘　要：《巴黎协定》锁定了华沙气候变化损失损害国际机制，强调了建立风险保险工具、气候风险分摊以及其他保险解决方案，基本确定了一个各国通过可持续发展解决损失损害问题的框架，但是仍然没有解决很多技术性问题。本文首先详细介绍了一种有效转移气候变化灾害的风险工具——气象指数保险，并阐述了它在世界各国的应用情况，论述了它与气候变化应对之间的天然内在联系，重点分析了在气候变化背景下气象指数保险产品开发面临的技术难题。其次，通过北京市农业干旱气象指数产品开发和应用实践，提出了一套气象指数保险产品开发技术框架，论证了气象指数保险产品所能够发挥的作用。再次，从技术和机制两个角度讨论了我国气象指数保险产品在应用和推广过程中面临的问题，并给出了建议策略。

关键词：　气象指数保险　气候变化　基差风险　不确定性

一　气候变化与气象指数保险

气候变化正在深刻影响着人类的生存和发展，是各国共同面临的重大挑

* 栾庆祖，北京市气候中心高级工程师，研究方向为生态遥感、应用气象与应用气候；叶彩华，北京市气候中心副主任，正研级高级工程师，研究方向为农业气象。

战。联合国环境规划署（UNEP）报告明确指出，气候变化已成为全球最大的安全威胁，如果不采取果断措施，未来数十年内，气候变化将超出许多地方的适应能力[①]。联合国粮农组织表示，各国需要加紧行动，建立更可持续的粮食系统，以缓解和适应气候变化的影响[②]。《国家适应气候变化战略》明确指出：中国主要极端天气与气候事件的频率和强度出现了明显变化；区域性洪涝和干旱灾害呈增多增强趋势，北方干旱更加频繁，南方洪涝灾害、台风危害和季节性干旱更趋严重，低温冰雪和高温热浪等极端天气气候事件频繁发生。我国气候变化的事实使社会生产和经济的不稳定性增加，如不采取有效应对措施，极端天气气候事件引起的灾害损失将更为严重。

主动应对气候变化，包括通过系列金融工具支持等策略，已经成为保障粮食安全、可持续发展以及人居安全的重要措施。《联合国气候变化框架公约》（UNFCCC）早在1992年就倡议各国采取保险风险管理的方式来有效应对气候变化对农业发展带来的负面影响。1997年《京都议定书》提出了详细的保险应对气候变化机制方案。2016年《巴黎协定》锁定了华沙气候变化损失损害国际机制（WIM），决定邀请WIM的执行委员会设立保险和风险转移的信息交换所，以促进缔约方制定和实施综合风险管理战略，强调要推动气候风险分担的保险方案实施，成为气候谈判以来各国努力弥合政治立场差异、解决气候变化损失损害问题的最切实、最有力的一步。

气候变化可导致极端天气气候事件的发生频率、强度、空间范围及持续时间等发生改变，并可导致前所未有的极端事件[③]，带来各种天气气候灾害。气候灾害以及气候衍生灾害已经成为中国目前自然灾害损失最重要的因素，占总损失的89%以上[④]。应用灾害保险工具有效应对气候变化引发的极

---

① Schellnhuber, H. J., *Climate Change As a Security Risk* (London: Earthscan, 2007), p2.

② Elbehri, A., "Climate Change and Food Systems: Global Assessments and Implications for Food Security and Trade," FAO Working Papers, 2016.

③ 秦大河：《中国极端天气气候事件及灾害风险管理和适应气候变化国家评估报告》第1版，科学出版社，2015，第5页。

④ 吴吉东、傅宇、张洁等：《1949～2013年中国气象灾害灾情变化趋势分析》，《自然资源学报》2014年第9期。

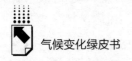

端气候灾害不利影响已经成为中国防灾减灾工作中的重要内容。例如针对极端干旱灾害对我国农业生产、粮食安全和农民收入的威胁，党中央、国务院和各部委的一系列报告、政策文件、法律法规和规划中，都提到了要发展政策性农业保险，还特别提出了在易旱地区建立旱灾保险制度。2013 年我国九部委联合发布的《国家适应气候变化战略》要求建立健全风险分担机制，支持农业、林业等领域开发保险产品和开展相关保险业务，开展和促进气象指数保险产品的试点和推广工作。2014 年 8 月 10 日，国务院《关于加快发展现代保险服务业的若干意见》要求，探索天气指数保险等新兴产品和服务，为更好地发挥气象指数保险提升适应气候变化能力提供了明确的政策支持。

为了应对气候变化引起的巨灾损失激增的影响，我国众多保险公司已经不再满足于传统的风险管理和损失控制手段，而在温室气候效应控制和极端天气气候改善方面发挥着越来越重要的作用。例如，当前我国各级政府与保险行业公司共同开发的自然灾害责任险、保监会和环保部联合推动的环境责任险、我国当前正在讨论试行的碳排放责任险、中国各级气象部门与保险公司联合推出的气象指数保险等。这些保险除了发挥直接的承保作用外，更重要的是在社会效率方面发挥引导作用。如气象指数保险有助于引起社会对气候变化的关注，而且当气象指数保险产品被表征的指数体系更加系统和完备时，对于气候变化风险的管理也会更加细致，能够实现科学、系统和公共的气候变化观察，从而引导全社会对气候变化风险的关注，特别是针对具体指标的量化关注，进一步推动气候的社会化治理与改善。上述保险工具的有效应用，在一定程度上说明我国高度关注和运用保险的“正外部性”特征，即保险业在应对气候变化中所做的工作具有溢出效应，其成效不仅局限于保险业，对整个社会的气候应对能力建设具有提升作用。

目前，保险已成为一项公认的与气候变化损害风险转移和损害相联系的制度工具，又鉴于气象指数与气候之间存在的天然内在联系，创新气象指数保险产品无论是从国家战略角度还是行业发展的角度，都将是应对气候变化策略的极具前景的系统性工具。

二 气象指数保险的发展现状

气象指数保险（Weather-Based Index Insurance）也称天气指数保险、气候指数保险，是区别于传统的基于损害赔付的保险（Indemnity-Based Insurance）的一种创新型保险产品，其概念最早出现在20世纪90年代后期，是目前全球广泛研究的一种风险转移工具。气象指数保险通常是指在一个指定的保险区域内，针对一种特定的灾害损失（比如某一农作物因气象灾害造成减产或绝收），并以一种事先设定的气象因素如气温、降雨量、风速等的发生概率为基础，基于确定气象指数和损失之间的相关关系，确立损失补偿支付的合同，依据已经设定的气象指数保险，对比在保险期终止日的气象指数值和保险合同中确定的参考值以进行赔偿，而不以保险标的物的实际损失为赔付标准。①

虽然气象指数保险产品推出时间短，但其研究和相关产品开发顺利。天气指数产品多种多样，包括如降水指数、干旱指数等，核心是以作物生长期内某个或某几个天气指标计算得出，这类产品主要面向一些发展中国家或不发达国家，如印度、埃塞俄比亚等。② 世界银行是应用气象指数保险解决农业风险问题的倡导者，其开发的相关产品在加拿大、墨西哥、印度、阿根廷、南非、马拉维、肯尼亚、坦桑尼亚等国顺利应用。③ 除世界银行外，国际农业发展基金（IFAD）、联合国世界粮食计划署（WFP）等国际组织也非常重视气象指数保险在农业中的应用。④ 受到印度降雨量指数保险的启发，

① Jerry, S., Peter, H., Mario, M., "New Approaches to Crop Yield Insurance in Developing Countries," International Food Policy Research Institute, Eptd Discussion Papers, 1999.

② Barnett, Barry, J., "Weather Index Insurance for Agriculture and Rural Areas in Lower - Income Countries," *American Journal of Agricultural Economics* 89 (2007): 1241 - 1247.

③ Osgood, Daniel E., et al., "Designing Weather Insurance Contracts for Farmers in Malawi, Tanzania and Kenya: Final Report to the Commodity Risk Management Group, ARD, World Bank," International Research Institute for Climate & Society, 2007.

④ Hazell, P., Anderson, J., Balzer, N., et al, "The Potential for Scale and Sustainability in Weather Index Insurance for Agriculture and Rural Livelihoods," International Fund for Agricultural Development (IFAD) and World Food Programme (WFP) Publ., 2010, p. 153.

更多气象指数保险（如洪水指数保险、干旱指数保险等）被相继提出。除了在农业领域内的应用之外，在其他商业领域内也不断出现各种保险产品，如2012年，上市公司梅雁水电购买了降水发电指数产品，以应对可能的旱灾；2013年，河北一风电场购买了风力发电指数产品。2014年11月，瑞士再保险企业业务部与永诚财产保险公司共同合作，为上市公司协鑫新能源控股有限公司设计了太阳辐射发电指数产品。保险合同约定，若所投保的太阳能光伏电站因保险期间内太阳辐射不足，导致发电量减少，承保人将承担赔偿责任。据了解，保险公司目前正在加大力度推广更多适合城市发展、平滑城市气候变化波动、降低城市气象灾害的各种天气指数保险产品，如针对北京等大城市冬季供暖需求的供暖天气指数保险，为供暖企业因为温度因素提前或延迟供暖时间造成的损失提供补偿。目前，国际上较为成熟的灾害风险转移体系，如加勒比海16国项目、阿拉巴马州飓风保险，都是以气象指数为触发条件[①]。

与传统保险相比，气象指数保险由于其触发机制仅依赖于一个特定的气象指数，无须掌握各个保险标的的实际受损情况，因而形成了独特的优势，具体表现为：（1）无须对保险标的的个体风险情况进行逐个了解，可有效避免逆选择；（2）赔付与个体受损情况关联很低，可有效地控制道德风险，并形成防灾防损动力；（3）指数的公开性与透明性可大大降低核损理赔的难度；（4）无须对灾害风险进行分类；（5）有效降低行政成本；（6）标准化指数产品易被国际再保人接受，便于保险人控制运营风险。同时，由于气象指数保险的“客观依据”属性，也具有自身的不足，具体表现为：（1）基差风险难以控制；（2）产品开发成本高；（3）市场成熟度低，被保险人接受过程漫长；（4）由于气候的周期性、可预测性，系统性风险相对传统保险较高；（5）单一产品不能覆盖全部气象灾害类型，承保范围相对较窄。[②]

---

① 曾立新：《美国巨灾政府保险项目研究及其对我国的启示》，《保险研究》2007年第6期。谢世清：《加勒比巨灾风险保险基金的运作及其借鉴》，《财经科学》2010年第1期。

② Barnett, Barry, J., “Agricultural Index Insurance Products: Strengths and Limitations,” United States Department of Agriculture, Agricultural Outlook Forum, 2004.

三　气候变化背景下气象指数保险面临的技术难题

全球气候变化越来越复杂，由于各种各样无序因素的影响逐步积累，未来气候趋势结果也更加难以预测，更加困难的区域气候不确定性影响是气象指数保险面临的突出难题。这种不确定性造成的影响主要体现在三个方面：一是增加了保险产品开发过程中的风险控制的难度，二是增加巨灾承保人的保费价格和产品开发成本，三是会造成保险产品的不可持续性。

（一）风险不确定性

由于全球变暖，几乎所有地区的气温都有上升趋势。如果某一款气象指数保险产品在开发过程中包含了温度因子却未考虑温度的气候变化上升趋势，那么该款产品的期望赔付标准必然是有偏的。气温上升趋势将会持续，但是上升的程度却存在很大的不确定性。根据联合国政府间气候变化专门委员会（IPCC）第五次评估报告，受气候敏感性和温室气体的影响，2100 年全球气温将上升 1.4 ~5.8℃，区域上温度升高的不确定性比全球变暖更强。

在气象指数保险产品开发过程中，学者们通常用简单的、基于历史数据的、去趋势化的处理方法来消除气候变化的影响。[①] 不足之处在于，这些方法并不能很好地处理一些非平稳性趋势[②]，同时对于上述提到的未来局地气候的不确定性也显得无能为力。因此，当利用气象数据构建的气象指数开发保险产品时，如果气候变化趋势显著存在，保险产品落地实施的可能性会大大降低。例如摩洛哥 2001 年政府计划推出的降水指数保险产品，尽管具有 20 年质量较高的气象观测数据以及政府对前景的承诺，但是保险公司最终

① Stephen, J. , Penzer, J. , "Weather Derivative Pricing and the Detrending of Meteorological Data: Three Alternative Representations of Damped Linear Detrending," Ssrn Electronic Journal , 2005.

② Dai, A. , Lamb, P. , Trenberth, K. , et al. , "Therecent Sahel Drought is Real," *International Journal of Climatology* 24 (2004): 1323 -1331.

放弃了这一项目①；Hochrainer 等利用 MM5 和 PRECIS 区域气候模型测试了马拉维地区开展的气象指数保险产品的稳定性，对指数保险产品的可持续性提出了很大的质疑②。

因此，在提高气象指数保险产品质量方面，保险行业对更加准确的气候变化预测具有非常强烈的需求，这一领域的研究也应该成为当前气候研究努力的方向。

（二）产品定价矛盾

最直接的影响是，在某一地区内的气候变化越复杂，导致气象指数保险产品的成本越高，承保人会因为商业风险而极大降低在某一地区拓展气象指数保险的意愿。

气候变化引起的持续性气象风险从两个方面影响气象指数保险产品的价格。首先，承保人一旦承保了某一区域内受气候变化影响的某一产品的气象灾害风险，未来气候变化的不确定性会迫使承保人对最差的状况进行风险估价，包含模糊性风险和巨灾负担的产品价格必然上涨。其次，较高的气象风险会引起纯风险的改变。从某一个具体的气象变量的概率密度函数角度来看，纯风险的变化由以下两种方式具体引起：一是概率分布函数的总体趋势改变，二是分布函数方差的变化。前者会导致保险产品价格的剧烈变化。

与明显的总体趋势变化相比，气候变化对气象风险分布的更直接的影响是不断增加的极端气候事件（概率分布方差变大），而检测和识别极端气候事件的变化要更加复杂，需要更多的数据支持。保险产品的原生目标是平滑气象灾害风险在长时间序列上的变化，进而形成对不断增加的气象灾害有效应对的机制。由于极端气候事件的频发，如果承保极端气象灾害造成的损失，

---

① Skees J. , Gober S. , Varangis P. , et al. , "Developing Rainfall—Based Index Insurance in Morocco," Working Paper No. 2577, The World Bank, Policy Research: Washington, DC, 2011.

② Hochrainer, S. , Mechler, R. , Pflug, G. , "Investigating the Impact of Climate Change on the Robustness of Index - Based Micro - Insurancein Malawi," IIASA, Institutions for Climate Change Adaptation, DEC Research Group, Infrastructure and Environment Unit, The World Bank, Laxenburg, 2007.

保险产品的价格必然大幅上涨，但气象指数保险产品开发设计过程中，极端气候事件对保险产品价格的影响经常比总体趋势变化造成的影响还要轻微，承保人通常将这一部分风险以巨灾保险成本和不可预测风险成本的方式转移。

四　北京市农业干旱气象指数保险产品开发与应用实践

（一）产品开发技术框架

指数保险产品设计是一项涉及多学科的综合技术体系，需要农业科学、气象科学、保险科学和管理学等多方面技术的协同合作。在收集北京地区玉米和蜂业产量数据、气象环境数据、干旱气象灾害数据、保险理赔数据等资料的基础上，参考国际上已经实施指数保险的国家及机构的产品设计技术和经验，综合运用现场调查、数值分析、作物生长模型、灾害风险管理理论、保险精算理论和专家评估等方法，分析北京地区玉米和蜂业干旱历史发生状况及保险理赔资料、玉米生长发育期内关键降水资料，开发玉米生长干旱指数，分别构建干旱指数与产量的定量关系模型；基于历史时间序列风险评估理论，确定干旱损失风险概率，最终结合北京地区政策性农业保险的结构体系以及北京地区农民的保险意愿，设计玉米和蜂业干旱气息指数保险条款。本文的整体技术开发框架如图 1 所示。

（二）干旱指数构建

与作物干旱指标类似，保险干旱指数是表征作物产量受干旱胁迫程度的一种度量。保险指数中干旱指数与干旱指标不同，干旱指数必须建立在简单、易量化、区域适用性强的基础上，并且能够定量化表达保险作物产量因干旱造成的损失。中国气象局给出的综合气象干旱指数 CI、针对作物的水分亏缺指数 CWDI、水分盈亏指数等虽然可以定量表达干旱程度，但是计算起来非常复杂，并且需要气温、湿度、日照等多种气象要素，甚至需要当年

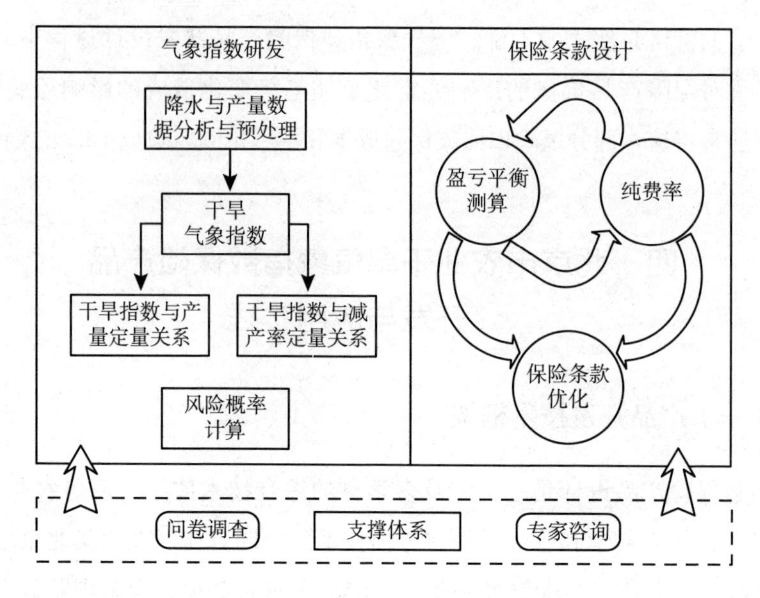

图1　干旱气象指数保险产品技术开发框架

的逐日数据值。由于气温、湿度、日照等气象要素的可获取性较难以及对于农民而言的可接受程度较低，必然会增加保险产品推广的难度和不易于被农民认可，甚至会造成可信度的风险。

（1）玉米干旱指数

将目前各种专业化干旱指数进行简化处理，取各种指数均使用的“作物需水量”作为衡量干旱胁迫程度的指标。国内外预测参考作物需水量的模型较多，具体有逐日均值修正模型、根据天气预报修改的P－M公式、水稻神经网络技术估算法、月参考作物需水量预测模型、傅立叶级数模型以及逐日参考作物蒸发量ETO预测模型等。目前认为比较精确且应用最多的是联合国粮食及农业组织（FAO）推荐的P－M法[①]，此法在我国得到了验证[②]。北京地区采用最经典也是最常用的参考作物系数法，其中FAO于

① 刘钰、Pereira，L. S.：《对FAO推荐的作物系数计算方法的验证》，《农业工程学报》2000年第5期，第26~30页。

② 张桂芝、裴鑫德：《北京地区玉米需水量的计算分析研究》，《北京农业大学学报》1988年第2期，第223~228页。

1998 年推荐的双作物系数法最具代表性①，精确度也较高。

（2）蜂业干旱指数

目前，大多数天气指数保险产品通常将降水量作为保险天气指数，因为降水量是衡量干旱程度的最准确的代理中介。北京地区选定降水量作为蜂业干旱保险气象指数最主要的两个原因：一是根据我们的调查，蜂农普遍认可降水量可以衡量蜂业干旱程度；二是降水量易于观测、计算，便于在保险条款中量化表达，可有效避免引起争议，降低道德风险。

（三）理赔准则构建

构建理赔准则的目的是明确气象指数与保险理赔金额之间的定量关系，其基础机理是建立干旱气象指数与作物灾损导致的减产率之间的定量关系。北京地区基于统计分析方法和作物模型方法分别构建了蜂业和玉米的干旱气象指数保险理赔准则。

1. 蜂业干旱理赔准则

蜂蜜产量主要受蜜源荆条花花期内泌蜜量影响，而密云地区的荆条种群生长的主要影响气象因子是水分，其他气候条件基本可以满足荆条生长。根据实地调查结果，蜂农普遍认为干旱年荆条花流蜜量少，丰水年荆条花流蜜量多，蜂蜜产量高。在区域内蜜蜂养殖农技管理水平相对稳定的条件下，蜂蜜产量最主要的气象灾害是干旱。② 我们采用区域产量趋势分析方法计算蜂蜜产量因灾损失。

2. 玉米干旱理赔准则

我们采用能够定量分析干旱灾害造成玉米减产量的作物生长模型数值模拟方法——WOFOST 模型开展玉米干旱灾损模拟分析，通过模拟气象条件数

① Allen, R. G., Pereira, L. S., Raes, D., et al, "Crop Evapotranspiration - Guidelines for Computing Crop Water Requirements," FAO Irrigation and Drainage Paper 58, 1998.

② 梁诗魁、吴杰等：《荆条花泌蜜量与小气候的关系》，《中国养蜂》1994 年第 2 期，第 11 ~ 12 页；张厚瑄、梁诗魁、吴杰等：《荆条花泌蜜歉收年景气候类型的分析》，《中国蜂业》1993 年第 4 期，第 5 ~7 页。

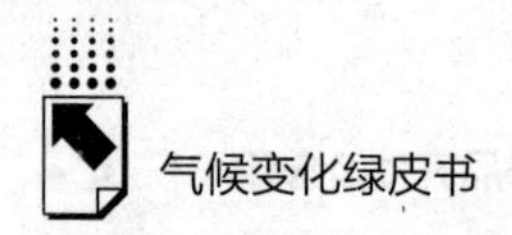

据驱动，建立不同干旱指数条件下的作物生长场景，构建干旱指数与减产率的定量关系模型。根据本文中干旱指数定义，在 WOFOST 模型中给定干旱条件，模拟玉米在不同干旱情景下的产量，与玉米需水量完全满足情景下的产量对比，计算不同干旱级别情景下的减产率。本文中减产率定义为需水量完全满足的气象条件驱动条件下的模拟产量。

（四）纯费率厘定

北京市地形复杂，北部以山区为主，南部以平原为主，同一次灾害过程，相邻两区县气象要素存在差异，造成的灾害后果不同。从政策性农业保险的可持续发展来看，根据保险精算理论，保险公司收取的保费应大于或等于其保险赔付总额，同时农户缴纳的保费要与其所在区县的风险水平相匹配。根据北京市气候中心常年的干旱监测经验，北京市各区县遭受干旱的风险存在一定的差异。目前北京市政策性农业保险采用统一的保险费率，这会加重逆选择风险。北京市各区县的降水量分布不相同，因此面临的干旱风险也不尽相同，以区县为单位，根据历史气象资料厘定与区县玉米种植风险相一致的纯费率，有利于保险公司根据本地实际制定各县的保险费率，降低逆选择问题，实现收支平衡。

作物干旱保险属于财产保险，其费率厘定的基本思想与一般财产保险的基本思想是一样的，即通常以玉米产量的平均干旱损失率作为纯费率。本项目对纯费率的计算方法采用 Alan，P. K. 和 Barry，K. G. 提出的非参数保险费率厘定方法[①]。

（五）产品及应用

基于上述理论与技术，以区县为单位设计开发了北京市蜂业干旱和玉米干旱气象指数保险产品，产品的核心是依据气象指数进行理赔，具体理赔结构如表 1 所示（以顺义区夏玉米保险产品为例）。

---

① Alan，P. K.，Barry，K. G.，“Nonparametric Estimation of Crop Insurance Rates Revisited，” *American Journal of Agricultural Economics* 82（2000）：463 - 478.

表1　玉米干旱气象指数赔偿计算标准

保险期间	实际累计降水量(毫米)	每亩赔偿金额(元)
7月11日~8月31日	大于或等于205	0
	190(含)~205(不含)	1.333×(205-实际降水量)
	180(含)~190(不含)	20+3×(190-实际降水量)
	150(含)~190(不含)	50+1.667×(180-实际降水量)
	130(含)~150(不含)	100+5×(150-实际降水量)
	100(含)~130(不含)	200+3.333×(130-实际降水量)
	80(含)~100(不含)	300+10×(100-实际降水量)
	30(含)~80(不含)	500+10×(80-实际降水量)
	小于30	1000

2014年，中国人民财产保险股份有限公司北京分公司应用《蜂业干旱气象指数保险产品》，在密云地区开展了蜂业干旱保险承保工作，合计为231户蜂农、24082群蜂群承保860.244万元。依据保险理赔条款，2014年密云地区发生干旱灾害，保险公司向蜂农每群蜂赔付人民币29.505元，累计向231户蜂农赔付71.5万元。受产品认可度影响，2015年蜂业干旱气象指数产品在密云、昌平、门头沟地区实施，共承保650户蜂农、61443群蜂群，保额达到2580万元。2015年门头沟地区发生干旱灾害，依据保险理赔条款，保险公司向蜂农共赔付113.27万元。

2015年，中华联合财产保险股份有限公司北京分公司利用北京市气候中心开发设计的《北京玉米气象干旱指数保险产品》，在顺义地区开展了玉米干旱保险承保工作，合计共有2家大型玉米种植合作社和几十位农民投保玉米干旱气象指数保险，承保面积11853.08亩，保额达到1185.31万元。

在保险公司承保期间，北京市气候中心保险气象服务团队持续滚动向保险公司、农业合作社、农民、政府机构等提供气象信息服务，使保险产品相关管理人员、承保人、投保人、服务机构均可及时掌握与理赔相关的气象信息，确保气象指数保险产品的公开透明和客观。这些气象指数保险产品衍生的相关气象服务具有积极的作用：一方面，促进保险公司与投保人之间的信任关系；另一方面，投保人及时掌握气象相关信息后，可根据自身状况积极采取干旱应对措施，对培养农民自主抗灾的风险意识具有一定的推动作用。

受气候变化影响，北京市在近十年及未来相当长时间内干旱灾害将呈现明显增长趋势，这将为当地农业和社会发展带来极大的不利影响。2014 年和 2015 年气候状况显示，蜂业和玉米干旱灾害呈现出局地分散性特点。实践表明，在气象指数保险产品的保障下，基于气象指数进行理赔，一方面可为当地农业生产提供有效的防灾减灾金融工具；另一方面可有效地降低理赔成本，降低产品的道德风险，抑制了投保人逆向选择风险。

五　挑战与策略

目前我国已经在多个省份开展了气象指数保险产品试点，从目前试点反馈情况来看，其他国家在指数保险产品发展过程中面临的问题和挑战在我国也基本都有所体现，总结起来包括以下两个方面：

一是政策和制度上的保障要进一步明确。当前我国管理或指导气象指数保险产品开发的国家部门包括气象局、保监会、农业部（局）、行业协会、各地政府等多个机构和部门，决策层对气象指数保险产品的定位尚不够明确，尚未明确气象指数保险产品与传统保险产品之间的有机衔接关系或排他关系，尚未明确气象指数保险产品入市的合法程序和统一方案，尚未建立上述多个部门之间的有机协调机制，气象指数保险产品的研究和试点推广呈现出自发性和分散性的特点，无法形成可复制、可持续的大规模产业化情景。其他国家在面临此问题后已经对本国的相关法律做了明确修正①，使面向微观层面的指数保险产品可以更加便捷地进入市场，进一步降低保险合同执行过程中的成本。

二是产品技术研发攻关要进一步加强。气候变化对气象指数保险产品稳定性、气象观测站点作为保险理赔站的最优空间问题、局地气候空间方差不

① Wiedmaier - Pfister, M., Chatterjee, A., "An Enabling Regulatory Environment for Microinsurance," in Churchill, C., eds., *Protecting the Poor: Microinsurance Compendium* (Geneva: International Labour Organisation, 2006), pp. 488 - 507.

确定性影响、气候预测准确度、气象指数与灾损程度内在关联建模复杂度等科学难题与气象指数保险产品的价格、利润、可持续性以及投保人认可度、逆选择等紧密相关，世界各国在气象指数保险产品开发过程中需要谨慎解决。由于我国地理气候空间异质性明显、气象观测站覆盖面或代表性不足、统计数据口径不一致、气象数据可获取程度低等原因，气象指数保险产品的基差风险控制难度较大，可靠的产品开发面临大数据量处理、精确的计量分析模型、跨行业的资源整合等更多挑战。

从我们的实践经验总结，气象指数保险产品的研发和推广必须依赖强大的数据支撑和技术支持，以及良好的外部环境和运行机制。气象指数保险产品设计开发需要保险精算师、气象专家、行业专技人才、政府管理人才等共同参与气象灾害风险识别、基差风险控制、灾损模型构建、气象指数计算、理赔准则构建、保险费率厘定以及对设计出的产品进行市场检验分析和审批报备等一系列后续工作，各环节都存在一定困难且影响紧密。在当前我国保险改革创新的探索实践阶段，指数型保险正作为传统型保险的补充产品或者换代产品快速增长，但在产品设计过程中应该特别注意以下几方面：一是要谨慎选择试点区域和试点产品。率先在小范围内开展气象指数保险产品的试点工作，保证试点的成功率，起到良好的示范作用，待条件成熟后再逐步向更大的区域拓展业务范围、丰富承保品种。试点产品选择过程中必须考虑气象灾害能够较准确地被气象指数表达代理。二是对于指数引起的基差风险应进行谨慎的模拟和量化，尤其是在严重损失发生且赔付金额不断上升的情况下更应如此，否则极易导致产品在设计过程中夭折或在市场推行中早亡。建议针对选定的指标进行建模，结合产品的理赔方案等条款细化费率的厘定，通过试点结果对产品设计进行校正，降低基差风险。三是有效安排风险分散机制，建立技术合作。气象指数保险一旦出险需要赔付所有被保险人，容易陷入巨灾赔付。在试点开发的各个环节高度重视风险控制，通过设计如基于天气指数保险的巨灾风险债券再保险的资本市场有效手段分散、转移风险，保证气象指数保险产品的长期可持续性发展，此外，保险、再保险及相关机构可以通过建立技术交流机制，提高全行业的研发水平及服务能力。

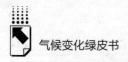

虽然气象指数保险的产业发展仍然面临很多亟须解决的问题，但从人类社会管理角度而言，其在降低气象灾害风险和应对气候变化方面可发挥的作用非常明显，尤其在帮助发展中国家或大多数弱势群体管理气候风险及提高社会气候变化意识方面，能在广泛的管理策略中发挥巨大潜能，这已成为越来越多国家的共识。对气象部门而言，单纯从气象指数保险所具备的较强气象灾害风险管理能力角度看，其或许也应该作为我们“智慧”应对气候变化的一项重要战略。

G.19

中国近海区域的气候变化影响与适应*

蔡榕硕　齐庆华　谭红建**

摘　要：中国近海有丰富的生境和物种多样性，生产力较高，对于我国沿海地区经济的可持续发展有重要意义，但海洋环境复杂多变，过去几十年来受到气候变化的影响显著，相对陆地而言，有关气候变化和人类活动影响中国近海的认识及应对策略仍较为不足。近几十年来，中国近海区域变暖和海平面上升的趋势明显，海表温度和沿海海平面上升速率分别为每年0.015℃和每年3.0mm，均高于全球平均水平，海洋环境和生物生态有明显的年代际异常。随着我国沿海地区经济的快速发展，围垦填海、污水排海和过度捕捞等人类活动对海洋的干扰愈发明显，海洋环境与生态的气候脆弱性愈发突出，如：生物地理分布变迁、有害藻华（赤潮）和浒苔（绿潮）频发、溶解氧含量降低和缺氧区扩大，以及生态系统服务功能下降等，采取对策措施降低气候变化的风险已迫在眉睫。

关键词：中国近海　气候变化　影响　适应　减缓

---

* 本文由中国清洁发展机制基金赠款项目（项目编号：2014112）资助。

** 蔡榕硕，国家海洋局第三海洋研究所研究员、博士生导师，研究领域为全球变化区域响应与适应、气候变化对海洋环境与生态的影响等；齐庆华，国家海洋局第三海洋研究所助理研究员，研究领域为海气相互作用与气候变化；谭红建，国家海洋局第三海洋研究所助理研究员，研究领域为区域气候变化。

中国近海及邻近海域（以下称为中国近海）位于亚洲大陆的东南部，是西北太平洋的边缘海，包括渤海、黄海、东海和南海，面积约 4.73×10^6 平方千米，跨越了温带和热带，大陆岸线长度约为 1.8×10^4 千米①。中国近海包括大范围的浅海大陆架，大量的河口、海湾和珊瑚礁，适合各种各样海洋生物的生长，形成了许多有高生产力的浅海滩涂和渔场。因此，中国近海区域对沿海地区社会和经济的可持续发展具有重要意义。据统计，虽然中国沿海地区面积仅占全国陆地面积约 14%，但承载了全国 42% 以上的人口，生产了 60% 以上的国内生产总值（GDP）②。然而，中国近海区域与海岸带区域正受到气候变化以及人类活动带来的各种影响，面临着越来越明显的气候变化风险。联合国政府间气候变化专门委员会（IPCC）第二工作组（WG2）第五次评估报告（AR5）的海洋篇章中指出，全球海洋中具有高生产能力和拥有全球渔业产量 10.6% 的近海区域对气候变化有高度的敏感性，海洋初级生产力，即海洋通过光合作用将无机碳转化为有机碳的能力，很可能发生了改变，这些变化增加了沿海地区的脆弱性。过去的几十年来，中国近海区域的初级生产力、生物量和鱼类捕获量经历了较大的变化，气候变化对生态系统和海洋渔业已构成一定风险。③

研究表明，气候变化通过东亚季风、太平洋西边界流如黑潮，以及大陆河流径流的入海等途径影响着中国近海区域的海洋环境与生态。④ 自 21 世纪以来，随着中国经济和社会的快速发展，为了弥补经济快速发展所需的大量土地资源，中国沿海地区实施了大规模的填海造地。仅在 2003 ~2011 年，我国沿海围垦面积就达到 874.9 平方千米。这虽然为国民提供了大量的就业

① 冯士筰、李凤岐、李少菁：《海洋科学导论》，高等教育出版社，1999，第 434 ~436 页。

② 中国科学院：《东南沿海发达地区环境质量演变与可持续发展》，科学出版社，2014，第 1 ~340 页。

③ Hoegh - Guldberg, O., Cai, R. S., Poloczanska, E. S., et al., "The Ocean," in Field, C. B., Barrows, V. R., Dokken, D. J., et al., eds., *Climate Change 2014: Impacts, Adaptation, and Vulnerability. Part B: Regional Aspects. Contribution of Working Group Ⅱ to the Fifth Assessment Report of the Intergovernmental Panel on Climate Change* (Cambridge, UK and New York, NY: Cambridge University Press, 2014).

④ 蔡榕硕等：《气候变化对中国近海生态系统的影响》，海洋出版社，2010，第 30 ~55 页。

机会，极大地促进了沿海地区的经济发展[①]，但是，也带来了沿海地区湿地和生物多样性的快速减少。大量陆源污染物的排海，使得我国近海区域生态系统食品供应和服务功能不断下降。鉴于此，认识气候变化和人类活动对中国近海区域的影响和相关风险，并采取适应和减缓气候变化影响的对策措施尤为迫切，这也是当前我国海洋生态文明建设和海洋资源可持续发展的需要。

一　气候变化对中国近海区域环境与生态的影响

（一）中国近海区域变暖及其影响

联合国政府间气候变化专门委员会（IPCC）第一工作组（WG1）第五次评估报告（AR5）指出，全球上层海洋正在发生显著的变暖，其中近表层海温上升速率最快，达到每 10 年 0.11 [0.09 ~ 0.13]℃（1971 ~ 2010 年）[②]，IPCC - WG2 - AR5 的海洋篇章也指出，全球变暖背景下太平洋海表温度在 1950 ~ 2009 年增加了 0.31℃。近几十年来，中国近海区域的海表温度（SST）特别是东中国海（本文所指为中国大陆以东近海，包括渤海、黄海和东海，22° ~ 41°N，117° ~ 130°E）呈现出明显的变暖趋势。其中，1958 ~ 2014 年中国近海区域 SST 线性增量为 0.83℃（0.81 ~ 0.85℃，95% 置信区间），每年约上升 0.015℃，最大升温区位于东海的长江口附近至台湾海峡南部，每年约上升 0.021 ~ 0.038℃。在中国近海区域的邻近海域，如韩国周边海域和日本海，也观测到类似的海水变暖情况。

近几十年来，中国近海及邻近海域海洋物种的地理分布和组成有明显的变化。例如，中国南海的多种热带温水鱼类活动已扩展至亚热带海域，东海的温

① 中国科学院：《中国海洋与海岸工程生态安全中若干科学问题及对策建议》，科学出版社，2014，第 1 ~ 21 页。

② Stocker, T. F., IPCC, *Climate Change 2013: The Physical Science Basis: Working Group, Contribution to the Fifth Assessment Report of the Intergovernmental Panel on Climate Change* (Cambridge University Press, 2014), p. 1535.

带海水物种丰度和多样性极大地减少，韩国海域和日本海的海洋鱼类活动范围呈现向北扩展的迹象。[①] 中国东海的浮游动物群落结构的季节性演替出现变化，海水变暖更有利于暖水浮游动物物种的繁殖而不利于广温水物种的繁殖，浮游动物中的典型温水种或暖温种数量大幅度减少，广温的中华哲水蚤（Calanus Sinicus）优势性得以维持，形成了单一优势物种的群落结构，其高丰度的时间也因水温变暖从 6 月提前到 5 月，春末夏初海水的提前变暖使得东海暖温带物种的丰度大为减少，而同期大量广温物种的增加，使得浮游植物和浮游动物之间失去了平衡，浮游动物降低了对浮游植物的摄食压力，进而有利于浮游植物水华的形成和赤潮的频繁爆发。此外，南海珊瑚白化和死亡率也越来越严重。[②]

（二）欧亚大陆大气环流异常及其影响

值得注意的是，自 2000 年以来，中国近海区域 SST 并未如 20 世纪 80 年代和 90 年代那样快速升高，这与近年来的全球变暖暂缓现象较为一致。这可能与欧亚大陆和热带大洋的变化有关。其中，热带太平洋海温中部和东部的海表温度除了在 20 世纪 70 年代中后期发生年代际气候转变，同时也发生在 20 世纪 90 年代末[③]，并造成了北半球尤其是欧亚大陆和中国近海海域大气环流的调整。研究表明，北半球欧亚大气环流在 1966 ~ 2014 年发生了大尺度的调整。其中，中国近海区域上空的低层大气环流由 1976 年之前的反气旋式环流异常变为 1977 年之后的气旋性环流异常。尽管全球地表和中国近海区域变暖有暂缓现象，但自 2000 年以来，中国大陆东部和沿海地区

---

① Tian, Y. J., Kidokoro, H., Watanabe, T., et al., "Response of Yellowtail, Seriola Quinqueradiata, a Key Large Predatory Fish in the Japan Sea, To Sea Water Temperature Over the Last Century and Potential Effects of Global Warming," *Journal of Marine Systems* 91 (2012): 1 - 10.

② 气候变化国家评估报告编写委员会：《第二次气候变化国家评估报告》，科学出版社，2011，第 245 ~ 256 页。

③ 黄荣辉、蔡榕硕、陈际龙等：《我国旱涝气候灾害的年代际变化及其与东亚气候系统变化的关系》，《大气科学》2006 年第 5 期。

夏季仍然主要由气旋式大气环流异常控制，并且，气旋性环流异常有明显增强，并向南运移的现象，这与欧亚、东亚－太平洋和东亚－印度洋遥相关型的大气环流异常分布密切相关。研究表明，20 世纪 70 年代末以来中国近海上空的低层气旋型环流异常，且随着东亚季风的年代际减弱，低层大气辐合性与气旋性涡度有利于我国近岸区域上升流的增强，使得海底表层的营养盐和休眠藻类孢囊易于涌入上层海水，为藻类的爆发性增长如赤潮提供了充分的物质条件①。

鉴于叶绿素 a 是衡量海洋浮游植物和生物量的一个可靠指标，因而常用之表示海洋浮游植物生物量和初级生产力。通过比较 1979～1999 年和 2000～2010 年两个时期中国近海区域叶绿素 a 的平均浓度变化发现：2000～2010 年的浓度高于 1979～1999 年；1979～2010 年，东中国海的叶绿素 a 浓度由 0.95mg/m^3 增加到 1.28mg/m^3。这与上述 20 世纪 70 年代末以来赤潮等藻类爆发性增长的现象吻合。

统计结果表明，自 20 世纪 70 年代末以来，赤潮的发生有明显的年代际变化（见图 1）。特别是中国东海赤潮爆发频次的两个峰值分别约在 1977～1999 年和 2000～2014 年出现，并且，在 2000 年后比 1977～1999 年更为频繁。此外，在 21 世纪前 10 年中期之后，黄海海域经常爆发浒苔，进而发展为绿潮，其发生与气候变化密切相关，并影响海洋生态系统。② 频繁发生的藻类暴发性增长，将引起海水中溶解氧含量水平的降低和低氧区范围的扩大，使得海洋生态系统在多种因素的影响下面临包括生物多样性减少、生境损失和物种濒临灭绝等的严重威胁。这进一步说明，海洋变暖和大气环流异常可能会增加赤潮等海洋生态灾害频繁爆发的概率，进而影响中国的海洋生态系统健康和食品安全。

① 蔡榕硕等：《气候变化对中国近海生态系统的影响》，海洋出版社，2010，第 30～55 页。

② Qiao, F. L., Wang, G. S., Lu, X. G., et al, "Drift Characteristics of Green Macroalgae in the Yellow Sea in 2008 and 2010," *Chinese Science Bulletin*, 56 (2011): 2236－2242.

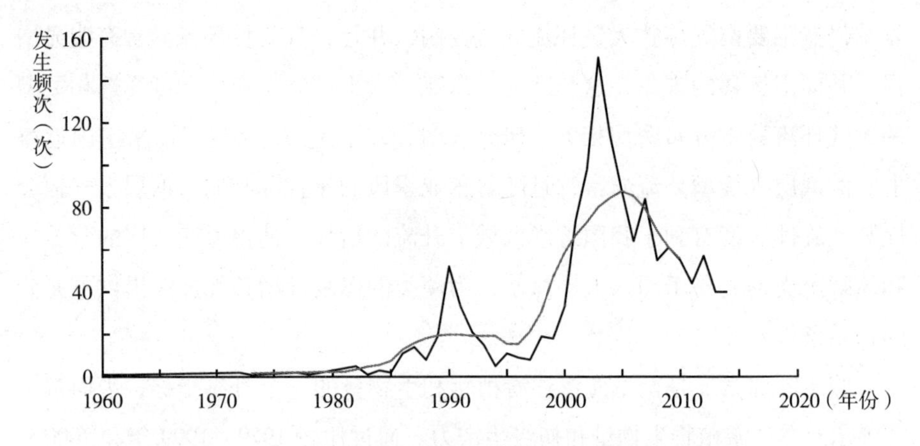

图1　1960～2014年中国东海赤潮发生的频次变化曲线

注：粗线表示中国东海海域的赤潮发生频次，细线为9年滑动平均值。

资料来源：赵冬至（2010）和中国国家海洋局（CSOA），2000～2014。

（三）中国沿海海平面上升及其影响

在气候变化的众多因子中，海平面上升的影响对中国近海沿岸区域构成的威胁最大。数据分析表明，1958～2008年中国近海区域海面高度显著升高，特别是沿岸海域约升高2.39厘米（95%置信区间：2.28～2.50厘米），其中，东中国海沿岸海平面上升速率高达每年3.2毫米。2014年《中国海平面公报》（2015年2月发布）指出，1980～2014年中国沿海海平面平均上升速率为每年3.0毫米年，高于全球平均水平；并且，相比1975～1993年，20世纪90年代以来，海平面的上升更趋明显（见图2）。海平面的持续上升不断损害滨海湿地、红树林和珊瑚礁等典型生境、生物多样性及生态系统的服务功能，加剧了海岸侵蚀、海水入侵与土壤盐渍化等灾害，降低了沿岸防潮排涝基础设施的功能，增加了高海平面期间发生的风暴潮等灾害的致灾程度。

此外，《2014年中国海洋灾害公报》表明：2014年，中国海洋灾害以风暴潮、海浪、海冰和赤潮灾害为主。海洋灾害造成直接经济损失136.14亿元。但是，与近10年（2005～2014年）平均状况相比，2014年的直接经济损失和死亡人数均低于平均值。这可能与应对灾害的适应能力的提升有关。简言之，越来

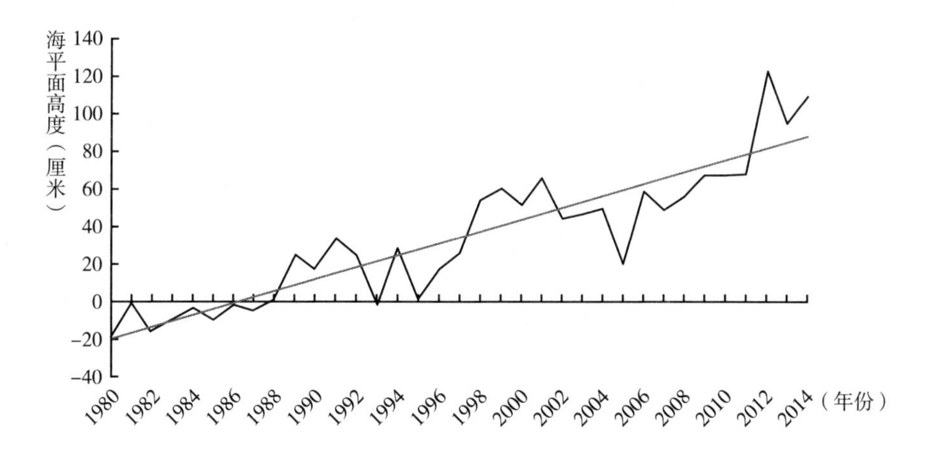

图 2　1980～2014 年中国沿海海域年平均海平面变化

注：粗线表示观测到的中国沿海平均海平面高度的变化，细线表示中国沿海海平面高度的线性趋势，1975～1993 年中国沿海平均海平面高度为平均态。

资料来源：中国国家海洋局（CSOA），2015。

越多的证据表明，在过去的几十年里气候变化显著影响着中国近海海域和沿海地区，而提高我们对气候变化影响的理解是有效管理风险和提高适应能力的关键。

然而，中国近海区域生态系统健康及资源可持续利用与人类活动有着密不可分的关系，为了更好地认识气候变化对中国近海区域的影响和存在的关键风险，需要我们充分地讨论人类活动的影响及其可能增加的海洋生态健康脆弱性，以便我们更好地采取行动应对气候变化的影响。

二　人类活动对中国近海区域的影响

近几十年来，诸如人类陆源污水排放、大规模围垦填海和过度捕捞等活动对中国近海区域产生了显著影响。调查研究表明，人类陆源营养物的输入会形成富营养化的河流羽流区以及近岸海域如中国东海的海洋酸化（pH 值下降）。[1] 其中，中国东海黑潮流域中层水的酸化不仅归因于从大气中输入

① Cai, W. J., Hu, X., Huang, W. J., et al., "Acidification of Subsurface Coastal Waters Enhanced by Eutrophication," *Nature Geoscience*, 4 (2011): 766－770.

的人为二氧化碳的增加，而且还与局地的耗氧率有关。[①] 特别是沿岸地区降雨量的增加及入海径流量的增加，既会引起沿岸地区的经常洪涝，也会引起河口和近岸海洋环境的变化。而当地人类的活动，如排污等陆源营养盐输入，引起的富营养化也将提高海洋次表层的酸化程度，从而降低海水的溶解氧含量。

另外，人类大规模围垦填海对中国近海区域环境与生态造成了明显影响。21 世纪以来，随着中国经济和社会的快速发展，为弥补沿海地区土地资源短缺，实施了大规模的填海造地。2003 ~ 2011 年，沿海围垦面积约为 874.9 平方公里，提供了大量的就业机会，并促进了沿海地区的经济发展。[②] 然而，由于 1950 ~ 2003 年三次大规模填海工程，造成约 2.19 万平方千米滨海湿地，约占总的 50%，以及 70% 的天然红树林和 80% 的珊瑚礁的损失[③]。具体的例子：1960 ~ 1990 年，胶州湾的长口区段的潮间带底栖生物已经大幅下降，底栖生物物种从 141 减到 10 个品种。在过去二十年里，深圳湾由于红树林湿地的减少，湿地鸟类已从 87 种下降到 47 种。[④]

此外，调查表明，中国东海渔业资源总体状况因过度捕捞已趋于衰退阶段。例如，在 1957 ~ 1958 年，年平均单位功率产量（CPUE）为 2.13 吨/千米；1959 ~ 1974 年，CPUE = 1.63 吨/千米；1975 ~ 1983 年，CPUE = 1.04 吨/千米，中高级肉食鱼类减少；1984 ~ 2000 年，CPUE = 0.79 吨/千米，渔获物小型化。[⑤] 并且，东海与南海交界的台湾海峡，其渔业实际年捕捞的产量也已超过最大可持续产量 80.2 万吨。[⑥]

---

① Liu, Y., Peng, Z. C., Zhou, R. J., et al., "Acceleration of Modern Acidification in the South China Sea Driven by Anthropogenic CO_2," *Scientific Reports*, 4 (2014): 1158 - 1159.

② 中国科学院：《中国海洋与海岸工程生态安全中若干科学问题及对策建议》，科学出版社，2014，第 1 ~ 21 页。

③ 张晓龙、李培英、李萍、徐兴永：《中国滨海湿地研究现状与展望》，《海洋科学进展》2005 年第 1 期。

④ 徐友根、李崧：《城市建设对深圳福田红树林生态资源的破坏及保护对策》，《资源产业》2002 年第 3 期。

⑤ 郑元甲、陈雪忠、程家骅等：《东海大陆架生物资源与环境》，上海科学技术出版社，2003，第 742 ~ 751 页。

⑥ 戴天元：《台湾海峡及邻近海域渔业资源可持续开发量研究》，《海洋水产研究》2005 年第 3 期。

由此可见，近几十年来，人类活动对中国近海区域的环境与生态系统健康也有严重的影响，并增加了气候变化影响的风险。在诸多人类扰动引起的关键风险和脆弱性方面，包括滨海湿地和生物多样性的快速减少，湿地生态系统食品供应和服务功能的下降，鸟类和鱼类的栖息地受到损害以及沿岸海水水质的降低。2015 年 3 月发布的《2014 年中国海洋环境状况公报》显示，由于严重的陆地污染物排放和相关的海洋环境灾害频繁发生，近海区域的海水质量严重下降。

三　适应气候变化的策略选择

气候变化的影响与风险是由脆弱性和暴露程度叠加产生的，这使得许多风险管理变得更加复杂和更具挑战性，IPCC - WG2 - AR5 报告海洋篇章也指出，理解气候变化和非气候变化因子之间的相互作用是海洋生态系统气候变化检测和归因过程的核心部分，更是适应策略选择的必要依据。因此，在适应与减缓气候变化影响的策略和措施中必须充分考虑相关的人类活动。为了应对未来气候变化的影响，特别是频繁发生的极端海洋气候事件，必须采取积极的海洋应对措施，如持续减少污水排放，控制大规模围垦填海，并有效管理过度捕捞。

综上所述，在我国海洋领域适应与减缓气候变化影响的行动中，策略选择应注意以下几个方面。第一，对中国近海区域典型的生态系统应开展长期的观测和气候变化影响评估，包括沿海湿地、河口、红树林、珊瑚礁、渔业养殖区等典型的海洋物种栖息地。第二，对多种人类活动的影响需持续监控、评估和管理，包括陆源污水的排海、大规模的填海、过度捕捞及其对海滨生态系统的影响等，特别是在沿海地区的蓄水层，河口泻湖、港湾、港口和沿海产业区域。第三，应综合评估气候变化和人类活动的影响，尽快划定并严格实施海洋生态“红线”制度，包括制定沿海和海洋资源利用、保护规划。第四，不断改进沿海地区极端气候灾害的预防和管理系统，促进海洋气候灾害预测和应急能力。第五，加强和改进沿海城市的防洪排涝规划，以及基础设施的建设。此外，鉴于海洋将持续酸化并影响海洋生态系统，同时，海洋酸化还将影响富营养化海域，从而可能对许多钙化生物体产生不良后果，而相比全球海洋酸化，海洋酸化对近岸生态系统的影响却很少有研究和报道，因此，还需要开展近岸海洋酸化的调查研究。

基于此，本文初步分析总结了有关气候变化的关键风险与适应问题和策略，如图3所示。

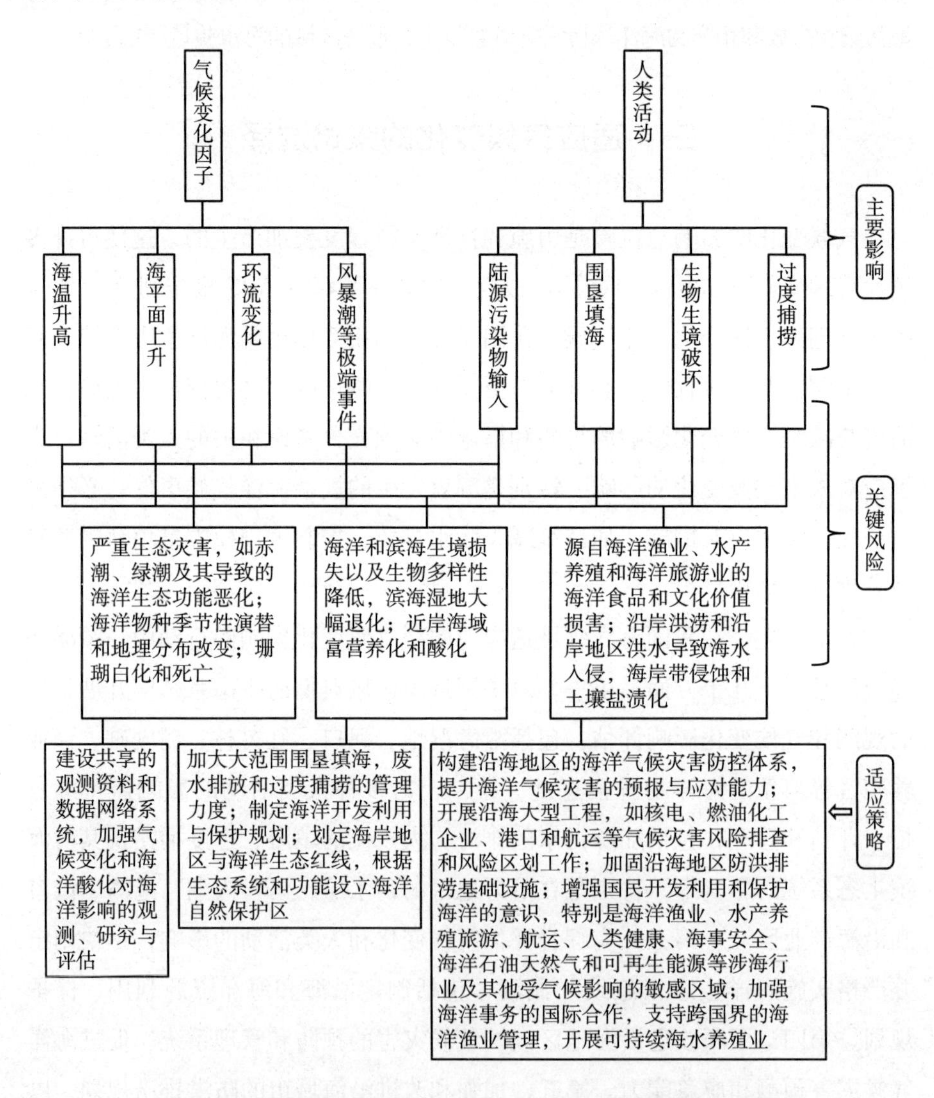

图3 气候变化和人类活动引起的海洋关键风险与适应性措施

四　结语

近几十年来，特别是20世纪70年代末以来，气候变化极大地影响了中国近海区域和沿海地区，包括海表温度的升高、海平面的上升、风暴潮的增加和沿海地区的洪涝；并且，中国近海区域上空出现的气旋性环流异常，形成了有利于浮游植物水华和赤潮频繁发生的海洋气候条件。有害藻华的频繁爆发降低了海水含氧量，并扩大了低氧区范围，使得海洋生态系统的健康面临更大威胁。未来我国近海区域生态系统的健康和服务以及相关行业，如渔业、水产养殖、旅游业等，很可能因此面临更大的气候变化风险。同时，由于大范围填海、陆源污染物排海、生态环境的破坏、过度及破坏性的捕捞等人类活动的影响，海洋生态系统、沿海地区和海洋产业的气候脆弱性和关键风险还会进一步增加。

鉴于当前的气候变化和未来极端气候愈加频繁，预计未来中国近海区域和沿海地区将面临更严重的气候变化风险和灾害。因此，采取适应与减缓策略应对气候变化，积极管理气候变化的风险和人类活动的干扰，维护海洋资源的可持续利用显得十分必要和紧迫。

研究专论

Special Research Topics

G.20

2015/2016年超强厄尔尼诺及其气候影响*

周兵　邵勰**

摘　要：气候监测事实表明，2015年成为全球自有现代观测（1880年）以来最热的年份。同时，亚洲地表平均气温为1901年以来最高的年份，中国也经历了1951年有完整气象记录以来最热的年份。大气二氧化碳浓度突破400ppm，海洋热容量突破新高，全球海表温度也是1870年以来最高值。在全球变暖的背景下，强厄尔尼诺的出现频率以及赤道中东太平洋处于厄尔尼诺状态的时间都显著增加，厄尔尼诺与拉尼娜事件之间的转换时间有所缩短。2015/2016年超强厄尔尼诺

* 国家重大研究计划"973"项目（项目编号：2015CB953904）资助

** 周兵，国家气候中心新闻发言人，气候与气候变化服务首席专家，国家气候中心研究员，研究领域为气候与气候变化；邵勰，国家气候中心工程师，研究领域为季风与ENSO动力学。

事件在持续事件、峰值强度等多项指标上都超过了前两次超强厄尔尼诺事件，是近百年来最强的一次厄尔尼诺事件，但是在大气对海洋的响应强度上不及1982/1983年厄尔尼诺事件。在2015/2016年超强厄尔尼诺事件影响下，大气环流显著异常，全球多地极端天气气候事件频发。

关键词：　超强厄尔尼诺　全球变暖　海洋热容量　太平洋年代际涛动

全球正在经历以气候变暖和极端天气气候事件增多为主要特征的变化趋势。全球变暖导致地球气候系统能量的增加与再分配，使得海平面上升，冰川消融，极端天气气候事件频发，极大影响了人类的生产生活。科学认识全球气候变暖，把握气候变化规律，有助于降低气候灾害风险、保障气候安全并有效应对全球变化。

厄尔尼诺事件是发生在热带中东太平洋的海表面温度在一段时间内持续偏高的现象。厄尔尼诺的出现，能引起全球多地显著的气候异常。2014年秋季开始，赤道中东太平洋又出现了一次超强厄尔尼诺事件。这次事件持续时间长，强度大，是近百年来最强的一次厄尔尼诺事件，全球多地气候都对此次事件做出了响应。通过遥相关效应，中国也受到了此次超强厄尔尼诺事件的影响。2014/2015年冬季，中国出现了暖冬，2015年春夏季，中国南方地区暴雨频发。科学认识厄尔尼诺的形成机理和在全球变暖背景下的变化特征，有助于我们提前做好有效防范，降低气候异常引起的灾害风险。

本文将从全球变暖的气候监测出发，全面阐述厄尔尼诺事件在全球变暖背景下的变化特征，并分析2015/2016年超强厄尔尼诺事件与太平洋年代际涛动以及全球变暖的关系，最后给出超强厄尔尼诺事件，特别是2015/2016年厄尔尼诺事件的气候影响。

一　全球变暖与厄尔尼诺变化特征

自19世纪以来，全球平均地表温度增加近1℃，然而温度递增并非呈线性的。多年来，科学家观测到的地表温度数据呈现一种阶梯式的上升趋势。这个“阶梯”的坡度曾在1998年出现一次放缓。但从总体来看，在近50年里，全球地表平均温度增长迅速。全球海-气耦合模式模拟结果显示，热带太平洋是影响全球阶梯形增暖趋势的关键因子，其将自身储存的热量通过辐射的形式传递到大气中，使得气温升高。[①] 2015年超过2014年成为现代历史上的最热年，全球最新观测事实显示，自2015年5月开始，全球平均气温已连续15个月刷新月均气温历史记录，2016年很可能成为自1880年有气象记录以来的最热年份。而2015/2016年的厄尔尼诺事件是有气象记录以来最强的厄尔尼诺事件，其增温效应助长了全球气温不断创新高。

世界气象组织发布的2015年全球气候状况声明表明，2015年是自有现代观测以来最热的年份，比1961～1990年的平均气温高出约0.76℃；海洋温度明显升高，海平面上升突破纪录，全球海洋热量直至海洋2000米深度；北极海冰面积持续减少，2015年2月25日，北极当日最大海冰面积为有史以来最少。高温热浪侵袭全球多国，多地气温创新高。高温热浪给印度和巴基斯坦造成灾害；欧洲中西部地区遭遇罕见热浪袭击，部分地区温度超过40℃，多地气温破历史纪录；美国西北部、加拿大西部爆发了罕见的森林火灾，仅阿拉斯加州一地就有超200万公顷的森林在夏季被烧光；2015年中国平均地表气温为10.5℃，比往年偏高1.3℃，是1951年以来最暖的年份[②]。

在全球气候变暖的趋势下，南北半球的升温幅度有较大差异，北半球的升温幅度远大于南半球。特别是20世纪70年代以来，北半球的升温速率为0.24℃/10a，而南半球的升温速率则仅为0.11℃/10a。2015年，北半球表

① Yu, K., Xie, S. P., “The Tropical Pacific as a Key Pacemaker of the Variable Rates of Global Warming,” *Nature Geoscience*, 2016.

② 中国气象局气候变化中心：《中国气候变化监测公报（2015年）》，科学出版社，2016。

面平均温度比1961～1990年气候平均值高出1.0℃，而南半球表面平均温度则高出0.49℃（见图1）。

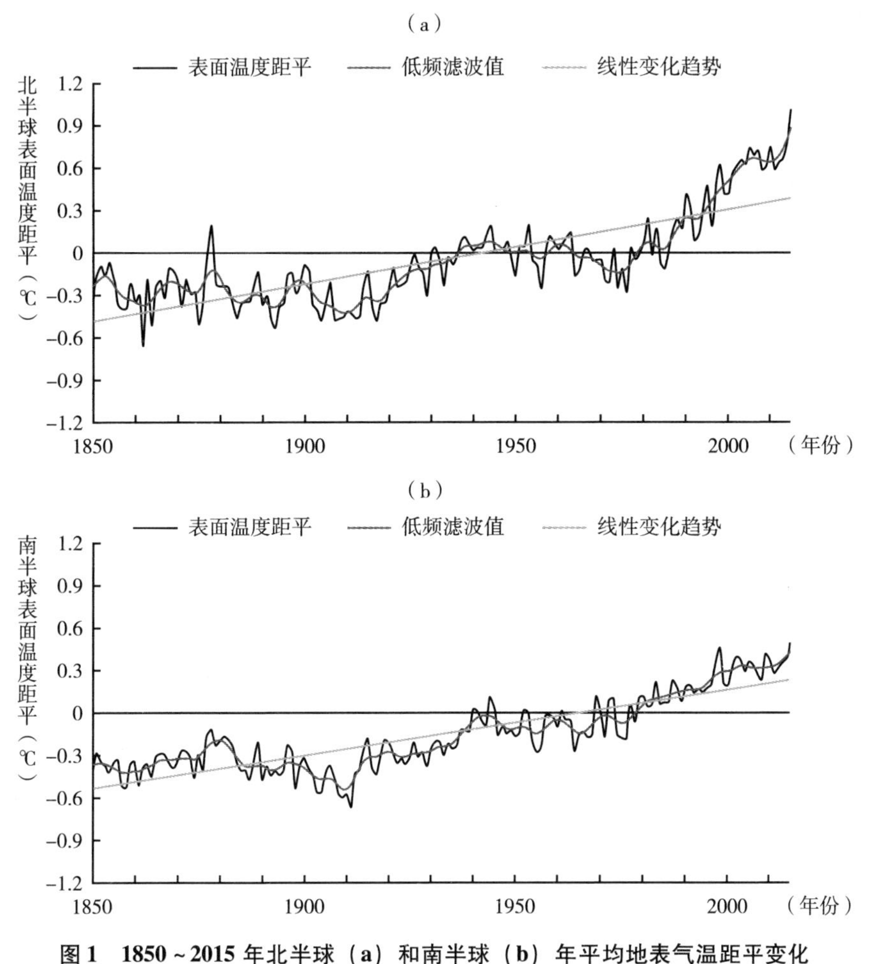

图1　1850～2015年北半球（a）和南半球（b）年平均地表气温距平变化

注：相对于1961～1990年平均值。

资料来源：《中国气候变化监测公报（2015年）》。

1901～2015年，亚洲地表年平均气温总体上呈明显上升趋势，20世纪60年代末以来，升温趋势尤其显著。1901～2015年，亚洲地表平均气温上升了1.45℃。1961～2015年，亚洲地表平均气温呈显著上升趋势，平均升温速率为0.27℃/10a。1998年以来，亚洲地表升温速率趋于平缓。2015年升温速率再次增大，亚洲地表平均气温比常年值偏高 1.17℃，是 1901 年以来的最高值。自 1951 年有完整气象观测记录以来，中国地表年平均气温呈显著上升趋势。1961 ~ 2015 年，中国地表年平均气温升温速率为 0.32℃/10a。2015 年，中国平均地表气温为 10.5℃，比常年偏高 1.3℃，是 1951 年以来最暖的年份（见图 2）。中国年平均地表土壤温度呈显著上升趋势，平均每十年上升 0.31℃。2015 年为 14.0℃，较常年偏高 1.6℃，与 2009 年并列为历史同期第三高值。

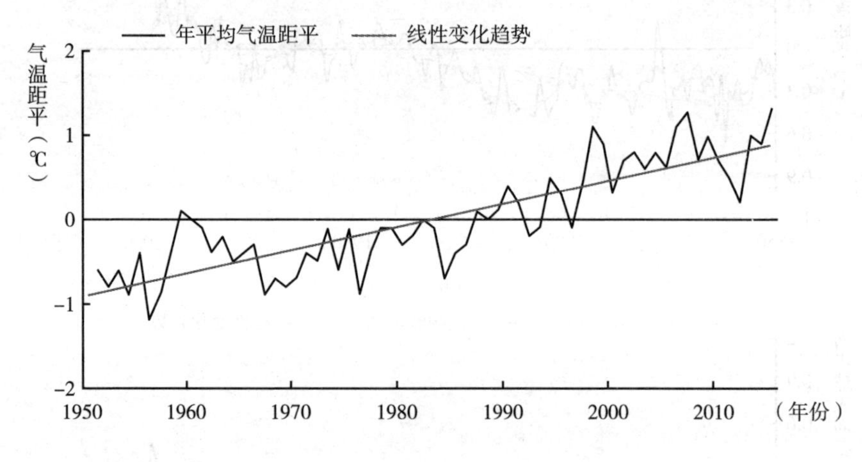

图 2　1951 ~ 2015 年中国地表年平均气温距平变化

资料来源：《中国气候变化监测公报（2015 年）》。

2015 年全球大气二氧化碳的浓度已经突破 400ppm，温室气体的排放导致地球气候系统能量增加。海洋作为地球气候系统的重要一员，吸纳并储存了 93% 的能量，而全球海洋热含量变化是气候变化的一个重要的指示信号。2001 年以来，0 ~ 1500m 全球海洋热含量都在不断增大，并且增大的深度主要发生在 0 ~ 300m 和 700 ~ 1500m。2015 年，全球海洋热含量突破新高（见图 3）。另外，0 ~ 1500m 海洋热含量的不断增大都主要发生在南大洋①、大西洋和印度洋。并且，南大洋 0 ~ 1500m 深度热含量都在增大，大西洋热含量增大主要发生在 300m 以下深度，而印度洋热含量增大主要在 0 ~ 300m 深

① 指太平洋、大西洋和印度洋南部海域。

度。太平洋300～700m热含量呈减小趋势，其他深度变化趋势不明显。此外，印度洋和太平洋0～1500m热含量变化都主要受上层0～300m热含量的影响。

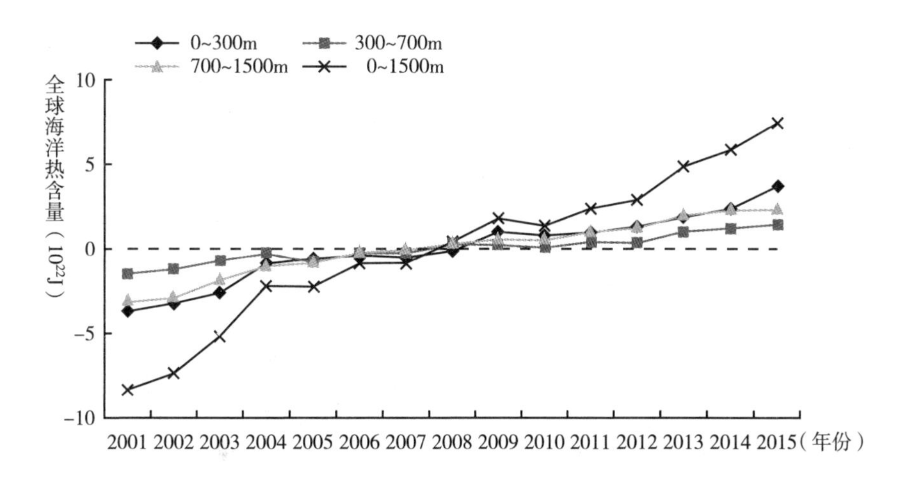

图3　全球海洋各深度平均热含量年变化曲线

海洋变暖不仅表现在海洋热容量的变化上，在海洋表面温度的变化上表现得同样显著。全球海表平均温度距平的年变化表现出显著的线性上升趋势和年代际变化特征（见图4）。2015年，全球平均海表温度16.8℃，比1961～1990年的平均值（16.4℃）偏高0.4℃，是1870年以来的最高值。

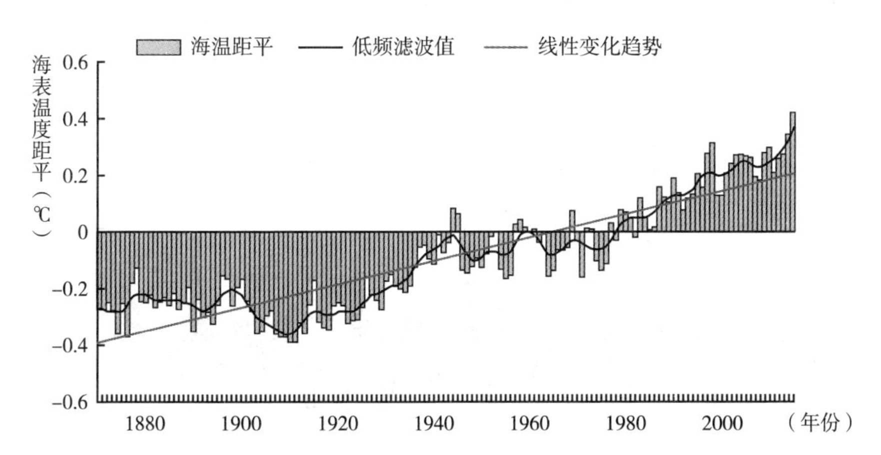

图4　基于Hadley海温资料的1870～2015年全球海表平均温度距平变化

资料来源：《中国气候变化监测公报（2015年）》。

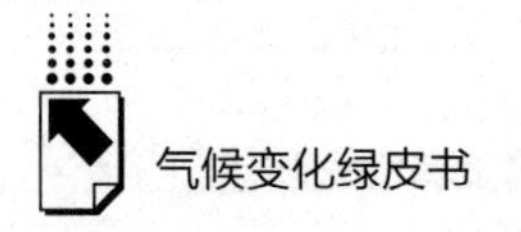

在全球海表温度变化中，热带中东太平洋的海表温度变化因其对应的ENSO循环对全球多地的显著气候影响而格外受到关注。图5给出了1854年以来赤道中东太平洋尼诺3.4区海温指数的演变特征。自1854年以来，共发生了27次厄尔尼诺事件和46次拉尼娜事件。其中，1980年以后，分别发生了11次厄尔尼诺事件和7次拉尼娜事件。在11次厄尔尼诺事件中，有三次是超强厄尔尼诺事件，分别是1982/1983年，1997/1998年以及2015/2016年。这三次厄尔尼诺事件也是1854年以来最强的三次厄尔尼诺事件。

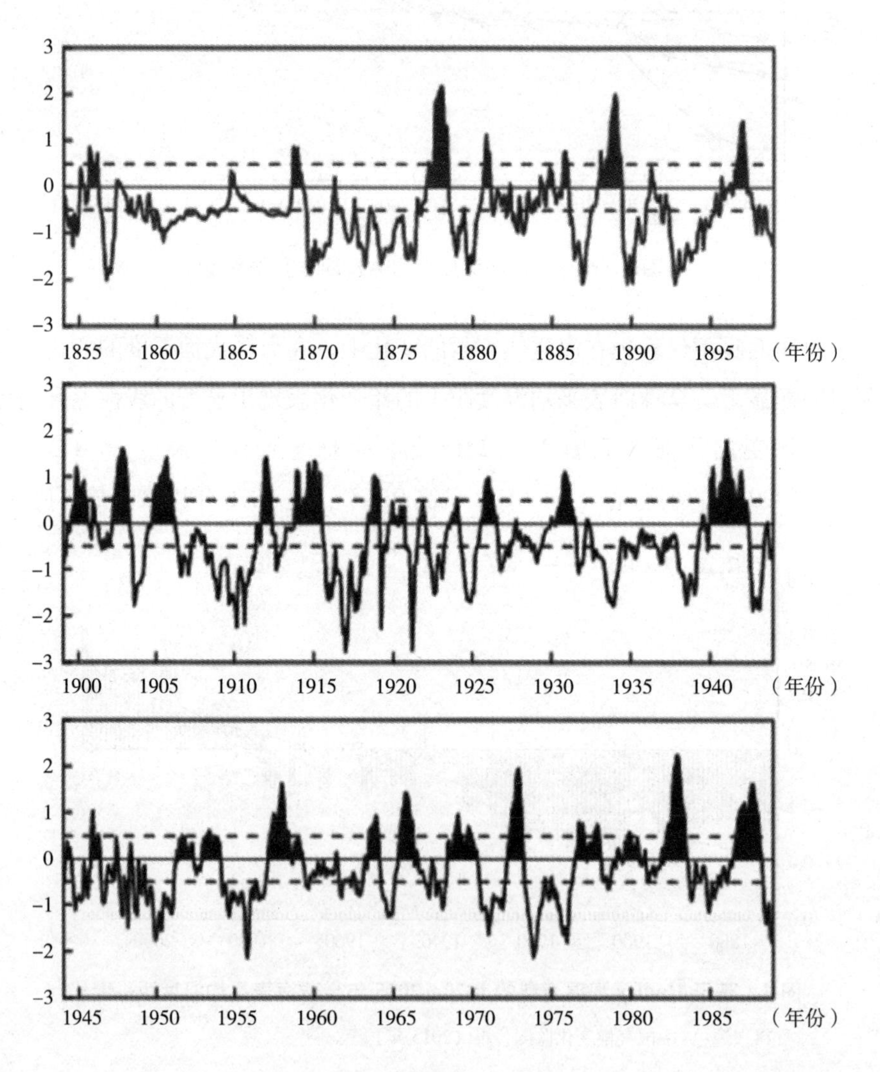

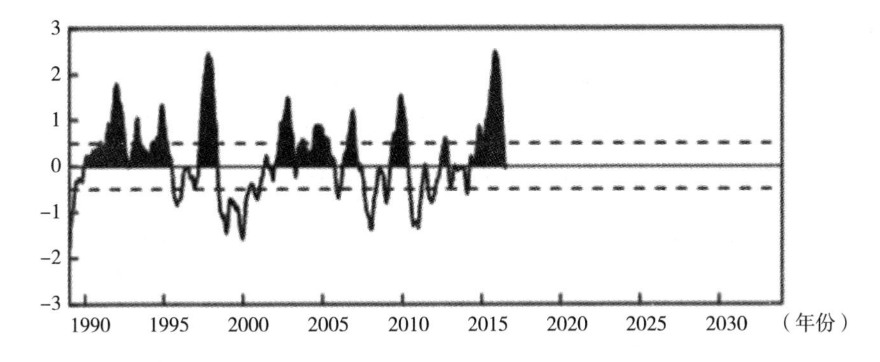

图5　基于ERSST资料的1854年1月以来尼诺3.4区海表温度距平演变

可以看到，在全球变暖的背景下，厄尔尼诺事件，尤其是强厄尔尼诺的出现频率显著增加。并且，从各个年代厄尔尼诺/拉尼娜事件所占的时间（发生次数和持续时间的综合指标）演变来看，20世纪80年代以来，赤道中东太平洋更多地处于厄尔尼诺状态。2015年，全球表面平均温度距平为0.76℃，而赤道中东太平洋尼诺3.4区的海表温度距平为1.6℃。因此，厄尔尼诺与北极变暖作用一样，对全球变暖有重要的正贡献。

二　超强厄尔尼诺事件与太平洋年代际涛动

太平洋年代际涛动是近年来揭示的太平洋海温在年代际尺度上的强变率信号。这种年代际变率叠加在气候变化趋势上，对气候的年代际变化产生重要作用；同时，它也为年际气候变化提供了背景。1890年以来，太平洋年代际涛动（PDO）出现了两个完整的周期（循环），其中1890～1924年、1947～1976年为冷位相阶段；1925～1946年、1977～1997年为暖位相阶段。因此，20世纪20年代、40年代、70年代和90年代为4个主要的转折点。1998年以后太平洋年代际涛动出现了第三次冷位相时期，而2014年之后出现了连续32个月的正位相，因此21世纪前10年是否成为新的转折点是值得高度关注的。同样是赤道中东太平洋，自1854年以来，共发生了27次厄尔尼诺事件。随着20世纪80年代以来全球气候变暖的加剧，近35年间发生了3次超强厄尔尼诺事件，也是百年尺度上最主要的3次超强厄尔尼诺事件，且均出现在太平洋年代际涛动正位相阶段。依据国家气候中心厄尔尼诺业务月平均尼诺3.4指数的监测，1951年以来累计发生了14次厄尔尼诺事件（见图6），月指数峰值为2.9℃，持续时间最长为21个月，平均生命史为10.5个月。

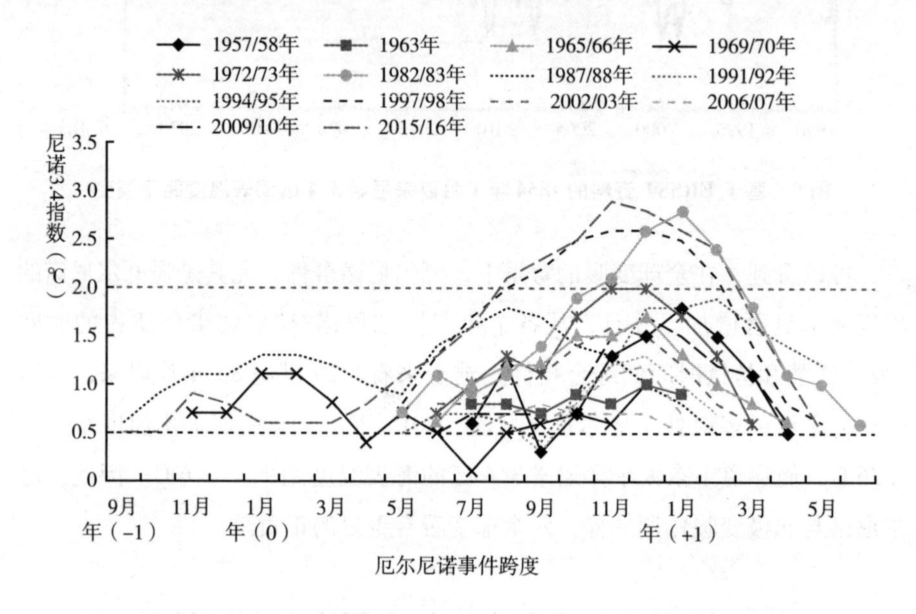

图6 1951年以来14次厄尔尼诺事件中尼诺3.4指数逐月监测特征

资料来源：邵勰、周兵：《2015/2016年超强厄尔尼诺事件气候监测及诊断分析》，《气象》2016年第5期，第540～547页。

表1对3次超强厄尔尼诺事件进行定性比较，可以看到，将2015/2016年厄尔尼诺事件与另两次超强厄尔尼诺事件对比来看，此次事件持续时间最长，峰值强度最强，累计海温距平最高，尼诺3.4指数连续超过2.0℃的月份也最多。2015/2016年厄尔尼诺在经历2014年秋季到2014/2015年冬季的缓慢发展以后，与前两次超强厄尔尼诺事件相似，在春季快速发展起来，在秋冬季（11～12月）发展成熟，在次年春季衰减并趋于结束。2016年3月与1998年3月以及1983年3月，尼诺3.4指数都从2月的2.0℃以上迅速下降到2.0℃以下，下降幅度分别为0.7℃、0.7℃和0.6℃，分别在春末夏初结束暖水事件，并快速转为冷水状态。

表1　1951年以来三次超强厄尔尼诺事件对比分析

类别	2015/2016年	1997/1998年	1982/1983年
持续时间(月)	21	13	14
峰值强度(℃)	2.9	2.6	2.8
累计海温距平(℃)	30.2	23.1	21.5
连续超2.0℃时间(月)	7	7	4
结束时间	2016.05	1998.05	1983.06
强度特征	超强(最强)	超强	超强

超强厄尔尼诺事件中赤道中东太平洋尼诺3.4指数和南方涛动指数（SOI）的逐月变化见图7，可以清楚地看到：2015/2016年暖水事件［见图7（a）］，尼诺3.4指数前期弱，中后期强度大，南方涛动指数强度明显较弱，始终没有突破-2.0；1997/1998年暖水事件［见图7（b）］，尼诺3.4指数一开始就呈现快速上升，在当年初冬时节达到峰值后快速衰减，并在暖事件结束后的第一个月内转为拉尼娜状态，热带大气的响应也几乎同步，南方涛动指数异常程度大；1982/1983年暖水事件［见图7（c）］，尼诺3.4指数综合强度尽管没有2015/2016年的明显，但热带大气的响应较为明显，南方涛动指数甚为敏感，有多个月低于-2.5。因此，就3次超强厄尔尼诺事件中热带大气对赤道中东太平洋暖水的响应而言，1982/1983年最为显著，也就是热带大气环流异常程度最明显。

（a）

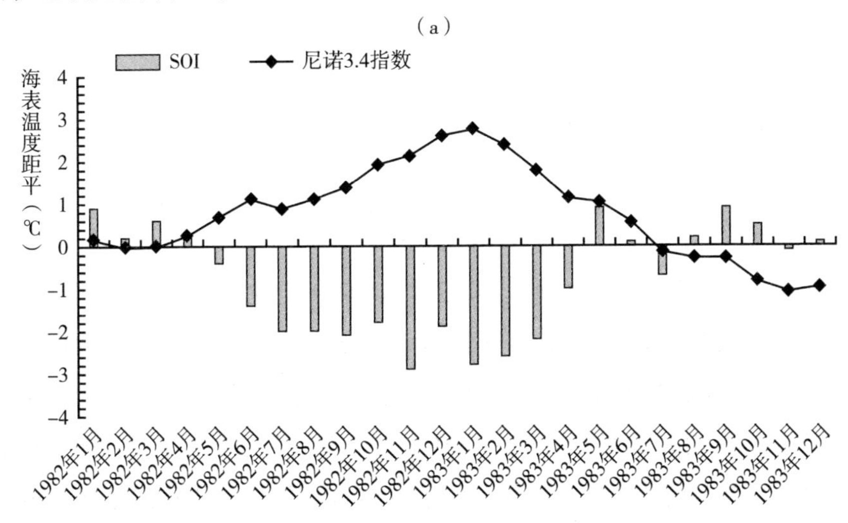

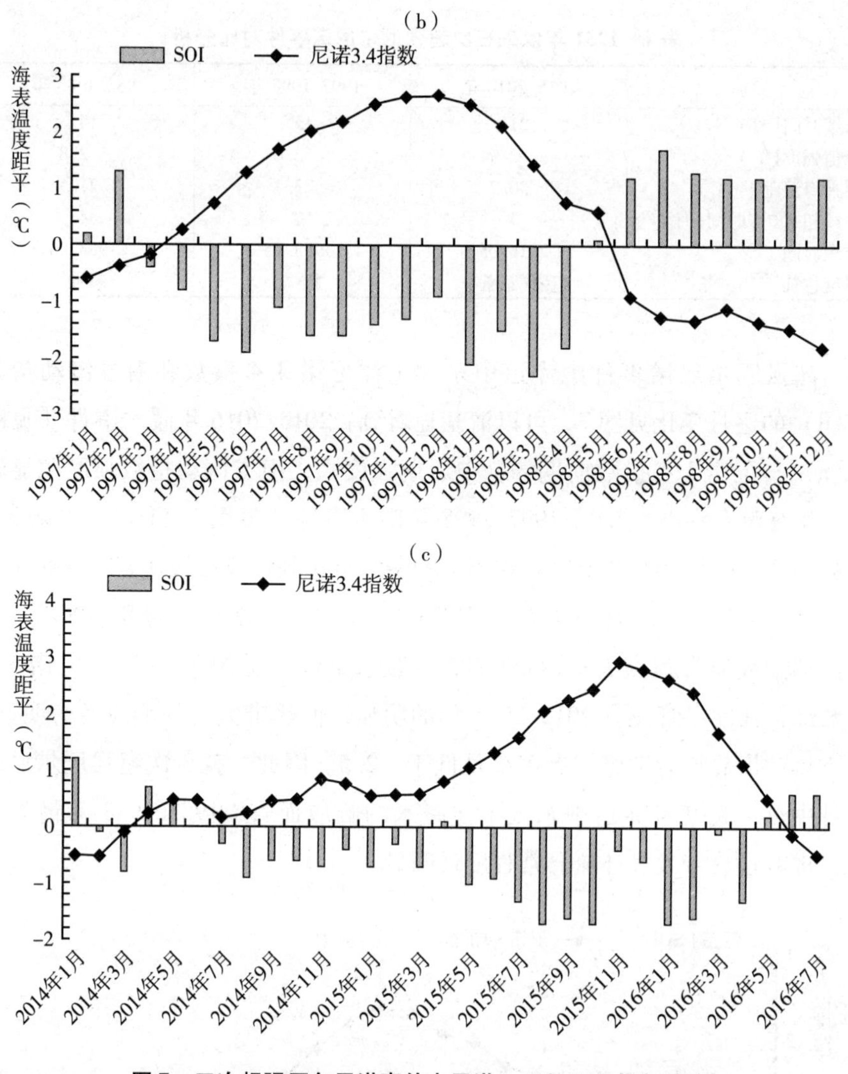

图7 三次超强厄尔尼诺事件中尼诺3.4和SOI指数演变

尼诺3.4指数的小波分析结果显示，ENSO变化周期主要有准4年周期，同时叠加有准10年周期（见图8）。20世纪前20年，ENSO主周期为3~8年；20世纪中叶以2~7年为主，20世纪80年代以后主周期转变为3~5年。2006年之后的十年间，已经出现了3次厄尔尼诺事件，3次拉尼娜事件，也就是完成了3次转换，厄尔尼诺转为拉尼娜或拉尼娜转为厄尔尼诺的速度在加快；与20世纪70～90年代相比，2000年以来冷事件持续时间缩短、强度下降；暖事件强度加强；成熟时期厄尔尼诺的类型也发生了显著变化，20世纪90年代以后以中部型为主导，而之前主要是东部型，也就是传统意义上的经典型。对超强厄尔尼诺事件而言，一般均具有中部和东部相结合的特征，即属混合型。

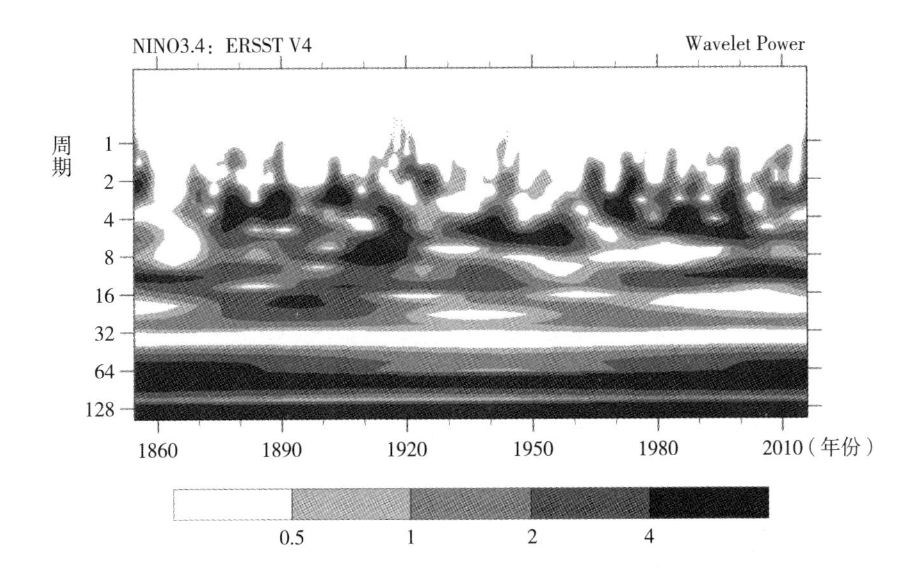

图8　1854年以来尼诺3.4指数的小波分析

超强厄尔尼诺的发生与其所处的太平洋年代际振荡（PDO）位相有密切联系。从图9可以看到，三次超强厄尔尼诺事件均处于PDO正位相。已有研究表明PDO正位相有利于强厄尔尼诺事件的发生以及厄尔尼诺事件的维持。从逐月PDO指数演变表明，自2014年1月开始至今，PDO一直维持正值，那么这是否意味着PDO已经从前期的负位相向正位相转折？PDO的这种变化对后期ENSO的演变有何重要影响？PDO的转折是否会改变世界气候或中国气候的格局？从PDO自身的变化规律和自然周期演变，以及其与全球变暖、ENSO循环的联系来看，目前处于年代际变化的边缘，年际变率对年代际变化有重要贡献。

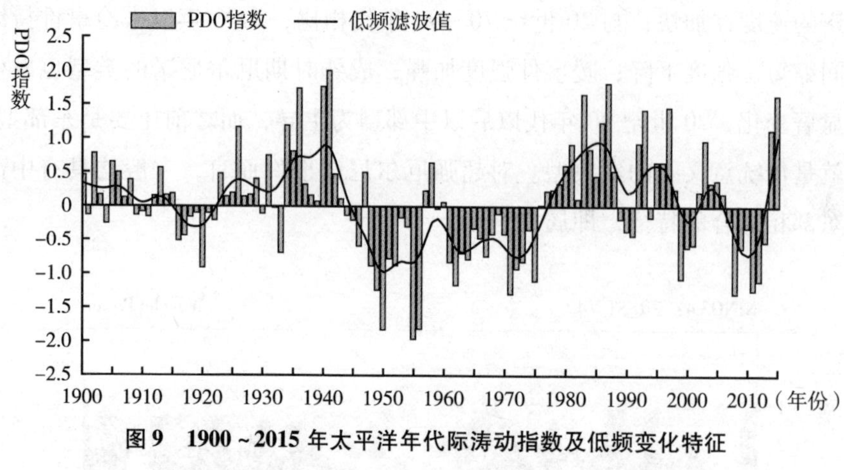

图9 1900~2015年太平洋年代际涛动指数及低频变化特征

资料来源：《中国气候变化监测公报（2015年）》。

三 2015/2016年超强厄尔尼诺气候影响

厄尔尼诺事件是发生在热带太平洋的最显著的年际变化信号，起源于大尺度海-气相互作用。厄尔尼诺事件，尤其是超强厄尔尼诺事件，对我国主汛期降水异常的年际变化具有重要影响。在1997年冬季发生超强厄尔尼诺事件之后，我国大部分地区都遭受了史无前例的暴雨灾害，1998年长江流域、东北松嫩流域出现了世纪性洪涝。而1982/1983年超强厄尔尼诺事件可以用出乎意料来表述，在全球各大气候预测机构均未提前预测到的情况下悄然到来，我国南方冬春季洪涝，长江中下游梅雨季洪涝；日本南部洪水泛滥；南美洲北部干旱，美国中西部及大西洋沿岸地区中部、墨西哥及中美洲发生超长干旱。一般而言，厄尔尼诺强度越强，对区域和全球的气候影响越大，所造成的气象灾害越重。

厄尔尼诺事件发生时会在西太平洋引起降水减少，而在中东太平洋会引发大范围的降水异常增多，其对应的深对流异常变化会通过加热中上层大气，而引发环太平洋甚至全球气候异常变化。① 这种影响的途径正是通过低

① 刘屹岷、刘伯奇、任荣彩等：《当前重大厄尔尼诺事件对我国春夏气候的影响》，《中国科学院院刊》2016第2期，第241~250页。

纬度热源加热激发所谓的大气遥相关机制来实现的。典型的厄尔尼诺条件，东部异常暖，对流移向中太平洋，东部信风减弱，沃克环流受到扰动。对流活动上升区移到中太平洋，而西太平洋下沉；跃温层变平，上翻减弱。北美位于ENSO发生区的下游，它是美国天气气候预报的主要信号区，冬季美国西部暖干，东部干冷。当与厄尔尼诺事件相伴随的大气热源位于中东太平洋地区上空，其会在低纬度赤道以北激发出一个高压，北太平洋中纬度激发出一个低压，在北美洲东北部为高压，美国东南部为低压。这样的遥相关波列被称为太平洋-北美型，它对北美气候影响巨大，并且在南半球还有一个类似但弱一些的遥相关型。厄尔尼诺事件对东亚气候的影响也是通过大气遥相关型来实现的，最为著名的一个遥相关系统就是菲律宾反气旋。

厄尔尼诺事件发生年的冬季我国北方地区容易出现暖冬，第二年夏季我国主要多雨带出现在黄河以南地区，长江流域和江南地区容易出现洪涝，黄河及华北一带容易少雨并形成干旱，东北地区容易出现低温，形成低温冷害，造成粮食减产。厄尔尼诺年可导致热带西太平洋上生成的热带风暴和台风数量往往偏少，登陆我国的台风数量也较常年偏少。2015/2016年厄尔尼诺事件已经对全球气候造成了一定影响，包括巴西和菲律宾等地干旱、北美暴雪、印度和泰国高温等极端事件。2014年冬季，巴西出现了1930年以来最严重干旱，超过900个城市水资源告急，有4580万人饮水困难；2015年4月下旬以来出现旱涝急转，暴雨成灾。2014年冬季，美国中东部地区先后遭受6次大范围暴风雪天气袭击，中西部地区出现了极寒天气，芝加哥奥黑尔国际机场日降雪达41厘米，创历史纪录。2015年5月，菲律宾8省出现严重干旱。2015年秋冬季，我国广西壮族自治区遭遇多次暴雨强降水，贺州市八步区建设中路新时代广场段大面积内涝，大部分车辆通行受阻，公交车踏浪前行。澳大利亚东南部热浪侵袭引发林火，墨尔本的气温上升至41.2℃，吉朗的气温则高达44.4℃，火势逼近住宅区，大火已烧毁了350公顷的土地。超厄尔尼诺事件导致东部和南部非洲在过去两年当中降雨急剧减少、干旱增多，从而导致了成百上千万儿童的饥饿、疾病和缺水情况。2015年11~12月，印度南部泰米尔纳德邦等地遭遇一个世纪以来最强降雨，引发大规模洪涝，工厂关闭，机场处于“瘫痪”状态，已造成至少500多人死亡。2016年春季，越南南部湄公河三角洲一带目前正面临百年不遇的严重旱灾，湄公河三角洲一带的水位目前已跌至90年来最低点；印度高温热浪数周来持续高温已在该国南部和东部，导致2000多人死亡。2016年汛期暴雨过程多，极端性强，累计雨量大，南方北方洪涝并发，全国共出现35次大范围强降水天气过程，比1998年同期偏多3次；有79县市日降水量、96县市小时降水量突破历史纪录；全国平均降水量为1998年以来同期最多，有61县市降水量为历史同期最多；长江中下游出现严重汛情，华北、西北部分地区暴雨洪涝严重。城市内涝突出，地质灾害较重，有26个省份出现城市内涝，13个省份发生山洪和滑坡泥石流等次生灾害。夏季气温创历史新高，两次大范围持续高温天气过程影响了全国30个省份，有72市县最高气温突破历史极值。

2016年6月28日~7月6日发生在长江中下游的暴雨过程和2016年7月14~21日发生在华北、黄淮和江汉地区的大范围暴雨过程是最强的两次过程，根据综合强度指标分析，两次事件在1961年以来的区域性暴雨事件中排名第5位和第7位（见表2）。

表2　1961年以来区域性暴雨事件前15位

开始日期	结束日期	持续时间（天）	最大影响范围(站数)	综合强度	综合强度排名
19980612	19980627	16	557	3017.87	1
19910628	19910712	15	476	2891.02	2
19940607	19940618	12	614	2822.98	3
19640609	19640630	22	584	2804.21	4
20160628	20160706	9	451	2692.49	5
20080606	20080618	13	502	2687.4	6
20160714	20160721	8	652	2625.59	7
19950614	19950628	15	558	2499.9	8
19630730	19630810	12	355	2482.1	9
19990622	19990702	11	409	2462.6	10

续表

开始日期	结束日期	持续时间（天）	最大影响范围（站数）	综合强度	综合强度排名
19960729	19960806	9	531	2406.77	11
20110610	20110619	10	452	2266.75	12
19960627	19960705	9	448	2261.28	13
20060629	20060710	12	520	2180.38	14
19810624	19810703	10	490	2166.96	15

超强厄尔尼诺事件对我国农业生产影响不容忽视。历史上1982/1983年、1997/1998年超强厄尔尼诺事件曾对我国农业生产造成较大影响。1982年6月我国中部和南部多地发生洪涝灾害，东北地区出现严重夏旱，粮食减产30万吨。1998年全国共有29个省份遭受不同程度洪涝灾害，华南出现严重的寒露风灾害，其中仅南方地区粮食减产就达940万吨左右。2014年9月开始的2015/2016年超强厄尔尼诺给全球经济和我国经济，尤其是农业产量造成重大影响，使得我国2016年夏粮出现减产（见表3）。

表3　三次超强厄尔尼诺事件对全球和中国粮食产量的气候影响

超强厄尔尼诺事件	目标区域	对粮食产量的影响
1982/1983年	全球范围	1982年：澳大利亚小麦减产44%；印度和泰国水稻分别减产6%和3%；阿根廷玉米减产20%
		1983年：全球玉米和大豆分别减产18%和8%，其中美国为28%和17%；阿根廷大豆减产16%
	中国地区	1982年：粮食减产8%，其中东北粮食减产30万吨；大豆减产8%
		1983年：油菜籽减产24%，甘蔗减产16%；长江中下游地区粮食减产30万吨
1997/1998年	全球范围	1997年：加拿大小麦减产10%以上，澳大利亚减产15%；阿根廷大豆减产18%
		1998年：印度小麦减产7%
	中国地区	1997年：一季稻、玉米和小麦累计减产1790吨，其中，玉米减产16%
		1998年：夏粮减产11%，其中早稻减产8%，小麦减产12%

续表

<table>
<tr><th>超强厄尔尼诺事件</th><th>目标区域</th><th>对粮食产量的影响</th></tr>
<tr><td rowspan="4">2015/2016 年</td><td rowspan="2">全球范围</td><td>2015 年:世界谷物产量减少 3390 万吨,粗粮产量减产 2.4%,稻谷产量下降 0.6%</td></tr>
<tr><td>2016 年:印度小麦减产至少 14%;南非粮食产量减产 25%</td></tr>
<tr><td rowspan="2">中国地区</td><td>2015 年:早稻产量下降 0.9%,玉米产量减少 500 万吨</td></tr>
<tr><td>2016 年:夏粮总产量减产 1.2%;粮食作物产量下降约 2.6%;大麦产量下降 7.3%</td></tr>
</table>

全球或区域农业及粮食产量的变化与全球或区域气象灾害直接相关联，而厄尔尼诺事件是搅动全球气候异常的重要因素。从 20 世纪 80 年代以来厄尔尼诺事件发生后对我国秋季降水和气温的影响分析发现：一般情况下，秋季我国东部地区降水呈现南方偏多北方偏少的分布特征，具体为贵州、湖南、江西、福建等地降水明显偏多，长江以北大部分地区降水略偏少，中西部大部分地区降水略偏少。厄尔尼诺事件对气温的影响主要在我国南方较为明显，华南以及西南局部地区气温易偏低，其余大部分地区气温偏高的可能性大。对世界冬季气候的影响主要表现为赤道中东太平洋地区降水偏多，赤道西太平洋降水偏少；而赤道太平洋地区气温将偏高。对我国冬季气候的影响主要表现为黄河流域及其以南地区及西南地区易出现气候异常。往往有利于冬季我国长江以南降水偏多，而西北地区东部和四川东部降水偏少。

四　主要结论

全球变暖的诸多事实显示，2015 年是自有现代观测以来最热的年份，比 1961～1990 年平均气温高出约 0.76℃；赤道中东太平洋尼诺 3.4 区的海表温度距平为 1.6℃，海洋温度明显升高；海平面上升突破纪录，全球海洋热含量突破新高。自 1854 年以来，共发生了 27 次厄尔尼诺事件和 46 次拉尼娜事件。其中，有 3 次是超强厄尔尼诺事件，分别是 1982/1983 年、1997/1998 年以及 2015/2016 年。2006 年之后的十年间，已出现了 3 次厄尔尼诺事件，3 次拉尼娜事件，也就是完成了 3 次转换，厄尔尼诺转为拉尼娜或拉尼娜转为厄尔尼诺的速度在加快。

2015/2016 年超强厄尔尼诺自 2014 年 9 月开始，2015 年 11 月达到顶峰，2016 年 5 月结束，是 20 世纪以来最强的赤道中东太平洋暖水事件，已造成全球范围内的气候异常及对社会经济的影响，并对全球变暖有重要的正反馈。超强厄尔尼诺的发生与其所处的太平洋年代际振荡（PDO）位相有密切联系，PDO 正位相有利于强厄尔尼诺事件的发生以及厄尔尼诺事件的维持。目前 PDO 已经从前期的负位相向正位相转折，这种变化或转折可能会使世界气候或中国气候的格局发生改变，使得全球变暖更加显著。

2016 年汛期暴雨过程多，极端性强，累计雨量大，南北方洪涝并发，全国共出现 35 次大范围强降水天气过程；长江中下游出现严重汛情，华北、西北部分地区暴雨洪涝严重。城市内涝突出，地质灾害较重。2016 年 6 月 28 日～7 月 6 日发生在长江中下游的暴雨过程和 2016 年 7 月 14～21 日发生在华北、黄淮和江汉地区的大范围暴雨过程在 1961 年以来的区域性暴雨事件中排名第 5 位和第 7 位。夏季气温创历史新高，两次大范围持续高温天气过程影响了全国 30 省份，有 72 县市最高气温突破历史极值。

G.21

全球与中国气象灾害风险分析与应对

翟建青　姜 彤　李修仓*

摘 要： 随着全球气温升高，极端天气气候事件趋多趋强，气象灾害的发生次数、死亡人口和经济损失呈现逐年增加的特征，世界各国气象灾害风险均不同程度升高。气象灾害风险升高不仅取决于极端天气气候事件趋多趋强，承灾体暴露度和脆弱性增加同样尤为重要。极端天气气候事件发生时，发达国家经济损失更高，发展中国家除经济损失高外，人员伤亡亦很大。中国是世界上气象灾害种类最多、影响范围最广、发生频率最高、灾害强度最大的国家之一，灾害风险高于全球大多数国家；死亡人口多和经济损失大是中国气象灾害风险高的两个主要表现。面对气象灾害风险逐年升高的事实，世界各国需为应对灾害风险做出相应努力。2015 年近 200 个国家和地区通过《巴黎协定》，达成将全球温度上升严格控制在 2℃ 以内的协议是减小气象灾害风险的有利因素。

关键词： 气象灾害　风险　暴露度　脆弱性

* 翟建青，博士，中国气象局国家气候中心副研究员，南京信息工程大学气象灾害预报预警与评估协同创新中心骨干专家，研究领域为气候与气候变化影响评估、气象灾害风险评估；姜彤，博士，中国气象局国家气候中心研究员，南京信息工程大学气象灾害预报预警与评估协同创新中心首席科学家，研究领域为气候变化、风险评估和灾害综合管理；李修仓，博士，中国气象局国家气候中心高级工程师，南京信息工程大学气象灾害预报预警与评估协同创新中心骨干专家，研究领域为气候变化影响和灾害风险管理。

风险是指对人类社会产生不利后果的可能性，且其后果常常无法准确预测；气象灾害风险就是由气象因素造成对人类社会的不利后果，通常包括人员伤亡和财产损失。全球气候变化背景下，极端天气气候事件频发，给人民生命财产安全和经济社会可持续发展带来不利影响。1980～2015 年，全球极端天气气候事件年均发生约582 件，造成直接经济损失1100 亿美元[①]，影响人口 1.7 亿[②]，并呈现逐年增加的趋势。中国是世界上气象灾害种类最多、影响范围最广、发生频率最高和灾害强度最大的国家之一，由气象灾害造成的损失巨大。21 世纪以来，中国因天气气候事件造成的直接经济损失平均每年超过2000 亿元，并呈现出逐年增加的趋势[③]。气象灾害风险的高低不仅受极端天气气候事件自身演变规律的影响，同时还取决于承灾体暴露度及脆弱性的变化特征。在发达国家，与天气、气候和地球物理事件相关的灾害造成的经济损失更高，而在发展中国家，则死亡率更高，且经济损失占国内生产总值的比重更大[④]。

一　全球气象灾害评述

慕尼黑再保险公司（Munich RE）的 NatCatSERVICE 数据库和比利时灾害流行病学研究中心（The Centre for Research on the Epidemiology of Disaster, CRED）的 EM－DAT 数据库是全球两大灾害损失数据库。其中慕尼黑再保险公司的自然灾害损失数据库内中国气象灾害损失数据由中国气象局国家气候中心提供。2010 年以来，依托慕尼黑再保险公司自然灾害损失数据库和

① Munich RE, "Natural Catastrophes 2015, Analysis, Assessments, Positions (2016 Issue)," https://www.munichre.com/touch/naturalhazards/en/publications/topics－geo/2015/index.html, 2016.

② Centre for Research on the Epidemiology of Disasters, "Disaster Data: A Balanced Perspective," http://www.emdat.be/publications, 2016.

③ 秦大河、张建云、闪淳昌等：《中国极端天气气候事件和灾害风险管理与适应国家评估报告》，科学出版社，2015。

④ IPCC, "Managing the Risks of Extreme Events and Disasters to Advance Climate Change Adaptation," Intergovernmental Panel on Climate Change network, http://www.ipcc.ch/report/srex/docs/srex_citations.pdf, 2012.

国家气候中心气象灾害损失数据库，《气候变化绿皮书：应对气候变化报告》附录部分每年均会登载全球和中国气象灾害损失统计图表。由其分析可知，全球气象灾害发生次数和灾害经济损失有随时间逐年增加的趋势，七大洲中亚洲气象灾害发生次数最多、灾害经济损失最大、死亡人口最多。

1980～2015年，全球自然灾害事件（包括地质灾害、天气灾害、水文灾害和气候灾害四类）发生次数从1980年的370余次增加到2015年的1060次；其中2015年灾害发生次数达到历年之最；2006～2015年，与气象因素相关的天气灾害、水文灾害和气候灾害发生次数分别较1980～2005年增加72.2%、83.4%和61.6%，而地质灾害则降低了5.9%，可见，自然灾害增加次数主要来源于天气、水文和气候灾害的增加，说明全球气象灾害事件发生次数增加趋势明显。以2015年可比价格计算，全球灾害经济损失由20世纪80年代的年均546亿美元增加到21世纪前10年的1264亿美元，2011～2015年的年平均经济损失更是高达1739亿美元（见图1）；2006～2015年，与气象因素相关的天气灾害、水文灾害和气候灾害经济损失分别较1980～2005年增加87.9%、67.8%和41.3%，说明全球气象灾害经济损失同样呈现明显增加的趋势。

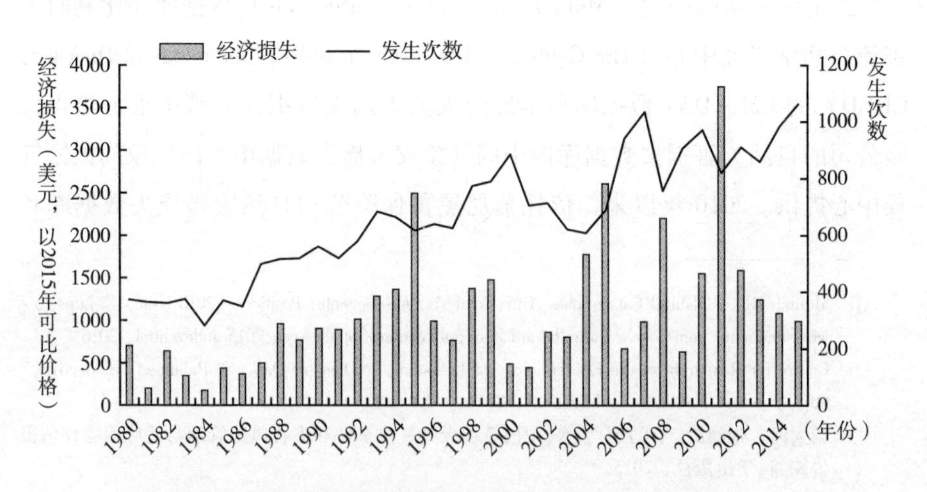

图1　1980～2015年全球灾害事件发生次数及经济损失

资料来源：慕尼黑再保险公司和国家气候中心。

从七大洲灾害发生特征来看，亚洲已经成为灾害发生次数、经济损失和死亡人口最多的大洲。以2015年为例，在1060次自然灾害事件中，有39%的灾害事件发生在亚洲，居各大洲之首；亚洲灾害经济损失占全球灾害经济损失的44%，灾害死亡人口更是占到全球灾害死亡人口的80%。1980~2015年亚洲灾害总损失占全球灾害总损失的比重由20世纪80年代的22.9%增加到21世纪前10年的36.2%，2011年以来更是增加到42.7%（见附录）。

二　气象灾害风险国别特征

气象灾害造成的经济损失和人员伤亡在一定程度上可以用来反映各国气象灾害的风险特征。由德国联邦经济合作与发展部资助，Germanwatch公司出版的《全球气候风险指数》（Global Climate Risk Index）通过各国历史灾情数据建立气候风险指数，用于分析与气象相关的损失事件（如风暴、洪水、热浪等）对世界各国的影响。全球气候风险指数一定程度上反映了世界各国极端气候事件的暴露度和脆弱性水平。该指数主要考虑四个关键要素：死亡人数、10万人死亡率、经济损失和单位GDP损失比例，分别赋予四个要素不同权重，可计算得出各国某年的全球气候风险指数，并对该指数进行全球排名，一定程度上反映了该国气象灾害风险的大小（排名越靠前，说明该国气象灾害风险越大）。该报告通常每年发布1版，每版滚动分析前两年和最近十年各国气候风险状况（如2016年报告分析2014年及1995~2014年全球气候风险情况）①。鉴于现有数据限制，特别是长期对比数据如社会经济数据的限制，一些小国家（如某些小岛屿国家）不包括在该分析报告中。此外，气候风险指数仅反映极端天气气候事件的直接影响（包括直接损失和人员伤亡），

① Kreft, S., Eckstein, D., Dorsch, L., et al., "Global Climate Risk Index 2016," http://www.germanwatch.org/en/cri, 2016.

而间接影响（如非洲国家经常发生的热浪导致的干旱和粮食短缺等）不包含在分析中。

对全球气候风险指数分析可知，发展中国家气象灾害风险通常较发达国家高，区域上气候风险高的国家多位于亚洲，少数国家位于欧洲和中美洲。洪都拉斯、缅甸、海地、菲律宾、尼加拉瓜、孟加拉国、越南、巴基斯坦、泰国和危地马拉为10个气象灾害风险最高的国家；其中除泰国是中高收入国家外，其余9个国家均是发展中国家且为低收入到中低收入国家。风险最高的20个国家中，绝大多数位于亚洲，少数位于欧洲和中美洲。风险高的国家通常又分为两种类型，一类是经常受到极端天气气候事件影响，如菲律宾和巴基斯坦；另一类是由单次巨大灾难造成其风险高，如海地和洪都拉斯（1998年米奇飓风造成的经济损失占到洪都拉斯1995～2014年全部损失的80%）。欧洲和中美洲气象灾害风险高的国家多由单次巨大灾难造成，而亚洲国家则多数由于长期受到极端天气气候事件的威胁，仅有少数国家是由单次巨大灾难造成风险较高，如缅甸。

对全球气候风险指数四个要素及其综合排名分析可知，发展中国家或不发达国家脆弱性要明显高于发达国家，尽管发达国家直接经济损失比较高，但发展中国家不仅直接经济损失比较高，人员伤亡也比较大。①

与气候变化相关的风险如高温热浪、极端强降水和沿海洪水等已经被政府间气候变化专门委员会（IPCC）第五次评估报告所关注。在欧洲、亚洲和澳大利亚的大部分地区，高温热浪发生频率已经增加；在大部分陆地区域极端强降水事件增加，特别在北美洲和欧洲，强降水事件的频率或强度有所增加。由于气候变化，极端天气气候事件的发生概率在未来可能会加倍，随着全球社会经济发展和城市化所带来的承灾体暴露度的增加和集中，全球气候风险仍将升高。

---

① Kreft, S., Eckstein, D., Dorsch, L., et al., Global Climate Risk Index, www.germanwatch.org/en/cri, 2016.

三　中国气象灾害风险

在全球气候变化背景下，中国极端天气气候事件趋多趋强，由其造成的损失巨大。虽然随着经济的发展，防灾减灾能力有一定的增强，但整体气象灾害风险仍然较高。

1951 年以来，中国极端暴雨日数增加，年平均降水强度偏强的区域扩大；北方和西南干旱化趋势加强；极端高温日数在西部部分地区有所增加；东部霾日数显著增加；登陆台风的比例增加，登陆强度增大；随着气象灾害的影响范围不断扩大，影响程度日趋严重，直接经济损失不断增加。[①]

1984～2015 年，中国气象灾害直接经济损失由 1984 年的 117 亿元快速增加到 2015 年的 2502 亿元，快速增加的阶段起步于 1990 年，这与中国 GDP 增加特征基本保持一致，可见，气象灾害直接经济损失增加不仅与气象灾害趋多趋强的自身特征有关，与承灾体的暴露度同样有很大的关系。以 2015 年可比价格换算各年气象灾害直接经济损失，整体趋势同样表现为增加。20 世纪 90 年代损失达到峰值可能与经济刚刚发展，承灾体暴露度增加，但对防灾减灾能力建设还未大量投入有关（见图 2）。随着近些年防灾减灾能力的提高，虽然直接经济损失的绝对值仍然保持一个增加的趋势，但由气象灾害造成的人员伤亡数表现为明显下降趋势，从 20 世纪 90 年代的年均 5000 余人，降低到 21 世纪前 10 年的 2600 余人，2011～2015 年更是降低到年均 1200 余人（见附录）。

从近 20 年全球气候风险指数排名来看（见图 3），中国气象灾害风险从 2004 年起有逐年减小的趋势，但多年位居全球前 30 名。可见中国气象灾害风险在近 200 个国家和地区中处于高风险位置。2012 年，中国灾害风险为

① 秦大河、张建云、闪淳昌等：《中国极端天气气候事件和灾害风险管理与适应国家评估报告》，科学出版社，2015。

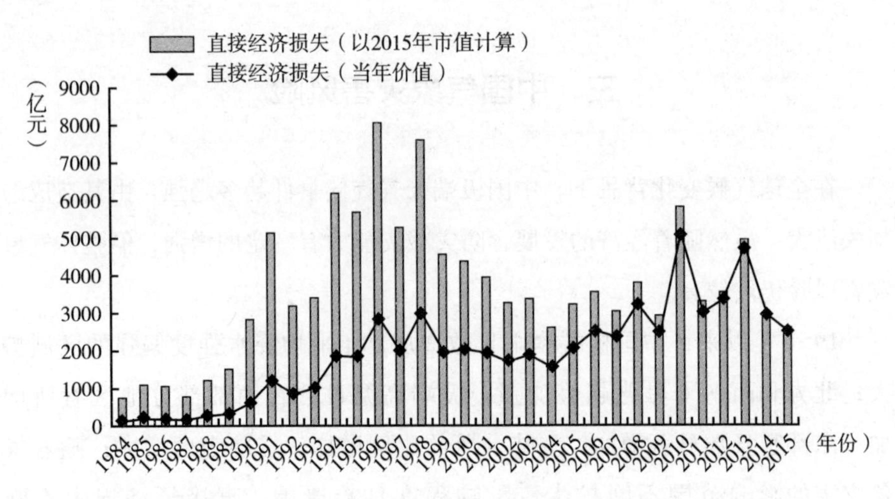

图 2　1984～2015 年中国气象灾害直接经济损失

历年最低，位居全球第 27 名；而 2004 年、2006 年、2008 年及 2010 年均位列全球风险最高的 10 个国家之一；尤其 2004 年，风险高居全球第 5 名。

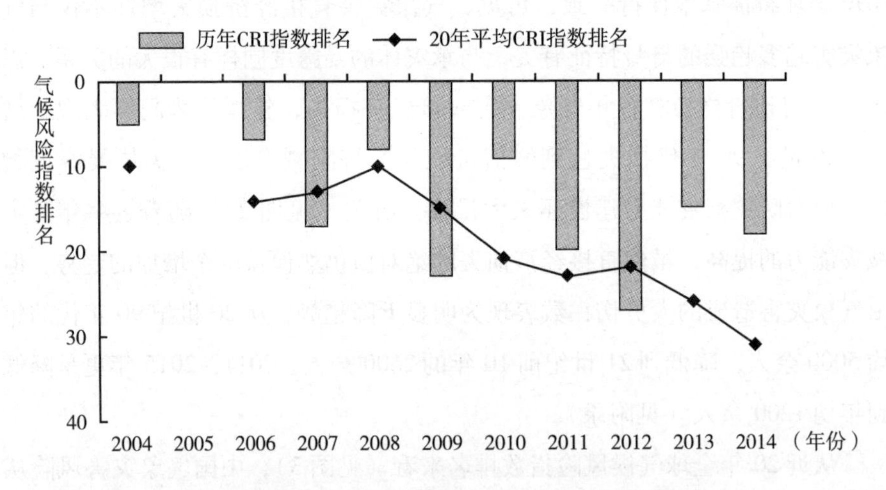

图 3　中国历年气候风险指数（CRI）及多年平均值排名

对构成全球气候风险指数的四个要素，包括死亡人口、10 万人死亡率、经济损失及单位 GDP 损失比例的分析表明，死亡人口和经济损失是中国气象灾害风险较高的主要因素，即极端天气气候事件导致的人员死亡和经济损失在各国中排名较高；2004～2014 年，中国每年由极端天气气候事件导致的人员死亡数均排前六名以内，而各年的经济损失值更排名全球前三，更有甚者，2010 年、2013 年和 2014 年三年排名全球第一①。

四　灾害风险应对

全世界都必须面对气候变化的事实及由气候变化带来的极端气象事件趋多趋强的后果。极端天气气候事件和灾害风险管理是当前国际社会应对气候变化及其带来的气候风险的重要举措之一。世界各国为应对气象灾害风险做了大量努力。第三次世界气候大会（WCC－3）把气象灾害风险管理作为适应气候变化的核心范畴，纳入“全球气候服务框架”（GFCS）；2010 年，各国政府在以应对气象灾害、加强风险管理为核心的适应气候变化问题上达成一致，通过了“坎昆适应气候变化框架”，并把气象灾害脆弱性评估、建立灾害性天气气候事件早期预警系统和加强风险评估作为其首要任务；2012 年政府间气候变化专门委员会（IPCC）发布了《管理极端事件和灾害风险，推进气候变化适应》特别报告，报告详细阐释了灾害性天气气候事件和气候灾害的背景和历史、脆弱性和灾害损失的观测和预估、对极端事件和灾害风险管理的认知、灾害风险管理及其与可持续发展的相互作用等；2015 年 3 月，联合国主办的第三次世界减灾大会通过《2015－2030 年仙台减轻灾害风险框架》，把以早期预警系统为核心的减轻灾害风险列入未来 15 年全球减灾四个优先行动事项；世界气象组织（WMO）为落实《2015－2030 年仙台减轻灾害风险框架》目标，随之制定了《WMO 减轻灾害风险路线图》。2015 年，近 200 个缔约方一致同意通过《巴黎协定》，协议达成将温度上升严格控制在 2℃以内，并尽量限制在 1.5℃以下的目标。

中国高度重视灾害风险应对工作，把防灾减灾作为应对气候变化的重要

① Germanwatch, “Global Climate Risk Index 2004－2016,” http://www.germanwatch.org/en/cri.

内容。经过多年的努力，已建成灾前、灾中、灾后，政府统一领导，部门协调配合，社会共同参与的灾害风险管理体系。随着灾害风险管理体系的建立，一定程度上遏制了极端天气气候事件损失的增加趋势，尤其是因灾死亡人数明显减少。但随着气候变化背景下极端天气气候事件发生规律的改变和承灾体暴露度及脆弱性的变化，导致灾害风险仍在增加，给灾害风险应对提出了新的挑战。

政策方面，需要加强气象灾害风险相关法律法规的建设，如《气象灾害防御法》和《应对气候变化法》等，可以有效保障灾害风险应对工作的有效开展，明确责任主体。同时应该出台国家应对气候变化风险相关的长期规划，明晰相关工作的发展方向。

科研方面，需要从灾害风险形成的三个要素方面继续投入大量的科学研究工作。首先，从极端气候事件的危险性方面来说，加大对极端天气气候事件监测预警和预测预报方面的科研与建设投入，在监测范围、精度、时空分辨率等方面进一步提高；提高极端天气气候事件预报的准确率，提高预警发布效率和预警发布有效时间。其次，从暴露度方面来说，开展灾害风险普查、评估和区划工作，进一步完善承灾体数据库，提高承灾体数据时空分辨率和时效性，以更好地支撑灾害发生时各类承灾体的暴露度评估，从而有针对性地发布预警信息；另外，通过灾害风险评估和区划工作，开展社会经济建设规划工作，各类承灾体新建过程要尽量避免灾害高风险区域，而已经建设在高风险区域的承灾体要规划有效应对措施，以便减少灾害发生时可能造成的损失或者提高承灾体抵御灾害的能力。再次，从承灾体脆弱性方面来说，需要加大对承灾体脆弱性、恢复能力和适应性方面的科学研究，一方面用以支撑灾害发生时损失的评估和恢复重建工作；另一方面，可以有针对性地采取措施降低承灾体的脆弱性，提升恢复能力。

措施方面，继续加强灾害风险防御工程建设，除巩固和提高大江大河防洪能力，还需逐步加大对中小河流域洪水、山洪、滑坡和泥石流等地质灾害防御工程的建设力度；逐步建设各类灾害风险的分担和转移机制，探索通过灾害保险和再保险手段分担和转移灾害风险的有效机制，提高受灾地区自我恢复能力。

宣传方面，加大灾害风险应对措施科普宣传力度。编制有针对性的气象灾害防灾减灾知识，利用多种宣传手段尤其是新媒体开展宣传教育，提高全民防灾减灾意识，增强全民避灾自救能力。

G.22

气象灾害风险分担和转移的市场机制

王艳君　苏布达　李修仓*

摘　要：　应对气候变化造成的社会经济影响，加强气象灾害风险管理工具的研究和市场化应用，越来越受到国际社会的普遍关注。从市场角度来看，建立全国范围内切实有效可行的气象灾害风险交易市场具有巨大的潜力。本文通过对欧美国家在天气衍生品、气象指数保险产品、巨灾证券化等灾害风险转移产品方面的研究分析，介绍了欧美国家气象灾害风险交易市场的发展特征，天气衍生品及气象指数保险产品规避气象灾害风险的过程和机制。2007年以来，中国气象局与中国保险监督委员会合作，开展了商业化气象指数保险的研究。据此研究成果，提出了在中国建立多层次的气象灾害风险交易市场的模式和前景，以及气象、保险和证券管理部门潜在的风险管理责任和与之配套的政策条例建议。

关键词：　天气衍生品　气象指数保险　气象灾害风险交易市场

* 王艳君，副教授，南京信息工程大学地理与遥感学院/气象灾害预报预警与评估协同创新中心骨干专家，研究领域为气候变化影响与灾害风险评估；苏布达，国家气候中心研究员，中组部“千人计划”特聘教授，南京信息工程大学气象灾害预报预警与评估协同创新中心骨干专家，研究领域为气候变化影响评估；李修仓，中国气象局国家气候中心高级工程师，南京信息工程大学气象灾害预报预警与评估协同创新中心骨干专家，研究领域为气候变化影响和灾害风险管理。

一 引言

伴随着极端天气事件发生的频率提高和强度增强，气候对人类活动，特别是对人类经济活动的负面影响也在明显增强。[①] 鉴于气候因素造成的经济风险在整个经济风险中的比重逐年上升，工业界、经济界对气候风险管理工具的需求在不断增加，欧美一些保险公司和国际机构近年来都相继开展了气候变化对经济的影响，气象灾害风险交易市场的未来发展趋势及保险公司、再保险公司与金融市场的应对策略等方面的研究。[②] 中国区域气候差异大，灾害性天气的种类多，受灾范围也很广。在东部沿海经济发达地区，人口密度高，很多行业如交通、物流、农业、能源、旅游等都不同程度受到气候变化的影响，一定等级的暴雨、台风、雪灾、高温、干旱给各部门带来了严重的经济损失。经验表明，政府灾后财政救助支持力度往往不够，且赔付常常滞后。

国内除少数试点省开展过气象灾害损失政府强制保险的产品外，涉及灾害保险的产品种类少，覆盖地区有限，多数产品只涉及大公司与大企业，尚缺少一种适合广大中小型企业及个人的气象灾害损失保险产品。传统的保险产品，由于核损赔付手续繁杂，经常诱发法律纠纷，产品的规避风险效率相当之低。目前在全国范围内还没有成熟的气象灾害保险产品及相应的气象灾害风险交易市场。因此，运用新兴的气象灾害风险管理工具，研发适合中国市场的、有效可行的气象灾害风险交易市场，对整体降低中国的经济风险，减少经济波动对社会生活的冲击，促进经济的可持续发展等方面都能发挥重要作用。

从全球范围来看，气象灾害风险交易市场的发展潜力巨大。自 20 世纪 90 年代末起，欧美国家开始构建包括气象灾害保险产品交易、气象指

① Karl, T. R., and Trenberth, K. E., "Modern Global Climate Change," *Science* 302 (2003): 1719 - 1723.

② Allianz Group and WWF, "Climate Change and the Financial Sector", 2005.

数期货交易、气象指数期权交易以及其他形式的天气衍生品交易、气象巨灾证券交易等地区性市场。[1] 由于气象指数是可以客观测量的，受人为操纵的可能性较小。若再匹配一套相应的交易流程和监督规则，可以大幅度降低投机带来的交易风险。本文主要介绍了当前投入运行的气象灾害风险管理工具及其市场运作结构，分析了欧美气象灾害风险交易市场的发展特征，同时探讨了建立多层次、多元化的气象灾害风险市场的交易模式和前景，旨在为中国建立有效的气象灾害风险交易市场提供一些可行性建议。

二 气象灾害风险管理的市场工具

目前，对气象灾害风险管理工具的研究及实际运用主要集中在三个方面：（1）天气衍生品；（2）气象指数保险产品；（3）气象巨灾风险的证券化。

天气衍生品适用于发生概率较大、损失相对不太严重的不利事件，而气象指数保险产品适用于小概率、大损失的灾害性事件。但在具体设计时，可综合两者的特点灵活设计一种混合型的保险产品。天气衍生品和气象指数保险产品所采用的气象指标除了常用的温度、降水外，也可以是风速、台风强度、空气湿度等。与传统的财产损失保险相比，气象指数基于气象站的观测数据，客观性比较强，有利于减少传统保险合同中的信息不对称问题。由于不易被人为操作，既能减少保险合同购买者的道德风险（Moral Hazard Problem），又能有效地避免保险公司对受保人进行人为筛选，即保险术语中所谓的逆反选择（Adverse Selection Problem）。

灾后的损失通常依据气象指数和财产损失之间的回归方程关系，由气象指数的变化推导计算，避免了传统财险投入大量人力、物力进行大规模

---

① Ibarra, H. and Skees, J., Innovation in Risk Transfer for Natural Hazards Impacting Agriculture, *Environmental Hazards* 7 (2007): 62 - 69.

灾后损失调查和估算的过程，降低了保险产品的交易费（Transaction Costs）、运营和管理费（Operation Costs and Administration Costs）。但气候指数不能百分之百反映投保人的实际灾害损失，在使用指数保险产品时，保险公司及投保人都要面对基本风险（Basis Risk），有可能发生投保人虽然损失大，却只能得到一小部分赔付，或投保人在没有损失时也能得到赔付的现象。与传统财产保险产品相比，气象指数保险产品不适合多种灾害同时造成的损失。国际上多年的试点研究和实际操作表明，气象指数保险产品的优点远远大于这种产品的不足，足以弥补传统财险合同存在的缺陷。

广义上讲，天气衍生品也属于气象指数保险产品，但二者的交易市场有所不同。典型的气象指数衍生品，如气象指数期货产品和气象指数期权产品，通常在金融市场［如芝加哥商业交易所（Chicago Mercantile Exchange）］进行交易。而气象指数保险产品合同的设计与传统财产损失保险合同相似，所以一般把它归属于保险市场交易品种，受保险行业监督委员会管理。

气象巨灾风险的证券化主要针对极端性天气事件造成的涉及面广的特大经济损失。灾害性天气往往诱发系统风险，在同一时间不同地点造成大规模的损失，使保险公司无法赔付，乃至破产。在这种情况下，传统的做法是将系统风险转移给再保险公司。根据多数欧美国家的经验证明，再保险市场往往处于高度垄断状态，因为缺乏竞争，再保险的风险金额相当之高。而且再保险公司还常常干预一级保险公司的营业决策，导致传统的再保险市场效率下降。将极端气象风险证券化的目的是通过发行气象灾害债券（Weather Bonds），将风险转移到金融市场。气象巨灾风险的证券化将是对传统再保险市场的补充，通过提高风险转移的效率及再保险市场的竞争，尽可能降低再保险的风险金额（Risk Premium），使入市门槛降低，市场流通量增加。虽然目前气象巨灾风险的证券化还仅限于理论探讨，并没有实际运作的先例，但这是一个很值得研究，特别是很值得在气象灾害风险交易市场开发中尝试的一种风险转移工具。

三　气象灾害风险交易市场的发展特征

全球气象灾害风险交易市场的结构是多层次、多元化的。从市场的组织结构来看，有组织的场内交易市场（Organized Market），也有场外交易市场（Over the Counter Market）。例如，美国芝加哥商品交易所在推出过全球41个城市的温度期货和期权交易后，最近又相继推出了飓风、降雪、冰冻等的期货交易。从具体的交易合同数量和交易流通量来看，绝大多数交易还是集中在温度指数的交易。然而多数实践中操作的气象指数衍生品并不是在芝加哥商品交易所这种有组织的交易市场实施的，而是在所谓的场外交易中完成的。因为正规市场交易的合同通常是使用事先设计的标准合同，而场外交易使用的合同其设计没有固定模式，相对灵活便利，因此，场外交易是对正规市场交易的良好补充。

目前全球最大的有组织的场内气象灾害风险交易市场是芝加哥商品交易所，参与交易的绝大部分是大电力能源公司和机构投资者，交易品种不多。另外还有一些企业直接和银行与保险公司之间签订双向保险合同，这些大都是在所谓的场外交易中完成的。气候风险交易市场的发展，除了私营机构起推动作用外，一些政府和国际组织也参与其中，例如，在农业和全球贫困地区扶贫方面，一些政府和国际组织，比如美国农业部、世界银行和世界粮农组织等也在积极推动研究和开发气象指数保险产品，一方面，运用气象指数保险产品能够降低农业生产风险；另一方面，把气象指数保险产品和农业信贷、小额信贷结合在一起，可以在贫困地区达到可持续降低贫困的目标。在欧美等发达国家，正在逐渐重视气象指数保险产品，因为传统的农业保险本身存在着很多不可解决的问题，而且需要靠大量的政府补贴来维持。气象指数保险产品的开发可以有效弥补传统的农业保险的不足。[①] 我国的农业保险遭遇了和传统保险相同的问题，至今基本没有多大进展，还主要靠政府补贴

---

① World Bank, "China: Innovations in Agricultural Insurance," Promoting Access to Agricultural Insurance for Small Farmers, 2007.

形式开展。开发气象指数保险产品一方面可以提高私人保险公司参与农业保险的积极性，另一方面也可以总体降低保险费。这样，可以将政府对农业保险的责任逐步推向市场，也将大大降低政府对这方面的财政支出。

从20世纪90年代末开始，欧美地区，特别是美国的气象灾害风险交易市场经历了快速的发展。图1展示了全球2000~2007年气象灾害风险交易合同成交总额。可见，合同成交额呈现出稳步增长态势，从2000年的25亿美元增长到了2006年的192亿美元。2005年，合同成交额呈现出了跳跃性的增长，总额达到了历年最高，达到近450亿美元。从图1显示的交易市场和场外交易的成交额来看，2003年之前全部气候风险交易均属于场外交易。自2003年芝加哥商品交易所推出了气候风险交易品以来，场内交易大幅增长，场外交易呈下降趋势。场内交易增加的重要原因，一方面，场内交易使用标准统一的交易合同，降低了交易成本，提升了交易透明度；另一方面，场内交易具有清算机构和入场交易者遵守的清算规则，降低了交易伙伴之间的信贷风险。场外交易和场内交易相比，虽然有一些不足，但是它所具有的灵活特性很适合一些新兴的天气衍生产

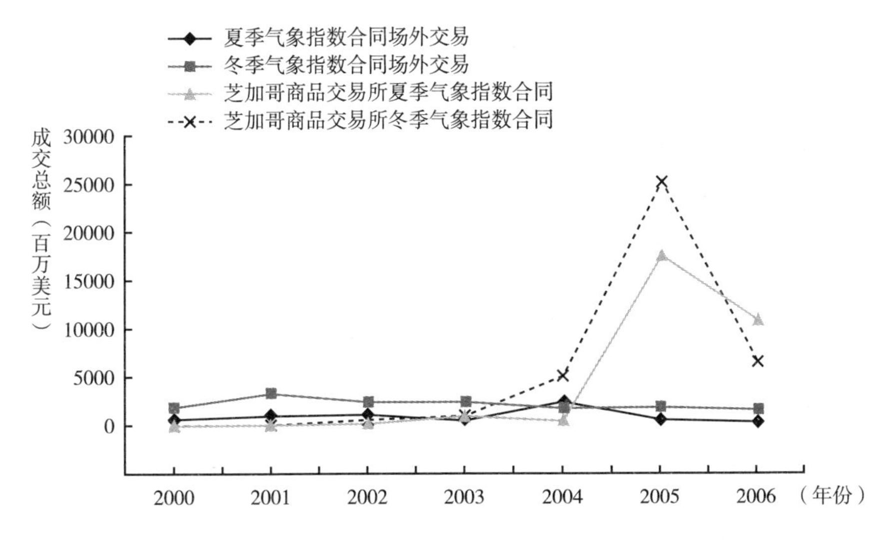

图1　全球2000~2007年气象灾害风险交易合同成交总额

资料来源：Roth, M., "Critical Success Factors for Weather Risk Transfer Solutions in the Agricultural Sector," Paper presented at the 101st EAAE Seminar on Management of Climate Risks in Agriculture, Berlin, Germany, July 5-6, 2007.

品在没有达到市场成熟之前的试交易。另外有一些面临气象灾害风险的企业，有寻找保险产品的紧急需求时，为避免等待上市时间太长，也可以寻找场外交易伙伴。所以场外交易是场内交易的一个很好的补充。

图2展示了全球气象灾害风险交易合同比重的地域分布。2000～2005年，北美和欧洲的交易合同占到了整个交易合同的绝大多数，达到总交易量的85%左右。但从总体来看，欧美的交易合同比重2000～2007年呈波动下降趋势，而亚洲的交易合同比重却呈现了大幅增长的势态。在2005年和2006年度占了整个交易合同数的1/3。在亚洲地区，主要是日本在开展气象灾害风险相关方面的交易。欧美地区交易合同总数的年际波动，反映了气象灾害风险交易市场，特别是有组织的场内交易市场目前还不成熟，还处于发展阶段。比如在芝加哥商品交易所交易的天气衍生品合同，主要是温度衍生品，因为交易品种的相对单一，造成了市场参与者过度集中在某一个行业领域。虽然最近刚刚上市了飓风、降雪、冰冻气象指数交易，但目前交易量还很低，没有形成广泛的市场需求。市场参与者的过度集中，会造成一旦交易

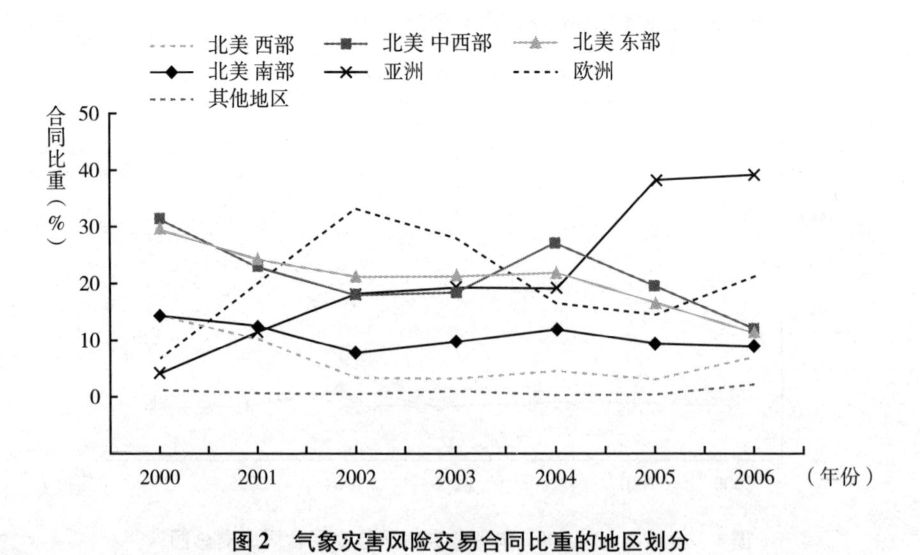

图2　气象灾害风险交易合同比重的地区划分

资料来源：Roth, M.,"Critical Success Factors for Weather Risk Transfer Solutions in the Agricultural Sector," Paper presented at the 101st EAAE Seminar on Management of Climate Risks in Agriculture, Berlin, Germany, July 5－6, 2007.

在气象期货指数基础上，其定价原理的理论依据比较强，容易得到市场参与者的普遍认同。

气象指数保险产品交易：进行气象指数的期货和期权交易，只能规避一部分经济损失。理论上，由气候变化所造成的地区系统风险（比如高温热浪、低温冰冻等）可以通过此种交易得到转移。但由于保险产品规避风险效率的高低与交易合同的基本风险有紧密的相关关系，对基本风险很大的企业来说，建立在气象指数上的期货和期权交易并不是很理想的风险管理工具。而且，气象指数期货和期权交易最适合规避一般性的、损失不太严重的气象灾害。对遭受气象灾害损失严重而且基本风险很高的企业，需要针对其具体损失而专门设计气象指数保险合同。因此，根据产业和地区特殊风险专门设计的气象指数保险产品是对气象指数的期货和期权交易的有效补充。气象指数保险产品一般是投保人和提供保险方（保险公司或银行）双方之间达成的合约。合同可根据投保人的具体情况灵活设计，风险金也可以通过双方谈判而定。

再保险和风险证券化：正规的气象灾害风险交易市场，除了可以交易天气指数的期货和期权合约，也可以进行气象灾害风险证券交易。气象灾害风险证券化针对的主要是巨灾风险。气象灾害风险证券在金融市场发行，也是再保险的一种手段，是对传统再保险的有效补充，能起到降低再保险保险金的作用。

国家和地方政府可以将气象指数保险产品和气象灾害风险证券交易纳入抗灾和灾后重建的措施中。政府灾后财政支持和灾后重建往往面临着资金来源不足、款项到位滞后的问题。遭遇到巨灾时，中央和地方政府会面临很大的财政风险。利用气象指数保险产品，政府可以将灾后重建的财政负担推向市场，第一可以保障赔偿资金的及时到位，第二可以有效防止资金使用过程中的腐败现象。

五　中国气象指数保险的实践案例

近几年，中国气象局与中国保险监督管理委员会以及一些国际组织合作，针对农村和城市中小型企业以及以家庭为主的客户群，开展了需求导向型的商业化气象指数保险的设计。通过对受气象灾害影响较严重的省份，以建立气象指数保险产品为目的，对政府机构和企业进行问卷调查，了解了市场需求，并选择福建省开展台风影响，吉林省开展低温冷冻对农业影响，江西省强降水对基础设施影响，陕西省和新疆维吾尔自治区开展低温对水果业影响的气象指数保险产品试点研究，设计了适合当地情况的气象指数产品及交易合同。然而，气象巨灾风险的证券化还没有真正的实践案例。具体的气象指数保险在中国的实践案例可参见《气候变化绿皮书》(2012)。①

六　结论与建议

对未来全球气候变化的预估显示，气候变化引发的极端天气事件将会增多增强②，极端灾害造成的损失，影响的范围将扩大，波及的人口也将随之上升，气候变化造成的灾害损失在整个社会经济中的比重也会越来越大。政府和企业对气象灾害风险交易市场以及对创新性的气象灾害风险交易工具的需求将会在未来几年中大大增加。国内目前尚未建立完善的应对气候变化影响的气象灾害风险交易市场和交易产品。可以预见，研究和发展适合中国国情的气象灾害风险交易市场，开发和设计适合中国市场和气象灾情的气候风险交易产品，为政府和相关企业提供相关的气象灾害风险管理咨询服务，其市场潜力是巨大的。

在中国建立多层次的气象灾害风险交易市场的条件已经成熟，应尽早开展气象灾害风险交易产品开发，建立市场交易的试点并加大力度支持该领域的科学研究。中国气象局国家气候中心早在 2002 年就与德国慕尼黑再保险公司合作探索气象指数保险在中国应用的可行性分析；2008 年又与德国技

① 苏布达等：《商业化气象指数保险及其在中国的实践》，《气候变化绿皮书》(2012)，社会科学文献出版社，2012，第 225～232 页。

② Karl, T. R., Trenberth, K. E., "Modern Global Climate Change," *Science* 302 (2003): 1719－1723.

术合作公司（GTZ）开展气象指数保险的可行性研究。在中国气象局和中国保险监督委员会的大力支持下，开展了不同气象灾害灾种的气象指数保险系统的探索性研究。这些研究将有助于在气象灾害风险交易市场建立雏形，对现有的气候观测条例和规范进行补充，同时对现有的以核损为主的保险条例补充完善，促使和保障风险交易市场的健康有序发展。

中国气象灾害风险交易市场的研究，产品设计和市场开发工作可以从以下几个方面进行。第一，针对受气象灾害影响较严重的省份，在建立气象指数保险产品的基础上，对政府机构和企业进行问卷调查，了解市场需求。[①] 第二，选择一些遭受经济损失严重的省份进行产品试点，设计适合当地情况的气象指数产品及交易合同，在适合的中心城市进行气象指数交易的试点。第三，结合试点经验，设立专门的研究机构，加强市场模型和定价研究，进行从业人员的专业培训。第四，建议将国家的救灾计划、风险管理措施和气象灾害风险交易市场的发展有机地结合起来，气象部门与相关证券交易机构合作探索天气衍生品和气象巨灾证券上市，以及相关的政策保障问题，将政府对灾后重建的责任推向市场。

① 毛裕定等：《浙江省柑橘冻害气象指数保险参考设计》，《中国农业气象》2007 年第 2 期。

G.23

社会性别与气候变化——国际主流化趋势及我国的对策*

王长科　艾婉秀　赵 琳**

摘　要： 性别平等议题已经成为与人权、人口、环境相并列的国际社会密切关注的四大主题之一。社会性别主流化是国际公认的推进社会性别平等的一个重要方法。在制定气候变化政策过程中考虑社会性别，可以提升气候变化的政策和措施的作用，因此社会性别应该整合到所有气候变化机制、政策措施、指导方针中。贫困地区妇女是气候变化灾害的脆弱群体之一，我国政府和学术界已经开始关注气候变化对女性群体的影响，并采取了一些有效政策和措施。我国应提高女性参与气候变化决策的积极性，充分发挥女性在应对气候变化与防灾减灾过程中的重要作用，加强对社会性别与气候变化关系的研究。

关键词： 社会性别　气候变化　中国　女性

气候变化已经给人类社会的生存和发展带来了严重挑战，引起居民健康需求的增加和医疗保健支出的增长，影响人居设施和居民生活，破坏农户的

---

* 本文得到2016年度中国气象局气候变化专项项目支持。

** 王长科，国家气候中心高级工程师，研究领域为气候变化与健康；艾婉秀，国家气候中心研究员，研究领域为气候与性别；赵琳，国家气候中心助理工程师，研究领域为气象灾害应急管理。

生计，加剧贫富差距和性别不平等。2008 年在波兰召开的《联合国气候变化框架公约》第 14 次缔约国大会（以下简称 COP）正式提出："在性别问题方面，气候变化很可能对男性和女性造成不同的影响。"[①]

一　气候变化对性别及性别公平的影响

社会性别平等指男女两性享有同等的权利，承担同等的责任，获得同等的机会。性别平等议题已经成为与人权、人口、环境相并列的国际社会关注的四大主题之一。社会性别平等意味着男性和女性的兴趣、需求和优先权均能得到考虑，意味着女性和男性的权利、责任和机会不是由生来是男还是女来决定[②]，但并不意味着女性和男性变得完全相同。社会性别平等意识主要是指尊重男女两性在社会、家庭和个人生活的各个领域和方面的平等权利，承认男女两性应在政治、经济、社会、文化及健康等方面具备平等的机会来享有资源。

研究表明，在社会、经济、文化上处于边缘地位的女性群体，往往也是最弱势的气候贫困群体。例如，在经常遭受飓风、洪水袭击的孟加拉国农村地区，妇女脆弱性受到诸多因素的影响，包括男性主导的社会文化使得妇女无法掌握生产性资源、低工资水平、缺乏应急自救信息和防灾项目的参与权，以及承担更多与灾害相关的繁重家务劳动等。由于妇女、儿童在家庭中的弱势地位，粮食短缺经常使他们遭受饥饿和营养不良的威胁。飓风、洪灾中的妇女、儿童死亡率往往高于男性，例如，尼泊尔洪灾中的儿童死亡率是平时的 6 倍，其中女童死亡率为 13.3‰，高于男童死亡率，是妇女死亡率的 2 倍，部分原因是女童和女性缺乏游泳技能和足够体力。针对越南、孟加拉国、美国、澳大利亚、新西兰等国家的研究表明，气候灾害和长期气候变化的一些负面影响（如失去财产或家人、缺乏社会保险等）会加剧心理压

① 占明锦：《江西开展鄱阳湖区性别适应气候变化研究》，《中国气象报》2011 年 3 月 8 日。

② SKinner, E.,"Gender and Climate Change – Overview Report," Institute of Development Studies, 2011.

力和情绪紧张，导致针对女性的家庭暴力呈现增长趋势。气候变化加剧了城乡人口流动，在遇到灾害时，往往农村家庭的男性劳动力外出打工弥补生计，留守家中的农村女性成员需要承担更多繁重的家务和额外的劳作，例如，尼泊尔在季风转换的干旱期，男性成员外出进行边贸交易，妇女和女童则留在家中耕种抗旱的荞麦①。

二 国际气候变化社会性别主流化的进展及趋势

（一）社会性别主流化的定义和原则

社会性别主流化是在1995年北京举行的联合国第四届世界妇女问题国际会议通过的《行动纲领》中被明确的。这一概念强调确保两性平等是一切经济社会发展领域的首要目标②。

1997年联合国经济及社会理事会界定了社会性别主流化。所谓社会性别主流化是指在所有领域和层面上评估计划的政策行动（包括立法和方案）对男性和女性的不同含义。作为一种策略和方法，它使男女双方的关注和经验成为设计、实施、监督和评判政治、经济和社会领域所有政策方案的有机组成部分，从而使男女双方受益均等，不再有不平等发生。纳入主流的最终目标是实现男女平等③。

社会性别主流化的基本原则包括：整个联合国系统都有责任实行主流化策略；需要为监督过程建立充分的责任体系；一切工作部门的事宜和问题首先应该是寻找出性别差异④；不应再做出这种论断，即从两性平等角度出发

① IPCC, *Climate Change 2014: Impacts, Adaptation and Vulnerability* (Cambridge University Press, 2014).

② 张迎红：《浅析从性别平等战略到性别主流战略的转向》，《中华女子学院学报》2009年第5期。

③ 尹旦萍：《社会性别主流化及其中国途径》，《党政干部论坛》2009年第11期。

④ 王爱君：《农村改革政策与妇女贫困——一种社会性别主流化视角》，《中南财经政法大学学报》2013年第3期。

的事宜和问题都是中立的；应该继续开展性别分析；把这一概念应用于实践时，清楚的政治意愿和对足够纳入主流资源的明确分配是十分重要的，如有必要还要包括额外的财政和人力资源；社会性别主流化要求在各个层次的决策制定中都要努力拓宽妇女的参与面；主流化并非取代对目标具体、专门针对妇女的政策项目和具有积极意义的立法需求。[①]

社会性别主流化的层次应包括：（1）社区层次：在很多社区文化中，女人只能做家务劳动，不能参加公众活动和社区活动。首先需要改变的是组织内部的性别结构和男人的性别观念，让组织中的男性工作者接受女性工作者，这样才有可能改变社区民众的社会性别观念。（2）国家（政府）层次：政府应有性别敏感，才能促进性别主流化；要从妇女的角度进行政治分析，与政府对话；利用国际条约、地区性会议推动政府行为；与主流决策者对话后要关注效果，要做政策效果分析。（3）地区层次：一个地区需要讨论的是本地区应该做什么，而不仅仅是一个组织应该做什么[②]。

（二）《联合国气候变化框架公约》中的社会性别主流化

2003 年在米兰召开的 COP 9 会议上，三个女性组织（LIFE、ENERGIA 和 WECF）联手开始一个进程，这个进程促进了稳步扩大的“性别和气候变化——妇女与气候公平”网络的形成，促使妇女组织更多地参加《联合国气候变化框架公约》会议。这些组织的策略包括：（1）缩小社会性别方面的气候变化知识差距（研究和社会性别分类数据）。（2）在进行气候政策决策时包括更多的妇女和社会性别专家。（3）将社会性别知识集成到决策、执行、监控和沟通策略和材料中。[③]

“性别和气候变化——妇女与气候公平”联盟是《联合国气候变化框架公约》的一个正式注册的观察员组织，使用了很多方法，如在妇女和性别

---

① United Nations, “Gender Mainstreaming,” http: //un. org/womenwatch/daw, 2000.

② 荣维毅：《社会性别主流化探析》，《中国妇女报》2002 年 6 月 4 日。

③ SKinner, E. , “Gender and Climate Change – Overview Report,” Institute of Development Studies, 2011.

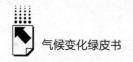

专家讨论策略的气候会议、培训、研讨会和日常会议上布置信息展台；形成立场文件并提交；不断游说政府和代表。自2003年米兰COP 9以来，妇女和性别问题在会议上的显示性已逐渐上升。

在制定气候变化政策过程中考虑社会性别有两个方面的理由：一是社会性别主流化可能增加响应气候变化的效率；二是如果在气候政策中不考虑性别因素，性别平等的进程可能会受到制约。实际上，社会性别主流化有助于促进发展项目中适应气候变化和可持续发展两大目标的协同实现。①

联合国开发计划署有关性别与气候变化的资源指南指出，在《联合国气候变化框架公约》方面，自从COP 11以来召开的妇女预选会议上，一直积极协商在公约的所有领域引入社会性别方法。这些预选会议由“性别和气候变化——妇女与气候公平”网络支持。2007年在巴厘岛COP 13大会上成立的全球性别和气候联盟（GGCA）的成员，也在促进全球性别平等问题以应对气候变化方面一直很活跃。

在《联合国气候变化框架公约》文件中，唯一涉及性别的是如何准备国家适应行动计划（NAPAs）的指南。在筹划国家适应行动计划时，性别平等是需要遵循的原则之一，例如建议在致力于性别问题的团队中必须包括男性和女性专家。迄今为止，很多缔约国提交给《联合国气候变化框架公约》秘书处的国家报告原则上都强调了女性的脆弱性和性别平等的重要性。例如许多国家适应行动计划指出女性是取水、收集柴火（或其他燃料）、生产和准备食物等家务劳动中的主要承担者，最脆弱的女性往往也产生于最贫困的人口中。然而，很少有国家的适应行动计划能够认识到在适应活动中女性是重要的参与者。将女性和男性不同的日常实际考虑进去，可以对气候变化的政策和措施产生质的改善。

在气候变化问题上，性别平等应该纳入所有机制工具、政策措施和指导

---

① Mainlay, J. and Su, F., “Mainstreaming Gender and Climate Change in Nepal,” *Climate Change* 2 (2012).

方针中，具体建议包括：（1）对有关气候变化的所有预算限额和金融工具进行社会性别分析。（2）在《联合国气候变化框架公约》和《京都议定书》的机制和文件中，开发和应用性别敏感的标准及指标，尤其是涉及适应性和脆弱性的文件。原因是性别差异在这个领域最关键也最明显。（3）在修订《联合国气候变化框架公约》国家通报指南过程中，确保包含性别维度。

将性别主流化纳入气候变化政策的相关机制包括：收集生计策略的性别分类数据；女性适应气候变化的授权和能力建设；利用现有的当地知识，详细评估气候变化对女性和男性的差异性影响；加强已有性别平等目标的组织机构和政策规划；加强现有法律框架和工具；在专门针对女性的项目中进行性别评估。

三 气候变化对我国社会性别平等问题的影响和挑战

（一）性别差异使得我国女性成为贫困地区灾害承受的主体

我国的气象灾害影响分布与贫困县分布有着高度一致的情况，95%的绝对贫困人口生活在生态环境极度脆弱的农村地区。由于许多农村地区的青壮年男性大多外出务工，留守的主要是老人、妇女和儿童，女性成为务农和照顾家人的主要劳动力。受传统社会结构和文化的影响，在我国经济落后的贫困地区性别不平等现象还很突出。据统计，农村留守妇女人口达到了5000万，占农村劳动力人口的65%～70%，成为农村地区的主要劳动力。这也意味着，在灾害来临时她们也是主要的承受者和决策应对者。所以女性，尤其是生活在贫困地区的女性是最易受气候变化影响的群体之一①。但目前我国无论是政府的统计、调研资料，还是学术研究的论文、专著，都几乎看不到分性别的数据和实例公布，缺乏气候灾害对贫困人群分性

① 占明锦：《江西开展鄱阳湖区性别适应气候变化研究》，《中国气象报》2011年3月8日。

别影响的实证资料，仅在部分地区有一些社会性别适应气候变化平等性的调查研究。

中国气象局江西省气候中心在2011～2012年与联合国妇女署在江西联合开展了“鄱阳湖区社会性别适应气候变化平等性研究”，调查研究中发现：（1）农村劳动力有女性化趋势。被访女性占所有被访者的64%，且平均年龄比男性被访者平均年龄小8岁，女性成了农村劳动力的主力军。（2）男性受教育程度高于女性。63%受访者受教育水平在以小学及以下，其中男性该学历水平占53%，女性高达68%，且被访男性的平均年龄大于女性，农村人口受教育程度的性别差异很可能还要高于留守人口的性别差异。（3）男性对参加知识培训的积极性高于女性。90%的男性表示愿意参加气候变化知识培训，而女性被访者则只有50%愿意参加。（4）男性使用家庭信息资源的比例高于女性。例如，电视机、手机、固定电话是鄱阳湖区最主要的家庭信息资源，电视机的使用情况没有性别差异，但手机和固定电话的使用比例均是男性高于女性。（5）湖区居民男性对天气预报的关注度略高于女性。男性每天关注的占84.7%，基本不关注的占8.3%；女性每天关注的占78.3%，基本不关注的占10.9%。（6）电视机是鄱阳湖区农村居民获取气象信息的主要途径，电视机的选择上不存在明显的性别差异。（7）女性通过电子信息显示屏与高音喇叭两种渠道了解天气预报的比例高于男性。例如，12%被访男性通过这两种渠道关注过气象信息，35%被访女性通过这两种渠道关注过气象信息。（8）男性对气候变化的认知略高于女性。近50%的被访男性听说或了解过“气候变化”，而被访女性仅40%听说或了解过“气候变化”。（9）近80%的被访者均不知道当雷电、暴雨和洪涝灾害发生时如何防御，男女没有明显的差异。[①]

由国家发改委组织，中国、英国、瑞士共同合作开展的“中国适应气候变化（ACCC）项目”在宁夏、内蒙古等地区也开展了一些相关研究。

① 江西省气候中心：《鄱阳湖区社会性别适应气候变化平等性研究》，2012。

宁夏中南部是中国贫困人口最集中的地区之一，有贫困人口近100万人，其中35万人居住在自然条件极为严酷、干旱缺水、信息闭塞的偏远山区，[①] 这些地区的农业生产和生活受到气候和环境变化的很大影响，长期贫困、物质匮乏、环境闭塞导致这些地区的人口教育落后、卫生健康和营养状况低下，严重阻碍了这些地区实现脱贫、发展和适应气候变化风险的能力。在上述因素中，许多都与性别问题密切相关，如历史和文化习俗导致妇女受教育水平普遍较低，难以像男性一样外出打工和发展，在男性成员外出之后，女性便成为家庭生活的主要劳动力。ACCC项目在调研中得到的认识有：（1）少数民族妇女儿童是宁夏贫困地区的典型弱势群体，由于教育文化水平低、生育率高、健康水平相对低下，导致适应能力较差。许多青壮年回族妇女不识字，很难外出就业，对于政府实施的生态移民项目而言，这些受教育程度低、劳动技能缺乏的贫困人口很难适应新的生活，容易在移民后返贫。（2）气候变化增加了妇女群体的劳动时间和家庭负担。气候变化加剧了宁夏中南部地区的干旱化趋势，减少农作物收成、增加病虫害，降低作物品质和营养成分，在极端年份（如旱灾、冻害或洪涝灾害等）的歉收绝收，使得不少家庭入不敷出，家庭主要劳动力外出打工补贴家用，于是家庭的主要工作大都落在妇女们的身上。[②]

（二）我国政府和学界已经开始关注气候变化对女性群体的影响，并采取了一些有效政策和措施

2011年我国政府制定了《中国妇女发展纲要（2011—2020）》，除了明确妇女在经济、环境、法律等领域的发展权利之外，明确提到妇女在“参与决

① 潘家华等：《气候容量：适应气候变化的测度指标》，《中国人口·资源与环境》2014年第2期。

② 马忠玉主编《宁夏应对全球气候变化战略研究》，阳光出版社，2012；Street, R., Opitz - Stapleton, S., “ACCC Resource Manual: Reflections on Adaptation Planning Processes and Experiences,” DFID - China: Beijing, 2013.

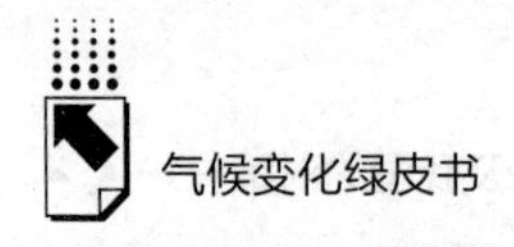

策与管理”领域将被赋予更多的发展机会。例如，宁夏通过实施生态移民项目解决了80多万贫困人口的生计问题，很大程度上改善了“气候贫困”和“贫困陷阱”问题。其中，通过提供就业、打工和培训机会，改善了一些移民家庭的妇女生计和社会地位。通过加强社会保险体系，将农民纳入全国统一的社会医疗保险体系，每年交30元医疗保险，大病统筹，医疗费用可以报销80%，农村老年妇女获得了养老的“保护伞”。

2015年，习近平主席在全球妇女峰会上发表了重要讲话，强调了要考虑性别差异和妇女的特殊需求，确保妇女平等分享发展成果。这些都体现了国家对妇女的关注和重视。针对农村贫困地区的妇女在灾害防御过程中的独特性，我国采取了一些赋权性政策和措施。主要做法是：第一，增强妇女获取并应用天气和气候服务信息的能力，来提高应对灾害的效果。如针对农村地区女性受教育程度和对减灾信息关注程度低的情况，组织针对女性的灾害防御知识培训，相关培训教材和案例也设计得简明易懂，符合妇女从事农业生产和照顾家庭的双重决策需求。第二，针对女性获取天气气候信息手段的特点，扩大气象信息对女性群体的覆盖率，在农村地区架设了更多的电子显示屏和高音喇叭；在电视机较为普及的地区，气象信息的播报时间也考虑了女性群体的收视习惯。第三，重视女性参与天气气候信息的制作与传播，如建立的农村信息员队伍中，女信息员的数量在不断增加，她们在了解妇女防灾减灾需求，及时向女性及弱势群体传递信息方面发挥了重要的作用。第四，重视气象预报和减灾服务领域女性技术专家和管理骨干的队伍建设，并取得了瞩目的成绩。目前，我国气象部门女性工作者的占比在世界气象组织（WMO）成员中处于较高水平，国家级单位中女性占比已达40%以上。

四　我国加强女性气候变化适应能力的对策与建议

2002年“提高社会性别主流化能力项目”在北京市启动，其目的是在政府、工人及其组织、雇主及其组织加上妇女组织这种“3+1机制”中提高我国社会性别主流化能力和就业政策中的性别平等。该项目通过举办一系列提高社会性别主流化能力的培训班、高级研讨班和战略研讨会，调查下岗失业妇女自主创业情况、大学生就业中的性别歧视问题、自谋职业或自主创业中的性别平等状况及企业女性用工状况，建立专门的妇女就业网页，有效地推进了我国社会性别主流化进程。

尽管我国在女性服务方面采取了一些有效政策和措施，但相比一些发达国家在公共服务方面考虑性别已有较成熟的政策和实践，我国还是处于发展阶段，尤其是与气候变化相关的性别平等领域，还有许多亟须学习和加强研究的议题。提升女性适应气候变化能力的主要建议包括：

（一）提高女性参与气候变化决策的积极性

无论在国际还是国内的气候变化谈判中，女性参与的比例仍然较小。例如，在 2010 年 COP 16 中，代表团成员中女性比例低于 30%，代表团团长比例只有 12% ~15%。虽然女性比例在缓慢增长，但女性在气候变化领导者中的比例在过去的 14 年中几乎没有增长。政府应保障女性与男性享有同等的受教育机会，建立更多向女性倾斜的深造、科研和资助机会，以此提高女性受教育水平，从而提高女性参与气候变化决策的积极性。政府应该让更多的女性参与到气候变化政策的制定中，她们可以从女性视角出发，提出更有利于老人、儿童等弱势群体需求的政策。

（二）充分发挥女性在应对气候变化与防灾减灾中的重要作用

全球仍然有大量的女性生活在贫困中，经济、土地、教育、人权等均得不到保障，这使得女性在气候灾害中具有明显的脆弱性。在我国，越来越多的农村男性外出打工，农作物种植、饲养牲畜就依靠女性来完成，这导致女性更加依赖于自然资源，一旦气候变化导致自然灾害，她们就是最直接的受害者，很有可能因此失去收入机会。如果她们可以有效地参与到备灾、救灾和重建规划中，接受更多更全面的应急管理培训，便能在应对气候变化与防灾减灾中发挥重要作用。

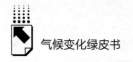

（三）加强对社会性别与气候变化关系的研究

在我国，目前针对不同社会性别探讨如何适应和应对气候变化的专门研究仍然较少。因此，开展社会性别与气候变化关系的研究并制定应对政策迫在眉睫。这些研究包括全球气候变化的性别差异影响，尤其是应将关注点放在适应和减缓气候变化能力的性别差异上，推动案例研究的出版和宣传。应该加强对有关气候变化社会性别分析的项目预算支持，开发相关的金融工具。此外，从性别数据的角度来看，中国社会自上而下的性别统计分类还很匮乏，有必要建立中国女性权益保护的数据库。

G.24

干旱区资源型城市绿色转型发展分析

——以嘉峪关市为例*

朱守先**

摘　要：　干旱区是资源环境基础最为脆弱、人地关系最敏感的区域。干旱区资源型城市因矿产资源开发与国家工业化发展而兴起，对国家经济建设做出了突出贡献。在气候变化和生态文明建设背景下，干旱区资源型城市的绿色转型与可持续发展必须以“创新、协调、绿色、开放、共享”五大发展理念为指引。本文以嘉峪关市为例，分析了干旱区资源型城市在新时期促进绿色发展、提升资源环境效益的现实意义、制约因素、主要策略和行动，其经验能够为其他同类城市提供启发和参考。

关键词：　干旱区　绿色发展　气候容量

21世纪以来，随着全球能源与资源危机、生态与环境危机、气候变化危机等多重挑战，世界开始迈向第四次绿色工业革命，中国第一次与发达国家站在同一起跑线上。2015年10月，党的十八届五中全会提出，实现“十

---

* 本文由国家社会科学基金项目“气候容量对城镇化发展影响实证研究”（项目编号：14BJY050）资助。

** 朱守先，博士，中国社会科学院城市发展与环境研究所副研究员，研究方向为可持续发展与生态文明建设。

三五”时期发展目标，破解发展难题，厚植发展优势，必须牢固树立并切实贯彻“创新、协调、绿色、开放、共享”的发展理念。绿色发展也是《中国制造 2025》提出的基本方针之一，要求坚持把可持续发展作为建设制造强国的重要着力点，加强节能环保技术、工艺、装备推广应用，全面推行清洁生产。发展循环经济，提高资源回收利用效率，构建绿色制造体系，走生态文明的发展道路。作为干旱区资源型城市，具有两大特征：一是地处干旱区，自然资源环境协同基础弱；二是矿产资源丰富，因企而兴，为国民经济发展做出巨大贡献。在生态文明建设背景下，探讨干旱区资源型城市绿色转型发展策略，对于增强区域发展活力，促进干旱区可持续发展具有重要意义。

一　资源型城市的界定与类型

城市作为聚落（Settlement）的一种特殊形态，是有一定人口规模，并以非农业人口为主的居民集居地。[①] 根据《中华人民共和国城市规划法》，城市是指国家按行政建制设立的直辖市、市、镇。截至 2016 年 7 月，全国共有 661 座城市，其中 4 座直辖市，293 座地级市，364 座县级市。从 297 座地级以上城市分析，城市地域不等于城市化地区，以行政建制设立的城市实际上是区域概念，城市统计数据包括下辖的市辖区、县或县级市等县级单位，目前全国地级以上城市共 16 座城市仅设市辖区，5 座城市不设市辖区。

表 1　仅设市辖区及不设市辖区全国地级以上城市名单

序号	类型	城市名单
1	仅设市辖区城市	北京、天津、上海、南京、厦门、武汉、广州、深圳、乌海、莱芜、鄂州、珠海、佛山、海口、三亚、克拉玛依
2	不设市辖区城市	东莞、中山、三沙、儋州、嘉峪关

① 许学强、周一星、宁越敏：《城市地理学》，高等教育出版社，2009。

根据《全国资源型城市可持续发展规划（2013～2020年）》，资源型城市是以本地区矿产、森林等自然资源开采、加工为主导产业的城市（包括地级市、地区等地级行政区和县级市、县等县级行政区），资源型城市作为我国重要的能源资源战略保障基地，是国民经济持续健康发展的重要支撑。促进资源型城市可持续发展，是加快转变经济发展方式、实现全面建成小康社会奋斗目标的必然要求，也是促进区域协调发展、统筹推进新型工业化和新型城镇化、维护社会和谐稳定、建设生态文明的重要任务。

资源型城市数量众多，资源开发处于不同阶段，经济社会发展水平差异较大，面临的矛盾和问题不尽相同。遵循分类指导、特色发展的原则，根据资源保障能力和可持续发展能力差异，按照生命周期将资源型城市划分为成长型、成熟型、衰退型和再生型四种类型，明确各类城市的发展方向和重点任务。

表2　不同发展阶段的资源型城市特征

序号	类型	特征
1	成长型城市	资源开发处于上升阶段，资源保障潜力大，经济社会发展后劲足，是我国能源资源的供给和后备基地
2	成熟型城市	资源开发处于稳定阶段，资源保障能力强，经济社会发展水平较高，是现阶段我国能源资源安全保障的核心区
3	衰退型城市	资源趋于枯竭，经济发展滞后，民生问题突出，生态环境压力大，是加快转变经济发展方式的重点难点地区
4	再生型城市	基本摆脱了资源依赖，经济社会开始步入良性发展轨道，是资源型城市转变经济发展方式的先行区

二　干旱区的气候容量制约与典型资源型城市的发展概况

我国干旱区包括新疆维吾尔自治区全境，甘肃省河西走廊、青海省柴达木盆地、内蒙古自治区西部阿拉善高原及黄河宁夏段以西的宁夏回族自治区北部，不同于通常所指的西北干旱区，土地面积约占全国总面积的1/4，大致为年平均降水量小于200毫米且地理位置在贺兰山以西的区域范围（73°～107°E和35°～50°N）。[①] 在干旱区，水资源是影响气候容量的核心要素，是干旱区自然环境综合体中最活跃的因素，对经济和社会发展起着决定性的作用。

在21座仅设市辖区及不设市辖区的地级市中，嘉峪关市、乌海市和克拉玛依市地处干旱区，3座城市最显著的共同特征是资源型工业城市（见表3）。以下以嘉峪关市为例重点分析气候容量与城市发展的关系。

表3 克拉玛依市、乌海市、嘉峪关市城市发展概况（2014年）

项目	单位	克拉玛依市	乌海市	嘉峪关市
城市特征	—	石油城市、成熟型资源型城市	煤炭城市、衰退型资源型城市、资源枯竭城市	钢铁工业城市
地理区位	—	北纬44°7′～46°8′ 东经84°44′～86°1′	北纬39.15°～39.52° 东经 106.36°～107.05°	北纬39°47′，东经98°17′
面积	平方千米	7735	1754	2935
行政区划	—	四区：独山子区、克拉玛依区、白碱滩区、乌尔禾区	三区：海勃湾区、海南区、乌达区	三管理区：长城区、镜铁区、雄关区
人口	万人	38.98	55.42	24.13
城镇化率	%	100.00	94.57	93.41
GDP	亿元（人民币）	847.50	600.18	243.10
人均GDP	元（人民币）	217423	108297	100746
	为全国平均水平倍数	4.67	2.33	2.17

① 汤奇成：《中国干旱区水文及水资源利用》，科学出版社，1992。

续表

项目	单位	克拉玛依市	乌海市	嘉峪关市
三次产业结构	—	0.66∶84.93∶14.41	0.80∶63.90∶35.30	1.63∶69.80∶28.57
工业增加值	万元	688.60	342.34	160.69
工业增加值比重	%	81.25	57.04	66.10
能源消费量	万吨标准煤	1350	1581.18	1051.87
单位 GDP 能耗	吨标准煤/万元	1.61	2.51	3.30
年平均气温	℃	8.6	10.3	8.2
年平均相对湿度	%	51	42	46
年降水量	毫米	108.9	192.2	72.2
年蒸发量	毫米	2692.1	3289	2149
年日照时数	小时	2705.6	3082.7	3077.9
空气质量达标天数	天	313	232	296
无霜期	天	225	156～165	130
建成区绿化覆盖率	%	43.04	41.9	38.8

注：单位 GDP 能耗采用 2010 年不变价 GDP 计算。

资料来源：2015 年《克拉玛依统计年鉴》、2015 年《乌海统计年鉴》、2015 年《嘉峪关统计年鉴》。

三　嘉峪关市绿色发展转型的案例研究

嘉峪关市位于甘肃省西北部干旱区，河西走廊中部，是明代万里长城的西端起点，曾经是古丝绸之路的“国门”。嘉峪关市依托 1958 年国家“一五”计划重点项目“酒泉钢铁公司”的建设而设市，因世界文化遗产嘉峪关而得名，素有“天下第一雄关”“边陲锁钥”之称，是一座新兴的工业旅游现代化区域中心城市。全市海拔在 1412～2722 米，绿洲分布于海拔1450～1700 米，城区平均海拔 1600 米。境内地势平坦，土地类型多样。城市的中西部多为戈壁，是市区和工业企业所在地；东南部、东北部为绿洲，是农业区，绿洲随地貌被戈壁分割为点、块、条、带状，占总土地面积的 1.9%。

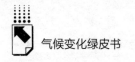

（一）嘉峪关市的气候容量分析

1. 气候条件

嘉峪关市地处干旱区，属温带大陆性荒漠气候，年均气温在 8.2℃，年日照时数 3077.9 小时。自然降水量年平均 72.2 毫米，蒸发量 2149 毫米。全年无霜期 130 天左右。

表 4　嘉峪关市月平均气温一览表

单位：℃

月份	1 月	2 月	3 月	4 月	5 月	6 月
平均气温	-9.7	-6.3	1.6	9.7	16.5	20.5
月份	7 月	8 月	9 月	10 月	11 月	12 月
平均气温	23.1	21.8	15.7	7.9	-0.8	-7.8

2. 水资源条件

讨赖河横穿嘉峪关市境内，年均径流量 4.85 亿立方米，大草滩水库总容量为6400 万立方米。2014 年全市共有 12 座水库，其中大型水库 1 座，中型水库 1 座，小型水库 1 座，一般型水库 8 座。水库总库存容量达 7321.66 万立方米，设计年供水量达 12409.34 立方米，灌溉面积 3346.67 公顷。境内地下水资源丰富。净储量达 7.318 亿立方米，年补给量为 1.636 亿立方米。

2015 年 5 月，嘉峪关市出台贯彻落实最严格水资源管理制度实施意见，主要目标是实行最严格水资源管理制度，确立用水总量、用水效率、水功能区限制纳污管理“三条红线”，建立用水总量控制、用水效率控制、水功能区限制纳污控制、政府管理主体责任考核“四项制度”。

表 5　嘉峪关市贯彻落实最严格水资源管理制度目标

年份 \ 目标	用水总量（亿立方米）	万元工业增加值用水量（立方米）	农田灌溉水有效利用系数	水功能区水质达标率
2015	<1.81	<42	>0.55	100%
2020	<1.91	<28	>0.60	100%
2030	<2.21	<17	>0.65	100%

2016年6月，甘肃省确定嘉峪关等7市（县）为第一批水生态文明建设试点，嘉峪关市为其中唯一的地级市，要求通过试点建设，促进最严格水资源管理制度的落实，逐步实现水功能区保护和水生态系统良性循环的目标，通过立足当地经济社会和水资源现状，科学谋划水生态文明建设布局，统筹考虑水的资源功能、环境功能、生态功能，合理安排生活、生产和生态用水，协调好上下游、左右岸、干支流、地表水和地下水关系，合理确定规划目标和建设任务，推动建立政府引导、市场推动、多元投入、社会参与的水生态建设投入机制。

3. 光热条件

嘉峪关市是甘肃省太阳能资源最为丰富的地区之一，年日照时数超过3200小时，嘉峪关市充分利用嘉峪关市光照资源丰富、工业基础雄厚、产业配套能力较强、电力资源富集、就地消纳能力强、具备发展太阳能光伏产业的比较优势，抢抓发展机遇把发展太阳能光伏产业作为转变发展方式，提升经济质量的重要抓手，全力打造全省百万千瓦级光伏发电基地，取得了阶段性成效，光伏发电产业已成为嘉峪关市的新兴优势产业。

（二）嘉峪关市实现绿色发展的主要瓶颈

1. 资源型城市发展定位不明确

嘉峪关市原属酒泉县地，1955年发现张掖肃南镜铁山铁矿，1958年成立酒泉钢铁公司，以原城镇为主，划出酒泉县、肃南县部分辖地，设立甘肃省嘉峪关市筹备委员会。1965年设市，1971年经国务院批准为省辖市。然而根据《全国资源型城市可持续发展规划（2013～2020年）》，确定全国262个资源型城市，其中地级行政区（包括地级市、地区、自治州、盟等）126个，县级市62个，县（包括自治县、林区等）58个，市辖区（开发区、管理区）16个。其中甘肃省金昌市、白银市、武威市、张掖市、庆阳市、平凉市、陇南市等7个地级市、县级市玉门列入全国资源型城市，嘉峪关市没有被列入。其中白银市和玉门市分别于2008年和2009年被列入首批和第二批资源枯竭城市。

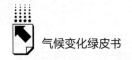

嘉峪关市之所以没有被列入全国资源型城市，究其原因，酒钢集团主要依托的镜铁山铁矿位于张掖市境内的祁连山区，镜铁山矿区作为经济飞地，交通运输联系主要依靠长度69千米的嘉镜铁路完成。60年来镜铁山矿资源量开发接近50%，从资源型城市发展的生命周期分析，嘉峪关市应属于成熟型资源型城市，“十三五”期间嘉峪关市拟申报国家资源型城市和资源枯竭城市，进一步明确城市发展定位，促进城市发展转型。

2. 产业多元化特征不显著

嘉峪关市目前仍以重化工业为主，五大支柱行业包括黑色金属冶炼和压延加工业、电力热力生产和供应业、有色金属冶炼和压延加工业、化学原料和化学制品制造业以及非金属制品制造业。工业是国民经济的绝对主导，在嘉峪关市表现得尤为显著。2015年因为钢铁行业发展受到制约，嘉峪关市工业增加值比重由2014年的66%下降到52%，五大支柱行业完成工业增加值91.68亿元，占规模以上工业的93.88%。产业多元化发展是未来城市经济结构调整的重点。

3. 经济社会发展具有典型的高碳化驱动特征

多年来，嘉峪关市基本形成了以煤炭消费为主要特征的能源消费格局，且城市正处于城市化的成长期和工业化的中期，以高载能产业为主导的经济增长模式对能源需求的依赖程度较高，能源消费总量还将继续增加。这些矛盾与问题同中西部地区新常态下面临的发展困局大体一致，需要在全国碳排放权交易及碳市场建设方面充分考虑全国不同区域的发展差异，尽可能地体现共同但有差别的责任，以期通过碳排放权交易这一市场化手段，助推实现经济社会的转型跨越发展。

4. 高城市化率与人文发展水平不匹配

城市化进程与居民收入、城市公共服务水平应该同步提升。嘉峪关市是典型的工业城市，下辖3个管理区和3个建制镇，2015年全市常住人口为24.39万人，城市化率高达93.42%，农村人口仅为1.6万人。2015年嘉峪关市城镇居民人均可支配收入30714元，农村居民人均可支配收入15371元，相差1倍，与高城市化发展水平不匹配。其中嘉峪关市城镇居民人均可支配收入比全国平均水平低1.5个百分点，因此增强人民收入水平和福祉成为新时期嘉峪关市社会发展的重要任务。

5. 气候容量制约城市发展规模

气候容量是指气候资源对人口和社会经济发展的承载能力。作为干旱区的资源型城市，气候容量严重制约城市发展规模，核心要素是水资源问题。嘉峪关市年降水量不足100毫米，而蒸发量超过2000毫米。极高的蒸发系数给城市水务工作带来巨大压力，为积极应对水资源压力，嘉峪关市编制了最严格水资源管理方案，建立并完善了水资源管理平台，力争切实解决水资源过度开发、用水浪费和水污染等问题，提高水资源的可持续利用。

（三）嘉峪关市推进绿色发展与生态文明建设的主要策略

1. 明确城市发展生命周期，促进产业多元化转型

作为成熟型的资源型城市，嘉峪关市需要前瞻性地预见到10～20年后可能迈入衰退型资源型城市的挑战，力争用最短时间促进城市转型和可持续发展。工业发展方向需要摆脱钢铁行业“一钢独大”的束缚。“十二五”时期，嘉峪关市试图将工业发展的重点放在产业转型升级上，通过深入实施“工业强市”战略，积极培育和发展冶金新材料、装备制造、新型建材、新能源、现代农业等区域优势产业，“十三五”期间需要进一步促进产业结构多元化，推进供给侧结构性改革实践。在技术创新方面，大力支持高能效、低排放相关技术研发并推广应用研发成果，建立健全新能源、可再生能源以及自然碳汇等多元化的低碳技术体系。

2. 利用光热资源优势，开展零碳排放区示范工程建设

作为全国太阳能资源最为丰富的地区之一，嘉峪关市充分利用光照资源丰富、工业基础雄厚、产业配套能力较强、电力资源富集、就地消纳能力强等比较优势，把发展太阳能光伏产业作为转变发展方式，提升经济质量的重要抓手，全力打造甘肃省百万千瓦级光伏发电基地，光伏发电产业已成为嘉峪关市的新兴优势产业。2015年，嘉西光伏产业园已建成光伏电站项目589兆瓦，实现并网发电499兆瓦，在建项目40兆瓦，核准（备案）待建项目

165 兆瓦，累计实现发电量 8.7 亿千瓦时。

根据国家“十三五”规划，要求有效控制电力、钢铁、建材、化工等重点行业碳排放，推进工业、能源、建筑、交通等重点领域低碳发展，支持优化开发区域率先实现碳排放达到峰值，深化各类低碳试点，实施近零碳排放区示范工程。嘉峪关市需要围绕光伏和光热等可再生清洁能源，推进零碳排放区示范工程建设，在省内率先实现碳排放达到峰值。

3. 充分利用资源，发展现代绿色生态产业

作为干旱区现代化工业城市，在生态文明新时代，嘉峪关需要摒弃传统的发展模式，大力发展生态工业、生态农业、生态服务业（第三产业），将全市建成生态产业园区和绿色居住区。通过绿色发展，提高资源综合利用率，推进冶金、有色、建材、化工、电力等重点耗能行业的清洁生产和资源的循环利用，实现经济效益、社会效益和环境效益的统一。

嘉峪关市耕地均为旱地，粮食播种面积超过 30%，2015 年粮食产量数量有限，仅为 12600 吨。发展现代生态农业，需要在 3 个建制镇逐步退出粮食种植，加强高效设施农业建设，以市场为导向，运用现代科学技术，充分合理利用资源环境，建设光伏和光热一体化现代农业设施，实现各种生产高效农业要素的最优组合，最终实现经济、社会、生态综合效益最佳的生产经营效果，提升城市产业发展综合水平。

4. 推进水生态文明建设，开展水资源治理

水资源是干旱区资源型城市发展的核心自然资源要素，需要树立“节水优先、空间均衡、两手发力、系统治理”的新时期治水思路，确保水资源安全。

构建水安全体系。在城市防洪方面，以《城市防洪规划》为基础，大力推进防洪工程建设；通过修建雨水收集利用工程，充分利用雨洪资源，将防洪工程与蓄水工程连接。在水源地达标建设方面，在已建水源井迁建项目的基础上，组建机构、明确职责、划拨经费，及时开展饮用水水源达标建设和应急演练，确保全市人民生命和财产安全。

构建水管理体系。以落实最严格水资源管理制度为抓手，大力推进计划

用水和水资源论证工作，建立起“三条红线”控制指标体系；以创建节水型载体活动为契机，全面推进工业、农业、生态、生活及服务业节水工作；落实居民用水阶梯水价和非居民用水累进加价制度，以水价改革促进水资源优化配置和全面节约；搭建水利信息化综合平台，完善计量监控体系，对全市取水、用水、供水和排水进行实时监控，实现对用水过程的全程监管。

构建水生态保护体系。以《嘉峪关市水资源保护规划》为基础，筹建嘉峪关市第二污水处理厂、嘉北工业污水处理厂及嘉峪关市污水处理厂扩建工程，提升污水资源的综合利用；促进多元融资，积极推动设立融资担保基金，推广股权、项目收益权、特许经营权等质押融资担保，采用环境绩效合同服务、投入开发经营权益等方式，鼓励加大社会资本对水环境保护投入；推行绿色信贷，加强环境信用体系建设，环保、银行等方面加强协作，严格限制环境违法企业贷款。

5. 整合区域资源，促进陇西北一体化进程

陇西北地区的区划整合是甘肃省内优化区域发展的重要议题。嘉峪关市地处陇西北，因企而兴，西距地级酒泉市仅 15 千米。2003 年玉门油田管理局及中核 404 集团的办公区和生活区分别搬到酒泉市和嘉峪关市，玉门油田矿区沦为废城。鉴于国家“一带一路”战略的实施，以及丝绸之路（敦煌）国际文化博览会的筹建，隶属酒泉市的县级市敦煌市地位将显著提升，嘉峪关市和酒泉市的一体化进程需要通过行政区划的调整来解决，通过资源整合，将陇西北经济断裂带建成丝绸之路的社会经济发展高地。

四　经验与启示

作为基础能源和原材料的供应基地，资源型城市长期以来为国家经济社会发展做出了突出贡献。新时期，需要普遍建立健全资源开发补偿机制和衰退产业援助机制，使资源型城市经济社会步入可持续发展轨道，从根本上破解经济社会发展中存在的体制性、机制性矛盾，统筹兼顾，改革创新，加快构建有利于绿色可持续发展的长效机制。从甘肃省嘉峪关市的经验和做法可

以得到以下建议和启示：

（一）加快产业转型。对传统支柱产业进行高起点、大规模的技术改造，加快开发下游产品，不断延伸产业链，推动资源开发由粗放向集约、资源加工由简单向精深、资源产品由初级向高级、资源项目由分散向集中转变；充分发挥资源优势，加快发展新能源、新材料等战略性新兴产业，为实现科学发展提供产业支撑；把发展第三产业作为经济结构调整、产业转型的关键环节，增强第三产业对经济发展的助推作用。通过结构调整、产业转型，推动绿色经济、循环经济和低碳经济发展，形成分工合理、特色鲜明、优势互补、良性互动的产业新格局。

（二）优化要素投入。把推广应用新技术、新工艺、新材料、新装备作为要素投入的重点，加快建设有利于能源资源科学开发和循环利用的项目。在工业和城市建设领域，实施一批节能、节水、减排、资源综合利用和清洁能源项目，加强重点生态保护工程和园林景观城市建设。坚决杜绝新上高污染、高耗能、高耗水项目，特别是在承接产业转移中，避免引进不符合发展循环经济要求的低科技含量和低附加值项目。

（三）推进技术创新。加大公共财政对科技创新的投入力度，把自主创新和引进、消化、吸收、再创新结合起来，突出抓好重大产业技术研发，力争在循环经济关键技术领域取得突破。充分发挥企业在技术创新中的主体作用，完善企业科技投入机制，加强创新人才培养和研发队伍建设，以高强度的投入推进科技创新，以市场需求引领企业自主创新，为发展绿色、循环、低碳经济提供科技支撑。

（四）倡导绿色消费。把倡导绿色消费作为发展循环经济的重要内容，贯穿于生产生活的全过程。在生产领域，加强节能、节水、节地、节材和资源综合利用，推动大宗工业废弃物资源化利用，抓好报废汽车、废旧电器拆解集散市场和回收利用工程，推动废旧金属等回收利用，加强集中供热、供水、供电、供气和水处理系统化管理，最大限度地提高能源资源利用率。在生活领域，大力倡导绿色消费和环保观念，坚决杜绝有害包装和过度包装，鼓励消费者购买节能、节水和再生利用产品，形成绿色消费和勤俭节约的生活方式。

G.25

云南气候带变化对高原特色农业的影响及适应对策

程建刚　黄 玮　余凌翔　李 蒙　朱 勇　周波涛*

摘　要：近50年来，在气候变暖背景下，云南气候带总体呈现北热带、南亚热带和中亚热带面积扩大，北亚热带、温带和高原气候区面积减小的变化趋势，并且偏暖气候带的分布变化呈现出向高海拔地区的扩展比北移的趋势更加明显的特征。伴随着气候带的变化以及气候变化的影响，云南农业产量波动加大，农业气象灾害、农作物病虫害多发、并发和重发，云南高原特色农业生产面临的气候风险加剧。云南高原特色农业发展为适应气候变化已在制度体系、能力建设上开展了创新实践。为了更好地适应气候变化，本文进一步建议：开展精细化农业气候资源区划和农业气候风险区划，科学评估气候承载力，优化、调整云南高原特色农业产业布局、种植结构，充分发挥云南农业气候资源的生产潜力；大力推进云南高原特色农业生产适应气候变化能力建设，强化农业气象灾害风险管理；加快农业适应气

* 程建刚，云南省气象局局长，高级工程师，研究领域为气候变化及防灾减灾战略研究；黄玮，云南省气候中心副主任，高级工程师，研究领域为气候变化及气候预测；余凌翔，云南省气候中心，高级工程师，研究领域为农业气象及卫星遥感应用；李蒙，云南省气候中心，高级工程师，研究领域为气候监测及气候变化影响评估；朱勇，云南省气候中心主任，正研级高级工程师，研究领域为农业气象及气候变化影响评估；周波涛，博士，云南省气象局局长助理，国家气候中心气候变化室主任、研究员，研究领域为气候变化、东亚气候变异及机理研究。

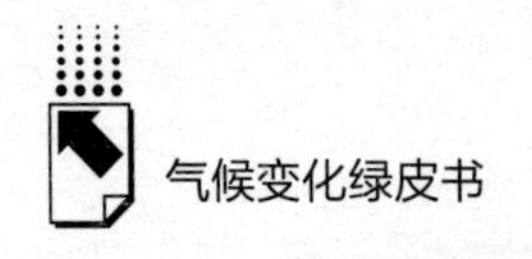

候变化科技创新及推广。

关键词： 高原特色农业 气候带变化 影响 适应 对策

一 引言

发展高原特色农业是云南农业生产长期的战略任务。2011 年 12 月云南省第九次党代会明确提出了“大力发展高原特色生态农业，调快调优一产”的战略方针。2012 年 9 月，云南省出台《中共云南省委云南省人民政府关于加快高原特色农业发展的决定》，明确在跨越式发展的新形势下，立足高原特色，围绕绿色生态和生物多样性，精心打造特色优势产业，加快农业转型升级、提质增效，努力推出云南的优质绿色战略品牌。重点是推进“高原粮仓、特色经作、山地牧业、淡水渔业、高效林业、开放农业”等六大特色农业；全面打响“丰富多样、生态环保、安全优质、四季飘香”四张名片；集中打造云烟、云糖、云茶、云胶、云菜、云花、云薯、云果、云药、云畜、云渔、云林“十二大品牌”，让云南省成为中国面向东南亚、南亚的“前沿”。2015 年初习近平总书记在云南省考察时，进一步要求打好高原特色农业这张牌、着力推进现代农业建设，为发展高原特色现代农业、消除贫困、推进生态文明建设指明了方向。[①]

发展高原特色农业符合当前国家实施“一带一路”重大战略，被农业部称为继东北大农业、江浙集约农业、京津沪都市农业之后我国现代农业发展的第四种模式。发展高原特色农业的内涵是基于云南省气候资源多样性，发挥地理优势、物种优势、生态优势，采用新品种、新技术、新方法和先进的管理、生产经营组织方式，打造具有云南高原特色的农业现代化道路。云

① 《云南日报》评论员：《打好高原特色农业这张牌》，《云南日报》2015 年 2 月 16 日，第 1 版。

南省分布着7个不同类型的气候带（即北热带、南亚热带、中亚热带、北亚热带、南温带、中温带和高原气候区），气候类型多样，气候资源丰富。但是，不同气候带之间的农业生产条件差异显著。而且，作为对气候变化响应最敏感和最脆弱的领域之一，农业深受气候变化的影响。在全球气候变暖背景下，云南省气候显著增暖，气候带发生明显变化，极端天气气候事件增多，导致农业产量波动加大，农业气象灾害、农作物病虫害多发、并发、重发，云南高原特色农业生产面临的气候风险加剧。因此，如何适应气候变化是云南高原特色农业发展面临的重大挑战。这就需要充分发挥云南省低纬高原农业气候资源生产潜力，优化、调整高原特色农业生产布局和种植结构，加强高原特色农业生产适应气候变化能力建设，从而推进云南现代农业的健康持续发展。云南高原特色农业适应气候变化创新实践的成功经验可推广到地区或国家计划中，可成为地区或国家适应气候变化的试验区。

二　云南省气候和气候带变化特征

（一）云南省气候变化特征

云南省地处中国西南边陲，南濒海洋，受东南和西南两支季风共同影响，同时又北临青藏高原，受高原地形的影响，气候复杂多样，兼具低纬气候、高原气候、季风气候特征，主要表现为四季温差小、日温差大、干湿季分明、气候类型多样、“立体气候”（见图1）特征显著等特点。

在全球气候变暖背景下，云南气候呈现以气温升高、降水减少、极端天气气候事件增多增强为主要特征的变化，各种气象灾害及衍生灾害频发。

（1）气温升高，高温日数增加，低温冷害减少；降水减少，但降水集中度增加：自1961年以来，云南省年平均气温呈明显上升趋势（增温速率为0.21℃/10a），增温速率略低于全国平均水平，但高于全球平均水平。全省82.3%的区域年高温天数呈增加趋势，全省平均每10年增加2.3天；全省91.9%的区域，年低温天数呈减少趋势，全省平均每10年减少2.5天。全省

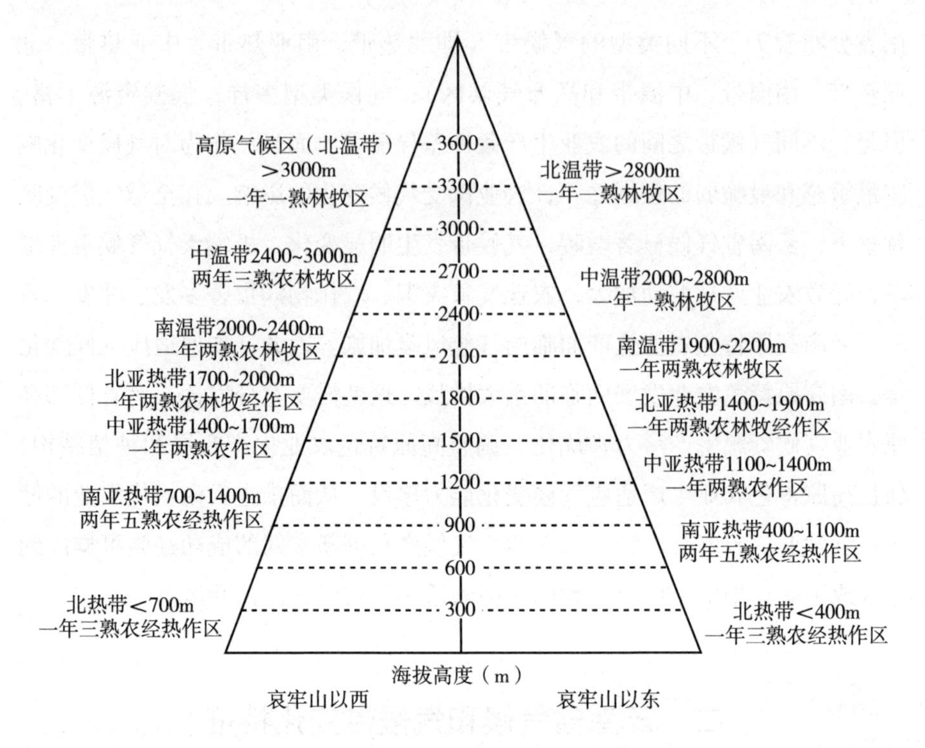

图1 云南立体气候

资料来源：王宇：《云南农业气候图集》，气象出版社，1990，第149页。

平均霜日数、冰冻天数和降雪日数呈减少趋势，全省平均每10年分别减少1.71天、0.13天和0.39天。全省平均年降水量呈减少趋势，平均每10年减少21.2毫米，但大雨以上量级的降水量占年降水总量的百分比总体呈增加趋势，降水量的集中度增加。全省平均年日照时数呈减少趋势，年平均风速呈缓慢下降趋势，其中滇中、滇西、滇西北的风速下降幅度较明显。

（2）气象灾害异常性特征明显，次生衍生灾害风险加大：云南省气象灾害的周期正在缩短，加快了灾害发生的频率，加剧了损失程度，干旱出现的频次增多、影响的强度增强；降水总量减少，但局地性极端强降水事件出现频次增多；极端强降水引发的滑坡泥石流多发；气温总体升高，但暖背景下出现的极端冷事件破坏性加大；气温升高、降水减少造成森林火灾风险增大。

（二）云南省气候带变化特征

云南省从南到北分布着7个气候带，气候类型丰富、多样，几乎囊括了我国从海南省到黑龙江省的各种气候类型。其中南部地区的低热河谷和坝子，为长夏无冬的北热带、南亚热带；中部广大地区为四季如春的中亚热带、北亚热带、南温带；东北、西北高海拔地区为长冬无夏的中温带和高原气候区。

在气候变化背景下，云南省气候带发生了明显变化。从20世纪60年代至21世纪前10年各气候带面积的比较可以发现（见表1）：从20世纪60年代到70年代，北热带、南亚热带、中温带、高原气候区4个气候带面积缩小，其他3个气候带面积有所增加。20世纪80年代以后，特别是进入21世纪后，北热带、南亚热带、中亚热带3个气候带面积扩大明显，而其他气候带面积缩小明显。与20世纪60年代相比，21世纪前10年热带、南亚热带和中亚热带面积扩大明显，其中热区（北热带和南亚热带总和）面积由8.41万平方千米增加到10.45万平方千米，增加了24%，中亚热带面积增加了约8%；而北亚热带面积减少了5.5%，南温带、中温带和高原气候区3个偏冷的气候带则分别减少了15.2%、14.1%和15.7%。总体而言，云南气候带变化主要表现在气温上升后偏暖的气候带面积向更高海拔地区的扩张，而偏冷气候带则逐渐缩小，其中北热带扩张最为明显。

表1　20世纪60年代至21世纪前10年各气候带面积

单位：万平方千米

气候带＼年份	1960～1969	1970～1979	1980～1989	1990～1999	2000～2009	1981～2010年平均值
北热带	0.67	0.56	0.78	1.09	1.56	1.03
南亚热带	7.74	7.31	7.58	8.13	8.89	8.15
中亚热带	8.06	8.21	8.00	8.02	8.69	8.15
北亚热带	8.06	8.47	8.44	7.69	7.62	7.96
南温带	7.64	7.79	7.59	7.20	6.48	7.19
中温带	4.55	4.50	4.49	4.70	3.91	4.42
高原气候区	2.67	2.56	2.52	2.58	2.25	2.49

资料来源：《云南未来10～30年气候变化预估及其影响》编写委员会：《云南未来10～30年气候变化预估及其影响评估报告》，气象出版社，2014，第134页。

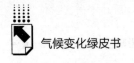

三　气候带变化对云南高原特色农业的影响

（一）农业气候资源

气候变化改变了云南省气候带的分布，也改变了云南省的农业气候资源。因气温升高、降水减少、日照减弱、气候适宜区变化，云南高原特色农业气候资源的差异化趋势加大。

1. 光照资源

1961 年以来，云南全省日照时数有 66% 的地区呈现递减趋势，其中 41% 变化趋势显著，主要分布在滇东北大部、滇中大部、滇西北大部及滇东南大部等地，其中楚雄大部及昆明大部、文山东部等地以 40～80h/10a 的速度递减，局部地区递减速率大于 80h/10a。云南省年日照时数呈现递增趋势的地区主要位于大理西部、保山大部、临沧、普洱、西双版纳等地（占全省 34%），大部地区以 40h/10a 以内的速率递增，临沧、普洱、大理及曲靖的局部地区递增速率大于 40h/10a。

2. 热量资源

1961 年以来，云南省平均稳定通过 0℃、10℃、18℃、22℃活动积温均呈现增加趋势，而且稳定通过 0℃、10℃、18℃、22℃积温的初日出现了提前趋势，终日则呈现推后趋势，使得云南省大部分地区日平均气温持续≥0℃和≥10℃的日数呈现延长的趋势。云南省平均无霜期的初日按照 2.8d/10a 的速率提前，而终日按照 1.3d/10a 的速率推迟，持续时间则按照 4.1d/10a 的速率增加。总体来讲，云南省气温升高，霜日数减少，热量有效性增高。

3. 水分资源

1961 年以来，云南全省各地小春作物水分敏感阶段以减少趋势为主，有 63% 的地区年降水量呈现减少趋势，但仅有占全省 2% 的地区变化显著，其余 37% 的地区表现为增加趋势，但均不显著。全省大部地区小春作物水分敏感阶段降水量变化幅度在 10mm/10a 以内，其中滇中大部及滇西北北部、曲靖北部等地表现为增加，区域地区表现为减少趋势。1961 年以来，全省各地大春作物水分敏感阶段降水量以减少趋势为主，有 85% 的地区呈现减少趋势，而且占全省 20% 的地区变化显著，其余 15% 的地区表现为增加趋势，但均不显著。大春作物水分敏感阶段降水量呈现递减幅度最为显著的地区主要集中在滇东北、滇东南东部、滇中东部地区，其中曲靖南部大部地区变化幅度在 40mm/10a 以上，而增加的主要区域集中在迪庆、保山中部、怒江等地，大多增幅在 10mm/10a 以内。总体来说，云南农业水分资源以减少为主，但显著性不明显。

（二）气候生产潜力

气候生产潜力大小主要取决于气温和降水，是衡量一个地区农业气候资源好坏的重要标志。由于云南大部分地区增温明显，热量充足，降水成为影响云南气候生产潜力变化趋势的最主要因素。近 50 年来，云南气候生产潜力总体呈现弱增长的趋势。1975 ~ 1985 年和 1992 ~ 2000 年出现两次了比较明显的增加过程，2001 年以后年际波动比较大，并且出现明显的下降趋势，尤其 2009 年以来连续四年干旱，使得气候生产潜力波动加剧，且明显低于常年。从空间分布上看，除滇东北北部、滇中以东局部以及滇西局部为弱递减趋势外，其余地区均为弱递增趋势。未来当云南出现“暖湿型”气候时，气候生产潜力显著增加，以目前“暖干型”气候变化时，气候生产潜力减少。[①]

（三）种植制度

云南省农业受气候变化影响的首要表现是气候带变化带来的农业种植制度的改变。由于气候变暖，偏暖的气候带面积向更高海拔地区地扩张，高海

---

① 李蒙、朱勇、黄玮：《气候变化对云南气候生产潜力的影响》，《中国农业气象》2010 年第 3 期。

拔、高纬度地区热量资源改善，使得一些热带作物及喜温作物的种植北界北移，种植的海拔高度上限提高，面积扩大，先前的种植制度发生了改变。[①]比如云南省亚麻的种植上限从海拔1700米提高到2100米；云南省籼稻的种植上限在哀牢山以西提高了130米，在哀牢山以东提高了150米[②]。由于偏暖的气候带面积的扩大，云南省高原特色多熟种植作物适宜区域中两熟、三熟制地区将北移，并且面积比例提高，这为云南省多熟种植制度的增加和冬季农业开发带来了机遇，也带来了风险。云南省大部分地区夏季增温幅度明显偏小，气温升高最显著的季节是冬季。云南省冬季属于干季，降水稀少，冬季温度升高，会导致土壤水分的蒸散量加大，这样就会加剧农作物可利用水资源量短缺的情况，就带来了云南高原特色冬季农业的新风险：由于水资源的短缺，使得热量资源增加的有利因素不能得到充分的利用。

（四）农业气象灾害

云南省最主要农业气象灾害是干旱、低温冷害。冬春干旱影响严重，气候变化可能致使云南可利用降水量减少，水资源自然供给不足，干旱将成为制约云南高原特色农业发展的重要因素。异常冷害风险也不可低估，在气候变暖背景下云南省出现的极端冷害事件破坏性加大，热区特色经济作物遭遇低温冻害的概率加大。未来气候进一步变暖，降水、气温分布的空间格局会继续发生改变，极端天气气候事件、气象灾害增多增强的可能性加大，云南省原有农业气象灾害的格局可能会被完全打破，这将给因气候带变化带来的农业种植结构调整造成不可忽视的风险和挑战。

云南省温暖湿润，日照充足，给云南高原多熟种植发展提供了优越的气候条件，但同时也为作物病虫提供了充足的寄生条件。春季温度升高，容易造成病虫害春季早发，致使病虫害的威胁提前；秋季温度升高，会使得病虫

① 程建刚、王学锋、龙红、金燕、孙丹：《气候变化对云南主要行业的影响》，《云南师范大学学报》（哲学社会科学版）2010年第3期。

② 周跃、吕喜玺、许建初等：《云南省气候变化影响评估报告》，气象出版社，2011，第67～74页。

冬季休眠推迟，致使病虫害的危害期延长；冬季温度升高，有利于害虫和病原体安全越冬，致使来年作物虫病源基数增大，农作物受害风险增大；年积温增加，可使病虫繁育的世代和数量在一年中的总量增多，从而引发危害面积扩大，危害程度加重。目前局限在热带的病原和寄生组织会因为气候变暖蔓延到纬度较高和海拔较高的地区，致使农业生物灾害扩大蔓延。由于亚热带和温带地区对于热带地区的病原和寄生组织免疫力十分低下，导致蔓延加速。由于气候变暖的持续，未来云南省农作物病虫害将处于持续偏重发生趋势。

（五）产量和品质

1. 对粮食作物的影响

（1）水稻：气候变化背景下，云南省水稻生长季内农业气候资源有效性呈下降趋势，给水稻的产量和品质带来了不确定性。气候变暖使水稻抽穗扬花期温度上升，低海拔地区会出现超过水稻花期的临界温度，导致严重的花期高温危害以及严重的产量下降，尤其早稻减产幅度最大。较高海拔地区没有高温危害，则可能出现增产趋势，但抽穗扬花期低温冷害会带来增产的不确定性风险。

（2）夏玉米：云南省夏玉米生长季内气候变暖趋势明显，玉米可种植区域有向较高海拔地区移动的趋势，但夏季雨量减少、日照偏少、气温略偏高，秋季阴雨寡照出现可能性偏高，玉米气候资源的利用率降低，给夏玉米的产量和品质提高带来风险。

（3）冬小麦：一方面温度升高，作物生长季内热量条件增加，同时无霜期明显延长，低温霜冻灾害的发生频率及影响程度明显降低，体现出气候变化对其影响的正面效应。另一方面，温度的升高，使作物发育期提前，生育期普遍缩短，作物光合产量积累时间缩短，生长过程中容易出现徒长旺长，使得冬小麦等作物抗逆能力降低，造成作物产量、品质下降。

2. 对经济作物的影响

气候变暖总体上对云南省喜热经济作物种植面积的扩大十分有利，特别是冬季升温有利于冬季作物及果树生长和安全越冬，有利于冬季大棚蔬菜、花卉、苗木的生长，这将使云南省冬季农业开发的范围进一步扩大。但冬季气温偏高，造成部分温带经济林果发芽抽枝过早，在冬春出现前期营养生长过旺，到后期由于养分消耗太多，从而明显影响其生殖生长，导致产量水平下降。在气候变暖和极端天气气候事件频繁发生的背景下，这些产业的发展具有不确定性，病虫害加剧以及干旱、低温影响加剧等直接影响着这些经济作物的产量和品质。在长期气候变暖的驯化下，作物抗寒能力降低，橡胶、咖啡、甘蔗遭遇低温冻害的概率加大，给产量和品质带来显著的不利影响。

茶叶的色、香、味、形在很大程度上受气候或小气候条件的影响和制约。气温高低会影响茶叶中的可溶性物质合成，气温变化幅度过大，可能造成茶叶质量与口味的变化；水分多少会影响茶叶中糖、氨基酸和多酚类物质合成和积累，云南省降水呈减少趋势，在干旱缺水条件下，会对茶叶品质造成负面影响；同时极端天气气候事件（如春季低温阴雨，盛夏高温少雨、干旱）都会影响茶叶的产量和质量。

四　云南高原特色农业适应气候变化的实践与对策建议

（一）云南高原特色农业适应气候变化的创新实践

云南高原特色农业发展为适应气候变化已开展了创新实践，主要包括：

（1）制定高原特色农业气象专业监测网建设规划，加快专业监测站网建设。目前云南省已建成烤烟、天然橡胶、茶叶、甘蔗、咖啡、花卉、蔬菜、水稻等25个类型，共167个特色农业气象观测站，开展了相应的农业气象监测服务。

（2）加强高原特色农业气象服务指标体系建设，提高适应气候变化服务针对性。开展了“高原粮仓”和云烟、云糖、云茶、云胶、云菜、云花、云薯、云果、云药、云畜、云渔、云林“云系”十二大品牌的农业气象服务指标体系的研究，构建了高原特色农业生物全过程不同生育阶段的各种指标，如农业气象条件适宜度评价指标、农事活动农用天气预报指标、农业气象灾害监测预测指标、农业病虫害监测预测指标等，完成了具有云南特色的农业气象服务方案制订和产品制作流程设计，提高了服务针对性。

（3）加大科技创新力度，加快科研技成果转化，为高原特色农业气象服务提供科技支撑。每年特设高原特色农业气象科研专项，加大对高原特色农业适应气候变化研究的立项支持，积极探索针对高原特色农业气象服务科研成果转化应用的有效途径，加快农业气象科技成果的转化和推广应用。

（4）优化业务布局，贯通上下业务，切实推进高原特色农业气象服务系统建设，推动高原特色农业气象适应气候变化服务。云南省气象局先后成立了云南省高原特色农业气象服务中心及4个特色农业分中心，加强高原特色农业气象服务工作（见图2）。在云南省高原特色农业气象服务平台的支撑下，优化业务布局，省、州（市）、县合作，三级联动推进平台应用示范：①建设成果在州市、县级的本地化应用及运行效果反馈；②调研本地专业用户的服务需求，开展气象服务效益及成果分析；③建立本地化的农业气象服务流程。

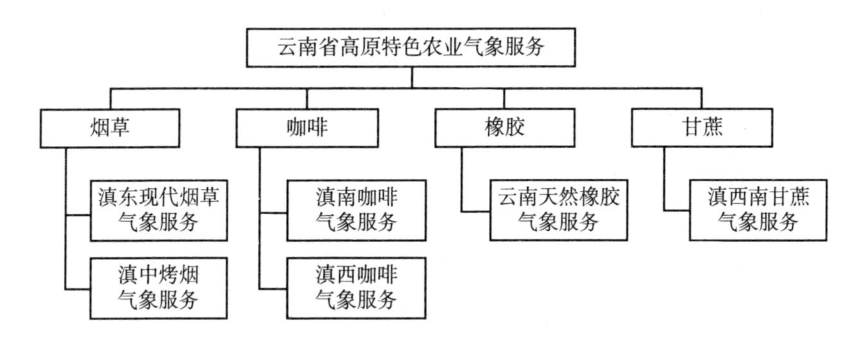

图2　云南高原特色农业重点气象服务领域布局

（二）云南高原特色农业适应气候变化的对策建议

云南高原特色农业适应气候变化对策要从当前生产实际水平、技术保障能力以及成本效益方面综合规划，启动与管理者、生产者、消费者相关的气候变化适应行动，并有意识提高综合适应能力。综合以上特点，建议如下：

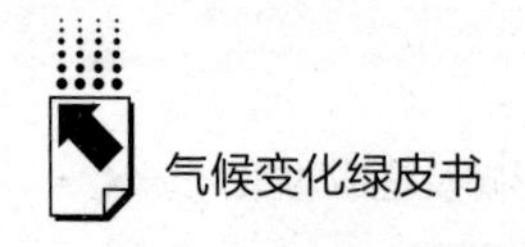

1. 科学调整种植制度，优化粮经作物区域布局

建立适应气候变化的高原特色农业作物生产模式，充分挖掘云南全省9000多万亩耕地的最佳潜力。尤其需要开展高原特色农业作物适应气候变化的精细化农业气候区划，科学评估气候承载力，充分利用气候资源，调整不适宜区和次适宜区，使种植更加科学化。根据适宜性区划，开展高原特色农经作物引种气候适宜性鉴定，指导科学引种和种植推广。开展适应气候变化的粮食和特色优势农产品品种选育及种子、种苗繁育。探索水资源短缺条件下，高原特色农经作物生产实用技术。注重培育高光效、耐高温和抗寒抗旱作物品种，建立抗逆品种基因库与救灾种子库。

2. 提高农业防灾减灾能力

加快高原特色农业气象专业监测网建设，强化气象灾害风险管理，针对影响云南高原特色农业的主要气象及衍生灾害（干旱、洪涝、低温灾害、作物病虫害等），建立集监测、预测与预警于一体的防灾减灾体系，并加大农业灾害保险机制建设。同时，开展研发生物农药有效靶标技术、物理与生态调控技术以及化学防治技术等，有效规避农业气候灾害风险①。利用新一代信息技术，建设涉农部门适应气候变化的农业科技信息双向发布系统。由政府统筹，整合各部门的农村基层信息员的工作任务，开展面向农村和新型农业经营主体的直通式气象科技信息服务。

3. 加快农业适应气候变化新科技的创新及推广

部署和实施云南高原特色农业适应气候变化科学研究计划，积极促进发展与高原特色农业有关的前沿学科和高科技，加强光合作用、生物固氮、生物技术、抗御逆境、设施农业（如温室大棚）和精确农业等方面的技术开发和研究，力求适应气候变化能力的关键技术取得重大进展和突破②。加大农业适应气候变化新技术的推广应用，有效提高农业生产的适应气候变化能力。

---

① 钱凤魁、王文涛、刘燕华：《农业领域应对气候变化的适应措施与对策》，《中国人口·资源与环境》2014年第5期。

② 龙红、朱勇、王学锋、黄玮：《云南农业应对气候变化的适应性对策分析》，《云南农业科技》2010年第4期。

附　　录

Appendix

G.26
主要国家经济、能源、排放数据

朱守先*

表1　世界各国及地区生产总值（GDP）数据（2015年）

位次	国家/地区	GDP(百万美元)	位次	国家/地区	GDP(百万美元),PPP
1	美国	17946996	1	中国	19524348
2	中国	10866444	2	美国	17946996
3	日本	4123258	3	印度	7982528
4	德国	3355772	4	日本	4738294
5	英国	2848755	5	德国	3848272
6	法国	2421682	6	俄罗斯联邦	3579826
7	印度	2073543	7	巴西	3192398
8	意大利	1814763	8	印度尼西亚	2842241
9	巴西	1774725	9	英国	2691809

* 朱守先，博士，中国社会科学院城市发展与环境研究所副研究员，研究方向为可持续发展与生态文明建设。

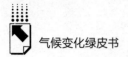

续表

位次	国家/地区	GDP(百万美元)	位次	国家/地区	GDP（百万美元），PPP
10	加拿大	1550537	10	法国	2650823
11	韩国	1377873	11	墨西哥	2194431
12	澳大利亚	1339539	12	意大利	2182580
13	俄罗斯联邦	1326015[1]	13	韩国	1748776
14	西班牙	1199057	14	沙特阿拉伯	1685204
15	墨西哥	1144331	15	西班牙	1602660
16	印度尼西亚	861934	16	加拿大	1588596
17	荷兰	752547	17	土耳其	1543284
18	土耳其	718221	18	伊朗	*1357025*
19	瑞士	664738	19	泰国	1108108
20	沙特阿拉伯	646002	20	尼日利亚	1091698
21	阿根廷	*548055*	21	澳大利亚	1082380
22	瑞典	492618	22	埃及	996638
23	尼日利亚	481066	23	波兰	993129
24	波兰	474783	24	巴基斯坦	952505
25	比利时	454039	25	荷兰	820726
26	伊朗	*425326*	26	马来西亚	815645
27	泰国	395282	27	菲律宾	741029
28	挪威	388315	28	南非	723516
29	奥地利	374056	29	哥伦比亚	665594
30	委内瑞拉	*371337*	30	阿拉伯联合酋长国	643166
31	阿拉伯联合酋长国	370293	31	阿尔及利亚	582598
32	埃及	330779	32	委内瑞拉	*554329*
33	南非	312798	33	越南	552297
34	中国香港	309929	34	伊拉克	542520
35	马来西亚	296218	35	孟加拉国	536567
36	以色列	296075	36	瑞士	501653
37	丹麦	295164	37	比利时	496477
38	新加坡	292739	38	新加坡	471631
39	哥伦比亚	292080	39	瑞典	454868
40	菲律宾	291965	40	哈萨克斯坦	453981
41	巴基斯坦	269971	41	罗马尼亚	424474
42	智利	240216	42	中国香港	414376
43	爱尔兰	238020	43	奥地利	411818
44	芬兰	229810	44	智利	400534

续表

位次	国家/地区	GDP(百万美元)	位次	国家/地区	GDP（百万美元）,PPP
45	葡萄牙	198931	45	秘鲁	389147
46	希腊	195212	46	捷克	339402
47	孟加拉国	195079	47	乌克兰	339155
48	越南	193599	48	卡塔尔	321418
49	秘鲁	192084	49	挪威	319401
50	哈萨克斯坦	184361	50	葡萄牙	302329
51	捷克	181811	51	以色列	296931
52	罗马尼亚	177954	52	希腊	288778
53	新西兰	173754	53	科威特	277554
54	伊拉克	168607	54	摩洛哥	273358[2]
55	卡塔尔	166908	55	丹麦	264702
56	阿尔及利亚	166839	56	爱尔兰	253635
57	匈牙利	120687	57	匈牙利	251842
58	科威特	112812	58	斯里兰卡	246117
59	波多黎各	*103135*	59	古巴	*234624*
60	安哥拉	102643	60	芬兰	222575
61	厄瓜多尔	100872	61	乌兹别克斯坦	187668
62	摩洛哥	100360[2]	62	安哥拉	184438
63	乌克兰	90615[1]	63	厄瓜多尔	183855
64	斯洛伐克	86582	64	阿曼	171692
65	苏丹	84067	65	阿塞拜疆	171214
66	斯里兰卡	82316	66	新西兰	169960
67	古巴	*77150*	67	白俄罗斯	168009
68	阿曼	70255	68	苏丹	167909
69	多米尼加	67103	69	埃塞俄比亚	161571
70	乌兹别克斯坦	66733	70	斯洛伐克	156632
71	缅甸	64866	71	多米尼加	149627
72	危地马拉	63794	72	肯尼亚	141951
73	肯尼亚	63398	73	坦桑尼亚	138461[3]
74	埃塞俄比亚	61537	74	突尼斯	126598
75	卢森堡	57794	75	危地马拉	125950
76	白俄罗斯	54609	76	波多黎各	*125861*
77	乌拉圭	53443	77	保加利亚	125699
78	阿塞拜疆	53047	78	加纳	115137

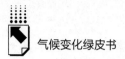

续表

位次	国家/地区	GDP(百万美元)	位次	国家/地区	GDP（百万美元）,PPP
79	巴拿马	52132	79	也门	*96812*
80	哥斯达黎加	51107	80	塞尔维亚	95698
81	保加利亚	48953	81	克罗地亚	92432
82	克罗地亚	48732	82	利比亚	88867
83	黎巴嫩	47103	83	土库曼斯坦	88657
84	中国澳门	46178	84	巴拿马	87196
85	坦桑尼亚	44895[3]	85	约旦	82631
86	突尼斯	43015	86	黎巴嫩	81547
87	斯洛文尼亚	42747	87	立陶宛	80699
88	立陶宛	41244	88	科特迪瓦	79361
89	加纳	37864	89	哥斯达黎加	73931
90	约旦	37517	90	玻利维亚	73796
91	土库曼斯坦	37334	91	喀麦隆	72896
92	塞尔维亚	36513	92	乌拉圭	72751
93	也门	*35955*	93	乌干达	71246
94	民主刚果	35238	94	尼泊尔	70090
95	玻利维亚	33197	95	中国澳门	65383
96	巴林	32221	96	巴林	64656
97	科特迪瓦	31753	97	斯洛文尼亚	64229
98	喀麦隆	29198	98	赞比亚	63005
99	利比亚	29153	99	阿富汗	62913
100	特立尼达和多巴哥	27806	100	巴拉圭	60977
101	巴拉圭	27623	101	民主刚果	60482
102	拉脱维亚	27035	102	卢森堡	58065
103	乌干达	26369	103	柬埔寨	54263
104	萨尔瓦多	25850	104	萨尔瓦多	52701
105	爱沙尼亚	22691	105	拉脱维亚	48049
106	赞比亚	22064	106	特立尼达和多巴哥	44334
107	尼泊尔	20881	107	马里	42737
108	洪都拉斯	20152	108	洪都拉斯	41057
109	塞浦路斯	19320[4]	109	波斯尼亚和黑塞哥维那	40046
110	阿富汗	19199	110	老挝	38605
111	柬埔寨	18050	111	爱沙尼亚	36860

续表

位次	国家/地区	GDP(百万美元)	位次	国家/地区	GDP(百万美元),PPP
112	巴布亚新几内亚	*16929*	112	塞内加尔	36776
113	冰岛	16598	113	蒙古国	36068
114	波斯尼亚和黑塞哥维那	15995	114	博茨瓦纳	35763
115	文莱	15492	115	格鲁吉亚	35610[5]
116	莫桑比克	14689	116	马达加斯加	35366
117	博茨瓦纳	14391	117	加蓬	34523
118	加蓬	14340	118	莫桑比克	33177
119	牙买加	14006	119	阿尔巴尼亚	32663
120	格鲁吉亚	13965[5]	120	尼加拉瓜	31564
121	津巴布韦	13893	121	乍得	30481
122	塞内加尔	13780	122	布基纳法索	30041
123	马里	13100	123	文莱	29969
124	尼加拉瓜	12693	124	刚果	29423
125	约旦河西岸和加沙	12677	125	马其顿	28907
126	老挝	12327	126	津巴布韦	27985
127	蒙古国	11758	127	塞浦路斯	25864[4]
128	纳米比亚	11546	128	纳米比亚	25606
129	毛里求斯	11511	129	赤道几内亚	25386
130	阿尔巴尼亚	11456	130	亚美尼亚	25329
131	布基纳法索	11099	131	牙买加	24704
132	乍得	10889	132	毛里求斯	24596
133	亚美尼亚	10561	133	塔吉克斯坦	23579
134	马其顿	10086	134	贝宁	22955
135	马达加斯加	9981	135	南苏丹	22829
136	马耳他	*9643*	136	约旦河西岸和加沙	22155
137	赤道几内亚	9398	137	巴布亚新几内亚	*21384*
138	南苏丹	9015	138	卢旺达	20418
139	巴哈马	8884	139	吉尔吉斯斯坦	20413
140	海地	8877	140	马拉维	20359
141	刚果	8553	141	尼日尔	18975
142	贝宁	8476	142	海地	18875
143	卢旺达	8096	143	摩尔多瓦	17908[6]
144	塔吉克斯坦	7853	144	科索沃	17454

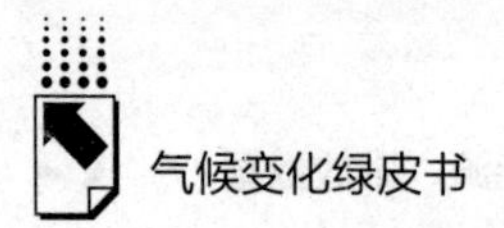

续表

位次	国家/地区	GDP(百万美元)	位次	国家/地区	GDP(百万美元),PPP
145	尼日尔	7143	145	毛里塔尼亚	*15425*
146	马恩岛	*6754*	146	冰岛	15399
147	几内亚	6699	147	几内亚	15213
148	吉尔吉斯斯坦	6572	148	马耳他	*12500*
149	马拉维	6565	149	斯威士兰	10845
150	摩尔多瓦	6551[6]	150	多哥	10663
151	科索沃	6386	151	塞拉利昂	10264
152	索马里	5953	152	黑山	9638
153	百慕大	*5574*	153	巴哈马	9233
154	毛里塔尼亚	*5442*	154	苏里南	9214
155	苏里南	4878	155	布隆迪	8228
156	塞拉利昂	4475	156	斐济	8171
157	巴巴多斯	4451	157	不丹	6258
158	斐济	4386	158	圭亚那	5758
159	斯威士兰	4060	159	莱索托	*5585*
160	多哥	4003	160	马尔代夫	5170
161	黑山	3993	161	巴巴多斯	4659
162	安道尔	*3249*	162	利比里亚	3766
163	圭亚那	3166	163	佛得角	3482
164	马尔代夫	3143	164	百慕大	*3409*
165	布隆迪	3085	165	冈比亚	*3155*
166	法罗群岛	*2613*	166	伯利兹	3064
167	格陵兰	*2441*	167	中非	2927
168	莱索托	*2181*	168	吉布提	*2876*
169	利比里亚	2053	169	东帝汶	2813
170	不丹	1962	170	几内亚比绍	2680
171	伯利兹	1763	171	塞舌尔	2534
172	佛得角	1630	172	安提瓜和巴布达	2109
173	吉布提	*1589*	173	圣卢西亚	2033
174	中非	1503	174	格林纳达	1385
175	塞舌尔	1438	175	圣基茨和尼维斯	1354
176	圣卢西亚	1436	176	所罗门群岛	1276
177	东帝汶	1412	177	圣文森特和格林纳丁斯	1207

续表

位次	国家/地区	GDP(百万美元)	位次	国家/地区	GDP(百万美元),PPP
178	安提瓜和巴布达	1297	178	萨摩亚	1144
179	所罗门群岛	1157	179	科摩罗	*1105*
180	几内亚比绍	1057	180	多米尼加	820
181	格林纳达	978	181	瓦努阿图	*787*
182	圣基茨和尼维斯	922	182	圣多美和普林西比	*594*
183	冈比亚	*851*	183	汤加	*552*
184	瓦努阿图	*815*	184	密克罗尼西亚	*348*
185	萨摩亚	761	185	帕劳	325
186	圣文森特和格林纳丁斯	751	186	基里巴斯	209
187	科摩罗	*624*	187	马绍尔群岛	*202*
188	多米尼加	538	188	图瓦卢	*37*
189	汤加	*434*			
190	圣多美和普林西比	*337*			
191	密克罗尼西亚	*318*			
192	帕劳	287			
193	马绍尔群岛	*187*			
194	基里巴斯	145			
195	图瓦卢	*38*			
	世界	73433650		世界	113612523
	东亚与太平洋地区	21281190		东亚与太平洋地区	35767060
	欧洲与中亚地区	19985557		欧洲与中亚地区	26947888
	拉美与加勒比地区	5148020		拉美与加勒比地区	9862278
	中东和北非	3113598		中东和北非	7963288
	北美	19503407		北美	19539248
	南亚	2666094		南亚	9862149
	撒哈拉以南非洲	1572869		撒哈拉以南非洲	3698468
	低收入	392908		低收入	1049836
	中低收入	5820422		中低收入	18803606
	中高收入	19732884		中高收入	40031440
	高收入	46985247		高收入	53062628

注：斜体字为2014年或2013年数据；[1]乌克兰和俄罗斯联邦官方统计数据；[2]包括前西属撒哈拉；[3]仅包括坦桑尼亚大陆；[4]仅包括塞浦路斯政府控制区；[5]不包括阿布哈兹和南奥塞梯；[6]不包括德涅斯特河沿岸地区。

数据来源：世界银行数据库，http://datacatalog.worldbank.org/。

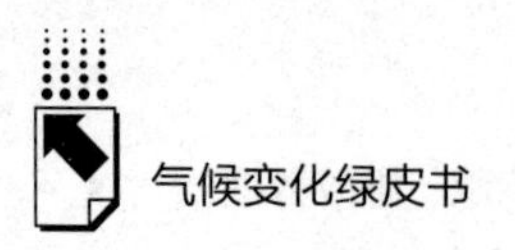

表 2　世界各国及地区人均收入（GNI）数据（2015 年）

位次	国家/地区	人均收入（美元）	位次	国家/地区	人均收入（PPP，国际元）
1	摩纳哥	..[1]	1	卡塔尔	140720
2	列支敦士登	..[1]	2	中国澳门	*120890*[1]
3	百慕大	*106140*[1]	5	新加坡	81190
4	挪威	93820	6	科威特	79970
5	海峡群岛	..[1]	9	卢森堡	70750
6	卡塔尔	85430	10	阿拉伯联合酋长国	70570
7	瑞士	84180	12	百慕大	*66680*[1]
9	马恩岛	*83920*[1]	14	挪威	64590
10	卢森堡	77000	15	瑞士	61930
11	中国澳门	*76300*[1]	16	中国香港	57650
12	澳大利亚	60070	17	美国	56430
13	丹麦	58590	18	沙特阿拉伯	54730
14	瑞典	57810	20	荷兰	48400
15	美国	54960	21	德国	48260
16	新加坡	52090	22	丹麦	47810
17	开曼群岛	..[1]	24	奥地利	47510
18	冰岛	49730	25	瑞典	47390
19	荷兰	48940	26	爱尔兰	46410
20	法罗群岛	..[1]	27	冰岛	46120
22	加拿大	47500	30	澳大利亚	44570
23	奥地利	47120	31	比利时	44100
24	爱尔兰	46680	32	加拿大	43970
25	芬兰	46360	36	芬兰	40840
26	德国	45790	37	英国	40550
27	比利时	44360	38	法国	40470
28	安道尔	*43270*[1]	39	巴林	39140
29	英国	43340	41	日本	38870
30	阿拉伯联合酋长国	43170	43	阿曼	37340
32	中国香港	41000	44	意大利	35850
33	科威特	40930	45	新西兰	35680
34	法国	40580	47	以色列	34940
36	新西兰	40080	48	韩国	34700
39	日本	36680	50	西班牙	34490
40	以色列	35440	51	塞浦路斯	30840[2]

续表

位次	国家/地区	人均收入（美元）	位次	国家/地区	人均收入（PPP，国际元）
43	意大利	32790	52	斯洛文尼亚	30830
44	西班牙	28520	53	捷克	30420
46	韩国	27440	54	特立尼达和多巴哥	29630
48	塞浦路斯	25930[2]	55	葡萄牙	28590
51	沙特阿拉伯	23550	56	斯洛伐克	28200
52	斯洛文尼亚	22610	57	爱沙尼亚	27510
53	马耳他	*21000*[1]	60	马耳他	*27390*[1]
54	巴哈马	21310	61	希腊	26790
55	葡萄牙	20530	62	立陶宛	26660
56	巴林	20350	63	马来西亚	26140
57	希腊	20290	64	塞舌尔	25760
60	波多黎各	*19320*[1]	66	波兰	25400
61	特立尼达和多巴哥	18600	67	匈牙利	24630
62	爱沙尼亚	18480	68	哈萨克斯坦	24260
63	捷克共和国	18050	69	拉脱维亚	24220
64	斯洛伐克	17310	71	俄罗斯联邦	23790
65	阿曼	16920	72	圣基茨和尼维斯	23700
68	乌拉圭	15720	73	波多黎各	*24030*
69	圣基茨和尼维斯	15560	74	巴哈马	22930
70	立陶宛	15000	76	安提瓜和巴布达	22220
71	拉脱维亚	14900	77	智利	21740
72	巴巴多斯	14800	78	克罗地亚	21730
73	塞舌尔	14760	80	罗马尼亚	20900
74	智利	14060	81	巴拿马	20710
75	安提瓜和巴布达	13390	83	乌拉圭	20360
76	波兰	13370	84	土耳其	19360
77	匈牙利	12990	85	毛里求斯	19290
78	克罗地亚	12690	86	加蓬	18810
79	阿根廷	*13640*	87	委内瑞拉	*17730*[1]
80	帕劳	12180	88	墨西哥	17150
81	巴拿马	12050	89	阿塞拜疆	17140
82	哈萨克斯坦	11580	90	伊朗	*17400*[1]

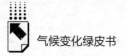

续表

位次	国家/地区	人均收入（美元）	位次	国家/地区	人均收入（PPP，国际元）
84	俄罗斯联邦	11400[3]	91	苏里南	16870
85	马来西亚	10570	92	白俄罗斯	16840
86	哥斯达黎加	10210	93	保加利亚	16790
87	土耳其	9950	95	赤道几内亚	16450
88	巴西	9850	96	巴巴多斯	15930
89	墨西哥	9710	97	黑山	15890
90	毛里求斯	9610	98	土库曼斯坦	15760[9]
91	罗马尼亚	9500	99	博茨瓦纳	15600
92	苏里南	9300	100	泰国	15210
93	加蓬	9210	101	利比亚	15140
94	格林纳达	8430	102	巴西	15020
95	黎巴嫩	7930	103	哥斯达黎加	14880
96	中国	7820	104	伊拉克	14850
97	赤道几内亚	7790	105	帕劳	14700[9]
98	土库曼斯坦	7510	106	阿尔及利亚	14280
99	圣卢西亚	7390	107	中国	14160
100	黑山	7240	108	黎巴嫩	14120[9]
101	保加利亚	7220	110	多米尼加	13570
102	哥伦比亚	7130	110	前南马其顿	13570
103	多米尼加	6760	112	哥伦比亚	13520
105	马尔代夫	6670	113	南非	12830
105	圣文森特和格林纳丁斯	6670	114	塞尔维亚	12800
107	阿塞拜疆	6560	115	格林纳达	12520
108	博茨瓦纳	6510	116	秘鲁	11960
109	白俄罗斯	6460	117	斯里兰卡	11480
110	伊朗	*6550*[1]	118	马尔代夫	11310
111	秘鲁	6200	119	厄瓜多尔	11190
112	多米尼加	6130	120	阿尔巴尼亚	11140
113	南非	6050	121	蒙古国	11070
114	利比亚	6030	122	突尼斯	11060
115	厄瓜多尔	6010	123	圣文森特和格林纳丁斯	11000
116	委内瑞拉	*11780*[1][4]	124	圣卢西亚	10820

续表

位次	国家/地区	人均收入（美元）	位次	国家/地区	人均收入（PPP，国际元）
117	泰国	5620	125	约旦	10740
118	伊拉克	5550	126	埃及	10690
119	塞尔维亚	5500	127	印度尼西亚	10680
120	纳米比亚	5210	128	波斯尼亚和黑塞哥维那	10610
121	前南马其顿	5140	129	多米尼加	10420
122	牙买加	5010	130	纳米比亚	10380
123	图瓦卢	*5720*[1]	131	科索沃	9840[9]
124	阿尔及利亚	4870	132	格鲁吉亚	9410[5]
125	斐济	4800	133	菲律宾	8900
126	波斯尼亚和黑塞哥维那	4680	134	牙买加	8860
126	约旦	4680	135	亚美尼亚	8720
128	伯利兹	4420	136	斐济	8700
129	马绍尔群岛	*4390*[1]	137	巴拉圭	8670
130	阿尔巴尼亚	4290	138	萨尔瓦多	8220
131	巴拉圭	4220	139	斯威士兰	8040
132	安哥拉	4180	140	伯利兹	7880
133	格鲁吉亚	4160[5]	141	乌克兰	7810
134	圭亚那	4090	142	摩洛哥	7680[4]
135	突尼斯	3970	143	不丹	7610
136	科索沃	3950	144	圭亚那	7520[9]
137	萨尔瓦多	3940	145	危地马拉	7510
138	萨摩亚	3930	146	玻利维亚	6840
139	汤加	*4260*[1]	147	安哥拉	6450
140	亚美尼亚	3880	148	佛得角	6390
141	蒙古国	3830	149	刚果	6300
142	斯里兰卡	3800	150	乌兹别克斯坦	6110[9]
143	危地马拉	3590	151	印度	6020
144	菲律宾	3540	152	尼日利亚	5800
145	印度尼西亚	3440	153	萨摩亚	5720[9]
146	埃及	3340	154	越南	5690
147	佛得角	3290	155	老挝	5380
148	基里巴斯	3230	156	摩尔多瓦	5350[7]

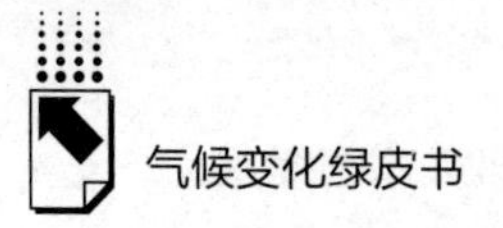

续表

位次	国家/地区	人均收入（美元）	位次	国家/地区	人均收入（PPP,国际元）
148	斯威士兰	3230	156	巴基斯坦	5350
150	密克罗尼西亚	*3200*[1]	158	图瓦卢	*5430*
151	玻利维亚	3080	159	汤加	*5290*
152	摩洛哥	3040[6]	160	尼加拉瓜	5050
153	约旦河西岸和加沙	*3090*[1]	161	约旦河西岸和加沙	*5070*[1]
154	瓦努阿图	*3160*[1]	163	洪都拉斯	4740
155	尼日利亚	2820	164	马绍尔群岛	*4710*
156	乌克兰	2620[3]	165	基里巴斯	*4150*[9]
157	刚果	2540	166	苏丹	4080
158	不丹	2370	167	加纳	4070
159	巴布亚新几内亚	*2240*[1]	169	东帝汶	3820[9]
160	洪都拉斯	2270	170	赞比亚	3700
161	摩尔多瓦	2220[7]	171	毛里塔尼亚	*3710*[1]
162	乌兹别克斯坦	2150	172	也门	*3660*[1]
163	越南	1980	173	孟加拉国	3550
164	尼加拉瓜	1940	174	密克罗尼西亚	*3600*[1][9]
164	所罗门群岛	1940	175	塔吉克斯坦	3320
166	东帝汶	1920	176	吉尔吉斯斯坦	3300
167	苏丹	1840	177	柬埔寨	3290
168	老挝	1730	178	科特迪瓦	3240
168	圣多美和普林西比	*1670*[1]	180	莱索托	*3160*[1]
170	印度	1590	180	圣多美和普林西比	*3160*[1]
171	赞比亚	1490	182	喀麦隆	3080
173	加纳	1480	183	肯尼亚	3060
174	巴基斯坦	1440	184	瓦努阿图	*3040*[1][9]
175	科特迪瓦	1410	185	巴布亚新几内亚	*2800*[1][9]
176	肯尼亚	1340	186	坦桑尼亚	2620[8]
177	喀麦隆	1330	187	尼泊尔	2500
178	毛里塔尼亚	*1370*[1]	188	塞内加尔	2390
180	塔吉克斯坦	1240	189	马里	2360
181	莱索托	*1330*[1]	190	所罗门群岛	2180[9]
182	缅甸	1280[1]	191	乍得	2110

续表

位次	国家/地区	人均收入（美元）	位次	国家/地区	人均收入（PPP，国际元）
183	孟加拉国	1190	192	贝宁	2100
184	吉尔吉斯斯坦	1170	193	阿富汗	1990[9]
185	也门	*1300*[1]	194	乌干达	1780
186	柬埔寨	1070	195	海地	1760
187	塞内加尔	1000	196	卢旺达	1720
188	坦桑尼亚	910[8]	198	津巴布韦	1700
189	乍得	880	199	布基纳法索	1640
190	贝宁	860	200	南苏丹	1630[9]
191	津巴布韦	850	201	埃塞俄比亚	1620
192	海地	820	202	塞拉利昂	1560
193	马里	*790*	203	冈比亚	1580[1]
193	南苏丹	790	205	几内亚比绍	1450
195	科摩罗	790[1]	206	科摩罗	1430[1]
196	尼泊尔	730	206	马达加斯加	1400
198	卢旺达	700	208	多哥	1320
199	乌干达	670	209	莫桑比克	1170
200	布基纳法索	660	210	马拉维	1140
202	阿富汗	630	211	几内亚	1120
202	塞拉利昂	630	212	尼日尔	950
204	埃塞俄比亚	590	213	布隆迪	730
204	几内亚比绍	590	214	民主刚果	720
206	莫桑比克	580	214	利比里亚	720
207	多哥	540	216	中非	600
209	几内亚	470			
210	冈比亚	*460*[1]			
210	马达加斯加	420			
212	民主刚果	410			
213	尼日尔	390			
214	利比里亚	380			
215	马拉维	350			
216	中非	320			
217	布隆迪	260			
	世界	10437		世界	15415

续表

位次	国家/地区	人均收入（美元）	位次	国家/地区	人均收入（PPP，国际元）
	东亚与太平洋地区	9602		东亚与太平洋地区	15702
	欧洲与中亚地区	24147		欧洲与中亚地区	29477
	拉美与加勒比地区	8919		拉美与加勒比地区	15211
	中东和北非	8207		中东和北非	18828
	北美	54217		北美	55185
	南亚	1533		南亚	5653
	撒哈拉以南非洲	1628		撒哈拉以南非洲	3562
	低收入	620		低收入	1611
	中低收入	2035		中低收入	6400
	中高收入	8113		中高收入	15461
	高收入	41366		高收入	44991

注：斜体字为2014年或2013年数据；[1]“..”2015数据不详，估计排名；[2]仅包括塞浦路斯政府控制区；[3]乌克兰和俄罗斯联邦官方统计数据；[4]根据官方汇率；[5]不包括阿布哈兹和南奥塞梯；[6]包括前西属撒哈拉；[7]不包括德涅斯特河沿岸地区；[8]仅包括坦桑尼亚大陆；[9]基于回归，其他购买力平价计算为从2011年国际比较项目基准估计推算。

数据来源：世界银行数据库，http://datacatalog.worldbank.org/。

表3 世界各国及地区人口数据（2015年）

位次	国家/地区	总人口（千人）	位次	国家/地区	总人口（千人）
1	中国	1371220	12	菲律宾	100699
2	印度	1311051	13	埃塞俄比亚	99391
3	美国	321419	14	越南	91704
4	印度尼西亚	257564	15	埃及	91508
5	巴西	207848	16	德国	81413
6	巴基斯坦	188925	17	伊朗	79109
7	尼日利亚	182202	18	土耳其	78666
8	孟加拉国	160996	19	民主刚果	77267
9	俄罗斯联邦	144097	20	泰国	67959
10	墨西哥	127017	21	法国	66808
11	日本	126958	22	英国	65138

续表

位次	国家/地区	总人口(千人)	位次	国家/地区	总人口(千人)
23	意大利	60802	58	罗马尼亚	19832
24	南非	54957	59	叙利亚	18502
25	缅甸	53897	60	布基纳法索	18106
26	坦桑尼亚	53470	61	智利	17948
27	韩国	50617	62	马里	17600
28	哥伦比亚	48229	63	哈萨克斯坦	17544
29	西班牙	46418	64	马拉维	17215
30	肯尼亚	46050	65	荷兰	16937
31	乌克兰	45198	66	危地马拉	16343
32	阿根廷	43417	67	赞比亚	16212
33	苏丹	40235	68	厄瓜多尔	16144
34	阿尔及利亚	39667	69	津巴布韦	15603
35	乌干达	39032	70	柬埔寨	15578
36	波兰	37999	71	塞内加尔	15129
37	伊拉克	36423	72	乍得	14037
38	加拿大	35852	73	几内亚	12609
39	摩洛哥	34378	74	南苏丹	12340
40	阿富汗	32527	75	卢旺达	11610
41	沙特阿拉伯	31540	76	古巴	11390
42	秘鲁	31377	77	比利时	11286
43	乌兹别克斯坦	31300	78	布隆迪	11179
44	委内瑞拉	31108	79	突尼斯	11108
45	马来西亚	30331	80	贝宁	10880
46	尼泊尔	28514	81	希腊	10824
47	莫桑比克	27978	82	索马里	10787
48	加纳	27410	83	玻利维亚	10725
49	也门共	26832	84	海地	10711
50	朝鲜	25155	85	捷克	10551
51	安哥拉	25022	86	多米尼加	10528
52	马达加斯加	24235	87	葡萄牙	10349
53	澳大利亚	23781	88	匈牙利	9845
54	喀麦隆	23344	89	瑞典	9799
55	科特迪瓦	22702	90	阿塞拜疆	9651
56	斯里兰卡	20966	91	白俄罗斯	9513
57	尼日尔	19899	92	阿拉伯联合酋长国	9157

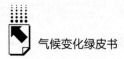

续表

位次	国家/地区	总人口(千人)	位次	国家/地区	总人口(千人)
93	奥地利	8611	128	毛里塔尼亚	4068
94	塔吉克斯坦	8482	129	巴拿马	3929
95	以色列	8380	130	科威特	3892
96	瑞士	8287	131	波斯尼亚和黑塞哥维那	3810
97	洪都拉斯	8075	132	格鲁吉亚	3679[1]
98	巴布亚新几内亚	7619	133	摩尔多瓦	3554[2]
99	约旦	7595	134	波多黎各	3474
100	中国香港	7306	135	乌拉圭	3432
101	多哥	7305	136	亚美尼亚	3018
102	保加利亚	7178	137	蒙古国	2959
103	塞尔维亚	7098	138	立陶宛	2910
104	老挝	6802	139	阿尔巴尼亚	2889
105	巴拉圭	6639	140	牙买加	2726
106	塞拉利昂	6453	141	纳米比亚	2459
107	利比亚	6278	142	博茨瓦纳	2262
108	萨尔瓦多	6127	143	卡塔尔	2235
109	尼加拉瓜	6082	144	莱索托	2135
110	吉尔吉斯斯坦	5957	145	前南马其顿	2078
111	黎巴嫩	5851	146	斯洛文尼亚	2064
112	丹麦	5676	147	冈比亚	1991
113	新加坡	5535	148	拉脱维亚	1978
114	芬兰	5482	149	几内亚比绍	1844
115	斯洛伐克	5424	150	科索沃	1797
116	土库曼斯坦	5374	151	加蓬	1725
117	厄立特里亚	5228	152	巴林	1377
118	挪威	5196	153	特立尼达和多巴哥	1360
119	中非	4900	154	爱沙尼亚	1312
120	哥斯达黎加	4808	155	斯威士兰	1287
121	爱尔兰	4641	156	毛里求斯	1263
122	刚果	4620	157	东帝汶	1245
123	新西兰	4596	158	塞浦路斯	1165
124	利比里亚	4503	159	斐济	892
125	阿曼	4491	160	吉布提	888
126	约旦河西岸和加沙	4422	161	赤道几内亚	845
127	克罗地亚	4224	162	科摩罗	788

续表

位次	国家/地区	总人口(千人)	位次	国家/地区	总人口(千人)
163	不丹	775	198	安道尔	70
164	圭亚那	767	199	百慕大	65
165	黑山	622	200	开曼群岛	60
166	中国澳门	588	201	格陵兰	56
167	所罗门群岛	584	202	圣基茨和尼维斯	56
168	卢森堡	570	203	美属萨摩亚	56
169	苏里南	543	204	北马里亚纳群岛	55
170	佛得角	521	205	马绍尔群岛	53
171	马耳他	431	206	法罗群岛	48
172	文莱	423	207	荷属圣马丁岛	39
173	马尔代夫	409	208	摩纳哥	38
174	巴哈马	388	209	列支敦士登	38
175	伯利兹	359	210	特克斯和凯科斯群岛	34
176	冰岛	331	211	直布罗陀	32
177	巴巴多斯	284	212	圣马力诺	32
178	法属波利尼西亚	283	213	法属圣马丁	32
179	新喀里多尼亚	273	214	英属维尔京群岛	30
180	瓦努阿图	265	215	帕劳	21
181	萨摩亚	193	216	瑙鲁	10
182	圣多美和普林西比	190	217	图瓦卢	10
183	圣卢西亚	185			
184	关岛	170		世界	7346633
185	海峡群岛	164			
186	库拉索	158		东亚与太平洋地区	2279186
187	基里巴斯	112		欧洲与中亚地区	907944
188	圣文森特和格林纳丁斯	109		拉美与加勒比地区	632959
189	格林纳达	107		中东和北非	424065
190	汤加	106		北美	357336
191	密克罗尼西亚	104		南亚	1744161
192	阿鲁巴	104		撒哈拉以南非洲	1000981
193	美属维尔京群岛	104		低收入	638286
194	塞舌尔	93		中低收入	2927414
195	安提瓜和巴布达	92		中高收入	2550326
196	马恩岛	88		高收入	1187190
197	多米尼加	73			

注：[1] 不包括阿布哈兹和南奥塞梯；[2] 不包括德涅斯特河沿岸地区。
数据来源：世界银行数据库，http：//datacatalog. worldbank. org/。

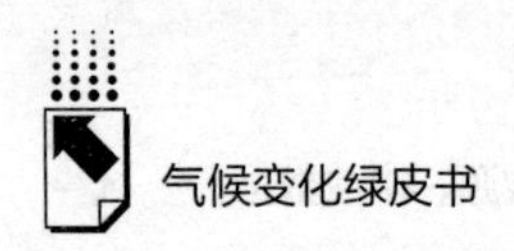

表4　世界各国及地区城市化率（2015年）

位次	国家或地区	城市化率(%)	位次	国家或地区	城市化率(%)
1	百慕大	100.00	35	加蓬	87.16
1	开曼群岛	100.00	36	帕劳	87.07
1	直布罗陀	100.00	37	格陵兰	86.44
1	中国香港	100.00	38	新西兰	86.28
1	中国澳门	100.00	39	瑞典	85.82
1	摩纳哥	100.00	40	巴西	85.69
1	瑙鲁	100.00	41	阿拉伯联合酋长国	85.54
1	新加坡	100.00	42	安道尔	85.12
1	荷属圣马丁岛	100.00	43	芬兰	84.22
10	卡塔尔	99.24	44	约旦	83.68
11	科威特	98.34	45	沙特阿拉伯	83.13
12	比利时	97.86	46	巴哈马	82.87
13	马耳他	95.41	47	英国	82.59
14	美属维尔京群岛	95.34	48	韩国	82.47
15	乌拉圭	95.31	49	加拿大	81.83
16	关岛	94.52	50	美国	81.62
17	圣马力诺	94.19	51	挪威	80.47
18	冰岛	94.14	52	西班牙	79.58
19	波多黎各	93.60	53	法国	79.52
20	日本	93.50	54	墨西哥	79.25
21	特克斯和凯科斯群岛	92.19	55	多米尼加	78.98
22	以色列	92.14	56	秘鲁	78.61
23	阿根廷	91.75	57	利比亚	78.55
24	荷兰	90.50	58	希腊	78.01
25	卢森堡	90.16	59	阿曼	77.64
26	智利	89.53	60	吉布提	77.34
27	澳大利亚	89.42	61	文莱	77.20
28	库拉索	89.33	62	古巴	77.07
29	北马里亚纳群岛	89.24	63	哥斯达黎加	76.82
30	委内瑞拉	88.99	64	白俄罗斯	76.67
31	巴林	88.78	65	哥伦比亚	76.44
32	黎巴嫩	87.79	66	德国	75.30
33	丹麦	87.68	67	约旦河西岸和加沙	75.25
34	美属萨摩亚	87.20	68	欧洲联盟	74.80

续表

位次	国家或地区	城市化率(%)	位次	国家或地区	城市化率(%)
69	马来西亚	74.71	104	朝鲜	60.88
70	俄罗斯联邦	74.01	105	波兰	60.54
71	保加利亚	73.95	106	摩洛哥	60.20
72	瑞士	73.91	107	毛里塔尼亚	59.86
73	土耳其	73.40	108	图瓦卢	59.72
74	伊朗	73.38	109	巴拉圭	59.67
75	捷克	72.99	110	冈比亚	59.63
76	马绍尔群岛	72.68	111	克罗地亚	58.96
77	蒙古国	72.04	112	尼加拉瓜	58.78
78	匈牙利	71.23	113	海地	58.65
79	阿尔及利亚	70.73	114	叙利亚	57.66
80	新喀里多尼亚	70.21	115	博茨瓦纳	57.44
81	乌克兰	69.70	116	阿尔巴尼亚	57.41
82	多米尼克	69.54	117	马其顿	57.10
83	伊拉克	69.47	118	法属波利尼西亚	55.88
84	意大利	68.96	119	中国	55.61
85	玻利维亚	68.51	120	塞尔维亚	55.55
86	爱沙尼亚	67.54	121	牙买加	54.79
87	拉脱维亚	67.38	122	洪都拉斯	54.73
88	塞浦路斯	66.92	123	阿塞拜疆	54.62
89	突尼斯	66.84	124	罗马尼亚	54.56
90	萨尔瓦多	66.73	125	喀麦隆	54.38
91	巴拿马	66.59	126	科特迪瓦	54.18
92	立陶宛	66.51	127	加纳	54.04
93	苏里南	66.04	128	塞舌尔	53.89
94	奥地利	65.97	129	印度尼西亚	53.74
95	佛得角	65.53	130	斐济	53.73
96	刚果	65.38	131	格鲁吉亚	53.64
97	圣多美和普林西比	65.09	132	斯洛伐克	53.60
98	南非	64.80	133	哈萨克斯坦	53.25
99	黑山	64.03	134	马恩岛	52.20
100	厄瓜多尔	63.74	135	危地马拉	51.57
101	葡萄牙	63.47	136	圣文森特和格林纳丁斯	50.55
102	爱尔兰	63.24	137	泰国	50.37
103	亚美尼亚	62.67	138	土库曼斯坦	50.04

续表

位次	国家或地区	城市化率(%)	位次	国家或地区	城市化率(%)
139	利比里亚	49.70	174	也门	34.61
140	斯洛文尼亚	49.65	175	孟加拉国	34.28
141	几内亚比绍	49.33	176	缅甸	34.10
142	尼日利亚	47.78	177	苏丹	33.81
143	纳米比亚	46.66	178	越南	33.59
144	英属维尔京群岛	46.19	179	东帝汶	32.77
145	马尔代夫	45.54	180	印度	32.75
146	摩尔多瓦	45.00	181	津巴布韦	32.38
147	菲律宾	44.37	182	莫桑比克	32.21
148	基里巴斯	44.30	183	圣基茨和尼维斯	32.05
149	安哥拉	44.05	184	坦桑尼亚	31.61
150	伯利兹	43.97	185	巴巴多斯	31.48
151	贝宁	43.95	186	海峡群岛	31.47
152	塞内加尔	43.72	187	布基纳法索	29.86
153	埃及	43.14	188	卢旺达	28.81
154	民主刚果	42.49	189	圭亚那	28.55
155	法罗群岛	41.96	190	科摩罗	28.30
156	阿鲁巴	41.53	191	莱索托	27.31
157	赞比亚	40.92	192	塔吉克斯坦	26.78
158	中非	40.04	193	阿富汗	26.70
159	多哥	39.96	194	瓦努阿图	26.13
160	塞拉利昂	39.94	195	肯尼亚	25.62
161	赤道几内亚	39.92	196	安提瓜和巴布达	23.77
162	马里	39.92	197	汤加	23.71
163	波斯尼亚和黑塞哥维那	39.77	198	乍得	22.47
164	毛里求斯	39.67	199	密克罗尼西亚	22.42
165	索马里	39.55	200	所罗门群岛	22.33
166	巴基斯坦	38.76	201	斯威士兰	21.31
167	不丹	38.64	202	柬埔寨	20.72
168	老挝	38.61	203	埃塞俄比亚	19.47
169	几内亚	37.16	204	萨摩亚	19.10
170	乌兹别克斯坦	36.37	205	南苏丹	18.80
171	吉尔吉斯斯坦	35.71	206	尼日尔	18.73
172	格林纳达	35.59	207	尼泊尔	18.62
173	马达加斯加	35.11	208	圣卢西亚	18.50

续表

位次	国家或地区	城市化率（%）	位次	国家或地区	城市化率（%）
209	斯里兰卡	18.36		北美	81.64
210	马拉维	16.27		经合组织成员国	80.27
211	乌干达	16.10		拉美与加勒比地区	79.88
212	列支敦士登	14.29		欧元区	75.92
213	巴布亚新几内亚	13.01		欧洲与中亚地区	70.87
214	布隆迪	12.06		中东和北非	64.22
215	特立尼达和多巴哥	8.45		中欧和波罗的海	62.36
				阿拉伯世界	57.82
	世界	53.86		东亚与太平洋地区	56.63
	高收入	81.12		加勒比小国	42.17
	中高收入	63.65		太平洋岛屿小国	37.74
	中等收入	50.46		撒哈拉以南非洲	37.74
	低和中等收入	48.40		重债穷国（HIPC）	34.59
	中低收入	38.96		南亚	33.03
	低收入	30.74		最不发达国家	31.54

数据来源：世界银行数据库，http：//datacatalog. worldbank. org/。

表 5　世界各国及地区能源和碳排放数据（2015 年）

国家/地区	二氧化碳排放（百万吨 CO_2）	一次能源消费总量（百万吨标准油）	一次能源消费结构（%）					
			石油	天然气	煤炭	核能	水电	其他可再生能源
美国	5485.7	2280.6	37.34	31.29	17.38	8.33	2.52	3.15
加拿大	532.5	329.9	30.40	27.95	6.00	7.15	26.28	2.23
墨西哥	474.2	185.0	45.59	40.47	6.94	1.42	3.68	1.91
北美洲	**6492.4**	**2795.5**	**37.07**	**31.50**	**15.35**	**7.73**	**5.40**	**2.96**
阿根廷	190.0	87.8	35.99	48.71	1.60	1.84	10.89	0.97
巴西	487.8	292.8	46.90	12.58	5.94	1.14	27.89	5.55
智利	90.1	34.9	48.45	10.02	20.73	0.00	15.15	5.64
哥伦比亚	97.3	42.5	36.43	22.33	16.59	0.00	23.81	0.84
厄瓜多尔	37.1	15.4	76.20	3.73	0.00	0.00	19.27	0.80
秘鲁	50.8	24.1	45.00	27.99	3.58	0.00	21.84	1.58
特立尼达和多巴哥	26.7	21.2	8.55	91.44	0.00	0.00	0.00	0.01

续表

国家/地区	二氧化碳排放（百万吨 CO_2）	一次能源消费总量（百万吨标准油）	一次能源消费结构（%）					
			石油	天然气	煤炭	核能	水电	其他可再生能源
委内瑞拉	169.2	80.5	39.74	38.57	0.23	0.00	21.45	0.01
拉丁美洲其他地区	227.7	100.0	65.05	6.93	3.00	0.00	20.73	4.29
拉丁美洲	**1376.6**	**699.3**	**46.15**	**22.50**	**5.31**	**0.71**	**21.86**	**3.47**
奥地利	62.8	34.1	37.09	22.06	9.51	0.00	24.42	6.92
阿塞拜疆	32.0	13.7	32.81	64.29	0.01	0.00	2.70	0.19
白俄罗斯	56.3	23.6	30.22	65.66	3.55	0.00	0.12	0.45
比利时	111.5	56.5	54.04	24.09	5.61	10.46	0.12	5.68
保加利亚	45.2	18.9	22.10	13.63	35.21	18.38	6.92	3.77
捷克	98.6	39.6	23.65	16.36	39.29	15.33	1.03	4.35
丹麦	37.6	16.9	47.52	16.84	10.45	0.00	0.02	25.16
芬兰	41.3	25.9	32.16	7.36	13.37	20.54	14.64	11.93
法国	309.4	239.0	31.85	14.70	3.65	41.41	5.10	3.29
德国	753.6	320.6	34.36	20.95	24.42	6.46	1.36	12.46
希腊	73.9	26.3	56.45	9.67	21.87	0.00	4.81	7.20
匈牙利	44.2	21.5	32.76	37.28	10.00	16.66	0.25	3.05
爱尔兰	38.6	14.6	47.00	25.77	15.06	0.00	1.25	10.92
意大利	341.5	151.7	39.11	36.45	8.20	0.00	6.55	9.69
哈萨克斯坦	184.8	54.8	23.21	14.15	59.36	0.00	3.26	0.02
立陶宛	11.2	5.3	50.21	39.31	3.09	0.00	1.48	5.90
荷兰	210.1	81.6	47.45	35.09	13.02	1.13	0.02	3.28
挪威	36.7	47.1	21.73	9.19	1.65	0.00	66.08	1.37
波兰	295.8	95.0	26.41	15.87	52.42	0.00	0.44	4.86
葡萄牙	52.5	24.1	47.32	16.24	13.68	0.00	8.13	14.63
罗马尼亚	70.7	33.1	27.60	28.14	18.59	7.96	11.17	6.54
俄罗斯	1483.2	666.8	21.44	52.84	13.31	6.62	5.77	0.02
斯洛伐克	31.1	15.8	23.91	24.34	21.04	21.63	5.81	3.27
西班牙	291.7	134.4	45.03	18.47	10.73	9.63	4.68	11.46
瑞典	47.8	53.0	26.58	1.52	3.99	24.42	31.81	11.68
瑞士	39.1	27.9	38.51	9.21	0.56	18.87	30.50	2.35
土耳其	336.3	131.3	29.51	29.87	26.22	0.00	11.53	2.87
土库曼斯坦	92.6	37.3	17.27	82.73	0.00	0.00	0.00	0.00

续表

国家/地区	二氧化碳排放（百万吨 CO_2）	一次能源消费总量（百万吨标准油）	一次能源消费结构（%）					
			石油	天然气	煤炭	核能	水电	其他可再生能源
乌克兰	195.1	85.1	9.88	30.46	34.28	23.30	1.67	0.41
英国	436.9	191.2	37.44	32.13	12.24	8.33	0.75	9.11
乌兹别克斯坦	115.4	51.6	5.44	87.65	2.15	0.00	4.75	0.00
欧洲及欧亚大陆其他地区	225.1	96.0	34.46	14.33	24.36	1.99	22.44	2.43
欧洲及欧亚大陆总计	**6202.9**	**2834.4**	**30.42**	**31.86**	**16.51**	**9.31**	**6.86**	**5.04**
伊朗	630.2	267.2	33.27	64.41	0.46	0.30	1.54	0.03
以色列	74.4	25.6	43.01	29.57	26.38	0.00	0.03	1.01
科威特	107.9	41.0	57.45	42.54	0.00	0.00	0.00	0.02
卡塔尔	111.1	51.5	21.12	78.86	0.00	0.00	0.00	0.02
沙特阿拉伯	624.5	264.0	63.67	36.29	0.04	0.00	0.00	0.00
阿拉伯联合酋长国	264.7	103.9	38.51	59.85	1.57	0.00	0.00	0.07
中东其他地区	355.1	131.4	63.38	34.57	0.63	0.00	1.38	0.04
中东	**2167.8**	**884.7**	**48.12**	**49.87**	**1.19**	**0.09**	**0.67**	**0.06**
阿尔及利亚	137.1	54.6	35.32	64.26	0.33	0.00	0.06	0.03
埃及	212.1	86.2	45.43	49.93	0.80	0.00	3.43	0.41
南非	436.5	124.2	25.01	3.63	68.43	1.97	0.17	0.79
非洲其他地区	416.2	169.9	55.00	23.10	6.46	0.00	14.01	1.43
非洲	**1201.9**	**435.0**	**42.06**	**28.03**	**22.27**	**0.56**	**6.21**	**0.87**
澳大利亚	400.2	131.4	35.18	23.52	35.48	0.00	2.36	3.46
孟加拉国	72.9	30.7	18.04	78.60	2.52	0.00	0.66	0.17
中国	9153.9	3014.0	18.57	5.89	63.72	1.28	8.46	2.08
中国香港	91.2	27.9	65.46	10.47	24.00	0.00	0.00	0.07
印度	2218.4	700.5	27.91	6.50	58.13	1.23	4.02	2.21
印尼	611.4	195.6	37.58	18.28	41.07	0.00	1.86	1.21
日本	1207.8	448.5	42.28	22.76	26.63	0.23	4.87	3.23
马来西亚	246.9	93.1	38.82	38.42	18.93	0.00	3.58	0.25
新西兰	35.7	21.0	35.63	19.36	6.89	0.00	26.49	11.63
巴基斯坦	179.5	78.2	32.19	49.95	5.97	1.36	10.00	0.52

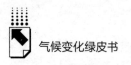

续表

国家/地区	二氧化碳排放（百万吨 CO_2）	一次能源消费总量（百万吨标准油）	一次能源消费结构（%）					
			石油	天然气	煤炭	核能	水电	其他可再生能源
菲律宾	106.5	37.7	48.67	7.97	30.31	0.00	5.89	7.15
新加坡	205.0	80.2	86.58	12.71	0.48	0.00	0.00	0.23
韩国	648.7	276.9	41.05	14.17	30.50	13.46	0.25	0.58
中国台湾	268.5	110.7	41.58	14.95	34.18	7.46	0.91	0.93
泰国	295.9	124.9	45.34	38.10	14.07	0.00	0.68	1.81
越南	169.0	65.9	29.63	14.57	33.78	0.00	21.93	0.10
亚太其他地区	155.2	61.3	33.59	11.50	31.46	0.00	23.03	0.42
亚太地区	**16066.7**	**5498.5**	**27.31**	**11.48**	**50.89**	**1.73**	**6.58**	**2.02**
世界总计	**33508.4**	**13147.3**	**32.94**	**23.85**	**29.21**	**4.44**	**6.79**	**2.78**
经合组织：其中	12688.7	5503.1	37.37	26.51	17.79	8.13	5.72	4.48
非经合组织	20819.7	7644.2	29.76	21.93	37.42	1.77	7.57	1.55
欧洲联盟	3489.8	1630.9	36.80	22.19	16.09	11.90	4.68	8.34
苏联	2187.6	950.4	19.84	51.65	16.22	6.80	5.42	0.07

数据来源：BP，“Statistical Review of World Energ，” BP Website，http：//www.bp.com/en/global/corporate/energy－economics/statistical－review－of－world－energy.html。

表6　中国各省、自治区、直辖市节能目标完成情况（2015年）

地区	地区生产总值（亿元）	能耗（万吨标准煤）	万元地区生产总值能耗（吨标准煤/万元）	万元地区生产总值能耗上升或降低（±%）	万元工业增加值能耗上升或降低（±%）	万元地区生产总值电耗上升或降低（±%）
全　国	595664.25	430000.00	0.722	－5.6	－	－
北　京	20304.88	7522.98	0.371	－6.17	－8.16	－4.87
天　津	16539.96	9298.25	0.562	－7.21	－13.25	－7.77
河　北	30624.64	30988.64	1.012	－6.14	－6.02	－10.28
山　西	13487.34	19962.84	1.480	－5.31	－7.48	－7.52
内蒙古	18818.25	22076.48	1.173	－4	－8.8	－2.29
辽　宁	26872.61	24434.58	0.909	－3.52	－1.97	－5.44
吉　林	13566.94	9048.67	0.667	－10.69	－14.44	－8.33
黑龙江	15445.17	13561.19	0.878	－4.01	－6.52	－4.31
上　海	24586.72	12000.12	0.488	－3.92	0.15	－4

续表

地区	地区生产总值(亿元)	能耗(万吨标准煤)	万元地区生产总值能耗(吨标准煤/万元)	万元地区生产总值能耗上升或降低(±%)	万元工业增加值能耗上升或降低(±%)	万元地区生产总值电耗上升或降低(±%)
江　苏	65458.85	31527.99	0.482	-6.73	-7.79	-5.98
浙　江	41036.58	19910.53	0.485	-3.53	-4.37	-6.12
安　徽	20607.71	12764.50	0.619	-5.58	-9.04	-4.87
福　建	24524.68	13065.93	0.533	-7.7	-16.43	-8.42
江　西	15545.05	8563.44	0.551	-3.92	-6.7	-2.12
山　东	61347.20	43904.59	0.716	-3.72	-7.88	-6.49
河　南	36575.30	26228.65	0.717	-6.57	-11.54	-8.94
湖　北	26584.28	19525.63	0.734	-7.66	-10.05	-7.65
湖　南	26345.95	18255.88	0.693	-6.98	-12.69	-6.82
广　东	69127.05	32096.23	0.464	-5.71	-10.47	-6.08
广　西	15455.66	10505.35	0.680	-5.11	-12.3	-5.62
海　南	3243.61	2003.02	0.618	-1.27	-0.56	0.31
重　庆	14481.35	10983.30	0.758	-6.31	-8.36	-9.06
四　川	28645.26	22304.70	0.779	-7.25	-12.05	-8.35
贵　州	8293.63	11457.46	1.381	-7.46	-10.84	-9.66
云　南	12221.76	11680.61	0.956	-8.83	-16.84	-13.43
陕　西	17113.34	12616.17	0.737	-3.21	-2.7	-7.7
甘　肃	6806.30	7673.78	1.127	-7.46	-10.66	-7.2
青　海	2252.44	4176.43	1.854	-4.26	-5.49	-15.89
宁　夏	2704.72	5496.23	2.032	1.2	-2.96	-4.16
新　疆	9057.75	15948.48	1.761	-3.63	-2.95	2.75

数据来源：国家统计局：《2015 年分省（区、市）万元地区生产总值能耗降低率等指标公报》，国家统计局官网，http：//www. stats. gov. cn/tjsj/zxfb/201604/t20160420_ 1346123. html，2016 年 4 月 20 日。其中 2015 年地区生产总值、能耗和万元地区生产总值能耗数据为笔者根据 2015 年《中国统计年鉴》、2015 年《中国能源统计年鉴》，各省市区 2015 年国民经济与社会发展统计公报测算，地区生产总值基于 2010 年不变价得到。

表 7　主要国家或地区应对气候变化的自主贡献（2015 年）

序号	国家或地区	提交时间	主要目标
1	欧盟	2015 年 3 月 6 日	在 1990 年的基础上，到 2030 年减少 40% 的温室气体排放
2	美国	2015 年 3 月 31 日	在 2005 年的基础上，到 2025 年减少 26% ~28% 的温室气体排放，并会尽最大努力实现减排 28% 的目标。不会利用国际碳排放交易市场来实现其 2025 年减排目标

续表

序号	国家或地区	提交时间	主要目标
3	俄罗斯	2015年4月1日	在1990年的基础上,到2030年减少25%～30%的温室气体排放
4	加拿大	2015年5月15日	在2005年的基础上,到2030年减少30%的温室气体排放
5	中国	2015年6月30日	2030年的自主行动目标:二氧化碳排放2030年左右达到峰值并争取尽早达峰;单位国内生产总值二氧化碳排放比2005年下降60%～65%,非化石能源占一次能源消费比重达到20%左右,森林蓄积量比2005年增加45亿立方米左右
6	韩国	2015年6月30日	与BAU情景比较,到2030年减少37%的温室气体排放
7	日本	2015年7月17日	在2013年的基础上,到2030年减少26%的温室气体排放
8	澳大利亚	2015年8月11日	在2005年的基础上,到2030年减少26%～28%的温室气体排放
9	巴西	2015年9月28日	在2005年的基础上,到2025年减少37%的温室气体排放,到2030年减少43%的温室气体排放,可再生能源在能源结构中占比45%,除水电外的可再生能源发电的比例增加到23%
10	印度	2015年10月1日	在国际支持下,到2030年将非化石燃料在其能源结构中所占比重从目前的30%增加到40%左右,由此在2022年增加1.75GW的可再生能源生产能力。同时承诺将在2030年把单位GDP排放强度在2005年的基础上降低33%到35%,并通过加强造林力度,增加25亿～30亿吨的碳汇

资料来源:"INDCs as communicated by Parties," Intended Nationally Determined Contributions (INDC), http://www4.unfccc.int/submissions/indc/Submission%20Pages/submissions.aspx,访问时间2016年9月29日。

G.27 全球气候灾害历史统计

李修仓　景 丞　陈 静*

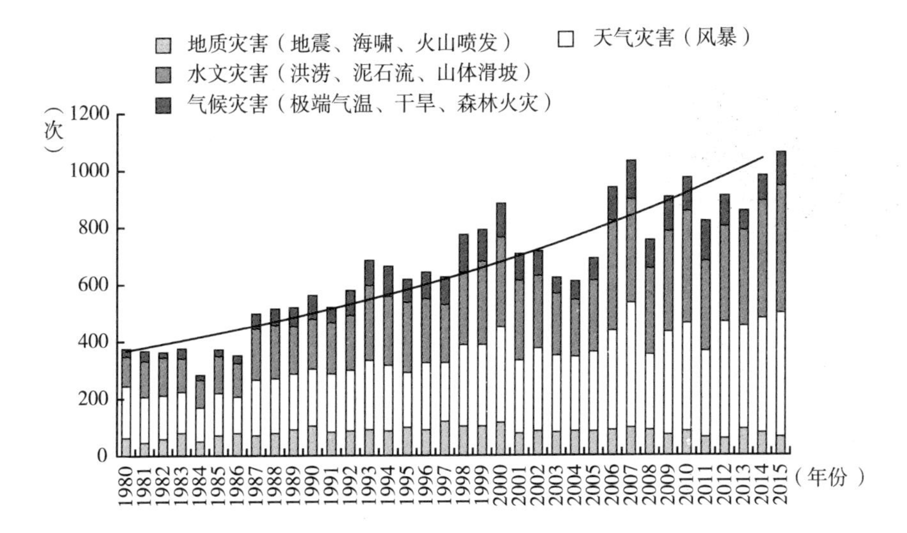

图1　1980～2015年全球重大自然灾害发生次数

资料来源：慕尼黑再保险公司和国家气候中心。

* 李修仓，国家气候中心高级工程师，南京信息工程大学气象灾害预报预警与评估协同创新中心骨干专家，研究领域为气候变化影响与灾害风险管理；景丞，南京信息工程大学研究生，研究领域为气候变化影响与灾害风险管理；陈静，南京信息工程大学研究生，研究领域为气候变化影响与灾害风险管理。

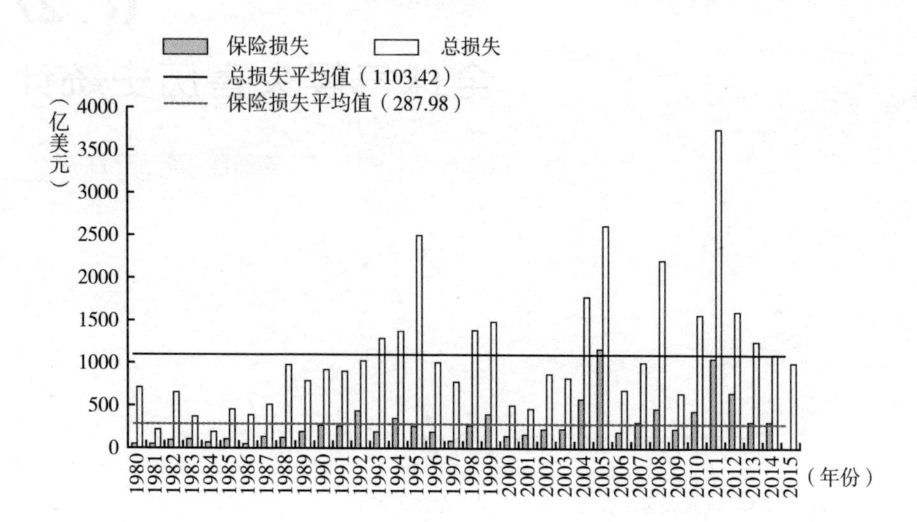

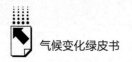

图 2　1980～2015 年全球重大自然灾害的总损失和保险损失

资料来源：慕尼黑再保险公司和国家气候中心，图 3～图 4 同。

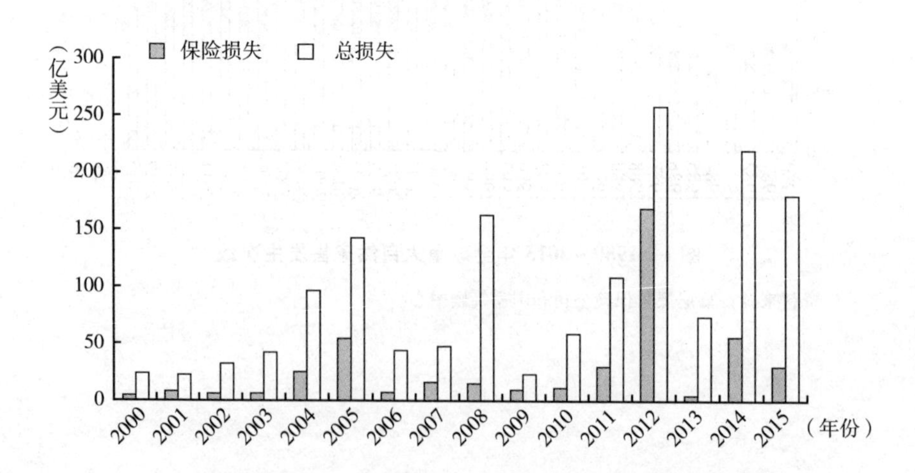

图 3　2000～2015 年全球干旱灾害的总损失和保险损失

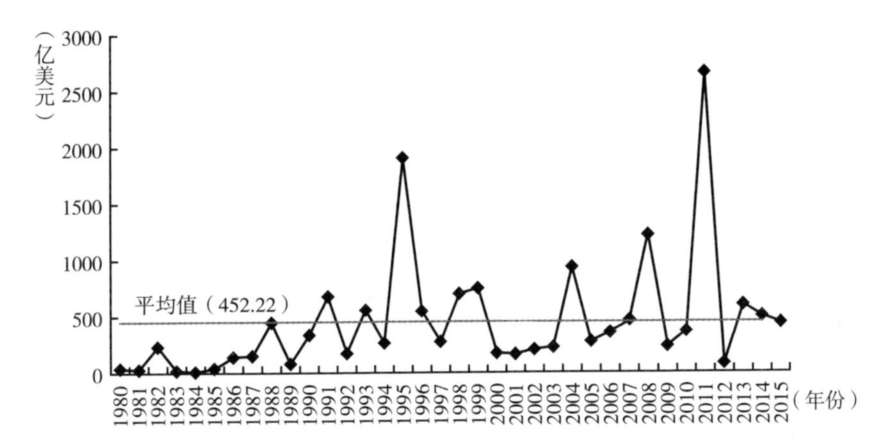

图 4　1980～2015 年亚洲重大自然灾害的总损失

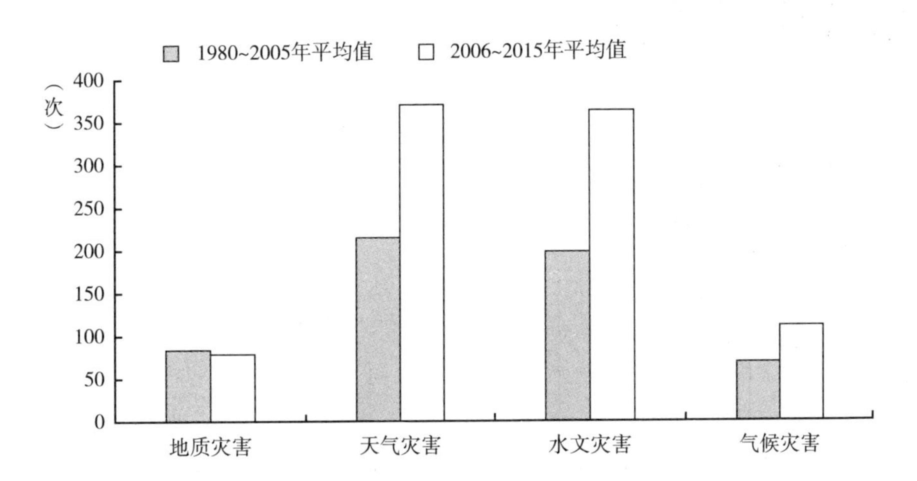

图 5　1980～2005 年和 2006～2015 年全球自然灾害的发生次数

资料来源：慕尼黑再保险公司和国家气候中心。

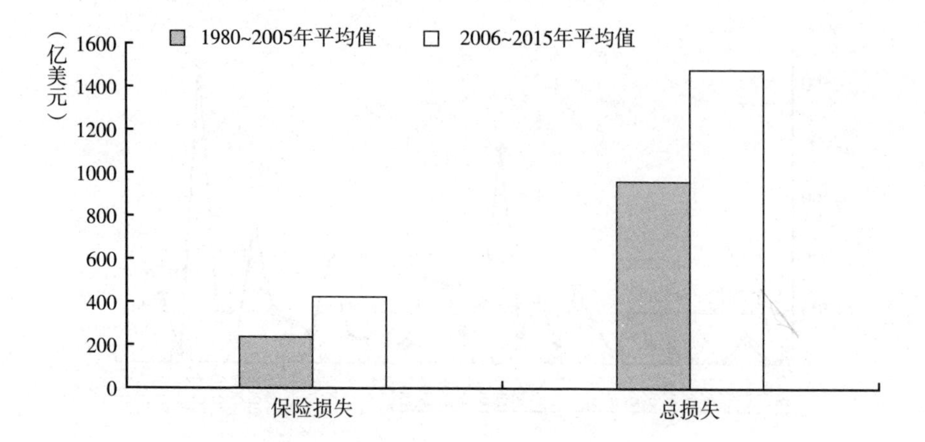

图 6　1980～2005 年和 2006～2015 年全球重大自然灾害的总损失和保险损失

资料来源：慕尼黑再保险公司和国家气候中心。

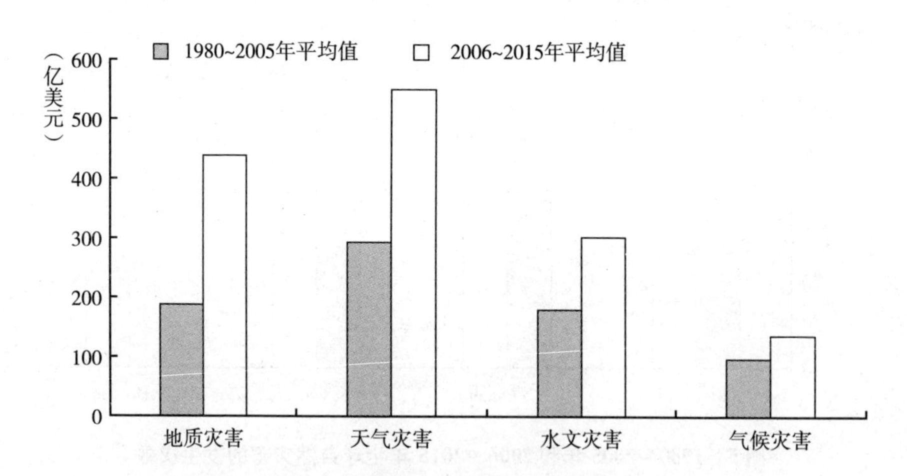

图 7　1980～2005 年和 2006～2015 年全球自然灾害的总损失

资料来源：慕尼黑再保险公司和国家气候中心。

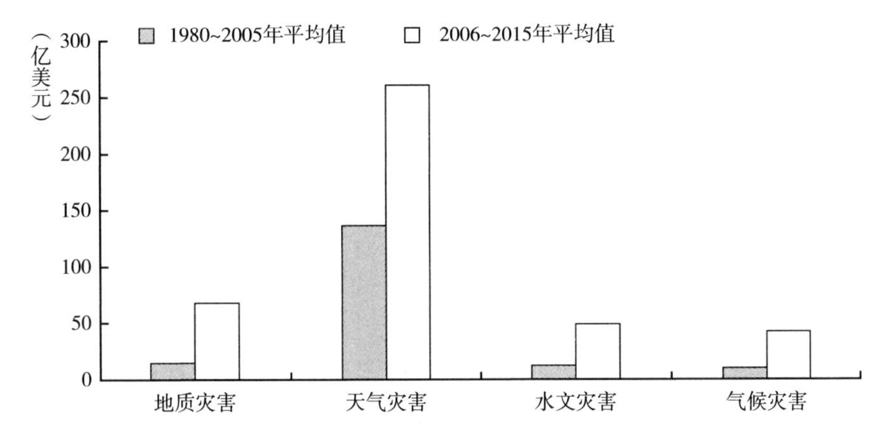

图8　1980～2005年和2006～2015年全球自然灾害的保险损失

资料来源：慕尼黑再保险公司和国家气候中心。

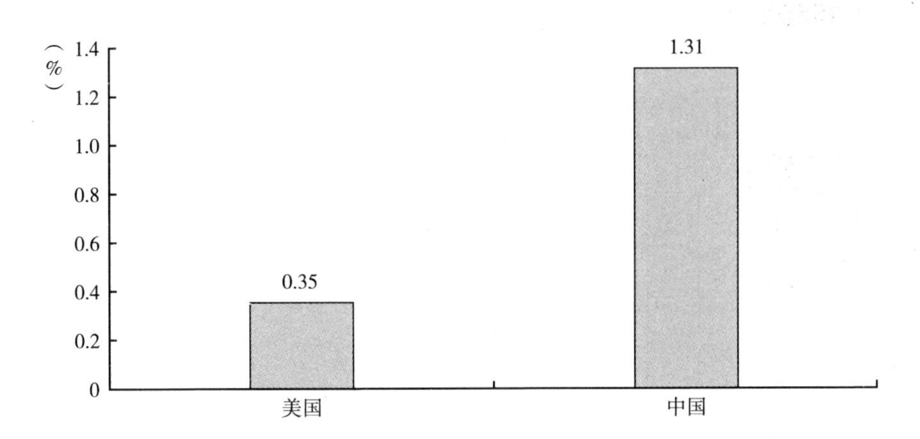

图9　美国和中国的气象灾害直接经济损失相当于GDP的比重（1990～2010年）

资料来源：慕尼黑再保险公司和国家气候中心。

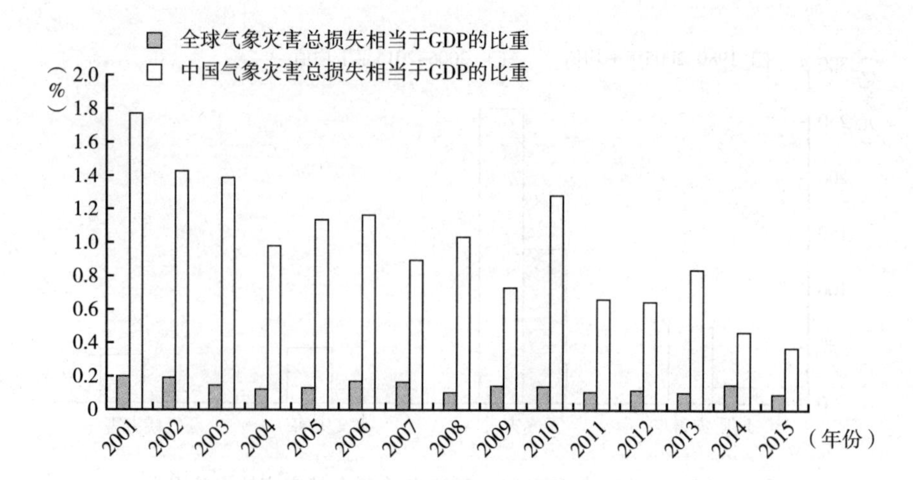

图 10　2001～2015 年全球和中国气象灾害直接经济损失相当于 GDP 的比重

资料来源：世界银行 WDI 数据库，http：//data. worldbank. Org/ data－catalog，及慕尼黑再保险公司和国家气候中心。

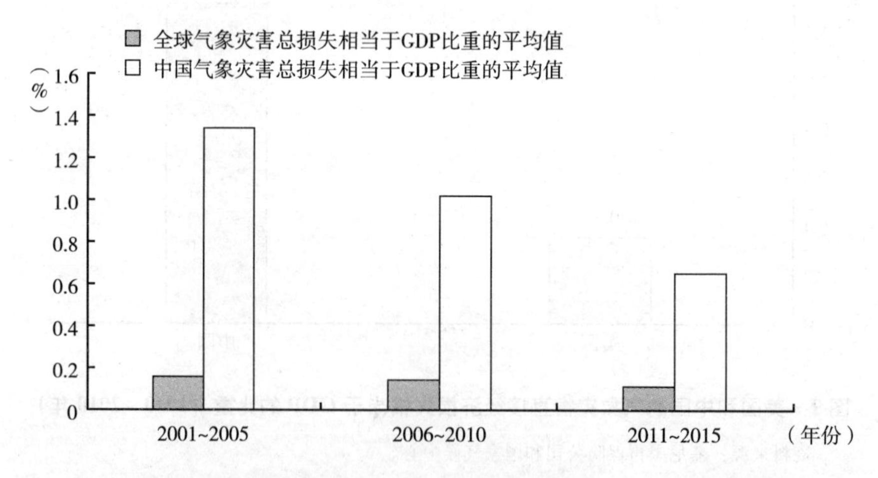

图 11　不同时间段全球和中国气象灾害直接经济损失相当于 GDP 的比重

资料来源：世界银行 WDI 数据库，http：//data. worldbank. Org/data－catalog，及慕尼黑再保险公司和国家气候中心。

G.28
中国气候灾害历史统计

李修仓 景 丞 陈 静*

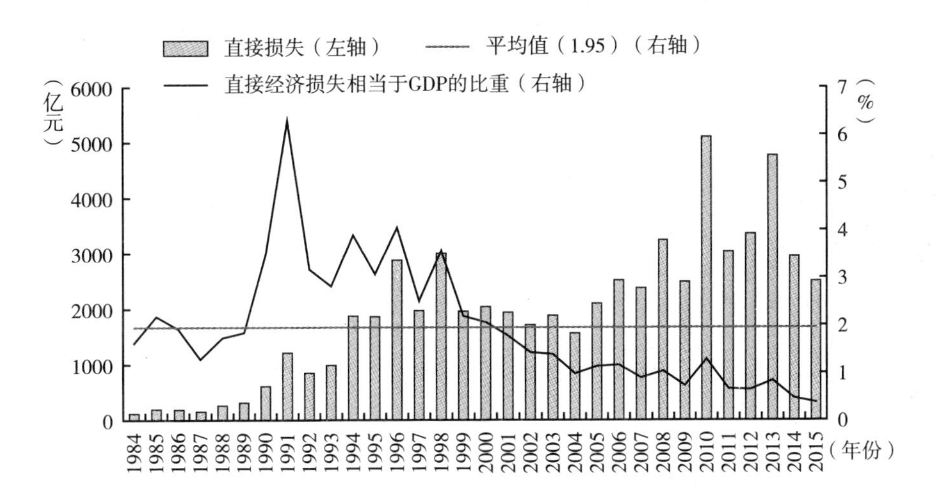

图1 1984～2015年中国气象灾害的直接经济损失及其相当于GDP的比重

资料来源：《中国气象灾害年鉴》《中国气候公报》。

* 李修仓，国家气候中心高级工程师，南京信息工程大学气象灾害预报预警与评估协同创新中心骨干专家，研究领域为气候变化影响与灾害风险管理；景丞，南京信息工程大学研究生，研究领域为气候变化影响与灾害风险管理；陈静，南京信息工程大学研究生，研究领域为气候变化影响与灾害风险管理。

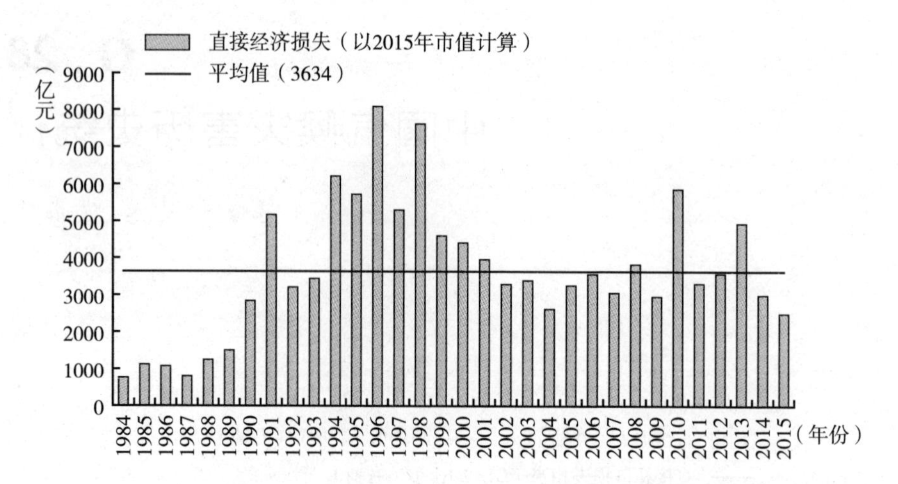

图2　1984～2015年中国气象灾害的直接经济损失（以2015年市值计算）

资料来源：《中国气象灾害年鉴》《中国气候公报》。

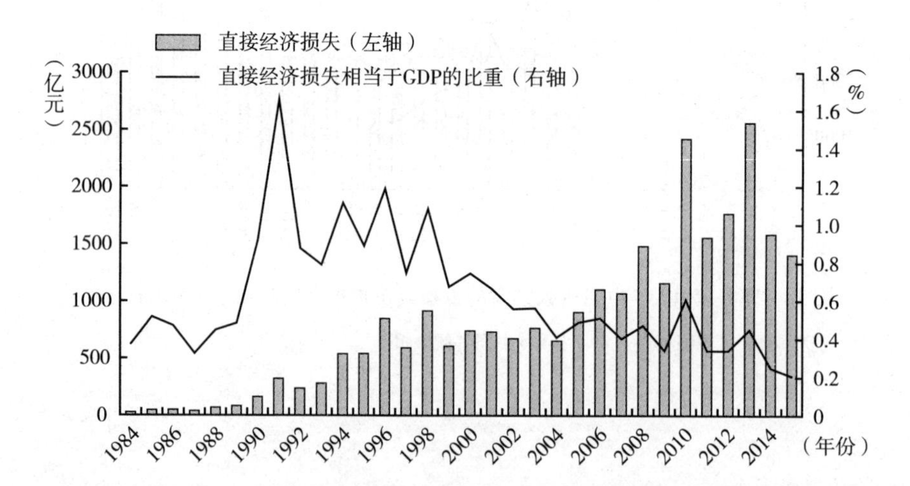

图3　1984～2015年中国城市气象灾害的直接经济损失及其相当于GDP的比重

资料来源：《中国气象灾害年鉴》《中国气候公报》，国家统计局，表1同。

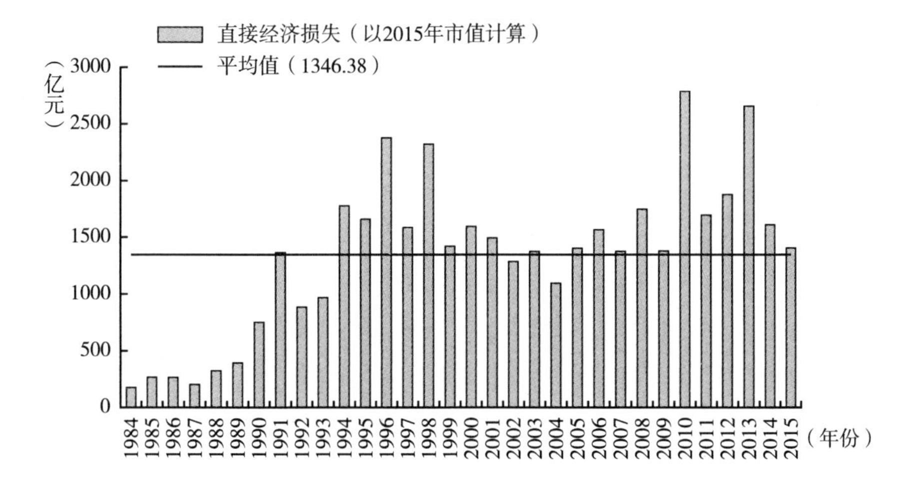

图4　1984～2015年中国城市气象灾害的直接经济损失（以2015年市值计算）

资料来源：《中国气象灾害年鉴》《中国气候公报》，国家统计局。

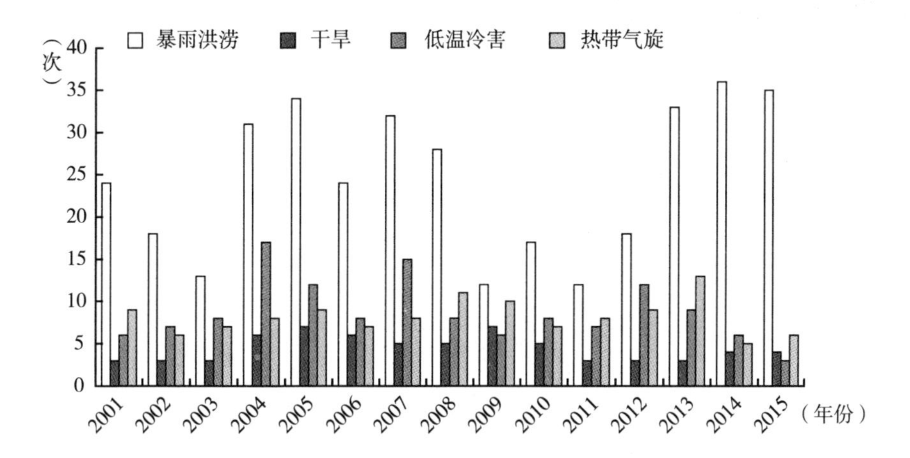

图5　2001～2015年中国气象灾害的发生次数

资料来源：《中国气象灾害年鉴》，国家统计局，图6～图8同。

表 1　中国气象灾害的灾情统计

年份	农作物灾情(万公顷)		人口灾情		直接经济损失(亿元)	城市气象灾害直接经济损失(亿元)
	受灾面积	绝收面积	受灾人口(万人)	死亡人口(人)		
2004	3765. 0	433. 3	34049. 2	2457	1565. 9	653. 9
2005	3875. 5	418. 8	39503. 2	2710	2101. 3	903. 3
2006	4111. 0	494. 2	43332. 3	3485	2516. 9	1104. 9
2007	4961. 4	579. 8	39656. 3	2713	2378. 5	1068. 9
2008	4000. 4	403. 3	43189. 0	2018	3244. 5	1482. 1
2009	4721. 4	491. 8	47760. 8	1367	2490. 5	1160. 3
2010	3742. 6	487	42494. 2	4005	5097. 5	2421. 3
2011	3252. 5	290. 7	43150. 9	1087	3034. 6	1555. 8
2012	2496. 0	182. 6	27389. 4	1390	3358. 0	1766. 3
2013	3123. 4	383. 8	38288. 0	1925	4766. 0	2560. 8
2014	1980. 5	292. 6	23983. 0	849	2953. 2	1586. 8
2015	2176. 9	223. 3	18521. 5	1216	2704. 1	1403. 8

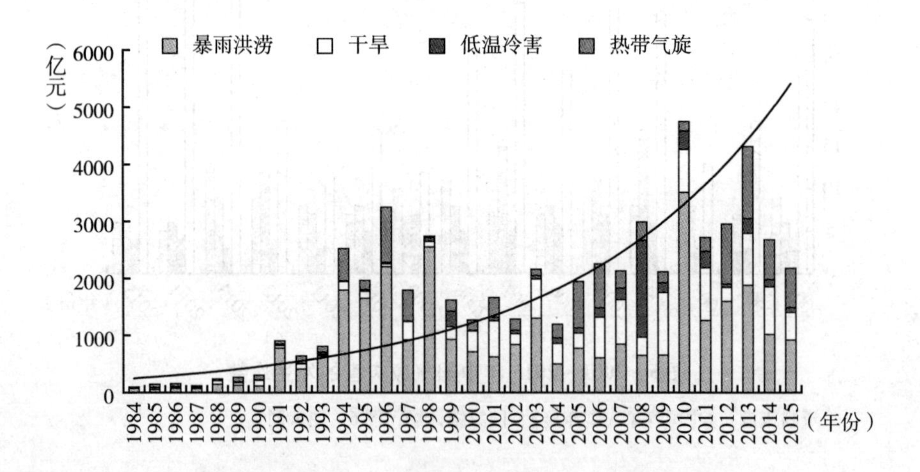

图 6　1984～2015 年中国各类气象灾害的直接经济损失

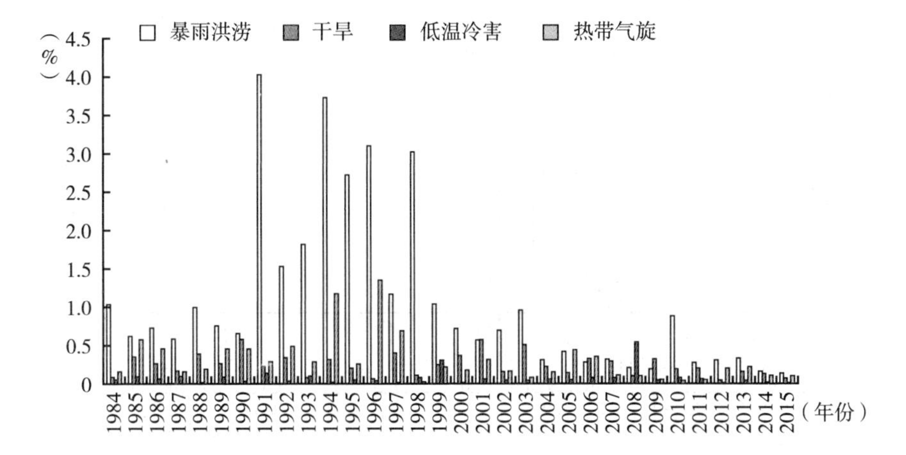

图 7　1984～2015 年中国各类气象灾害的直接经济损失相当于 GDP 的比重

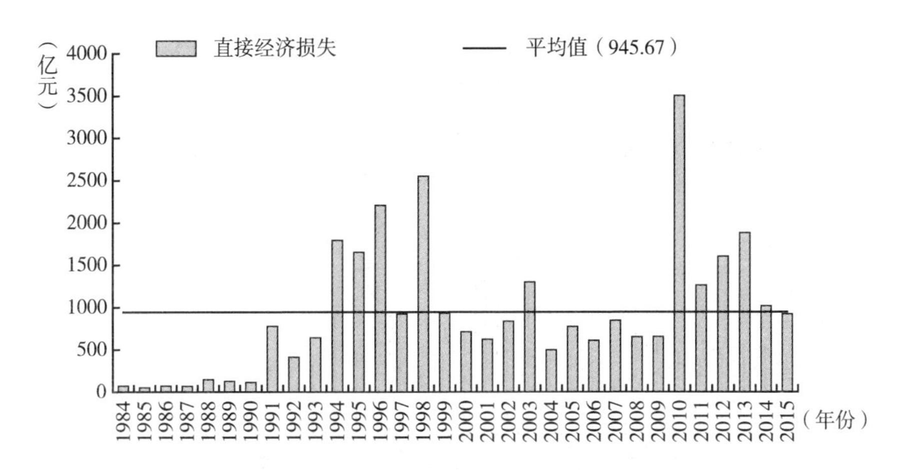

图 8　1984～2015 年中国暴雨洪涝灾害的直接经济损失

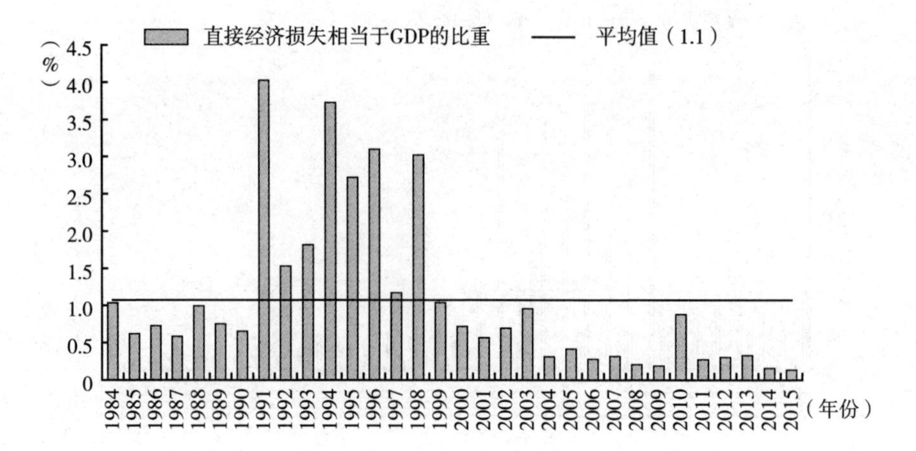

图9　1984～2015年中国暴雨洪涝灾害的直接经济损失相当于GDP的比重

资料来源：《中国气象灾害年鉴》《中国气候公报》。

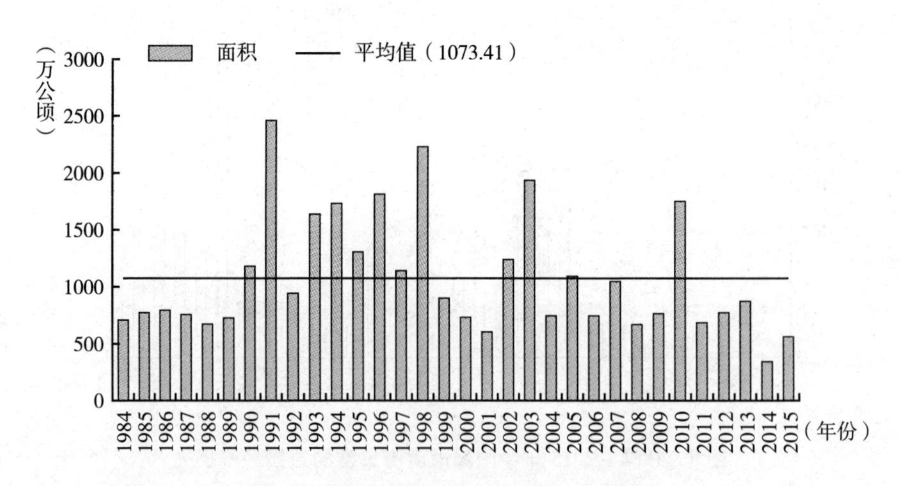

图10　1984～2015年中国暴雨洪涝面积

资料来源：《中国气象灾害年鉴》《中国气候公报》。

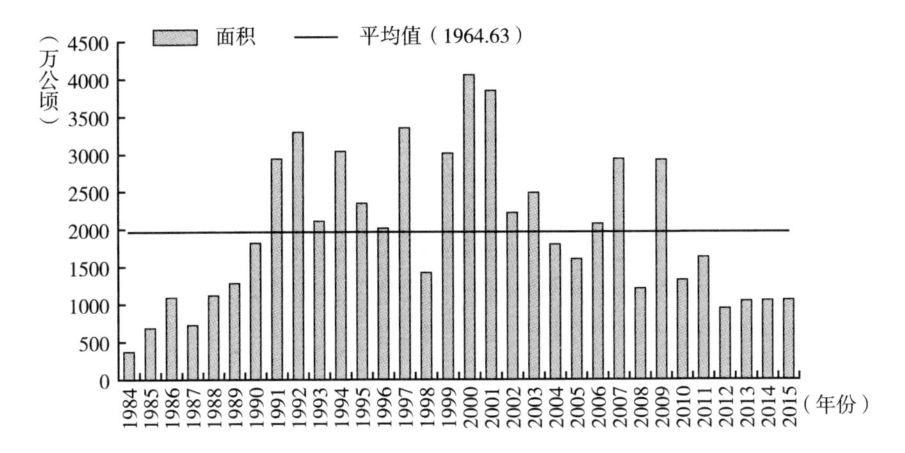

图 11　1984～2015 年中国干旱受灾面积

资料来源：《水利部公报》，全国防汛抗旱工作会议，图 13、图 14 同。

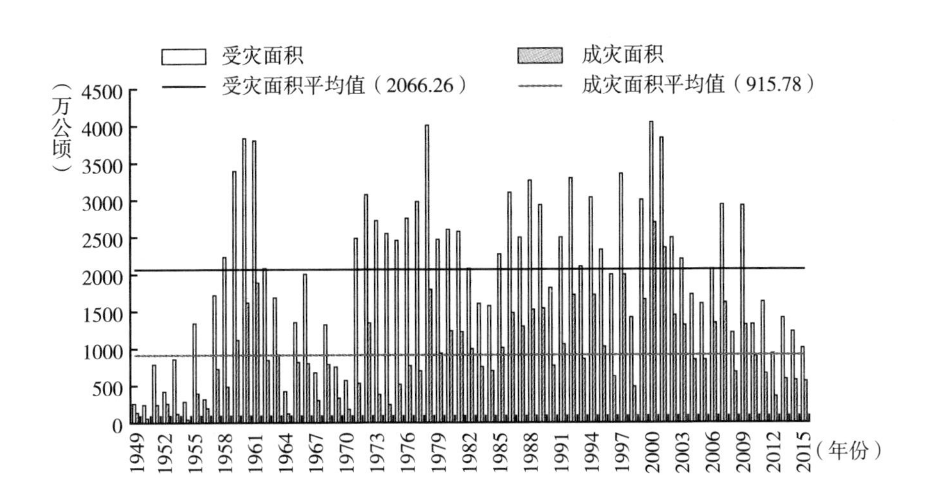

图 12　1949～2015 年中国农作物受灾和成灾面积变化（干旱灾害）

资料来源：中国种植业信息网，全国防汛抗旱工作会议。

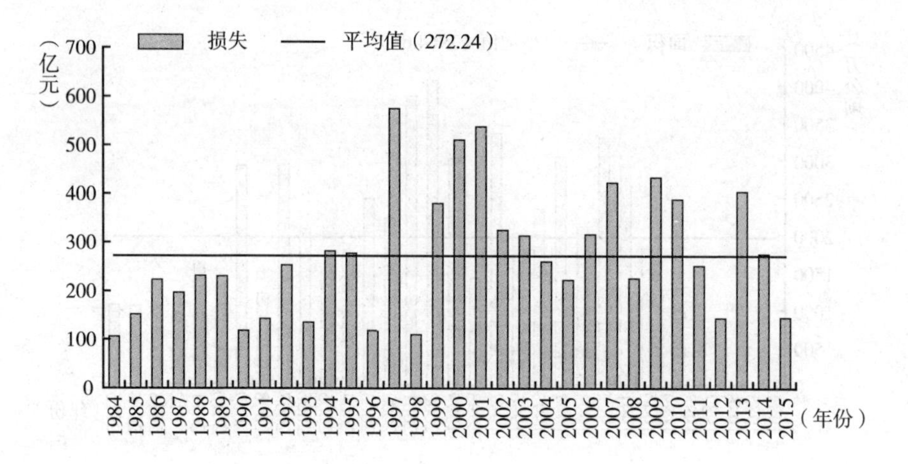

图 13　1984～2015 年中国因旱经济作物损失

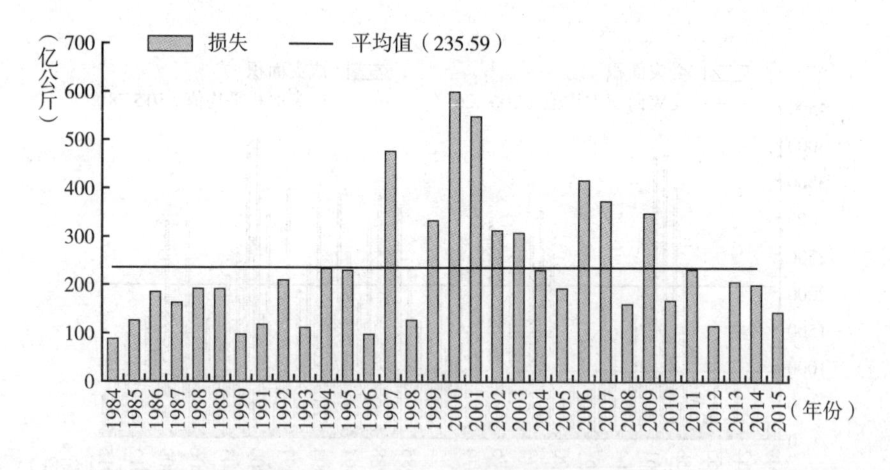

图 14　1984～2015 年中国因旱粮食损失

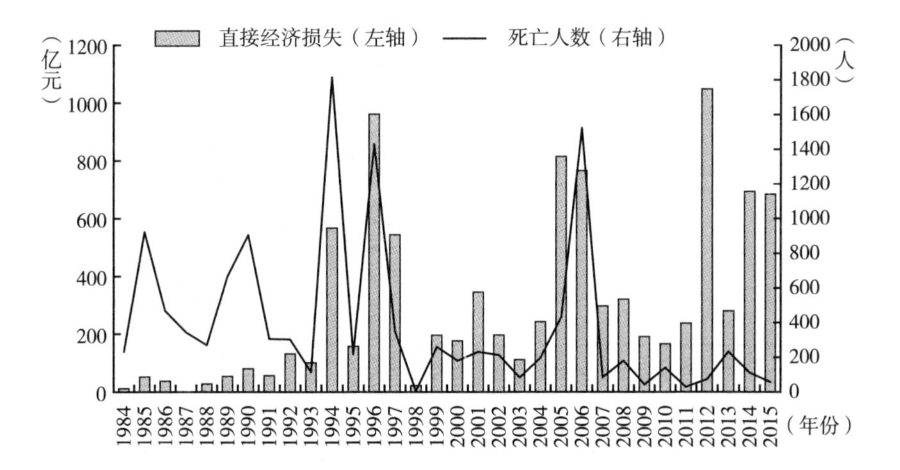

图 15　1984～2015 年中国台风灾害的损失

资料来源：《中国气象灾害年鉴》。

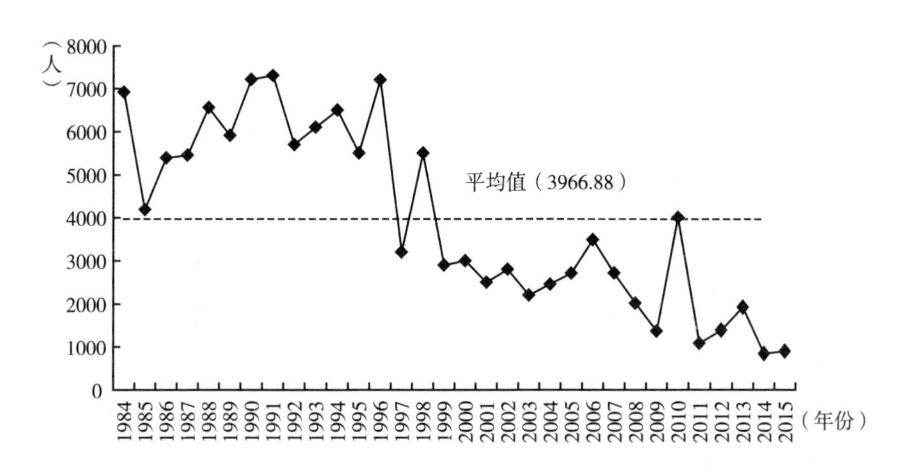

图 16　1984～2015 年中国气象灾害造成的死亡人数

资料来源：《中国气象灾害年鉴》，国家气候中心。

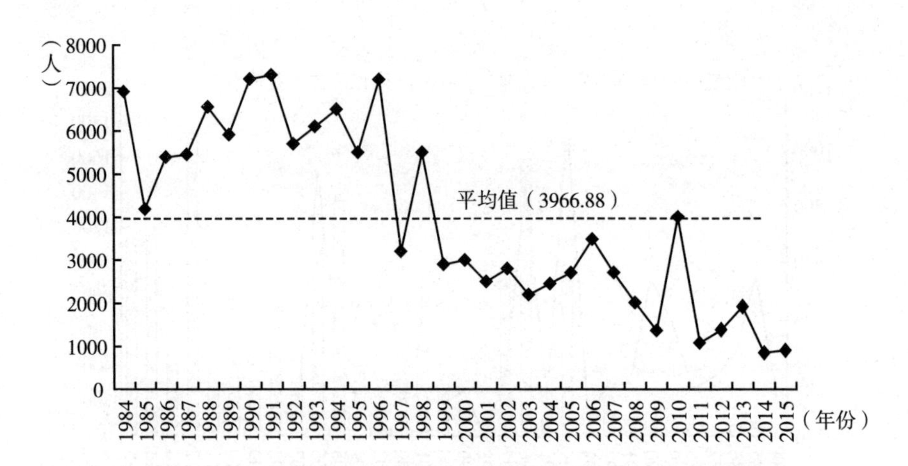

图 17　1984～2015 年中国海洋灾害造成的死亡（失踪）人数

注：海洋灾害包括：风暴潮、海浪、海冰、海啸、赤潮、绿潮、海平面变化、海岸侵蚀、海水入侵与土壤盐渍化以及咸潮入侵灾害，下同。

资料来源：国家海洋局，http：//www. soa. gov. cn/zwgk/hygb/zghyzhgb/。

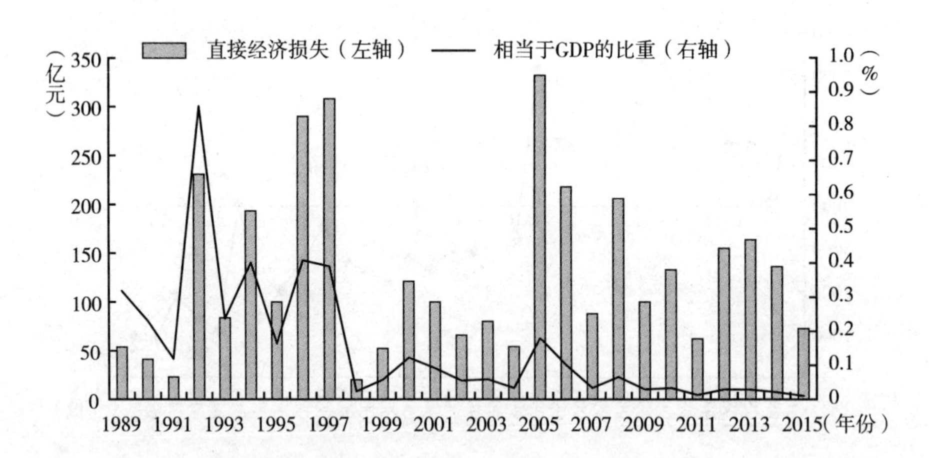

图 18　1989～2015 年中国海洋灾害造成的直接经济损失及其相当于 GDP 的比重

资料来源：国家海洋局，http：//www. soa. gov. cn/zwgk/hygb/zghyzhgb/。

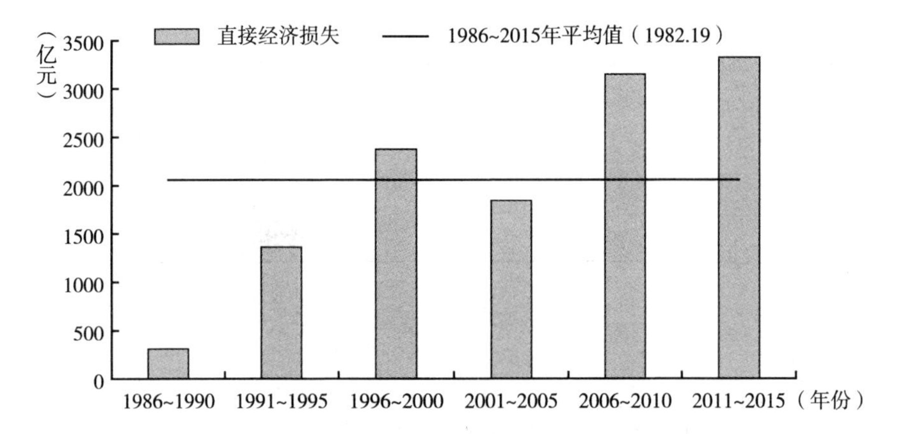

图 19　不同时间段中国气象灾害的直接经济损失

资料来源：《中国气象灾害年鉴》《中国气候公报》。

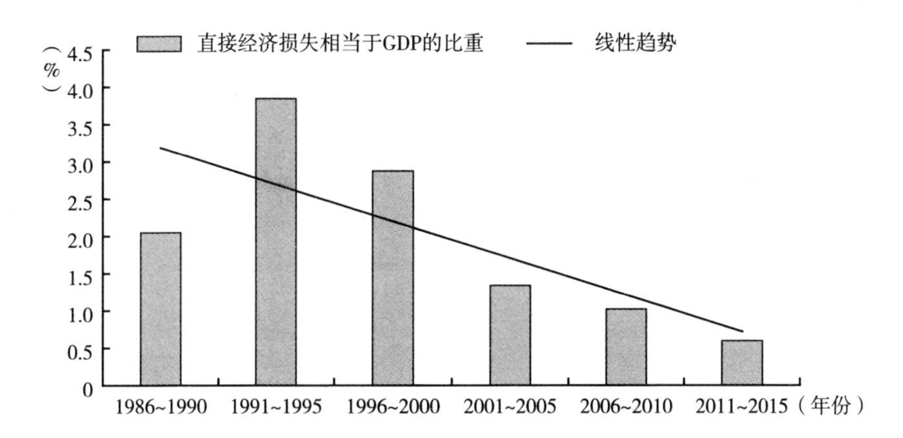

图 20　不同时间段中国气象灾害的直接经济损失相当于 GDP 的比重及其线性趋势

资料来源：《中国气象灾害年鉴》《中国气候公报》。

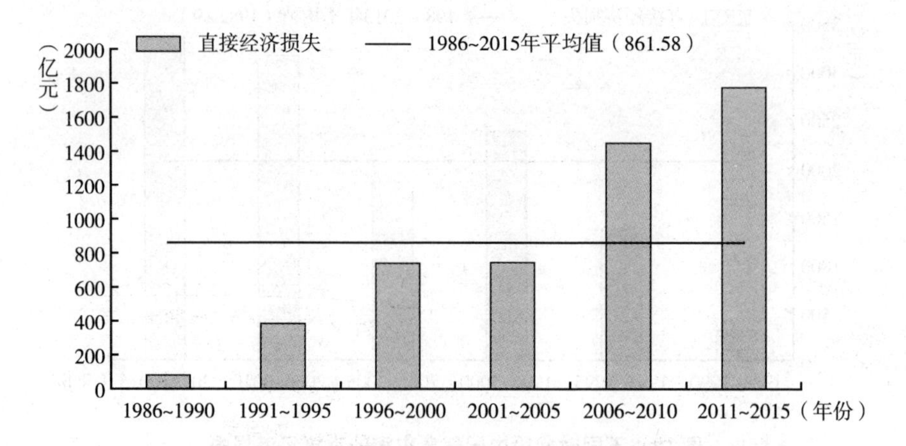

图 21　不同时间段中国城市气象灾害的直接经济损失

资料来源：《中国气象灾害年鉴》《中国气候公报》，国家统计局。

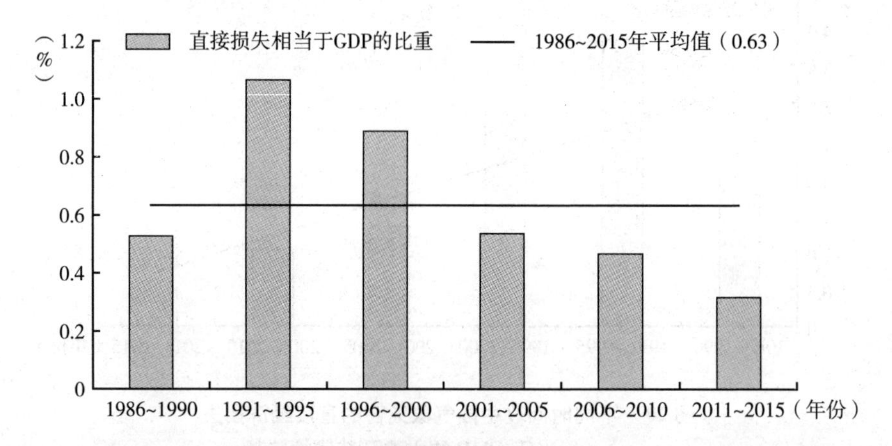

图 22　不同时间段中国城市气象灾害的直接经济损失相当于 GDP 的比重

资料来源：《中国气象灾害年鉴》《中国气候公报》，国家统计局。

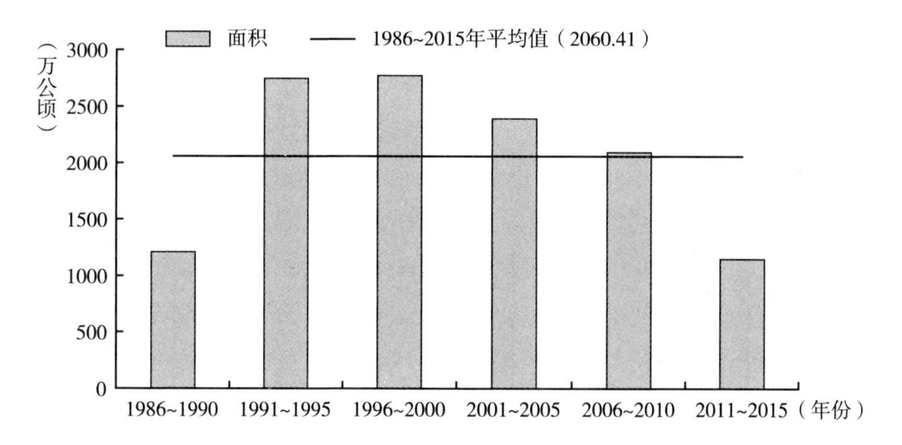

图 23　不同时间段中国干旱灾害的受灾面积

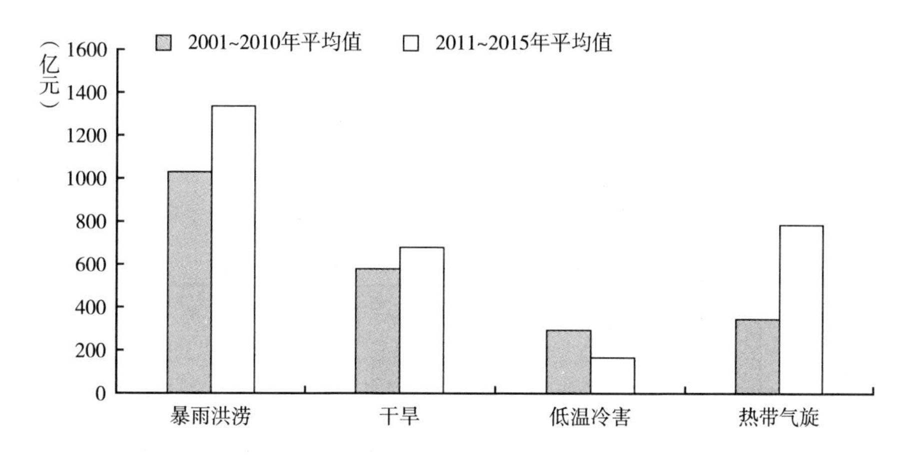

图 24　2001～2010 年和 2011～2015 年中国气象灾害的直接经济损失

资料来源：《中国气象灾害年鉴》，国家统计局。

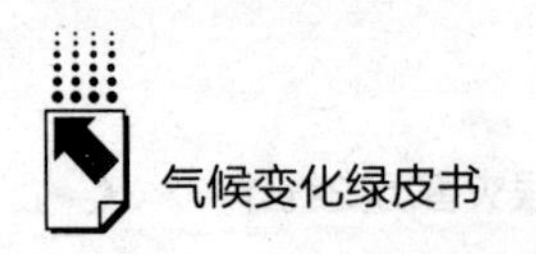

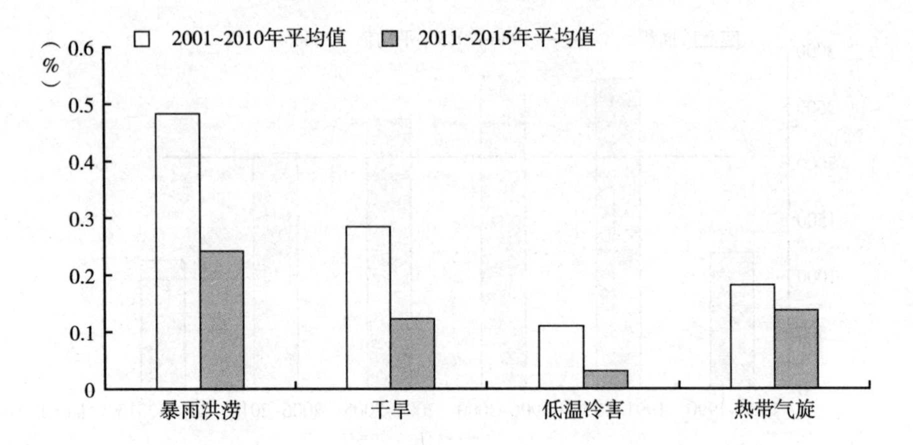

图25　2001～2010年和2011～2015年中国气象灾害的直接经济损失相当于GDP的比重

资料来源：《中国气象灾害年鉴》，国家统计局。

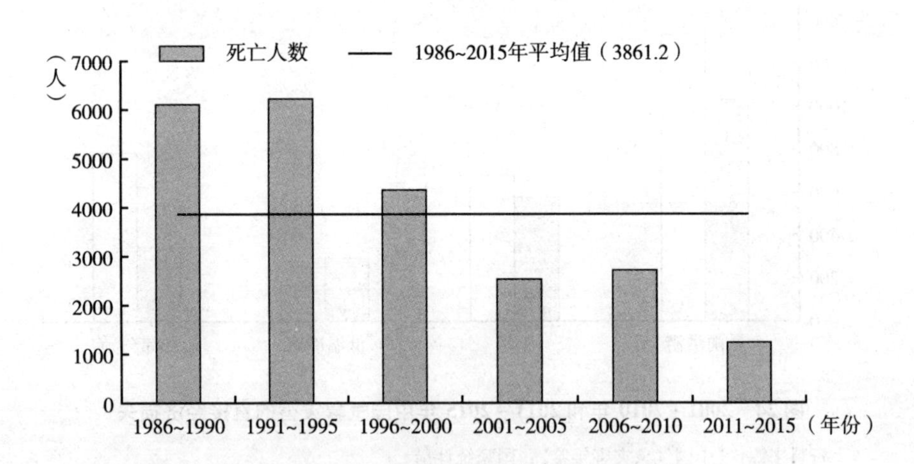

图26　不同时间段中国气象灾害造成的死亡人数

资料来源：《中国气象灾害年鉴》，国家气候中心。

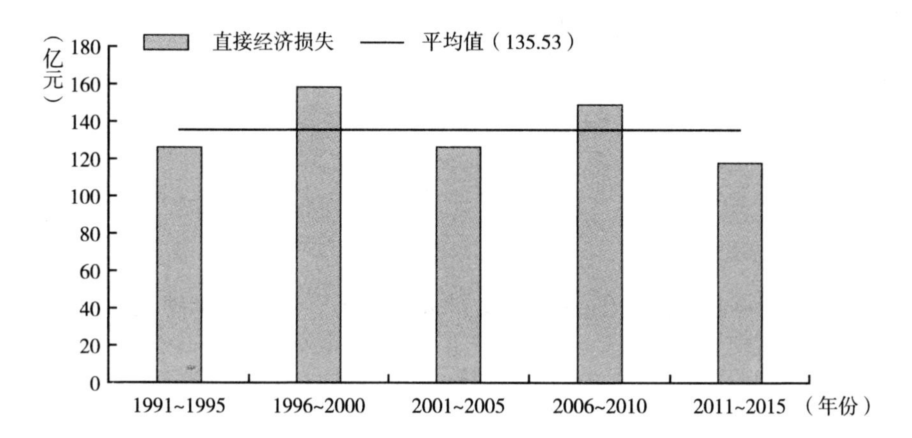

图 27　不同时间段中国海洋灾害的直接经济损失

资料来源：国家海洋局，http：//www. soa. gov. cn/zwgk/hygb/zghyzhgb/。

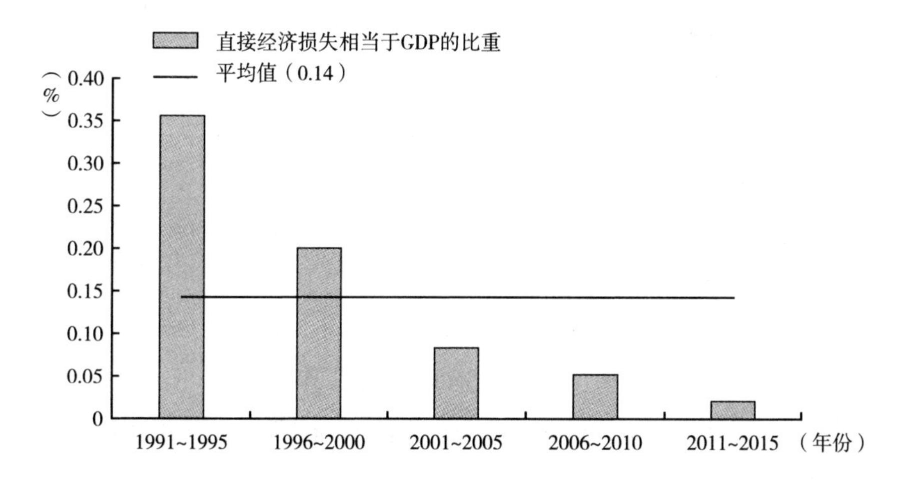

图 28　不同时间段中国海洋灾害的直接经济损失相当于 GDP 的比重

资料来源：国家海洋局，http：//www. soa. gov. cn/zwgk/hygb/zghyzhgb/。

G.29

缩略词

胡国权 白 帆

ACAC——American Campuses Act on Climate，《有关气候的美国校园行动》

AILAC——Independent Alliance of Latin America and the Caribbean，拉丁美洲和加勒比独立联盟

AOSIS——Alliance of Small Island States，小岛屿国家联盟

APA——Ad Hoc Working Group on the Paris Agreement，《巴黎协定》特设工作组

APPC——Alliance of Peaking Pioneer Cities of China，中国达峰先锋城市联盟

AQI——Air Quality Index，空气质量指数

AR5——the Fifth Assessment Report，第五次评估报告

ARPA - E——the Advanced Research Project Agency - Energy，高级研究项目机构 - 能源

AWG - LCA——The Ad Hoc Working Group on Long-term Cooperative Action under the Convention，长期合作行动特设工作组

BECCS——Bio - Energy with Carbon Capture and Storage，生物能源结合碳捕集与封存

CCOS——China Climate Observing System，中国气候观测系统

CCS ——Carbon Capture and Storage，二氧化碳的捕集与储存

CCUS——Carbon Capture，Use and Storage，二氧化碳的捕集、利用与封存

CNG——Compressed Natural Gas，压缩天然气

CO_2-——Carbon Dioxide，二氧化碳

COP ——Conference of the Parties，缔约方大会

CRED——The Centre for Research on the Epidemiology of Disaster，比利时灾害流行病学研究中心

CWDI——Crop Water Deficit Index，针对作物的水分亏缺指数

DARPA——Defense Advanced Research Projects Agency，美国国防部高级研究计划局

ENSO—— El Niño - Southern Oscillation，厄尔尼诺 - 南方涛动

EOR——Enhanced Oil Recovery，提高石油采收率

EPA——Environmental Protection Agency，美国环境保护署

ETS——Emissions Trading System，碳排放交易体系

FAO——Food and Agriculture Organization of the United Nations，联合国粮食及农业组织

G20——Group 20，二十国集团

GAW—— Global Atmosphere Watch，世界气象组织全球大气监测网计划

GCF——Green Climate Fund，绿色气候基金

GCOS—— Global Climate Observing System，全球气候观测系统

GDP ——Gross Domestic Product，国内生产总值

GEF—— Global Environmental Facility，全球环境基金

GFCS——Global Framework for Climate Services，全球气候服务框架

GIACC——Group on International Aviation and Climate Change，国际航空和气候变化组

GMBM——Global Market - Based Mechanism，全球市场机制措施

GNI——Gross National Income，国民总收入

GOOS——Global Ocean Observing System，政府间海洋委员会领导下的全球海洋观测系统

GSN——GCOS Surface Network，全球气候观测系统（GCOS）地面观

测网

GTOS——Global Terrestrial Observing System ，陆地表面观测系统

GTZ——deutsche gesellschaft für technische zusammenarbeit，德国技术合作公司

IAR——International Assessment and Review，国际评估与审评机制

IATA—— International Air Transport Association，国际航空运输协会

IBDP——Illinois Basin Decatur Project，伊利诺斯盆地迪凯特项目

ICA——International Consultations and Analysis，国际磋商与分析机制

ICAO——International Civil Aviation Organization，国际民航组织

ICSU——International Council for Science ，国际科学理事会

IEA——International Energy Agency，国际能源署

IFAD——International Fund for Agricultural Development，国际农业发展基金

IIASA——International Institute for Applied System Analysis，国际应用系统分析学会

IFACS—— Indonesia Forestry and Climate Support，印度尼西亚林业和气候支持

IL - ICCS——Illinois Industrial CCS Project，伊利诺斯工业二氧化碳捕集与储存项目

IMACS——Indonesia Marine and Climate Support，印度尼西亚海洋与气候支持

IMO——International Maritime Organization，国际海事组织

INDC——Intended Nationally Determined Contributions，国家自主决定贡献

IOC of UNESCO——the Intergovernmental Oceanographic Commission of UNESCO，联合国教科文组织的政府间海洋学委员会

IPCC——Intergovernmental Panel on Climate Change，政府间气候变化专门委员会

LDCF——The Least Developed Countries Fund，最不发达国家基金

LDC——Least Developed Countries，最不发达国家集团

LMDC——Like - minded Developing Countries，立场相近发展中国家集团

LNG——Liquefied Natural Gas，液化天然气

MEPC——Marine Environment Protection Committee，海洋环境保护委员会

NAPs——National Adaptation Plans，国家适应计划

NDCs——Nationally Determined Contributions，国家自主贡献

NO_X—— Nitric Oxide，氮氧化物

NRDC——Natural Resources Defense Council，自然资源保护协会

PDO——Pacific Decadal Oscillation，太平洋年代际涛动

PM——Particulate Matter，颗粒物

PPP——Purchasing Power Parity，评价购买力

PROVIA——The Global Programme of Research on Climate Change Vulnerability, Impacts and Adaptation，气候变化脆弱性、影响和适应全球研究计划

RCP—— Representative Concentration Pathways，典型浓度路径

SBI——the Subsidiary Body for Implementation，附属履行机构

SBSTA——Subsidiary Body for Scientific and Technological Advice，附属科学技术咨询机构

SCCF——The Special Climate Change Fund，气候变化特别基金

SED——Structured Expert Dialogue，结构化专家对话

SO_2——Sulfur Dioxide，二氧化硫

SOFC——Solid Oxide Fuel Cell，固体氧化物燃料电池技术

SOI——Southern Oscillation Index，南方涛动指数

SST—— Sea Surface Temperature，海表温度

TRNSYS——Transient System Simulation Program，瞬时系统模拟程序

UNEP——United Nations Environment Programme，联合国环境规划署

UNESCO——United Nations Educational, Scientific, and Cultural Organization,

联合国教科文组织

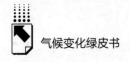

UNFCCC——United Nations Framework Convention on Climate Change，《联合国气候变化框架公约》

WCC-3——World Climate Conference-3，第三次世界气候大会

WCRP——World Climate Research Programme，世界气候研究计划

WFP——World Food Programme，联合国世界粮食计划署

WIGOS——WMO Integrated Global Observing System，世界气象组织综合观测系统

WIM——Warsaw International Mechanism for Loss and Damage，华沙气候变化损失损害国际机制

WMO——World Meteorological Organization，世界气象组织

英文摘要及关键词（G.1～G.25）

Ⅰ General Report

G.1 The New Paradigm Responding to Climate Change in the Post－Paris Times：Shared Responsibility and Positive Actions

Abstract：*The Paris Agreement* is a milestone in the process of international climate governance and will take effect on November 4，2016. As the result of multi-party negotiations and rebalanced stands in the context of global economic and social development，it reflected the new consensus of the international community on the responsibility and actions in response to climate change cooperatively，and provided a new paradigm for future global climate governance. This paper started from the pattern of international climate negotiations and proposed the overall pattern of the negotiation of *the Paris Agreement* and the current international climate governance：two camps，three major plates and five types of economies；summarized the new consensus in the outcome of *the Paris Agreement* on emission reductions, financial mechanisms, legal forms and inventory mechanisms; and identified and presented the key differences and focuses in future negotiations. It also gave an outlook of the signing and entry into force of the Agreement, as well as its impact on future international climate negotiations and China's low-carbon development. Compared with *the Kyoto Protocol* and other previous climate agreements under the UNFCCC, *the Paris Agreement*, characterized by broad participation, autonomous commitments and global stocktaking, pushed international climate governance to a new level of shared responsibility and positive actions, and laid the foundation of green, low-carbon and sustainable development for China and the world.

Keywords: Climate Change; the Paris Agreement; Global Governance; Low Carbon; Sustainable Development.

Ⅱ International Process to Address Climate Change

G. 2 The Preliminary Interpretation on 1.5℃ Global Temperature Goal

Zhang Yongxiang, Huang Lei, Zhou Botao, Xu Ying and Chao Qingchen / 018

Abstract: *The Paris Agreement* has set one of its targets that to make efforts to limit the temperature to increase 1.5℃ above pre-industrial levels (in short 1.5℃ target). Comparing with 2℃ long term temperature goal, the 1.5℃ target will reduce the climate risks for the earth systems, but need more stringent global mitigation actions. Although the Parties had committed their national determined contributions till 2030 (2025), there is still a big gap with respect to the 1.5℃ target. The global mitigation actions should be taken immediately to reduce emissions. Other actions related with decarbonization and carbon sequestration measures should also be conducted to reach this target. 1.5℃ target is more than just a direction, but an important indicator of starting to implement future low-carbon sustainable development.

Keywords: Climate Change Long Term Goal; 1.5℃ Target; Mitigation Action; Low-carbon Development

G.3 Negotiation Progress of the Paris Agreement Transparency Mechanism

Fang Xing, *Gao Xiang* / 029

Abstract: *The Paris Agreement* established an enhanced transparency system with comprehensive content and clear programs on the basis of existing experience. This system emphasizes on providing flexibility and the transparency-related support to developing countries, taking into the consideration that developing countries are in the lack of capacity and in the demand of capacity building. However, according to the items of *the Paris Agreement*, there are many crosscutting areas among the information covered by reporting and review under other items. There are many overlaps among accounting, compliance and global stocktake and other procedures, and also many overlaps between the new system and the existing mechanism. These issues are all needed to be solved on the follow-up negotiation work. The enhanced transparency system will bring influence to China, which calls for China to further strengthen the system of information statistics, reporting and verification mechanisms. China should actively participate in international transparency practices, strive to integrate with the international general rules, and promote the improvement of national governance capacity.

Keywords: the Paris Agreement; Global Climate Governance; Transparency; China's Response

G.4 Climate Finance Progress and Its Follow-up Work

Chen Lan, *Zhu Liucai* / 043

Abstract: Climate finance, being one of the most important components of global climate change governance system, was the focus and difficulty on the negotiation of Paris Climate Change Conference. *The Paris Agreement* upholds principle of common but differentiated responsibilities on climate finance. According to the Agreement, developed countries shall continue to provide financial resources to assist developing countries in tackling climate change. With respect to the climate finance, the Agreement and the decisions adopted by the Conference also stipulate the responsible subject, the sources and the scale, the allocation, transparency and the financial mechanism. The follow-up work on climate finance will include developed countries' fulfilling their financial obligation, development of transparency, other parties' action, as well as the response of the operating entities of the financial mechanism to the guidance of *the Paris Agreement*.

Keywords: the Paris Agreement; Climate Finance; Follow-up Work

G. 5 The Negotiation Process of Global Stocktake in the Paris Agreement

Fu Sha / 050

Abstract: The Global Stocktake (GST) is of great importance to ensuring continuing efforts in addressing climate change and is the key element of ambition mechanism set up by *the Paris Agreement* to solve the gap between the purpose and long term goals of the Agreement and the overall efforts of parties. This paper summarizes the existing negotiation progress and outcomes in related to the GST, identified the key issues need to further addressed and make some recommendations for the future negotiations.

Keywords: The Paris Agreement; Global Stocktake; Climate Negotiation

G. 6 The American Climate Change Policy and Its Future Trends

Bai Yunzhen / 062

Abstract: The American president Barack Obama believes that climate change has become a great threat, and he tries to resolve effectively the climate change problems, seeks to promote international cooperation on climate change, assume the joint responsibilities to fight climate change. President Obama released *the Climate Action Plan*, attempted to reduce carbon emission, dealt with the impact of climate change, continued to take the lead in the international actions for tackling global climate change and strived for promoting business innovation in order to modernize the American power plants. The American climate change policies are affected by the domestic political debates, party politics. Therefore, if U. S. Democratic Presidential Candidate Hillary Clinton is elected U. S. president, Clinton would inherit the Obama Administration's climate change policies to a large extent. Given the strategic influence of China's rise, the next American Administration may further strengthen bilateral climate cooperation with China, regard it as a means of balancing China's rise.

Keywords: the Obama Administration; Climate Change; U. S. – China Climate Cooperation; the American Presidential Election

G. 7 The Developments and Prospect of GHG Emission Reduction From International Aviation and Shipping

Zhang Kunkun, Zhao Yinglei and Zhou Lingling / 076

Abstract: As one of the issue raised at the early stage of UNFCCC, GHG emission reduction from international aviation and shipping was initiated from the technical problems owing to their own characteristics. For years, the negotiation of international aviation and shipping split on parallel discussion under UNFCCC and ICAO/IMO, holding furious debates by members around the matters of main platform for negotiation, fundamental principles of emission reduction, and so on. The absence of any specific mention of aviation and shipping in the final text of *the Paris Agreement* will in no way diminish the strong commitment of two industries to continue work to address GHG emissions. On the contrary, as shown at recent meetings under ICAO and IMO following the Paris Conference, further contributions had been looked forward, and continued efforts will be taken by the two industries in near future to support the implementation of *the Paris Agreement*.

Keywords: International Aviation and Shipping; ICAO; IMO; Paris Conference

G. 8 Development Challenges of BECCS and Realization of the Paris Agreement 2℃ Target

Weng Weili / 086

Abstract: *The Paris Agreement*, a landmark achievement of climate change negotiation, reached in December 2015, set 2℃ target of average global temperature increase control by the end this century. Most mitigation scenarios under 2℃ target require large-scale deployment of BECCS, a technology that is alleged to bring "negative emissions", by 2050. By reviewing the inclusion of BECCS in IAMs and emission scenarios and current development status of BECCS demonstration projects, this paper discussed major challenges and contingencies of the development of BECCS, and pointed out that without major technological breakthrough or sufficient funding, the chance of developing BECCS into a key technology for realizing 2℃ target is slim.

Keywords: the Paris Agreement; 2℃ Target; BECCS

G. 9 The Global Climate Observing System: The Past, Present and Future

Wang Pengling, *Nie Yu and Chao Qingchen* / 101

Abstract: Through observing the global climate system, the climate variability and magnitude of the climate change can be confirmed and the cause for the climate change can be further understood. In 1992, the Global Climate

Observing System (GCOS) programme was co-sponsored by several international organizations, in which the concept of essential climate variables was introduced. These variables cover atmospheric, oceanic and terrestrial observational data. In response to the increasing demand for the climate observation and climate service by international society, GCOS will release new implementation plan at the end of 2016, with emphasis on the adaption to the climate change and regional climate impact. This will provide additional support to the climate service and promotion for the comprehensive climate observation system. In consideration of the characteristic of the regional climate change and specific national conditions, China should strengthen top-level design and overall planning, and steadily promote the climate observation and modernization of climate information services.

Keywords: Global Climate Observing System (GCOS); Climate Service; Future Plan

Ⅲ Domestic Actions on Climate Change

G.10 "13th Five-year": The Key Period for the Energy Low-carbon Transition in China *Du Xiangwan* / 113

Abstract: Based on the development during the "12th Five-year" period, four backgrounds for the energy development during the "13th Five-year" period of China have been analyzed. Firstly, China's economy and energy development had entered the New Normal. Secondly, China planned to achieve the national target to build "moderately well-off society" by 2020, and this needs to shore up our weak spots. Thirdly, China should realize the national low-carbon target on the carbon emission reduction per GDP by 2020. Finally, *the Paris Agreement* started a new stage of green and global low-carbon development. Hereby, the roadmap of the energy low-carbon transformation during the "13th Five-year" period had been deeply elaborated. It needs to change the extensive mode of development, save energy and improve energy efficiency; reduce the coal consumption and make the annual consumption of coal reach its peak during "13th Five-year" period; fully develop non-fossil energy; stabilize oil development and increase natural gas utilization; develop the smart energy network; urbanize in a low-carbon way. Finally, the four characteristics targets have been listed for the energy low-carbon transition during the "13th Five-year" period.

Keywords: 13th Five-year; Energy; Low-carbon Transition

Abstract: Faced with facilitating ecological civilization construction and tackling climate change, the coal industry in our country must transform itself and aim at green development. There are multiple dimensions to the transformation of the coal industry. Although there exist some early-medium term urgent issues, such as solving the problem of over-capacity, lessening emission of contaminants to achieve the goal of clean transformation and utilization, the issue of how to achieve highly-efficient and low-carbon utilization will be a long lasting bottleneck the coal industry faces. Facilitating the thorough carbon emission reduction of the coal industry is not only the prerequisite for the coal industry to achieve sustainable development, but also the necessary transition in the process of our country's energy revolution and economic green transformation. Coal-based/carbon-based Solid Oxide Fuel Cell (SOFC) technique and Carbon-dioxide Capture, Utilization and Storage (CCUS) technique are the technique schemes that can efficiently control carbon emission of the carbon industry, with SOFC dealing with the beginning and CCUS dealing with the end. Both of the technique schemes have a significant role to play over the course of thorough carbon emission reduction of the china's coal industry.

Keywords: Coal; Green Transformation; Thorough Carbon Emission Reduction

G.12 Study on the Key Issues of Wind and Solar Development and the "Green Certificate" Scheme in China during "13th Five-year" Period

Liu Changyi, Zhu Rong / 133

Abstract: The wind and solar electricity had great achievement during the "12th Five-year" period. However, the wind and solar industry will face more challenges during the "13th Five-year" period, for example, large curtailment of wind and solar power due to limited integration; absence of mechanism to level the playing field for the environment benefits of the renewable energies; increasing gap of subsidy due to decreasing electricity demand and limited fiscal budget, and so on. In order to solve these dilemmas, the National Energy Administration proposes a new scheme which requires the coal-fired power plants to trade the non-hydro renewable quota (i. e. "Green Certificate") . The "Green Certificate" Scheme can solve the above problems; meanwhile it can guarantee the renewable energy targets in 2020, become an important impetus for the electricity market reform and foundation for carbon emission trading scheme building in China. China now has already satisfied the requirements for the "Green Certificate" Scheme; however, it still needs more top-level designs and supporting mechanisms.

Keywords: Renewable Energy; Wind; Solar; Green Certificate

G.13 The Impacts of Climate Change on Building Heating and Cooling Energy Consumption in Different Climatic Zones of China

Li Mingcai, Cao Jingfu and Chen Yuehao / 145

Abstract: This study investigated the impacts of climate change on heating and cooling energy consumption, and outdoor meteorological parameters for building energy-saving design in different cities representing major climatic zones in

China. In addition, the building energy demand for heating and cooling in the future 50 -100 years for the medium-emission scenario were predicted. The results showed that heating energy consumption is dominantly related to the average temperature. By contrast, there are apparent differences in the response of cooling energy consumption to climate change. The dominant factor affecting cooling energy consumption is average temperature in Harbin, but the cooling consumption is affected by the combination of temperature and humidity in Tianjin, Shanghai and Guangzhou. Therefore air-conditioning systems should be designed not only for decreasing temperature but also for dehumidification. Under the conditions of climate warming, outdoor meteorological parameters for building energy-saving design showed apparent changes and the changing rates are dependent on different climates. The climate change effect on meteorological parameters is larger in winter than in summer. Heating energy consumption may be saved up to 3% -5 % if the climate change was fully considered. The design load for cooling in summer may increase 0. 8% -2. 2 % due to the past climate warming. The changes of meteorological parameters should be fully considered when the heating or air-conditioning systems are designed. The heating energy consumption will decrease in the future 50 - 100 years but with the increase of cooling energy consumption. The future climate conditions should be full taken into account in the design of capacity of heating and air-conditioning systems to take the forward-looking strategy.

Keywords: Building Energy Efficiency; Heating and Cooling; Climatic Zone; Measurement

G. 14 Progress and Analysis of Low-carbon Cities and Provinces Pilots in China

Yang Xiu, Wang Xuechun, Zhou Zeyu and Li Huimin / 162

Abstract: There are already two batches of 42 pilot low-carbon cities, regions and provinces in China. The pilot areas have achieved remarkable results by firmly establishing the concept of ecological civilization, suiting measures to local conditions and taking actions from all aspects such as peak targets, low-carbon planning, institutional innovation, supporting policies, statistics, industrial transformation and green consumption. Based on the low-carbon initiatives of pilot cities and provinces, this paper describes achievements and current conditions of the pilots, proposes excellent practical cases, sums up working experience and proposes suggestions for deepening pilots and promoting low-carbon development from both national and local perspectives.

Keywords: Low-carbon Pilot; Greenhouse Gas Emission; Institutional Mechanism; Peak Target; Supporting policy

G. 15 Urban Action Plan for Adaptation to Climate Change in China: Review the Policy and Its Effectiveness

Zheng Yan, Shi Weina / 177

Abstract: The climatic risks and disasters are emerging in urban areas with increasing population and the boom of urban economy. In February 2016, *the Urban Action Plan for Adaptation to Climate Change* was launched to improve the urban resilience to climate change. This article introduces the background, content, targets and recent improvement of the policy making, as well as analyzing the opportunities and challenges in its implementation. Finally, with reference of some international experiences, this article proposes practical suggestions for building resilient cities in China.

Keywords: Climate Change; Adaptation; Resilient Cities; Urban Planning

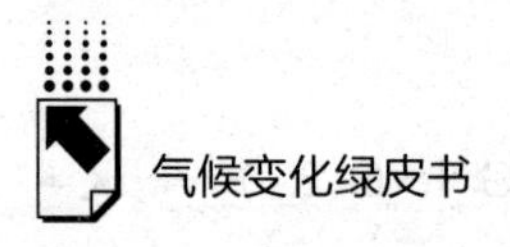

G. 16 Considerations and Suggestions for Collaborative Governance on Haze around Beijing-Tianjin-Hebei Region

Zhuang Guiyang, Zhou Weiduo / 189

Abstract: Haze problem around Beijing-Tianjin-Hebei region has attracted much attention and its solution has been set on the top political agenda. As the integrity and complexity of the regional atmospheric environmental problems, the governance on haze around Beijing-Tianjin-Hebei region must take measures in a coordinated way. Due to different stages of development and basic demands of Beijing, Tianjin and Hebei, the governance on haze should take the idea of regional integration governance not the local governance, break territorial administrative division limitations and establish a joint haze governance mechanism. This article summarized the causes of the haze in Beijing-Tianjin-Hebei region, analyzed the key points and difficulties of collaborative governance, and put forward accordingly countermeasures and Suggestions.

Keywords: Beijing-Tianjin-Hebei Region; Haze; Joint Governance; Countermeasure and Suggestion

G. 17 Beijing Urban Ventilation Corridor Construction and the Fog-haze Treatment

Du Wupeng, Zhu Rong and Fang Xiaoyi / 200

Abstract: The main purpose of urban ventilation corridor is to relieve urban heat island, increase air circulation, and protect the land which can improve the urban climate and environment. The observation and simulation of typical regions show that the ventilation corridors have some extent impact on microclimate, which can relieve local heat island intensity and increase local wind speed. But when the wind is static or nearly static, the increase rate is less significant. In the background of climate change and urbanization in recent years, the regional fog-haze weather is very frequent in China, but it is noteworthy that the urban ventilation corridor can't change the large-scale air hang and other unfavorable meteorological diffusion conditions. The most effective mean of pollution treatmentis controlling pollutants emission, while the reasonable ventilation corridor planning and construction can be used as an assistant measure for long-term improving of urban ecological environment.

Keywords: Ventilation Corridor; Heat Island Effect; Local Climate; Atmospheric Environment Capacity; Fog-haze

G. 18 Weather Index-Based Insurance Production Development and Application in the Context of Climate Change

Luan Qingzu, *Ye Caihua* / 210

Abstract: The *Paris Agreement* anchored Warsaw International Mechanism for Loss and Damage associated with Climate Change Impacts, and emphasized to establish risk insurance tools, climate risk apportionment and other insurance solutions. Although the Agreement formulated a framework for all Parties to address loss and damage on a sustainable development basis, it has not resolved a lot of technical issues. Here, fist, Weather Index-Based Insurance (WII), which is an effective tool to transform climate change disaster risk, is introduced, its applications around nations are elaborated and the inherent relation between WII and climate change dealing is stated and key technical problems faced by WII production development is analyzed on emphasis in the context of climate change. Then a technical framework for WII production development is proposed through the case of WII production development for apiculture drought and practice in Beijing, which demonstrates the function of WII in dealing with climate change disaster. Last, problems confronted with WII production application and promotions in China are discussed from the views of technique and mechanism, and strategies are provided in the end.

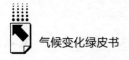

Keywords: Weather Index-Based Insurance; Climate Change; Basis Risk; Uncertainty

G. 19 Climate Change Impacts and Adaptation in Coastal China Seas

Cai Rongshuo, Qi Qinghua and Tan Hongjian / 225

Abstract: Coastal China seas are rich in habitats, species diversity and marine productivity, which is significant for the coastal areas' sustainable economic development. Over the past decades, coastal China seas have been heavily impacted by the climate change. However, the understanding and strategies for the climate change and human activities in this region are still relatively poor compared with that in the land areas. In past recent decades, the sea surface temperature and sea level in the coastal China seas were warming at a rate of 0. 015℃/year and rising at a rate of 3. 0 mm/year respectively, both of which were greater than that of the global one. The marine ecosystem in the coastal China seas experienced obvious inter-decadal anomalies due to the influence of climate change. Except that, with the rapid socio-economic development in the coastal areas, the health and services of marine ecosystem face the increasing intervention from human activities such as the reclamation, sewage discharging and overfishing; and which contributed to an increasing climate-related vulnerability in the marine ecosystems, e. g. , the changes in marine bio-geographical distributions, frequent occurrences of harmful algal blooms (HABs) and *enteromorpha* (green tide), decline of dissolved oxygen content. It is therefore urgent to mitigate and address to climate change risk in the coastal China seas.

Keywords: Coastal China Seas; Climate Change; Impaction; Adaptation; Mitigation

Ⅳ Special Research Topics

G. 20 Super El Niño and Its Climate Influance in 2015/2016

Zhou Bing, Shao Xie / 236

Abstract: Climate monitoring shows that the year of 2015 becomes the warmest year since 1880 in the worldwide. In the meanwhile, the average surface air temperature in Asia reaches the top since 1901, and China experienced a warmest year since 1951. CO_2 concentration in the atmosphere breakthrough 400ppm, while the ocean heat content and the global sea surface temperature both get the highest records. Under the global warming, the occurrence of strong El Niño and total time of El Niño state in the equatorial central-eastern Pacific significantly increased, and the transition time between El Niño and La Niña is shortened. 2015/2016 super El Niño event exceeds the former two events in the multi-index, and becomes the strongest El Niño event in the past century. However, the response of the atmosphere in this event is weaker than 1982/1983. In the influence of 2015/2016 El Niño event, the atmospheric circulation exhibits remarkable abnormality, and extremely weather and climate events occurs frequently.

Keywords: Super El Niño; Global Warming; Ocean Heat Content; Pacific Decadal Oscillation (PDO)

G. 21 Global Meteorological Disaster Risks and Governances

Zhai Jianqing, Jiang Tong and Li Xiucang / 254

Abstract: With the rising of global temperature and intensification of extreme weather events, frequency, casualties and economic losses from meteorological disasters have been increasing globally, which exacerbates the meteorological disaster risks to a certain degree in every country. Degree of disaster risks related not only with the characteristics of extreme events, but also determined by the exposure and vulnerability of hazard-affected bodies. Extreme events usually cause more economic losses in developed countries, but developing countries suffer severe casualties besides for high economic losses. China is one of the countries with the widest affected area by largest number, highest frequency and strongest intensity of meteorological disasters, belongs to high risk country. High death toll and economic losses are two main characteristics of risk level in China. Every country needs to make corresponding efforts to cope with the increasing meteorological disaster risks, and *the Paris Agreement* reached in 2015 for limiting global warming to 2℃ is a valuable action to reduce the weather risks worldwide.

Keywords: Meteorological Disaster; Risk; Exposure; Vulnerability

G. 22 The Market Mechanism of Meteorological Disaster Risk Sharing and Transfer

Wang Yanjun, Su Buda and Li Xiucang / 264

Abstract: More and more attention of the international community is given to the social and economic impact of climate change, and the research and market application of meteorological disaster risk management tools. From the perspective of market, it has great potential to establishing a nationwide effective feasible trading market of meteorological disaster risk. According to the research and analysing the risk transfer products such as weather derivatives, weather index insurance product, catastrophe securitization in the European and American countries, this paper introduces the development of the market of meteorological disaster risk in the European and American countries, and the process and mechanism of how the weather derivatives and weather index insurance product to avoiding meteorological disaster risk. Since 2007, China Meteorological Administration in collaboration with China Insurance Supervision Commission, carried out the study of commercial weather index insurance. Finally, this paper puts forward the multi-level model and prospect of meteorological disaster risk of the market, as well as the potential risk management responsibilities and suggestions of policy regulations in the meteorological, insurance and securities regulatory authority.

Keywords: Weather Derivatives; Weather Index Insurance Product; Market of Meteorological Disaster Risk

G. 23 Gender and Climate Change – the International Trend of Gender Mainstreaming and Countermeasures in China

Wang Changke, Ai Wanxin and Zhao Lin / 276

Abstract: The issue of gender equality has become one of the four major themes in international community as well as hunan rights, population and enviroment. And the gender mainstreaming is a globally accepted strategy to promote gender equality. Considering gender in the process of formulating the climate change policy can improve the effects of the policies and measures. So, gender should be integrated into all mechanisms, policies, measures, tools, and guidelines that tackle climate changes. In China, women in poverty-stricken areas are the main victim of climate change, and the China's government and scholars have started to pay close attention to the impact of climate change on women and has taken some effective policies and measures. It is urgent to improve women's enthusiasm in engaging in climate change decision-making, to promote the important role of women in climate change issues and disaster prevention and mitigation, and to strengthen the study of the relationship between gender and climate change in China.

Keywords: Gender; Climate Change; China; Woman

G. 24 Analysis on Green Transition Development of Resource-Based Cities in Arid Areas

—*A Case Study of Jiayuguan City*

Zhu Shouxian / 287

Abstract: Arid Areasare the most fragile areas with the most sensitive resource-environment relationship. The resource-based cities in the arid areas have been promoted bymineral resources developmentand the countries' industrialization, which have made outstanding contributions tonational economic construction. In the context of climate change and ecological civilization construction, green transition and sustainable development of resource-based cities in arid areas must be guided by the Five Development Ideas of Innovation, Coordination, Green, Opening-up and Sharing. Taking Jiayuguan City as an example, this paperanalyzes the practical significance, restrictive factors, main strategies andactions of the resource-based cities in arid areas to promotegreen development and enhance the resources and environmental benefits. The experiencesshould provide inspirations and references for the other same type of cities.

Keywords: Arid Areas; Green Development; Climate Capacity

G. 25 Impacts of Climatic Zone Change on the Plateau Characteristic Agriculture in Yunnan Province and Relevant Adaptation Strategies

Cheng Jiangang, *Huang Wei*, *Yu Lingxiang*,
Li Meng, *Zhu Yong and Zhou Botao* / 299

Abstract: In the context of global warming, the climatic zones in Yunnan Province generally show an expanding/shrinking trend in the extent of the tropical and sub-tropical/temperate zones during the past 50 years. Moreover, the expansion toward high altitudes is more obvious than the northward shift for the warmer zones. Accompanied with changes in climatic zones and impacts of climate change, the instability of agricultural yields has increased, and the agricultural meteorological disasters and crop diseases and pests have become more frequent and severe, consequently resulting in an increased climate risk encountered by the Plateau Characteristic Agriculture in Yunnan Province. To adapt to climate change, some innovation practices have been conducted on the institution system and capacity building for the development of Yunnan Characteristic Agriculture. In order for better adaption, three suggestions are further proposed: (1) To carry out refined zoning on agroclimatic resources and climate risks, scientifically assess climate carrying capacity, and optimize and adjust industrial distribution and plant structure of Yunnan Characteristic Agriculture to make full use of the productive potential of agroclimatic resources. (2) To vigorously promote capacity building in the adaptation of Yunnan Characteristic Agriculture to climate change and strengthen the agricultural meteorological disaster risk management. (3) To speed up science and technology innovation and promotion in agricultural adaptation to climate change.

Keywords: Plateau Characteristic Agriculture; Climatic Zones Change; Impact; Adaptation; Strategy

皮书起源

“皮书”起源于十七、十八世纪的英国，主要指官方或社会组织正式发表的重要文件或报告，多以“白皮书”命名。在中国，“皮书”这一概念被社会广泛接受，并被成功运作、发展成为一种全新的出版形态，则源于中国社会科学院社会科学文献出版社。

皮书定义

皮书是对中国与世界发展状况和热点问题进行年度监测，以专业的角度、专家的视野和实证研究方法，针对某一领域或区域现状与发展态势展开分析和预测，具备原创性、实证性、专业性、连续性、前沿性、时效性等特点的公开出版物，由一系列权威研究报告组成。

皮书作者

皮书系列的作者以中国社会科学院、著名高校、地方社会科学院的研究人员为主，多为国内一流研究机构的权威专家学者，他们的看法和观点代表了学界对中国与世界的现实和未来最高水平的解读与分析。

皮书荣誉

皮书系列已成为社会科学文献出版社的著名图书品牌和中国社会科学院的知名学术品牌。2011 年，皮书系列正式列入“十二五”国家重点出版规划项目；2012~2015 年，重点皮书列入中国社会科学院承担的国家哲学社会科学创新工程项目；2016 年，46 种院外皮书使用“中国社会科学院创新工程学术出版项目”标识。

中国皮书网

www.pishu.cn

发布皮书研创资讯，传播皮书精彩内容
引领皮书出版潮流，打造皮书服务平台

栏目设置：

- □ 资讯：皮书动态、皮书观点、皮书数据、皮书报道、皮书发布、电子期刊
- □ 标准：皮书评价、皮书研究、皮书规范
- □ 服务：最新皮书、皮书书目、重点推荐、在线购书
- □ 链接：皮书数据库、皮书博客、皮书微博、在线书城
- □ 搜索：资讯、图书、研究动态、皮书专家、研创团队

中国皮书网依托皮书系列“权威、前沿、原创”的优质内容资源，通过文字、图片、音频、视频等多种元素，在皮书研创者、使用者之间搭建了一个成果展示、资源共享的互动平台。

自2005年12月正式上线以来，中国皮书网的IP访问量、PV浏览量与日俱增，受到海内外研究者、公务人员、商务人士以及专业读者的广泛关注。

2008年、2011年中国皮书网均在全国新闻出版业网站荣誉评选中获得“最具商业价值网站”称号；2012年，获得“出版业网站百强”称号。

2014年，中国皮书网与皮书数据库实现资源共享，端口合一，将提供更丰富的内容，更全面的服务。

法律声明

“皮书系列”（含蓝皮书、绿皮书、黄皮书）之品牌由社会科学文献出版社最早使用并持续至今，现已被中国图书市场所熟知。“皮书系列”的LOGO（ ）与“经济蓝皮书”“社会蓝皮书”均已在中华人民共和国国家工商行政管理总局商标局登记注册。“皮书系列”图书的注册商标专用权及封面设计、版式设计的著作权均为社会科学文献出版社所有。未经社会科学文献出版社书面授权许可，任何使用与“皮书系列”图书注册商标、封面设计、版式设计相同或者近似的文字、图形或其组合的行为均系侵权行为。

经作者授权，本书的专有出版权及信息网络传播权为社会科学文献出版社享有。未经社会科学文献出版社书面授权许可，任何就本书内容的复制、发行或以数字形式进行网络传播的行为均系侵权行为。

社会科学文献出版社将通过法律途径追究上述侵权行为的法律责任，维护自身合法权益。

欢迎社会各界人士对侵犯社会科学文献出版社上述权利的侵权行为进行举报。电话：010－59367121，电子邮箱：fawubu@ssap.cn。

社会科学文献出版社

权威报告·热点资讯·特色资源

皮书数据库

ANNUAL REPORT(YEARBOOK) DATABASE

当代中国与世界发展高端智库平台

WWW.PISHU.COM.CN

皮书俱乐部会员服务指南

1. 谁能成为皮书俱乐部成员？

● 皮书作者自动成为俱乐部会员

● 购买了皮书产品（纸质书/电子书）的个人用户

2. 会员可以享受的增值服务

● 免费获赠皮书数据库100元充值卡

● 加入皮书俱乐部，免费获赠该纸质图书的电子书

● 免费定期获赠皮书电子期刊

● 优先参与各类皮书学术活动

● 优先享受皮书产品的最新优惠

3. 如何享受增值服务？

（1）免费获赠100元皮书数据库体验卡

第1步 刮开附赠充值的涂层（右下）；

第2步 登录皮书数据库网站（www.pishu.com.cn），注册账号；

第3步 登录并进入“会员中心”—“在线充值”—“充值卡充值”，充值成功后即可使用。

（2）加入皮书俱乐部，凭数据库体验卡获赠该书的电子书

第1步 登录社会科学文献出版社官网（www.ssap.com.cn），注册账号；

第2步 登录并进入“会员中心”—“皮书俱乐部”，提交加入皮书俱乐部申请；

第3步 审核通过后，再次进入皮书俱乐部，填写页面所需图书、体验卡信息即可自动兑换相应电子书。

4. 声明

解释权归社会科学文献出版社所有

皮书俱乐部会员可享受社会科学文献出版社其他相关免费增值服务，有任何疑问，均可与我们联系。

图书销售热线：010-59367070/7028
图书服务QQ：800045692
图书服务邮箱：duzhe@ssap.cn

数据库服务热线：400-008-6695
数据库服务QQ：2475522410
数据库服务邮箱：database@ssap.cn

欢迎登录社会科学文献出版社官网（www.ssap.com.cn）和中国皮书网（www.pishu.cn）了解更多信息

社会科学文献出版社 SOCIAL SCIENCES ACADEMIC PRESS (CHINA) 皮书系列 卡

卡号：8110128831890804

密码：

子库介绍

Sub-Database Introduction

中国经济发展数据库

涵盖宏观经济、农业经济、工业经济、产业经济、财政金融、交通旅游、商业贸易、劳动经济、企业经济、房地产经济、城市经济、区域经济等领域，为用户实时了解经济运行态势、把握经济发展规律、洞察经济形势、做出经济决策提供参考和依据。

中国社会发展数据库

全面整合国内外有关中国社会发展的统计数据、深度分析报告、专家解读和热点资讯构建而成的专业学术数据库。涉及宗教、社会、人口、政治、外交、法律、文化、教育、体育、文学艺术、医药卫生、资源环境等多个领域。

中国行业发展数据库

以中国国民经济行业分类为依据，跟踪分析国民经济各行业市场运行状况和政策导向，提供行业发展最前沿的资讯，为用户投资、从业及各种经济决策提供理论基础和实践指导。内容涵盖农业，能源与矿产业，交通运输业，制造业，金融业，房地产业，租赁和商务服务业，科学研究环境和公共设施管理，居民服务业，教育，卫生和社会保障，文化、体育和娱乐业等 100 余个行业。

中国区域发展数据库

以特定区域内的经济、社会、文化、法治、资源环境等领域的现状与发展情况进行分析和预测。涵盖中部、西部、东北、西北等地区，长三角、珠三角、黄三角、京津冀、环渤海、合肥经济圈、长株潭城市群、关中—天水经济区、海峡经济区等区域经济体和城市圈，北京、上海、浙江、河南、陕西等 34 个省份及中国台湾地区。

中国文化传媒数据库

包括文化事业、文化产业、宗教、群众文化、图书馆事业、博物馆事业、档案事业、语言文字、文学、历史地理、新闻传播、广播电视、出版事业、艺术、电影、娱乐等多个子库。

世界经济与国际政治数据库

以皮书系列中涉及世界经济与国际政治的研究成果为基础，全面整合国内外有关世界经济与国际政治的统计数据、深度分析报告、专家解读和热点资讯构建而成的专业学术数据库。包括世界经济、世界政治、世界文化、国际社会、国际关系、国际组织、区域发展、国别发展等多个子库。

社长致辞

我们是图书出版者，更是人文社会科学内容资源供应商；

我们背靠中国社会科学院，面向中国与世界人文社会科学界，坚持为人文社会科学的繁荣与发展服务；

我们精心打造权威信息资源整合平台，坚持为中国经济与社会的繁荣与发展提供决策咨询服务；

我们以读者定位自身，立志让爱书人读到好书，让求知者获得知识；

我们精心编辑、设计每一本好书以形成品牌张力，以优秀的品牌形象服务读者，开拓市场；

我们始终坚持"创社科经典，出传世文献"的经营理念，坚持"权威、前沿、原创"的产品特色；

我们"以人为本"，提倡阳光下创业，员工与企业共享发展之成果；

我们立足于现实，认真对待我们的优势、劣势，我们更着眼于未来，以不断的学习与创新适应不断变化的世界，以不断的努力提升自己的实力；

我们愿与社会各界友好合作，共享人文社会科学发展之成果，共同推动中国学术出版乃至内容产业的繁荣与发展。

社会科学文献出版社社长
中国社会学会秘书长

谢寿光

2016年1月

社会科学文献出版社成立于1985年，是直属于中国社会科学院的人文社会科学专业学术出版机构。

成立以来，特别是1998年实施第二次创业以来，依托于中国社会科学院丰厚的学术出版和专家学者两大资源，坚持“创社科经典，出传世文献”的出版理念和“权威、前沿、原创”的产品定位，社科文献立足内涵式发展道路，从战略层面推动学术出版五大能力建设，逐步走上了智库产品与专业学术成果系列化、规模化、数字化、国际化、市场化发展的经营道路。

先后策划出版了著名的图书品牌和学术品牌“皮书”系列、“列国志”、“社科文献精品译库”、“全球化译丛”、“全面深化改革研究书系”、“近世中国”、“甲骨文”、“中国史话”等一大批既有学术影响又有市场价值的系列图书，形成了较强的学术出版能力和资源整合能力。2015年社科文献出版社发稿5.5亿字，出版图书约2000种，承印发行中国社科院院属期刊74种，在多项指标上都实现了较大幅度的增长。

凭借着雄厚的出版资源整合能力，社科文献出版社长期以来一直致力于从内容资源和数字平台两个方面实现传统出版的再造，并先后推出了皮书数据库、列国志数据库、“一带一路”数据库、中国田野调查数据库、台湾大陆同乡会数据库等一系列数字产品。数字出版已经初步形成了产品设计、内容开发、编辑标引、产品运营、技术支持、营销推广等全流程体系。

在国内原创著作、国外名家经典著作大量出版，数字出版突飞猛进的同时，社科文献出版社从构建国际话语体系的角度推动学术出版国际化。先后与斯普林格、博睿、牛津、剑桥等十余家国际出版机构合作面向海外推出了“皮书系列”“改革开放30年研究书系”“中国梦与中国发展道路研究丛书”“全面深化改革研究书系”等一系列在世界范围内引起强烈反响的作品；并持续致力于中国学术出版走出去，组织学者和编辑参加国际书展，筹办国际性学术研讨会，向世界展示中国学者的学术水平和研究成果。

此外，社科文献出版社充分利用网络媒体平台，积极与中央和地方各类媒体合作，并联合大型书店、学术书店、机场书店、网络书店、图书馆，逐步构建起了强大的学术图书内容传播平台。学术图书的媒体曝光率居全国之首，图书馆藏率居于全国出版机构前十位。

上述诸多成绩的取得，有赖于一支以年轻的博士、硕士为主体，一批从中国社科院刚退出科研一线的各学科专家为支撑的300多位高素质的编辑、出版和营销队伍，为我们实现学术立社，以学术品位、学术价值来实现经济效益和社会效益这样一个目标的共同努力。

作为已经开启第三次创业梦想的人文社会科学学术出版机构，我们将以改革发展为动力，以学术资源建设为中心，以构建智慧型出版社为主线，以“整合、专业、分类、协同、持续”为各项工作指导原则，全力推进出版社数字化转型，坚定不移地走专业化、数字化、国际化发展道路，全面提升出版社核心竞争力，为实现“社科文献梦”奠定坚实基础。

经 济 类

经济类皮书涵盖宏观经济、城市经济、大区域经济，
提供权威、前沿的分析与预测

经济蓝皮书

2016 年中国经济形势分析与预测

李　扬 / 主编　　2015 年 12 月出版　　定价 :79.00 元

◆　本书为总理基金项目，由著名经济学家李扬领衔，联合中国社会科学院等数十家科研机构、国家部委和高等院校的专家共同撰写，系统分析了 2015 年的中国经济形势并预测 2016 年我国经济运行情况。

世界经济黄皮书

2016 年世界经济形势分析与预测

王洛林　张宇燕 / 主编　　2015 年 12 月出版　　定价 :79.00 元

◆　本书由中国社会科学院世界经济与政治研究所的研究团队撰写，2015 年世界经济增长继续放缓，增长格局也继续分化，发达经济体与新兴经济体之间的增长差距进一步收窄。2016 年世界经济增长形势不容乐观。

产业蓝皮书

中国产业竞争力报告（2016）NO.6

张其仔 / 主编　　2016 年 12 月出版　　定价 :98.00 元

◆　本书由中国社会科学院工业经济研究所研究团队在深入实际、调查研究的基础上完成。通过运用丰富的数据资料和最新的测评指标，从学术性、系统性、预测性上分析了 2015 年中国产业竞争力，并对未来发展趋势进行了预测。

G20国家创新竞争力黄皮书

二十国集团（G20）国家创新竞争力发展报告（2016）

李建平　李闽榕　赵新力 / 主编　　2016年11月出版　估价 :138.00元

◆　本报告在充分借鉴国内外研究者的相关研究成果的基础上，紧密跟踪技术经济学、竞争力经济学、计量经济学等学科的最新研究动态，深入分析G20国家创新竞争力的发展水平、变化特征、内在动因及未来趋势，同时构建了G20国家创新竞争力指标体系及数学模型。

国际城市蓝皮书

国际城市发展报告（2016）

屠启宇 / 主编　　2016年2月出版　　定价 :79.00元

◆　本书作者以上海社会科学院从事国际城市研究的学者团队为核心，汇集同济大学、华东师范大学、复旦大学、上海交通大学、南京大学、浙江大学相关城市研究专业学者。立足动态跟踪介绍国际城市发展实践中，最新出现的重大战略、重大理念、重大项目、重大报告和最佳案例。

金融蓝皮书

中国金融发展报告（2016）

李　扬　王国刚 / 主编　2015年12月出版　定价 :79.00元

◆　本书由中国社会科学院金融研究所组织编写，概括和分析了2015年中国金融发展和运行中的各方面情况，研讨和评论了2015年发生的主要金融事件。本书由业内专家和青年精英联合编著，有利于读者了解掌握2015年中国的金融状况，把握2016年中国金融的走势。

农村绿皮书

中国农村经济形势分析与预测（2015 ~ 2016）

魏后凯　杜志雄　黄秉信 / 主编　　2016年4月出版　定价 :79.00元

◆　本书描述了2015年中国农业农村经济发展的一些主要指标和变化，以及对2016年中国农业农村经济形势的一些展望和预测。

西部蓝皮书

中国西部发展报告（2016）

姚慧琴　徐璋勇 / 主编　　2016 年 8 月出版　　估价 :89.00 元

◆　本书由西北大学中国西部经济发展研究中心主编，汇集了源自西部本土以及国内研究西部问题的权威专家的第一手资料，对国家实施西部大开发战略进行年度动态跟踪，并对 2016 年西部经济、社会发展态势进行预测和展望。

民营经济蓝皮书

中国民营经济发展报告 NO.12（2015 ~ 2016）

王钦敏 / 主编　2016 年 8 月出版　估价 :75.00 元

◆　本书是中国工商联课题组的研究成果，对 2015 年度中国民营经济的发展现状、趋势进行了详细的论述，并提出了合理的建议。是广大民营企业进行政策咨询、科学决策和理论创新的重要参考资料，也是理论工作者进行理论研究的重要参考资料。

经济蓝皮书夏季号

中国经济增长报告（2015 ~ 2016）

李　扬 / 主编　2016 年 8 月出版　估价 :69.00 元

◆　中国经济增长报告主要探讨 2015~2016 年中国经济增长问题，以专业视角解读中国经济增长，力求将其打造成一个研究中国经济增长、服务宏微观各级决策的周期性、权威性读物。

中三角蓝皮书

长江中游城市群发展报告（2016）

秦尊文 / 主编　2016 年 10 月出版　估价 :69.00 元

◆　本书是湘鄂赣皖四省专家学者共同研究的成果，从不同角度、不同方位记录和研究长江中游城市群一体化，提出对策措施，以期为将“中三角”打造成为继珠三角、长三角、京津冀之后中国经济增长第四极奉献学术界的聪明才智。

社会政法类

社会政法类皮书聚焦社会发展领域的热点、难点问题，
提供权威、原创的资讯与视点

社会蓝皮书

2016 年中国社会形势分析与预测

李培林　陈光金　张　翼 / 主编　2015 年 12 月出版　定价 :79.00 元

◆　本书由中国社会科学院社会学研究所组织研究机构专家、高校学者和政府研究人员撰写，聚焦当下社会热点，对 2015 年中国社会发展的各个方面内容进行了权威解读，同时对 2016 年社会形势发展趋势进行了预测。

法治蓝皮书

中国法治发展报告 NO.14（2016）

李　林　田　禾 / 主编　　2016 年 3 月出版　　定价 :118.00 元

◆　本年度法治蓝皮书回顾总结了 2015 年度中国法治发展取得的成就和存在的不足，并对 2016 年中国法治发展形势进行了预测和展望。

反腐倡廉蓝皮书

中国反腐倡廉建设报告 NO.6

李秋芳　张英伟 / 主编　2017 年 1 月出版　　估价 :79.00 元

◆　本书抓住了若干社会热点和焦点问题，全面反映了新时期新阶段中国反腐倡廉面对的严峻局面，以及中国共产党反腐倡廉建设的新实践新成果。根据实地调研、问卷调查和舆情分析，梳理了当下社会普遍关注的与反腐败密切相关的热点问题。

生态城市绿皮书

中国生态城市建设发展报告（2016）

刘举科　孙伟平　胡文臻 / 主编　2016 年 9 月出版　估价 :148.00 元

◆　报告以绿色发展、循环经济、低碳生活、民生宜居为理念，以更新民众观念、提供决策咨询、指导工程实践、引领绿色发展为宗旨，试图探索一条具有中国特色的城市生态文明建设新路。

公共服务蓝皮书

中国城市基本公共服务力评价（2016）

钟　君　吴正杲 / 主编　2016 年 12 月出版　估价 :79.00 元

◆　中国社会科学院经济与社会建设研究室与华图政信调查组成联合课题组，从 2010 年开始对基本公共服务力进行研究，研创了基本公共服务力评价指标体系，为政府考核公共服务与社会管理工作提供了理论工具。

教育蓝皮书

中国教育发展报告（2016）

杨东平 / 主编　2016 年 4 月出版　定价 :79.00 元

◆　本书由国内的中青年教育专家合作研究撰写。深度剖析 2015 年中国教育的热点话题，并对当下中国教育中出现的问题提出对策建议。

生态文明绿皮书

中国省域生态文明建设评价报告（ECI 2016）

严耕 / 主编　2016 年 12 月出版　估价 :85.00 元

◆　本书基于国家最新发布的权威数据，对我国的生态文明建设状况进行科学评价，并开展相应的深度分析，结合中央的政策方针和各省的具体情况，为生态文明建设推进，提出针对性的政策建议。

行业报告类

行业报告类皮书立足重点行业、新兴行业领域，
提供及时、前瞻的数据与信息

房地产蓝皮书

中国房地产发展报告 NO.13（2016）

李春华　王业强 / 主编　　2016 年 5 月出版　　定价 :89.00 元

◆　蓝皮书秉承客观公正、科学中立的宗旨和原则，追踪 2015 年我国房地产市场最新资讯，深度分析，剖析因果，谋划对策，并对 2016 年房地产发展趋势进行了展望。

旅游绿皮书

2015 ~ 2016 年中国旅游发展分析与预测

宋　瑞 / 主编　　2016 年 4 出版　　定价 :89.00 元

◆　本书是中国社会科学院旅游研究中心组织相关专家编写的年度研究报告，对 2015 年旅游行业的热点问题进行了全面的综述并提出专业性建议，并对 2016 年中国旅游的发展趋势进行展望。

互联网金融蓝皮书

中国互联网金融发展报告（2016）

李东荣 / 主编　　2016 年 8 月出版　　估价 :79.00 元

◆　近年来，许多基于互联网的金融服务模式应运而生并对传统金融业产生了深刻的影响和巨大的冲击，“互联网金融”成为社会各界关注的焦点。本书探析了 2015 年互联网金融的特点和 2016 年互联网金融的发展方向和亮点。

资产管理蓝皮书

中国资产管理行业发展报告（2016）

智信资产管理研究院 / 编著　　2016 年 6 月出版　　定价 :89.00 元

◆　中国资产管理行业刚刚兴起，未来将成为中国金融市场最有看点的行业，也会成为快速发展壮大的行业。本书主要分析了 2015 年度资产管理行业的发展情况，同时对资产管理行业的未来发展做出科学的预测。

老龄蓝皮书

中国老龄产业发展报告（2016）

吴玉韶　党俊武 / 编著
2016 年 9 月出版　估价 :79.00 元

◆　本书着眼于对中国老龄产业的发展给予系统介绍，深入解析，并对未来发展趋势进行预测和展望，力求从不同视角、不同层面全面剖析中国老龄产业发展的现状、取得的成绩、存在的问题以及重点、难点等。

金融蓝皮书

中国金融中心发展报告（2016）

王　力　黄育华 / 编著　　2017 年 11 月出版　　估价 :75.00 元

◆　本报告将提升中国金融中心城市的金融竞争力作为研究主线，全面、系统、连续地反映和研究中国金融中心城市发展和改革的最新进展，展示金融中心理论研究的最新成果。

流通蓝皮书

中国商业发展报告（2016~2017）

王雪峰　林诗慧 / 主编　2016 年 7 月出版　　定价 :89.00 元

◆　本书是中国社会科学院财经院与利丰研究中心合作的成果，从关注中国宏观经济出发，突出了中国流通业的宏观背景，详细分析了批发业、零售业、物流业、餐饮产业与电子商务等产业发展状况。

国别与地区类

国别与地区类皮书关注全球重点国家与地区，
提供全面、独特的解读与研究

美国蓝皮书

美国研究报告（2016）

郑秉文　黄　平 / 主编　2016 年 5 月出版　定价 :89.00 元

◆　本书是由中国社会科学院美国所主持完成的研究成果，它回顾了美国 2015 年的经济、政治形势与外交战略，对 2016 年以来美国内政外交发生的重大事件以及重要政策进行了较为全面的回顾和梳理。

拉美黄皮书

拉丁美洲和加勒比发展报告（2015~2016）

吴白乙 / 主编　2016 年 6 月出版　定价 :89.00 元

◆　本书对 2015 年拉丁美洲和加勒比地区诸国的政治、经济、社会、外交等方面的发展情况做了系统介绍，对该地区相关国家的热点及焦点问题进行了总结和分析，并在此基础上对该地区各国 2016 年的发展前景做出预测。

日本经济蓝皮书

日本经济与中日经贸关系研究报告（2016）

张季风 / 主编　　2016 年 5 月出版　　定价 :89.00 元

◆　本书系统、详细地介绍了 2015 年日本经济以及中日经贸关系发展情况，在进行了大量数据分析的基础上，对 2016 年日本经济以及中日经贸关系的大致发展趋势进行了分析与预测。

俄罗斯黄皮书

俄罗斯发展报告（2016）

李永全 / 编著　2016 年 7 月出版　定价 :89.00 元

◆　本书系统介绍了 2015 年俄罗斯经济政治情况，并对 2015 年该地区发生的焦点、热点问题进行了分析与回顾；在此基础上，对该地区 2016 年的发展前景进行了预测。

国际形势黄皮书

全球政治与安全报告（2016）

李慎明　张宇燕 / 主编　2015 年 12 月出版　定价 :69.00 元

◆　本书旨在对本年度全球政治及安全形势的总体情况、热点问题及变化趋势进行回顾与分析，并提出一定的预测及对策建议。作者通过事实梳理、数据分析、政策分析等途径，阐释了本年度国际关系及全球安全形势的基本特点，并在此基础上提出了具有启示意义的前瞻性结论。

德国蓝皮书

德国发展报告（2016）

郑春荣 / 主编　2016 年 6 月出版　定价 :79.00 元

◆　本报告由同济大学德国研究所组织编撰，由该领域的专家学者对德国的政治、经济、社会文化、外交等方面的形势发展情况，进行全面的阐述与分析。

中东黄皮书

中东发展报告 NO.18（2015 ~ 2016）

杨光 / 主编　2016 年 10 月出版　估价 :89.00 元

◆　报告回顾和分析了一年来多以来中东地区政治经济局势的新发展，为跟踪中东地区的市场变化和中东研究学科的研究前沿，提供了全面扎实的信息。

地方发展类

地方发展类皮书关注中国各省份、经济区域，
提供科学、多元的预判与资政信息

北京蓝皮书

北京公共服务发展报告（2015~2016）

施昌奎 / 主编　2016 年 2 月出版　定价 :79.00 元

◆　本书是由北京市政府职能部门的领导、首都著名高校的教授、知名研究机构的专家共同完成的关于北京市公共服务发展与创新的研究成果。

河南蓝皮书

河南经济发展报告（2016）

河南省社会科学院 / 编著　2016 年 3 月出版　定价 :79.00 元

◆　本书以国内外经济发展环境和走向为背景，主要分析当前河南经济形势，预测未来发展趋势，全面反映河南经济发展的最新动态、热点和问题，为地方经济发展和领导决策提供参考。

京津冀蓝皮书

京津冀发展报告（2016）

文　魁　祝尔娟 / 等著　2016 年 4 月出版　定价 :89.00 元

◆　京津冀协同发展作为重大的国家战略，已进入顶层设计、制度创新和全面推进的新阶段。本书以问题为导向，围绕京津冀发展中的重要领域和重大问题，研究如何推进京津冀协同发展。

文化传媒类

文化传媒类皮书透视文化领域、文化产业，
探索文化大繁荣、大发展的路径

新媒体蓝皮书

中国新媒体发展报告 NO.7（2016）

唐绪军 / 主编　　2016 年 6 月出版　　定价 :79.00 元

◆　本书是由中国社会科学院新闻与传播研究所组织编写的关于新媒体发展的最新年度报告，旨在全面分析中国新媒体的发展现状，解读新媒体的发展趋势，探析新媒体的深刻影响。

移动互联网蓝皮书

中国移动互联网发展报告（2016）

官建文 / 编著　　2016 年 6 月出版　　定价 :79.00 元

◆　本书着眼于对中国移动互联网 2015 年度的发展情况做深入解析，对未来发展趋势进行预测，力求从不同视角、不同层面全面剖析中国移动互联网发展的现状、年度突破以及热点趋势等。

文化蓝皮书

中国文化产业发展报告（2015~2016）

张晓明　王家新　章建刚 / 主编　　2016 年 2 月出版　　定价 :79.00 元

◆　本书由中国社会科学院文化研究中心编写。从 2012 年开始，中国社会科学院文化研究中心设立了国内首个文化产业的研究类专项资金——“文化产业重大课题研究计划”，开始在全国范围内组织多学科专家学者对我国文化产业发展重大战略问题进行联合攻关研究。本书集中反映了该计划的研究成果。

经济类

G20国家创新竞争力黄皮书
二十国集团(G20)国家创新竞争力发展报告(2016)
著(编)者:李建平 李闽榕 赵新力
2016年11月出版 / 估价:138.00元

产业蓝皮书
中国产业竞争力报告(2016)NO.6
著(编)者:张其仔 2016年12月出版 / 估价:98.00元

城市创新蓝皮书
中国城市创新报告(2016)
著(编)者:周天勇 旷建伟 2016年8月出版 / 估价:69.00元

城市竞争力蓝皮书
中国城市竞争力报告(1973~2015)
著(编)者:李小林 2016年1月出版 / 定价:128.00元

城市蓝皮书
中国城市发展报告 NO.9
著(编)者:潘家华 魏后凯 2016年9月出版 / 估价:69.00元

城市群蓝皮书
中国城市群发展指数报告(2016)
著(编)者:刘士林 刘新静 2016年10月出版 / 估价:69.00元

城乡一体化蓝皮书
中国城乡一体化发展报告(2015～2016)
著(编)者:汝信 付崇兰 2016年8月出版 / 估价:85.00元

城镇化蓝皮书
中国新型城镇化健康发展报告(2016)
著(编)者:张占斌 2016年8月出版 / 估价:79.00元

创新蓝皮书
创新型国家建设报告(2015～2016)
著(编)者:詹正茂 2016年11月出版 / 估价:69.00元

低碳发展蓝皮书
中国低碳发展报告(2015~2016)
著(编)者:齐晔 2016年3月出版 / 定价:98.00元

低碳经济蓝皮书
中国低碳经济发展报告(2016)
著(编)者:薛进军 赵忠秀 2016年8月出版 / 估价:85.00元

东北蓝皮书
中国东北地区发展报告(2016)
著(编)者:马克 黄文艺 2016年8月出版 / 估价:79.00元

发展与改革蓝皮书
中国经济发展和体制改革报告NO.7
著(编)者:邹东涛 王再文
2016年1月出版 / 定价:98.00元

工业化蓝皮书
中国工业化进程报告(2016)
著(编)者:黄群慧 吕铁 李晓华 等
2016年11月出版 / 估价:89.00元

管理蓝皮书
中国管理发展报告(2016)
著(编)者:张晓东 2016年9月出版 / 估价:98.00元

国际城市蓝皮书
国际城市发展报告(2016)
著(编)者:屠启宇 2016年2月出版 / 定价:79.00元

国家创新蓝皮书
中国创新发展报告(2016)
著(编)者:陈劲 2016年9月出版 / 估价:69.00元

金融蓝皮书
中国金融发展报告(2016)
著(编)者:李扬 王国刚 2015年12月出版 / 定价:79.00元

京津冀产业蓝皮书
京津冀产业协同发展报告(2016)
著(编)者:中智科博(北京)产业经济发展研究院
2016年8月出版 / 估价:69.00元

京津冀蓝皮书
京津冀发展报告(2016)
著(编)者:文魁 祝尔娟 2016年4月出版 / 定价:89.00元

经济蓝皮书
2016年中国经济形势分析与预测
著(编)者:李扬 2015年12月出版 / 定价:79.00元

经济蓝皮书·春季号
2016年中国经济前景分析
著(编)者:李扬 2016年6月出版 / 定价:79.00元

经济蓝皮书·夏季号
中国经济增长报告(2015～2016)
著(编)者:李扬 2016年8月出版 / 估价:99.00元

经济信息绿皮书
中国与世界经济发展报告(2016)
著(编)者:杜平 2015年12月出版 / 定价:89.00元

就业蓝皮书
2016年中国本科生就业报告
著(编)者:麦可思研究院 2016年6月出版 / 定价:98.00元

就业蓝皮书
2016年中国高职高专生就业报告
著(编)者:麦可思研究院 2016年6月出版 / 定价:98.00元

临空经济蓝皮书
中国临空经济发展报告(2016)
著(编)者:连玉明 2016年11月出版 / 估价:79.00元

民营经济蓝皮书
中国民营经济发展报告 NO.12(2015～2016)
著(编)者:王钦敏 2016年8月出版 / 估价:75.00元

农村绿皮书
中国农村经济形势分析与预测(2015～2016)
著(编)者:魏后凯 杜志雄 黄秉信
2016年4月出版 / 定价:69.00元

农业应对气候变化蓝皮书
气候变化对中国农业影响评估报告 NO.2
著(编)者:矫梅燕 2016年8月出版 / 估价:98.00元

企业公民蓝皮书
中国企业公民报告 NO.4
著(编)者:邹东涛　2016年 8 月出版 / 估价:79.00元

气候变化绿皮书
应对气候变化报告（2016）
著(编)者:王伟光 郑国光　2016年11月出版 / 估价:98.00元

区域蓝皮书
中国区域经济发展报告（2015～2016）
著(编)者:赵弘　2016年6月出版 / 定价:79.00元

全球环境竞争力绿皮书
全球环境竞争力报告（2016）
著(编)者:李建平 李闽榕 王金南
2016年12月出版 / 估价:198.00元

人口与劳动绿皮书
中国人口与劳动问题报告 NO.17
著(编)者:蔡昉 张车伟　2016年11月出版 / 估价:69.00元

商务中心区蓝皮书
中国商务中心区发展报告 NO.2（2015）
著(编)者:魏后凯 单菁菁　2016年1月出版 / 定价:79.00元

世界经济黄皮书
2016年世界经济形势分析与预测
著(编)者:王洛林 张宇燕　2015年12月出版 / 定价:79.00元

世界旅游城市绿皮书
世界旅游城市发展报告（2015）
著(编)者:宋宇　2016年1月出版 / 定价:128.00元

西北蓝皮书
中国西北发展报告（2016）
著(编)者:孙发平 苏海红 鲁顺元
2016年3月出版 / 定价:79.00元

西部蓝皮书
中国西部发展报告（2016）
著(编)者:姚慧琴 徐璋勇　2016年 8 月出版 / 估价:89.00元

县域发展蓝皮书
中国县域经济增长能力评估报告（2016）
著(编)者:王力　2016年10月出版 / 估价:69.00元

新型城镇化蓝皮书
新型城镇化发展报告（2016）
著(编)者:李伟 宋敏 沈体雁　2016年11月出版 / 估价:98.00元

新兴经济体蓝皮书
金砖国家发展报告（2016）
著(编)者:林跃勤 周文　2016年 8 月出版 / 估价:79.00元

长三角蓝皮书
2016年全面深化改革中的长三角
著(编)者:张伟斌　2016年10月出版 / 估价:69.00元

中部竞争力蓝皮书
中国中部经济社会竞争力报告（2016）
著(编)者:教育部人文社会科学重点研究基地
南昌大学中国中部经济社会发展研究中心
2016年10月出版 / 估价:79.00元

中部蓝皮书
中国中部地区发展报告（2016）
著(编)者:宋亚平　2016年12月出版 / 估价:78.00元

中国省域竞争力蓝皮书
中国省域经济综合竞争力发展报告（2014～2015）
著(编)者:李建平 李闽榕 高燕京
2016年2月出版 / 定价:198.00元

中三角蓝皮书
长江中游城市群发展报告（2016）
著(编)者:秦尊文　2016年10月出版 / 估价:69.00元

中小城市绿皮书
中国中小城市发展报告（2016）
著(编)者:中国城市经济学会中小城市经济发展委员会
中国城镇化促进会中小城市发展委员会
《中国中小城市发展报告》编纂委员会
中小城市发展战略研究院
2016年10月出版 / 估价:98.00元

中原蓝皮书
中原经济区发展报告（2016）
著(编)者:李英杰　2016年8月出版 / 估价:88.00元

自贸区蓝皮书
中国自贸区发展报告（2016）
著(编)者:王力 王吉培　2016年10月出版 / 估价:69.00元

社会政法类

北京蓝皮书
中国社区发展报告（2016）
著(编)者:于燕燕　2017年2月出版 / 估价:79.00元

殡葬绿皮书
中国殡葬事业发展报告（2016）
著(编)者:李伯森　2016年 8 月出版 / 估价:158.00元

城市管理蓝皮书
中国城市管理报告（2015~2016）
著(编)者:刘林 刘承水　2016年5月出版 / 定价:158.00元

城市生活质量蓝皮书
中国城市生活质量报告（2016）
著(编)者:张连城 张平 杨春学 郎丽华
2016年8月出版 / 估价:89.00元

城市政府能力蓝皮书
中国城市政府公共服务能力评估报告（2016）
著(编)者:何艳玲　2016年4月出版 / 定价:68.00元

创新蓝皮书
中国创业环境发展报告（2016）
著(编)者:姚凯 曹祎遐　2016年8月出版 / 估价:69.00元

慈善蓝皮书
中国慈善发展报告（2016）
著(编)者:杨团　2016年6月出版 / 定价:79.00元

地方法治蓝皮书
中国地方法治发展报告 NO.2（2016）
著(编)者:李林　田禾　2016年3出版 / 定价:108.00元

党建蓝皮书
党的建设研究报告 NO.1（2016）
著(编)者:崔建民　陈东平　2016年1月出版 / 定价:89.00元

法治蓝皮书
中国法治发展报告 NO.14（2016）
著(编)者:李林 田禾　2016年3月出版 / 定价:118.00元

反腐倡廉蓝皮书
中国反腐倡廉建设报告 NO.6
著(编)者:李秋芳　张英伟　2017年1月出版 / 估价:79.00元

非传统安全蓝皮书
中国非传统安全研究报告（2015～2016）
著(编)者:余潇枫 魏志江　2016年6月出版 / 定价:89.00元

妇女发展蓝皮书
中国妇女发展报告 NO.6
著(编)者:王金玲　2016年9月出版 / 估价:148.00元

妇女教育蓝皮书
中国妇女教育发展报告 NO.3
著(编)者:张李玺　2016年10月出版 / 估价:78.00元

妇女绿皮书
中国性别平等与妇女发展报告（2016）
著(编)者:谭琳　2016年12月出版 / 估价:99.00元

公共服务蓝皮书
中国城市基本公共服务力评价（2016）
著(编)者:钟君 吴正杲　2016年12月出版 / 估价:79.00元

公共管理蓝皮书
中国公共管理发展报告（2016）
著(编)者:贡森　李国强　杨维富
2016年8月出版 / 估价:69.00元

公共外交蓝皮书
中国公共外交发展报告（2016）
著(编)者:赵启正 雷蔚真　2016年8月出版 / 估价:89.00元

公民科学素质蓝皮书
中国公民科学素质报告（2015~2016）
著(编)者:李群 陈雄　马宗文　2016年1月出版 / 定价:89.00元

公益蓝皮书
中国公益慈善发展报告（2016）
著(编)者:朱健刚　2016年4月出版 / 定价:118.00元

国际人才蓝皮书
海外华侨华人专业人士报告（2016）
著(编)者:王辉耀　苗绿　2016年8月出版 / 估价:69.00元

国际人才蓝皮书
中国国际移民报告（2016）
著(编)者:王辉耀　2016年8月出版 / 估价:79.00元

国际人才蓝皮书
中国海归发展报告（2016）NO.3
著(编)者:王辉耀 苗绿　2016年10月出版 / 估价:69.00元

国际人才蓝皮书
中国留学发展报告（2016）NO.5
著(编)者:王辉耀 苗绿　2016年10月出版 / 估价:79.00元

国家公园蓝皮书
中国国家公园体制建设报告（2016）
著(编)者:苏杨 张玉钧 石金莲 刘锋 等
2016年10月出版 / 估价:69.00元

海洋社会蓝皮书
中国海洋社会发展报告（2016）
著(编)者:崔凤 宋宁而　2016年8月出版 / 估价:89.00元

行政改革蓝皮书
中国行政体制改革报告（2016）NO.5
著(编)者:魏礼群　2016年5月出版 / 定价:98.00元

华侨华人蓝皮书
华侨华人研究报告（2016）
著(编)者:贾益民　2016年12月出版 / 估价:98.00元

环境竞争力绿皮书
中国省域环境竞争力发展报告（2016）
著(编)者:李建平 李闽榕 王金南
2016年11月出版 / 估价:198.00元

环境绿皮书
中国环境发展报告（2016）
著(编)者:刘鉴强　2016年8月出版 / 估价:79.00元

基金会蓝皮书
中国基金会发展报告（2015~2016）
著(编)者:中国基金会发展报告课题组　2016年4月出版 / 定价:75.00元

基金会绿皮书
中国基金会发展独立研究报告（2016）
著(编)者:基金会中心网 中央民族大学基金会研究中心
2016年8月出版 / 估价:88.00元

基金会透明度蓝皮书
中国基金会透明度发展研究报告（2016）
著(编)者:基金会中心网 清华大学廉政与治理研究中心
2016年9月出版 / 估价:85.00元

教师蓝皮书
中国中小学教师发展报告（2016）
著(编)者:曾晓东 鱼霞　2016年8月出版 / 估价:69.00元

教育蓝皮书
中国教育发展报告（2016）
著(编)者:杨东平　2016年4月出版 / 定价:79.00元

科普蓝皮书
中国科普基础设施发展报告（2015）
著(编)者:任福君　2016年8月出版 / 估价:69.00元

科普蓝皮书
中国科普人才发展报告（2015）
著(编)者:郑念　任嵘嵘　2016年4月出版 / 定价:98.00元

科学教育蓝皮书
中国科学教育发展报告（2016）
著(编)者:罗晖 王康友　2016年10月出版 / 估价:79.00元

劳动保障蓝皮书
中国劳动保障发展报告（2016）
著(编)者:刘燕斌　2016年8月出版 / 估价:158.00元

老龄蓝皮书
中国老年宜居环境发展报告（2015）
著(编)者:党俊武　周燕珉　2016年1月出版 / 定价:79.00元

连片特困区蓝皮书
中国连片特困区发展报告（2016）
著(编)者:游俊 冷志明 丁建军
2016年8月出版 / 估价:98.00元

民间组织蓝皮书
中国民间组织报告（2016）
著(编)者:黄晓勇　2016年12月出版 / 估价:79.00元

民调蓝皮书
中国民生调查报告（2016）
著(编)者:谢耘耕　2016年8月出版 / 估价:128.00元

民族发展蓝皮书
中国民族发展报告（2016）
著(编)者:郝时远 王延中 王希恩
2016年8月出版 / 估价:98.00元

女性生活蓝皮书
中国女性生活状况报告 NO.10（2016）
著(编)者:韩湘景　2016年8月出版 / 估价:79.00元

汽车社会蓝皮书
中国汽车社会发展报告（2016）
著(编)者:王俊秀　2016年8月出版 / 估价:69.00元

青年蓝皮书
中国青年发展报告（2016）NO.4
著(编)者:廉思 等　2016年8月出版 / 估价:69.00元

青少年蓝皮书
中国未成年人互联网运用报告（2016）
著(编)者:李文革 沈杰 季为民
2016年11月出版 / 估价:89.00元

青少年体育蓝皮书
中国青少年体育发展报告（2016）
著(编)者:郭建军 杨桦　2016年9月出版 / 估价:69.00元

区域人才蓝皮书
中国区域人才竞争力报告 NO.2
著(编)者:桂昭明 王辉耀
2016年8月出版 / 估价:69.00元

群众体育蓝皮书
中国群众体育发展报告（2016）
著(编)者:刘国永 杨桦　2016年10月出版 / 估价:69.00元

群众体育蓝皮书
中国社会体育指导员发展报告（1994~2014）
著(编)者:刘国永 王欢　2016年4月出版 / 定价:78.00元

人才蓝皮书
中国人才发展报告（2016）
著(编)者:潘晨光　2016年9月出版 / 估价:85.00元

人权蓝皮书
中国人权事业发展报告 NO.6（2016）
著(编)者:李君如　2016年9月出版 / 估价:128.00元

社会保障绿皮书
中国社会保障发展报告（2016）NO.8
著(编)者:王延中　2016年8月出版 / 估价:99.00元

社会工作蓝皮书
中国社会工作发展报告（2016）
著(编)者:民政部社会工作研究中心
2016年8月出版 / 估价:79.00元

社会管理蓝皮书
中国社会管理创新报告 NO.4
著(编)者:连玉明　2016年11月出版 / 估价:89.00元

社会蓝皮书
2016年中国社会形势分析与预测
著(编)者:李培林　陈光金　张翼
2015年12月出版 / 定价:79.00元

社会体制蓝皮书
中国社会体制改革报告（2016）NO.4
著(编)者:龚维斌　2016年4月出版 / 定价:79.00元

社会心态蓝皮书
中国社会心态研究报告（2016）
著(编)者:王俊秀 杨宜音　2016年10月出版 / 估价:69.00元

社会责任管理蓝皮书
中国企业公众透明度报告（2015~2016）NO.2
著(编)者:黄速建 熊梦 肖红军　2016年1月出版 / 定价:98.00元

社会组织蓝皮书
中国社会组织评估发展报告（2016）
著(编)者:徐家良 廖鸿　2016年12月出版 / 估价:69.00元

生态城市绿皮书
中国生态城市建设发展报告（2016）
著(编)者:刘举科 孙伟平 胡文臻
2016年9月出版 / 估价:148.00元

生态文明绿皮书
中国省域生态文明建设评价报告（ECI 2016）
著(编)者:严耕　2016年12月出版 / 估价:85.00元

世界社会主义黄皮书
世界社会主义跟踪研究报告（2015～2016）
著(编)者:李慎明　2016年3月出版 / 定价:248.00元

水与发展蓝皮书
中国水风险评估报告（2016）
著(编)者:王浩　2016年9月出版 / 估价:69.00元

体育蓝皮书
长三角地区体育产业发展报告（2016）
著(编)者:张林　2016年8月出版 / 估价:79.00元

体育蓝皮书
中国公共体育服务发展报告（2016）
著(编)者:戴健　2016年12月出版 / 估价:79.00元

土地整治蓝皮书
中国土地整治发展研究报告 NO.3
著(编)者:国土资源部土地整治中心
2016年7月出版 / 定价:89.00元

土地政策蓝皮书
中国土地政策发展报告（2016）
著(编)者:高延利 李宪文
2015年12月出版 / 定价:89.00元

危机管理蓝皮书
中国危机管理报告（2016）
著(编)者:文学国 范正青
2016年8月出版 / 估价:89.00元

形象危机应对蓝皮书
形象危机应对研究报告（2016）
著(编)者:唐钧　2016年8月出版 / 估价:149.00元

医改蓝皮书
中国医药卫生体制改革报告（2016）
著(编)者:文学国 房志武　2016年11月出版 / 估价:98.00元

医疗卫生绿皮书
中国医疗卫生发展报告 NO.7（2016）
著(编)者:申宝忠 韩玉珍　2016年8月出版 / 估价:75.00元

政治参与蓝皮书
中国政治参与报告（2016）
著(编)者:房宁　2016年8月出版 / 估价:108.00元

政治发展蓝皮书
中国政治发展报告（2016）
著(编)者:房宁 杨海蛟　2016年8月出版 / 估价:88.00元

智慧社区蓝皮书
中国智慧社区发展报告（2016）
著(编)者:罗昌智 张辉德　2016年8月出版 / 估价:69.00元

中国农村妇女发展蓝皮书
农村流动女性城市生活发展报告（2016）
著(编)者:谢丽华　2016年12月出版 / 估价:79.00元

宗教蓝皮书
中国宗教报告（2015）
著(编)者:邱永辉　2016年4月出版 / 定价:79.00元

行业报告类

保健蓝皮书
中国保健服务产业发展报告 NO.2
著(编)者:中国保健协会 中共中央党校
2016年8月出版 / 估价:198.00元

保健蓝皮书
中国保健食品产业发展报告 NO.2
著(编)者:中国保健协会
中国社会科学院食品药品产业发展与监管研究中心
2016年8月出版 / 估价:198.00元

保健蓝皮书
中国保健用品产业发展报告 NO.2
著(编)者:中国保健协会
国务院国有资产监督管理委员会研究中心
2016年8月出版 / 估价:198.00元

保险蓝皮书
中国保险业创新发展报告（2016）
著(编)者:项俊波　2016年12月出版 / 估价:69.00元

保险蓝皮书
中国保险业竞争力报告（2016）
著(编)者:项俊波　2016年12月出版 / 估价:99.00元

采供血蓝皮书
中国采供血管理报告（2016）
著(编)者:朱永明 耿鸿武　2016年8月出版 / 估价:69.00元

彩票蓝皮书
中国彩票发展报告（2016）
著(编)者:益彩基金　2016年8月出版 / 估价:98.00元

餐饮产业蓝皮书
中国餐饮产业发展报告（2016）
著(编)者:邢颖　2016年6月出版 / 定价:98.00元

测绘地理信息蓝皮书
测绘地理信息转型升级研究报告（2016）
著(编)者:库热西·买合苏提　2016年12月出版 / 估价:98.00元

茶业蓝皮书
中国茶产业发展报告（2016）
著(编)者:杨江帆 李闽榕　2016年10月出版 / 估价:78.00元

产权市场蓝皮书
中国产权市场发展报告（2015～2016）
著(编)者:曹和平　2016年8月出版 / 估价:89.00元

产业安全蓝皮书
中国出版传媒产业安全报告（2015~2016）
著(编)者:北京印刷学院文化产业安全研究院
2016年3月出版 / 定价:79.00元

产业安全蓝皮书
中国文化产业安全报告（2016）
著(编)者:北京印刷学院文化产业安全研究院
2016年8月出版 / 估价:89.00元

产业安全蓝皮书
中国新媒体产业安全报告（2016）
著(编)者:北京印刷学院文化产业安全研究院
2016年8月出版 / 估价:69.00元

大数据蓝皮书
网络空间和大数据发展报告（2016）
著(编)者:杜平 2016年8月出版 / 估价:69.00元

电子商务蓝皮书
中国电子商务服务业发展报告 NO.3
著(编)者:荆林波 梁春晓 2016年8月出版 / 估价:69.00元

电子政务蓝皮书
中国电子政务发展报告（2016）
著(编)者:洪毅 杜平 2016年11月出版 / 估价:79.00元

杜仲产业绿皮书
中国杜仲橡胶资源与产业发展报告（2016）
著(编)者:杜红岩 胡文臻 俞锐
2016年8月出版 / 估价:85.00元

房地产蓝皮书
中国房地产发展报告 NO.13（2016）
著(编)者:李春华 王业强 2016年5月出版 / 定价:89.00元

服务外包蓝皮书
中国服务外包产业发展报告（2016）
著(编)者:王晓红 刘德军
2016年8月出版 / 估价:89.00元

服务外包蓝皮书
中国服务外包竞争力报告（2016）
著(编)者:王力 刘春生 黄育华
2016年11月出版 / 估价:85.00元

工业和信息化蓝皮书
世界网络安全发展报告（2015~2016）
著(编)者:洪京一 2016年4月出版 / 定价:79.00元

工业和信息化蓝皮书
世界信息化发展报告（2015~2016）
著(编)者:洪京一 2016年4月出版 / 定价:79.00元

工业和信息化蓝皮书
世界信息技术产业发展报告（2015~2016）
著(编)者:洪京一 2016年4月出版 / 定价:79.00元

工业和信息化蓝皮书
世界制造业发展报告（2016）
著(编)者:洪京一 2016年8月出版 / 估价:69.00元

工业和信息化蓝皮书
移动互联网产业发展报告（2015~2016）
著(编)者:洪京一 2016年4月出版 / 定价:79.00元

工业和信息化蓝皮书
战略性新兴产业发展报告（2015~2016）
著(编)者:洪京一 2016年4月出版 / 定价:79.00元

工业设计蓝皮书
中国工业设计发展报告（2016）
著(编)者:王晓红 于炜 张立群
2016年9月出版 / 估价:138.00元

黄金市场蓝皮书
中国商业银行黄金业务发展报告（2015~2016）
著(编)者:平安银行 2016年3月出版 / 定价:98.00元

互联网金融蓝皮书
中国互联网金融发展报告（2016）
著(编)者: 李东荣 2016年8月出版 / 估价:79.00元

会展蓝皮书
中外会展业动态评估年度报告（2016）
著(编)者:张敏 2016年8月出版 / 估价:78.00元

节能汽车蓝皮书
中国节能汽车产业发展报告（2016）
著(编)者:中国汽车工程研究院股份有限公司
2016年12月出版 / 估价:69.00元

金融监管蓝皮书
中国金融监管报告（2016）
著(编)者:胡滨 2016年6月出版 / 定价:89.00元

金融蓝皮书
中国金融中心发展报告（2016）
著(编)者:王力 黄育华 2017年11月出版 / 估价:75.00元

金融蓝皮书
中国商业银行竞争力报告（2016）
著(编)者:王松奇 2016年8月出版 / 估价:69.00元

经济林产业绿皮书
中国经济林产业发展报告（2016）
著(编)者:李芳东 胡文臻 乌云塔娜 杜红岩
2016年12月出版 / 估价:69.00元

客车蓝皮书
中国客车产业发展报告（2016）
著(编)者:姚蔚 2016年8月出版 / 估价:85.00元

老龄蓝皮书
中国老龄产业发展报告（2016）
著(编)者:吴玉韶 党俊武 2016年9月出版 / 估价:79.00元

流通蓝皮书
中国商业发展报告（2016~2017）
著(编)者:王雪峰 林诗慧 2016年7月出版 / 定价:89.00元

旅游安全蓝皮书
中国旅游安全报告（2016）
著(编)者:郑向敏 谢朝武 2016年5月出版 / 定价:128.00元

旅游绿皮书
2015～2016年中国旅游发展分析与预测
著(编)者:宋瑞 2016年4月出版 / 定价:89.00元

煤炭蓝皮书
中国煤炭工业发展报告（2016）
著(编)者:岳福斌 2016年12月出版 / 估价:79.00元

民营企业社会责任蓝皮书
中国民营企业社会责任年度报告（2016）
著(编)者:中华全国工商业联合会
2016年8月出版 / 估价:69.00元

民营医院蓝皮书
中国民营医院发展报告（2016）
著(编)者:庄一强　2016年10月出版 / 估价:75.00元

能源蓝皮书
中国能源发展报告（2016）
著(编)者:崔民选 王军生 陈义和
2016年8月出版 / 估价:79.00元

农产品流通蓝皮书
中国农产品流通产业发展报告（2016）
著(编)者:贾敬敦 张东科 张玉玺 张鹏毅 周伟
2016年8月出版 / 估价:89.00元

期货蓝皮书
中国期货市场发展报告(2016)
著(编)者:李群 王在荣　2016年11月出版 / 估价:69.00元

企业公益蓝皮书
中国企业公益研究报告（2016）
著(编)者:钟宏武 汪杰 顾一 黄晓娟 等
2016年12月出版 / 估价:69.00元

企业公众透明度蓝皮书
中国企业公众透明度报告 (2016) NO.2
著(编)者:黄速建 王晓光 肖红军
2016年8月出版 / 估价:98.00元

企业国际化蓝皮书
中国企业国际化报告（2016）
著(编)者:王辉耀　2016年11月出版 / 估价:98.00元

企业蓝皮书
中国企业绿色发展报告 NO.2（2016）
著(编)者:李红玉 朱光辉　2016年8月出版 / 估价:79.00元

企业社会责任蓝皮书
中国企业社会责任研究报告（2016）
著(编)者:黄群慧 钟宏武 张蒽 等
2016年11月出版 / 估价:79.00元

企业社会责任能力蓝皮书
中国上市公司社会责任能力成熟度报告（2016）
著(编)者:肖红军 王晓光 李伟阳
2016年11月出版 / 估价:69.00元

汽车安全蓝皮书
中国汽车安全发展报告（2016）
著(编)者:中国汽车技术研究中心
2016年8月出版 / 估价:89.00元

汽车电子商务蓝皮书
中国汽车电子商务发展报告（2016）
著(编)者:中华全国工商业联合会汽车经销商商会
北京易观智库网络科技有限公司
2016年8月出版 / 估价:128.00元

汽车工业蓝皮书
中国汽车工业发展年度报告（2016）
著(编)者:中国汽车工业协会 中国汽车技术研究中心
丰田汽车（中国）投资有限公司
2016年4月出版 / 定价:128.00元

汽车蓝皮书
中国汽车产业发展报告（2016）
著(编)者:国务院发展研究中心产业经济研究部
中国汽车工程学会 大众汽车集团（中国）
2016年8月出版 / 估价:158.00元

清洁能源蓝皮书
国际清洁能源发展报告（2016）
著(编)者:苏树辉 袁国林 李玉崙
2016年11月出版 / 估价:99.00元

人力资源蓝皮书
中国人力资源发展报告（2016）
著(编)者:余兴安　2016年12月出版 / 估价:79.00元

融资租赁蓝皮书
中国融资租赁业发展报告（2015～2016）
著(编)者:李光荣 王力　2016年8月出版 / 估价:89.00元

软件和信息服务业蓝皮书
中国软件和信息服务业发展报告（2016）
著(编)者:洪京一　2016年12月出版 / 估价:198.00元

商会蓝皮书
中国商会发展报告NO.5（2016）
著(编)者:王钦敏　2016年8月出版 / 估价:89.00元

上市公司蓝皮书
中国上市公司社会责任信息披露报告（2016）
著(编)者:张旺 张杨　2016年11月出版 / 估价:69.00元

上市公司蓝皮书
中国上市公司质量评价报告（2015～2016）
著(编)者:张跃文 王力　2016年11月出版 / 估价:118.00元

设计产业蓝皮书
中国设计产业发展报告（2016）
著(编)者:陈冬亮 梁昊光　2016年8月出版 / 估价:89.00元

食品药品蓝皮书
食品药品安全与监管政策研究报告（2016）
著(编)者:唐民皓　2016年8月出版 / 估价:69.00元

世界能源蓝皮书
世界能源发展报告（2016）
著(编)者:黄晓勇　2016年6月出版 / 定价:99.00元

水利风景区蓝皮书
中国水利风景区发展报告（2016）
著(编)者:谢婵才 兰思仁　2016年5月出版 / 定价:89.00元

私募市场蓝皮书
中国私募股权市场发展报告（2016）
著(编)者:曹和平　2016年12月出版 / 估价:79.00元

碳市场蓝皮书
中国碳市场报告（2016）
著(编)者:宁金彪　2016年11月出版 / 估价:69.00元

体育蓝皮书
中国体育产业发展报告（2016）
著(编)者:阮伟 钟秉枢　2016年8月出版 / 估价:69.00元

土地市场蓝皮书
中国农村土地市场发展报告（2015~2016）
著(编)者:李光荣　2016年3月出版 / 定价:79.00元

网络空间安全蓝皮书
中国网络空间安全发展报告（2016）
著(编)者:惠志斌 唐涛　2016年8月出版 / 估价:79.00元

物联网蓝皮书
中国物联网发展报告（2016）
著(编)者:黄桂田 龚六堂 张全升
2016年8月出版 / 估价:69.00元

西部工业蓝皮书
中国西部工业发展报告（2016）
著(编)者:方行明 甘犁 刘方健 姜凌 等
2016年9月出版 / 估价:79.00元

西部金融蓝皮书
中国西部金融发展报告（2016）
著(编)者:李忠民　2016年8月出版 / 估价:75.00元

协会商会蓝皮书
中国行业协会商会发展报告（2016）
著(编)者:景朝阳 李勇　2016年8月出版 / 估价:99.00元

新能源汽车蓝皮书
中国新能源汽车产业发展报告（2016）
著(编)者:中国汽车技术研究中心
日产（中国）投资有限公司 东风汽车有限公司
2016年8月出版 / 估价:89.00元

新三板蓝皮书
中国新三板市场发展报告（2016）
著(编)者:王力　2016年6月出版 / 定价:79.00元

信托市场蓝皮书
中国信托业市场报告（2015～2016）
著(编)者:用益信托工作室
2016年1月出版 / 定价:198.00元

信息安全蓝皮书
中国信息安全发展报告（2016）
著(编)者:张晓东　2016年8月出版 / 估价:69.00元

信息化蓝皮书
中国信息化形势分析与预测（2016）
著(编)者:周宏仁　2016年8月出版 / 估价:98.00元

信用蓝皮书
中国信用发展报告（2016）
著(编)者:章政 田侃　2016年8月出版 / 估价:99.00元

休闲绿皮书
2016年中国休闲发展报告
著(编)者:宋瑞
2016年10月出版 / 估价:79.00元

药品流通蓝皮书
中国药品流通行业发展报告（2016）
著(编)者:佘鲁林 温再兴
2016年8月出版 / 估价:158.00元

医院蓝皮书
中国医院竞争力报告（2016）
著(编)者:庄一强　曾益新　2016年3月出版 / 定价:128.00元

医药蓝皮书
中国中医药产业园战略发展报告（2016）
著(编)者:裴长洪 房书亭 吴滌心
2016年8月出版 / 估价:89.00元

邮轮绿皮书
中国邮轮产业发展报告（2016）
著(编)者:汪泓　2016年10月出版 / 估价:79.00元

智能养老蓝皮书
中国智能养老产业发展报告（2016）
著(编)者:朱勇　2016年10月出版 / 估价:89.00元

中国SUV蓝皮书
中国SUV产业发展报告（2016）
著(编)者:靳军　2016年12月出版 / 估价:69.00元

中国金融行业蓝皮书
中国债券市场发展报告（2016）
著(编)者:谢多　2016年8月出版 / 估价:69.00元

中国上市公司蓝皮书
中国上市公司发展报告（2016）
著(编)者:中国社会科学院上市公司研究中心
2016年9月出版 / 估价:98.00元

中国游戏蓝皮书
中国游戏产业发展报告（2016）
著(编)者:孙立军 刘跃军 牛兴侦
2016年8月出版 / 估价:69.00元

中国总部经济蓝皮书
中国总部经济发展报告（2015～2016）
著(编)者:赵弘　2016年9月出版 / 估价:79.00元

资本市场蓝皮书
中国场外交易市场发展报告（2014~2015）
著(编)者:高峦　2016年3月出版 / 定价:79.00元

资产管理蓝皮书
中国资产管理行业发展报告（2016）
著(编)者:智信资产管理研究院
2016年6月出版 / 定价:89.00元

文化传媒类

传媒竞争力蓝皮书
中国传媒国际竞争力研究报告（2016）
著(编)者:李本乾 刘强
2016年11月出版 / 估价:148.00元

传媒蓝皮书
中国传媒产业发展报告（2016）
著(编)者:崔保国 2016年5月出版 / 定价:98.00元

传媒投资蓝皮书
中国传媒投资发展报告（2016）
著(编)者:张向东 谭云明
2016年8月出版 / 估价:128.00元

动漫蓝皮书
中国动漫产业发展报告（2016）
著(编)者:卢斌 郑玉明 牛兴侦
2016年8月出版 / 估价:79.00元

非物质文化遗产蓝皮书
中国非物质文化遗产发展报告（2016）
著(编)者:陈平 2016年8月出版 / 估价:98.00元

广电蓝皮书
中国广播电影电视发展报告（2016）
著(编)者:国家新闻出版广电总局发展研究中心
2016年8月出版 / 估价:98.00元

广告主蓝皮书
中国广告主营销传播趋势报告 NO.9
著(编)者:黄升民 杜国清 邵华冬 等
2016年10月出版 / 估价:148.00元

国际传播蓝皮书
中国国际传播发展报告（2016）
著(编)者:胡正荣 李继东 姬德强
2016年11月出版 / 估价:89.00元

纪录片蓝皮书
中国纪录片发展报告（2016）
著(编)者:何苏六 2016年10月出版 / 估价:79.00元

科学传播蓝皮书
中国科学传播报告（2016）
著(编)者:詹正茂 2016年8月出版 / 估价:69.00元

两岸创意经济蓝皮书
两岸创意经济研究报告（2016）
著(编)者:罗昌智 董泽平 2016年12月出版 / 估价:98.00元

两岸文化蓝皮书
两岸文化产业合作发展报告（2016）
著(编)者:胡惠林 李保宗 2016年8月出版 / 估价:79.00元

媒介与女性蓝皮书
中国媒介与女性发展报告(2015~2016)
著(编)者:刘利群 2016年8月出版 / 估价:118.00元

媒体融合蓝皮书
中国媒体融合发展报告（2016）
著(编)者:梅宁华 宋建武 2016年8月出版 / 估价:79.00元

全球传媒蓝皮书
全球传媒发展报告（2016）
著(编)者:胡正荣 李继东 唐晓芬
2016年12月出版 / 估价:79.00元

少数民族非遗蓝皮书
中国少数民族非物质文化遗产发展报告（2016）
著(编)者:肖远平（彝） 柴立（满）
2016年8月出版 / 估价:128.00元

视听新媒体蓝皮书
中国视听新媒体发展报告（2016）
著(编)者:国家新闻出版广电总局发展研究中心
2016年8月出版 / 估价:98.00元

文化创新蓝皮书
中国文化创新报告（2016）NO.7
著(编)者:于平 傅才武 2016年8月出版 / 估价:98.00元

文化建设蓝皮书
中国文化发展报告（2015~2016）
著(编)者:江畅 孙伟平 戴茂堂
2016年6月出版 / 定价:116.00元

文化科技蓝皮书
文化科技创新发展报告（2016）
著(编)者:于平 李凤亮 2016年10月出版 / 估价:89.00元

文化蓝皮书
中国公共文化服务发展报告（2016）
著(编)者:刘新成 张永新 张旭 2016年10月出版 / 估价:98.00元

文化蓝皮书
中国公共文化投入增长测评报告（2016）
著(编)者:王亚南 2016年4月出版 / 定价:79.00元

文化蓝皮书
中国少数民族文化发展报告（2016）
著(编)者:武翠英 张晓明 任乌晶
2016年9月出版 / 估价:69.00元

文化蓝皮书
中国文化产业发展报告（2015~2016）
著(编)者:张晓明 王家新 章建刚
2016年2月出版 / 定价:79.00元

文化蓝皮书
中国文化产业供需协调检测报告（2016）
著(编)者:王亚南 2016年8月出版 / 估价:79.00元

文化蓝皮书
中国文化消费需求景气评价报告（2016）
著(编)者:王亚南 2016年4月出版 / 定价:79.00元

文化品牌蓝皮书
中国文化品牌发展报告（2016）
著(编)者:欧阳友权　2016年5月出版 / 估价:98.00元

文化遗产蓝皮书
中国文化遗产事业发展报告（2016）
著(编)者:刘世锦　2016年8月出版 / 估价:89.00元

文学蓝皮书
中国文情报告（2015～2016）
著(编)者:白烨　2016年5月出版 / 定价:49.00元

新媒体蓝皮书
中国新媒体发展报告NO.7（2016）
著(编)者:唐绪军　2016年7月出版 / 定价:79.00元

新媒体社会责任蓝皮书
中国新媒体社会责任研究报告（2016）
著(编)者:钟瑛　2016年10月出版 / 估价:79.00元

移动互联网蓝皮书
中国移动互联网发展报告（2016）
著(编)者:官建文　2016年6月出版 / 定价:79.00元

舆情蓝皮书
中国社会舆情与危机管理报告（2016）
著(编)者:谢耘耕　2016年8月出版 / 估价:98.00元

影视风控蓝皮书
中国影视舆情与风控报告 （2016）
著(编)者:司若　2016年4月出版 / 定价:138.00元

地方发展类

安徽经济蓝皮书
芜湖创新型城市发展报告（2016）
著(编)者:张志宏　2016年8月出版 / 估价:69.00元

安徽蓝皮书
安徽社会发展报告（2016）
著(编)者:程桦　2016年4月出版 / 定价:89.00元

安徽社会建设蓝皮书
安徽社会建设分析报告（2015～2016）
著(编)者:黄家海 王开玉 蔡宪
2016年8月出版 / 估价:89.00元

澳门蓝皮书
澳门经济社会发展报告（2015～2016）
著(编)者:吴志良 郝雨凡　2016年6月出版 / 定价:98.00元

北京蓝皮书
北京公共服务发展报告（2015～2016）
著(编)者:施昌奎　2016年2月出版 / 定价:79.00元

北京蓝皮书
北京经济发展报告（2015～2016）
著(编)者:杨松　2016年6月出版 / 定价:79.00元

北京蓝皮书
北京社会发展报告（2015～2016）
著(编)者:李伟东　2016年6月出版 / 定价:79.00元

北京蓝皮书
北京社会治理发展报告（2015～2016）
著(编)者:殷星辰　2016年5月出版 / 定价:79.00元

北京蓝皮书
北京文化发展报告（2015～2016）
著(编)者:李建盛　2016年4月出版 / 定价:79.00元

北京旅游绿皮书
北京旅游发展报告（2016）
著(编)者:北京旅游学会　2016年8月出版 / 估价:88.00元

北京人才蓝皮书
北京人才发展报告（2016）
著(编)者:于淼　2016年12月出版 / 估价:128.00元

北京社会心态蓝皮书
北京社会心态分析报告（2015～2016）
著(编)者:北京社会心理研究所
2016年8月出版 / 估价:79.00元

北京社会组织管理蓝皮书
北京社会组织发展与管理（2015～2016）
著(编)者:黄江松　2016年8月出版 / 估价:78.00元

北京体育蓝皮书
北京体育产业发展报告（2016）
著(编)者:钟秉枢 陈杰 杨铁黎
2016年10月出版 / 估价:79.00元

北京养老产业蓝皮书
北京养老产业发展报告（2016）
著(编)者:周明明 冯喜良　2016年8月出版 / 估价:69.00元

滨海金融蓝皮书
滨海新区金融发展报告（2016）
著(编)者:王爱俭 张锐钢　2016年9月出版 / 估价:79.00元

城乡一体化蓝皮书
中国城乡一体化发展报告•北京卷（2015～2016)
著(编)者:张宝秀 黄序　2016年5月出版 / 定价:79.00元

创意城市蓝皮书
北京文化创意产业发展报告（2016）
著(编)者:张京成 王国华　2016年12月出版 / 估价:69.00元

创意城市蓝皮书
青岛文化创意产业发展报告（2016）
著(编)者:马达 张丹妮　2016年8月出版 / 估价:79.00元

创意城市蓝皮书
青岛文化创意产业发展报告（2016）
著(编)者:马达 张丹妮　2016年8月出版 / 估价:79.00元

创意城市蓝皮书
天津文化创意产业发展报告（2015~2016）
著(编)者:谢思全　2016年6月出版 / 定价:79.00元

创意城市蓝皮书
台北文化创意产业发展报告（2016）
著(编)者:陈耀竹 邱琪瑄　2016年11月出版 / 估价:89.00元

创意城市蓝皮书
无锡文化创意产业发展报告（2016）
著(编)者:谭军 张鸣年　2016年10月出版 / 估价:79.00元

创意城市蓝皮书
武汉文化创意产业发展报告（2016）
著(编)者:黄永林 陈汉桥　2016年12月出版 / 估价:89.00元

创意城市蓝皮书
重庆创意产业发展报告（2016）
著(编)者:程宇宁　2016年8月出版 / 估价:89.00元

地方法治蓝皮书
南宁法治发展报告（2016）
著(编)者:杨维超　2016年12月出版 / 估价:69.00元

福建妇女发展蓝皮书
福建省妇女发展报告（2016）
著(编)者:刘群英　2016年11月出版 / 估价:88.00元

福建自贸区蓝皮书
中国（福建）自由贸易实验区发展报告（2015~2016）
著(编)者:黄茂兴　2016年4月出版 / 定价:108.00元

甘肃蓝皮书
甘肃经济发展分析与预测（2016）
著(编)者:朱智文 罗哲　2016年1月出版 / 定价:79.00元

甘肃蓝皮书
甘肃社会发展分析与预测（2016）
著(编)者:安文华 包晓霞 谢增虎　2016年1月出版 / 定价:79.00元

甘肃蓝皮书
甘肃文化发展分析与预测（2016）
著(编)者:安文华 周小华　2016年1月出版 / 定价:79.00元

甘肃蓝皮书
甘肃县域和农村发展报告（2016）
著(编)者:刘进军 柳 民 王建兵
2016年1月出版 / 定价:79.00元

甘肃蓝皮书
甘肃舆情分析与预测（2016）
著(编)者:陈双梅 张谦元　2016年1月出版 / 定价:79.00元

甘肃蓝皮书
甘肃商贸流通发展报告（2016）
著(编)者:杨志武 王福生 王晓芳
2016年1月出版 / 定价:79.00元

广东蓝皮书
广东全面深化改革发展报告（2016）
著(编)者:周林生 涂成林　2016年11月出版 / 估价:69.00元

广东蓝皮书
广东社会工作发展报告（2016）
著(编)者:罗观翠　2016年8月出版 / 估价:89.00元

广东蓝皮书
广东省电子商务发展报告（2016）
著(编)者:程晓 邓顺国　2016年8月出版 / 估价:79.00元

广东社会建设蓝皮书
广东省社会建设发展报告（2016）
著(编)者:广东省社会工作委员会
2016年12月出版 / 估价:99.00元

广东外经贸蓝皮书
广东对外经济贸易发展研究报告（2015~2016）
著(编)者:陈万灵　2016年8月出版 / 估价:89.00元

广西北部湾经济区蓝皮书
广西北部湾经济区开放开发报告（2016）
著(编)者:广西北部湾经济区规划建设管理委员会办公室
广西社会科学院广西北部湾发展研究院
2016年10月出版 / 估价:79.00元

巩义蓝皮书
巩义经济社会发展报告（2016）
著(编)者:丁同民 朱军　2016年4月出版 / 定价:58.00元

广州蓝皮书
2016年中国广州经济形势分析与预测
著(编)者:庾建设 陈浩钿 谢博能　2016年7月出版 / 定价:85.00

广州蓝皮书
2016年中国广州社会形势分析与预测
著(编)者:张强 陈怡霓 杨秦　2016年6月出版 / 定价:85.00元

广州蓝皮书
广州城市国际化发展报告（2016）
著(编)者:朱名宏　2016年11月出版 / 估价:69.00元

广州蓝皮书
广州创新型城市发展报告（2016）
著(编)者:尹涛　2016年10月出版 / 估价:69.00元

广州蓝皮书
广州经济发展报告（2016）
著(编)者:朱名宏　2016年8月出版 / 估价:69.00元

广州蓝皮书
广州农村发展报告（2016）
著(编)者:朱名宏　2016年8月出版 / 估价:69.00元

广州蓝皮书
广州汽车产业发展报告（2016）
著(编)者:杨再高 冯兴亚　2016年9月出版 / 估价:69.00元

广州蓝皮书
广州青年发展报告（2015～2016）
著(编)者:魏国华 张强　2016年8月出版 / 估价:69.00元

广州蓝皮书
广州商贸业发展报告（2016）
著(编)者:李江涛 肖振宇 荀振英
2016年8月出版 / 估价:69.00元

广州蓝皮书
广州社会保障发展报告（2016）
著(编)者:蔡国萱　2016年10月出版 / 估价:65.00元

广州蓝皮书
广州文化创意产业发展报告（2016）
著(编)者:甘新　2016年8月出版 / 估价:79.00元

广州蓝皮书
中国广州城市建设与管理发展报告（2016）
著(编)者:董皞 陈小钢 李江涛　2016年8月出版 / 估价:69.00元

广州蓝皮书
中国广州科技和信息化发展报告（2016）
著(编)者:邹采荣 马正勇 冯 元　2016年8月出版 / 估价:79.00元

广州蓝皮书
中国广州文化发展报告（2016）
著(编)者:徐俊忠 陆志强 顾涧清　2016年8月出版 / 估价:69.00元

贵阳蓝皮书
贵阳城市创新发展报告•白云篇（2016）
著(编)者:连玉明　2016年10月出版 / 估价:89.00元

贵阳蓝皮书
贵阳城市创新发展报告•观山湖篇（2016）
著(编)者:连玉明　2016年10月出版 / 估价:89.00元

贵阳蓝皮书
贵阳城市创新发展报告•花溪篇（2016）
著(编)者:连玉明　2016年10月出版 / 估价:89.00元

贵阳蓝皮书
贵阳城市创新发展报告•开阳篇（2016）
著(编)者:连玉明　2016年10月出版 / 估价:89.00元

贵阳蓝皮书
贵阳城市创新发展报告•南明篇（2016）
著(编)者:连玉明　2016年10月出版 / 估价:89.00元

贵阳蓝皮书
贵阳城市创新发展报告•清镇篇（2016）
著(编)者:连玉明　2016年10月出版 / 估价:89.00元

贵阳蓝皮书
贵阳城市创新发展报告•乌当篇（2016）
著(编)者:连玉明　2016年10月出版 / 估价:89.00元

贵阳蓝皮书
贵阳城市创新发展报告•息烽篇（2016）
著(编)者:连玉明　2016年10月出版 / 估价:89.00元

贵阳蓝皮书
贵阳城市创新发展报告•修文篇（2016）
著(编)者:连玉明　2016年10月出版 / 估价:89.00元

贵阳蓝皮书
贵阳城市创新发展报告•云岩篇（2016）
著(编)者:连玉明　2016年10月出版 / 估价:89.00元

贵州房地产蓝皮书
贵州房地产发展报告NO.3（2016）
著(编)者:武廷方　2016年8月出版 / 估价:89.00元

贵州蓝皮书
贵州册亨经济社会发展报告 (2016)
著(编)者:黄德林　2016年3月出版 / 定价:79.00元

贵州蓝皮书
贵安新区发展报告（2015~2016）
著(编)者:马长青 吴大华　2016年6月出版 / 定价:79.00元

贵州蓝皮书
贵州法治发展报告（2016）
著(编)者:吴大华　2016年5月出版 / 定价:79.00元

贵州蓝皮书
贵州民航业发展报告（2016）
著(编)者:申振东 吴大华　2016年10月出版 / 估价:69.00元

贵州蓝皮书
贵州民营经济发展报告（2015）
著(编)者:杨静 吴大华　2016年3月出版 / 定价:79.00元

贵州蓝皮书
贵州人才发展报告（2016）
著(编)者:于杰 吴大华　2016年9月出版 / 估价:69.00元

贵州蓝皮书
贵州社会发展报告（2016）
著(编)者:王兴骥　2016年6月出版 / 定价:79.00元

海淀蓝皮书
海淀区文化和科技融合发展报告（2016）
著(编)者:陈名杰 孟景伟　2016年8月出版 / 估价:75.00元

海峡西岸蓝皮书
海峡西岸经济区发展报告（2016）
著(编)者:福建省人民政府发展研究中心
福建省人民政府发展研究中心咨询服务中心
2016年9月出版 / 估价:65.00元

杭州都市圈蓝皮书
杭州都市圈发展报告（2016）
著(编)者:沈翔 戚建国　2016年5月出版 / 定价:128.00元

杭州蓝皮书
杭州妇女发展报告（2016）
著(编)者:魏颖　2016年6月出版 / 定价:79.00元

河北经济蓝皮书
河北省经济发展报告（2016）
著(编)者:马树强 金浩 刘兵 张贵
2016年4月出版 / 定价:89.00元

河北蓝皮书
河北经济社会发展报告（2016）
著(编)者:郭金平　2016年1月出版 / 定价:79.00元

河北食品药品安全蓝皮书
河北食品药品安全研究报告（2016）
著(编)者:丁锦霞　2016年6月出版 / 定价:79.00元

河南经济蓝皮书
2016年河南经济形势分析与预测
著(编)者:胡五岳　2016年2月出版 / 定价:79.00元

河南蓝皮书
2016年河南社会形势分析与预测
著(编)者:刘道兴 牛苏林 2016年4月出版 / 定价79.00元

河南蓝皮书
河南城市发展报告（2016）
著(编)者:张占仓 王建国 2016年5月出版 / 定价:69.00元

河南蓝皮书
河南法治发展报告（2016）
著(编)者:丁同民 张林海 2016年5月出版 / 定价:79.00元

河南蓝皮书
河南工业发展报告（2016）
著(编)者:张占仓 丁同民 2016年5月出版 / 定价:69.00元

河南蓝皮书
河南金融发展报告（2016）
著(编)者:河南省社会科学院 2016年8月出版 / 估价:69.00元

河南蓝皮书
河南经济发展报告（2016）
著(编)者:张占仓 2016年3月出版 / 定价:79.00元

河南蓝皮书
河南农业农村发展报告（2016）
著(编)者:吴海峰 2016年8月出版 / 估价:69.00元

河南蓝皮书
河南文化发展报告（2016）
著(编)者:卫绍生 2016年3月出版 / 定价:78.00元

河南商务蓝皮书
河南商务发展报告（2016）
著(编)者:焦锦淼 穆荣国 2016年6月出版 / 定价:88.00元

黑龙江产业蓝皮书
黑龙江产业发展报告（2016）
著(编)者:于渤 2016年10月出版 / 估价:79.00元

黑龙江蓝皮书
黑龙江经济发展报告（2016）
著(编)者:朱宇 2016年1月出版 / 定价:79.00元

黑龙江蓝皮书
黑龙江社会发展报告（2016）
著(编)者:谢宝禄 2016年1月出版 / 定价:79.00元

湖南城市蓝皮书
区域城市群整合（主题待定）
著(编)者:童中贤 韩未名 2016年12月出版 / 估价:79.00元

湖南蓝皮书
2016年湖南产业发展报告
著(编)者:梁志峰 2016年5月出版 / 定价:128.00元

湖南蓝皮书
2016年湖南电子政务发展报告
著(编)者:梁志峰 2016年5月出版 / 定价:128.00元

湖南蓝皮书
2016年湖南经济展望
著(编)者:梁志峰 2016年5月出版 / 定价:128.00元

湖南蓝皮书
2016年湖南两型社会与生态文明发展报告
著(编)者:梁志峰 2016年5月出版 / 定价:128.00元

湖南蓝皮书
2016年湖南社会发展报告
著(编)者:梁志峰 2016年5月出版 / 定价:128.00元

湖南蓝皮书
2016年湖南县域经济社会发展报告
著(编)者:梁志峰 2016年5月出版 / 定价:98.00元

湖南蓝皮书
湖南城乡一体化发展报告（2016）
著(编)者:陈文胜 王文强 陆福兴 邝奕轩
2016年6月出版 / 定价:89.00元

湖南县域绿皮书
湖南县域发展报告 NO.3
著(编)者:袁准 周小毛 2016年9月出版 / 估价:69.00元

沪港蓝皮书
沪港发展报告（2015~2016）
著(编)者:尤安山 2016年8月出版 / 估价:89.00元

京津冀金融蓝皮书
京津冀金融发展报告（2015）
著(编)者:王爱俭 李向前 2016年3月出版 / 定价:89.00元

吉林蓝皮书
2016年吉林经济社会形势分析与预测
著(编)者:马克 2015年12月出版 / 定价:79.00元

吉林省城市竞争力蓝皮书
吉林省城市竞争力报告（2015）
著(编)者:崔岳春 张磊 2016年3月出版 / 定价:69.00元

济源蓝皮书
济源经济社会发展报告（2016）
著(编)者:喻新安 2016年8月出版 / 估价:69.00元

健康城市蓝皮书
北京健康城市建设研究报告（2016）
著(编)者:王鸿春 2016年8月出版 / 估价:79.00元

江苏法治蓝皮书
江苏法治发展报告 NO.5（2016）
著(编)者:李力 龚廷泰 2016年9月出版 / 估价:98.00元

江西蓝皮书
江西经济社会发展报告（2016）
著(编)者:张勇 姜玮 梁勇 2016年10月出版 / 估价:79.00元

江西文化产业蓝皮书
江西文化产业发展报告（2016）
著(编)者:张圣才 汪春翔 2016年10月出版 / 估价:128.00元

经济特区蓝皮书
中国经济特区发展报告（2016）
著(编)者:陶一桃 2016年12月出版 / 估价:89.00元

辽宁蓝皮书
2016年辽宁经济社会形势分析与预测
著(编)者:曹晓峰 梁启东
2016年1月出版 / 定价:79.00元

拉萨蓝皮书
拉萨法治发展报告（2016）
著(编)者:车明怀 2016年8月出版 / 估价:79.00元

洛阳蓝皮书
洛阳文化发展报告（2016）
著(编)者:刘福兴 陈启明 2016年8月出版 / 估价:79.00元

南京蓝皮书
南京文化发展报告（2016）
著(编)者:徐宁 2016年12月出版 / 估价:79.00元

内蒙古蓝皮书
内蒙古反腐倡廉建设报告 NO.2
著(编)者:张志华 无极 2016年12月出版 / 估价:69.00元

浦东新区蓝皮书
上海浦东经济发展报告（2016）
著(编)者:沈开艳 周奇 2016年1月出版 / 定价:69.00元

青海蓝皮书
2016年青海经济社会形势分析与预测
著(编)者:陈玮 2015年12月出版 / 定价:79.00元

人口与健康蓝皮书
深圳人口与健康发展报告（2016）
著(编)者:陆杰华 罗乐宣 苏杨
2016年11月出版 / 估价:89.00元

山东蓝皮书
山东经济形势分析与预测（2016）
著(编)者:李广杰 2016年11月出版 / 估价:89.00元

山东蓝皮书
山东社会形势分析与预测（2016）
著(编)者:涂可国 2016年8月出版 / 估价:89.00元

山东蓝皮书
山东文化发展报告（2016）
著(编)者:张华 唐洲雁 2016年8月出版 / 估价:98.00元

山西蓝皮书
山西资源型经济转型发展报告（2016）
著(编)者:李志强 2016年8月出版 / 估价:89.00元

陕西蓝皮书
陕西经济发展报告（2016）
著(编)者:任宗哲 白宽犁 裴成荣
2015年12月出版 / 定价:69.00元

陕西蓝皮书
陕西社会发展报告（2016）
著(编)者:任宗哲 白宽犁 牛昉
2015年12月出版 / 定价:69.00元

陕西蓝皮书
陕西文化发展报告（2016）
著(编)者:任宗哲 白宽犁 王长寿
2015年12月出版 / 定价:69.00元

陕西蓝皮书
丝绸之路经济带发展报告（2015~2016）
著(编)者:任宗哲 白宽犁 谷孟宾
2015年12月出版 / 定价:75.00元

上海蓝皮书
上海传媒发展报告（2016）
著(编)者:强荧 焦雨虹 2016年1月出版 / 定价:79.00元

上海蓝皮书
上海法治发展报告（2016）
著(编)者:叶青 2016年6月出版 / 定价:79.00元

上海蓝皮书
上海经济发展报告（2016）
著(编)者:沈开艳 2016年1月出版 / 定价:79.00元

上海蓝皮书
上海社会发展报告（2016）
著(编)者:杨雄 周海旺 2016年1月出版 / 定价:79.00元

上海蓝皮书
上海文化发展报告（2016）
著(编)者:荣跃明 2016年1月出版 / 定价:79.00元

上海蓝皮书
上海文学发展报告（2016）
著(编)者:陈圣来 2016年6月出版 / 定价:79.00元

上海蓝皮书
上海资源环境发展报告（2016）
著(编)者:周冯琦 汤庆合 任文伟
2016年1月出版 / 定价:79.00元

上饶蓝皮书
上饶发展报告（2015～2016）
著(编)者:朱寅健 2016年8月出版 / 估价:128.00元

社会建设蓝皮书
2016年北京社会建设分析报告
著(编)者:宋贵伦 冯虹 2016年8月出版 / 估价:79.00元

深圳蓝皮书
深圳法治发展报告（2016）
著(编)者:张骁儒 2016年6月出版 / 定价:69.00元

深圳蓝皮书
深圳经济发展报告（2016）
著(编)者:张骁儒 2016年8月出版 / 估价:89.00元

深圳蓝皮书
深圳劳动关系发展报告（2016）
著(编)者:汤庭芬　2016年6月出版 / 定价:69.00元

深圳蓝皮书
深圳社会建设与发展报告（2016）
著(编)者:张骁儒 陈东平　2016年7月出版 / 定价:79.00元

深圳蓝皮书
深圳文化发展报告(2016)
著(编)者:张骁儒　2016年8月出版 / 估价:69.00元

四川法治蓝皮书
四川依法治省年度报告 NO.2（2016）
著(编)者:李林 杨天宗 田禾
2016年3月出版 / 定价:108.00元

四川蓝皮书
2016年四川经济形势分析与预测
著(编)者:杨钢　2016年1月出版 / 定价:98.00元

四川蓝皮书
四川城镇化发展报告（2016）
著(编)者:侯水平 陈炜　2016年4月出版 / 定价:75.00元

四川蓝皮书
四川法治发展报告（2016）
著(编)者:郑泰安　2016年8月出版 / 估价:69.00元

四川蓝皮书
四川企业社会责任研究报告（2015～2016）
著(编)者:侯水平 盛毅 翟刚　2016年4月出版 / 定价:79.00元

四川蓝皮书
四川社会发展报告（2016）
著(编)者:李羚　2016年5月出版 / 定价:79.00元

四川蓝皮书
四川生态建设报告（2016）
著(编)者:李晟之　2016年4月出版 / 定价:75.00元

四川蓝皮书
四川文化产业发展报告（2016）
著(编)者:向宝云 张立伟　2016年4月出版 / 定价:79.00元

西咸新区蓝皮书
西咸新区发展报告（2011~2015）
著(编)者:李扬 王军　2016年6月出版 / 定价:89.00元

体育蓝皮书
上海体育产业发展报告（2015～2016）
著(编)者:张林 黄海燕　2016年10月出版 / 估价:79.00元

体育蓝皮书
长三角地区体育产业发展报告（2015～2016）
著(编)者:张林　2016年8月出版 / 估价:79.00元

天津金融蓝皮书
天津金融发展报告（2016）
著(编)者:王爱俭 孔德昌　2016年9月出版 / 估价:89.00元

图们江区域合作蓝皮书
图们江区域合作发展报告（2016）
著(编)者:李铁　2016年6月出版 / 定价:98.00元

温州蓝皮书
2016年温州经济社会形势分析与预测
著(编)者:潘忠强 王春光 金浩　2016年4月出版 / 定价:69.00元

扬州蓝皮书
扬州经济社会发展报告（2016）
著(编)者:丁纯　2016年12月出版 / 估价:89.00元

长株潭城市群蓝皮书
长株潭城市群发展报告（2016）
著(编)者:张萍　2016年10月出版 / 估价:69.00元

郑州蓝皮书
2016年郑州文化发展报告
著(编)者:王哲　2016年9月出版 / 估价:65.00元

中医文化蓝皮书
北京中医药文化传播发展报告（2016）
著(编)者:毛嘉陵　2016年8月出版 / 估价:79.00元

珠三角流通蓝皮书
珠三角商圈发展研究报告（2016）
著(编)者:王先庆 林至颖　2016年8月出版 / 估价:98.00元

遵义蓝皮书
遵义发展报告（2016）
著(编)者:曾征 龚永育　2016年12月出版 / 估价:69.00元

国别与地区类

阿拉伯黄皮书
阿拉伯发展报告（2015～2016）
著(编)者:罗林　2016年11月出版 / 估价:79.00元

北部湾蓝皮书
泛北部湾合作发展报告（2016）
著(编)者:吕余生　2016年10月出版 / 估价:69.00元

大湄公河次区域蓝皮书
大湄公河次区域合作发展报告（2016）
著(编)者:刘稚　2016年9月出版 / 估价:79.00元

大洋洲蓝皮书
大洋洲发展报告（2015～2016）
著(编)者:喻常森　2016年10月出版 / 估价:89.00元

德国蓝皮书
德国发展报告（2016）
著(编)者:郑春荣　2016年6月出版 / 定价:79.00元

东北亚黄皮书
东北亚地区政治与安全（2016）
著(编)者:黄凤志 刘清才 张慧智 等
2016年8月出版 / 估价:69.00元

东盟黄皮书
东盟发展报告（2016）
著(编)者:杨晓强 庄国土　2016年8月出版 / 定价:89.00元

东南亚蓝皮书
东南亚地区发展报告（2015～2016）
著(编)者:厦门大学东南亚研究中心 王勤
2016年8月出版 / 估价:79.00元

俄罗斯黄皮书
俄罗斯发展报告（2016）
著(编)者:李永全　2016年7月出版 / 定价:89.00元

非洲黄皮书
非洲发展报告 NO.18（2015～2016）
著(编)者:张宏明　2016年9月出版 / 估价:79.00元

国际安全蓝皮书
中国国际安全研究报告(2016)
著(编)者:刘 慧　2016年7月出版 / 定价:98.00元

国际形势黄皮书
全球政治与安全报告（2016）
著(编)者:李慎明 张宇燕
2015年12月出版 / 定价:69.00元

韩国蓝皮书
韩国发展报告（2016）
著(编)者:牛林杰 刘宝全
2016年12月出版 / 估价:89.00元

加拿大蓝皮书
加拿大发展报告（2016）
著(编)者:仲伟合　2016年8月出版 / 估价:89.00元

拉美黄皮书
拉丁美洲和加勒比发展报告（2015～2016）
著(编)者:吴白乙　2016年6月出版 / 定价:89.00元

美国蓝皮书
美国研究报告（2016）
著(编)者:郑秉文 黄平　2016年5月出版 / 定价:89.00元

缅甸蓝皮书
缅甸国情报告（2016）
著(编)者:李晨阳　2016年8月出版 / 估价:79.00元

欧洲蓝皮书
欧洲发展报告（2015～2016）
著(编)者:黄平 周弘 江时学
2016年6月出版 / 定价:89.00元

日本经济蓝皮书
日本经济与中日经贸关系研究报告（2016）
著(编)者:张季风　2016年5月出版 / 定价:89.00元

日本蓝皮书
日本研究报告（2016）
著(编)者:杨柏江　2016年5月出版 / 定价:89.00元

上海合作组织黄皮书
上海合作组织发展报告（2016）
著(编)者:李进峰 吴宏伟 李少捷
2016年6月出版 / 定价:89.00元

世界创新竞争力黄皮书
世界创新竞争力发展报告（2016）
著(编)者:李闽榕 李建平 赵新力
2016年8月出版 / 估价:148.00元

土耳其蓝皮书
土耳其发展报告（2016）
著(编)者:郭长刚 刘义　2016年8月出版 / 估价:69.00元

亚太蓝皮书
亚太地区发展报告（2016）
著(编)者:李向阳　2016年5月出版 / 估价:79.00元

印度蓝皮书
印度国情报告（2016）
著(编)者:吕昭义　2016年8月出版 / 估价:89.00元

印度洋地区蓝皮书
印度洋地区发展报告（2016）
著(编)者:汪戎　2016年8月出版 / 估价:89.00元

英国蓝皮书
英国发展报告（2015～2016）
著(编)者:王展鹏　2016年10月出版 / 估价:89.00元

越南蓝皮书
越南国情报告（2016）
著(编)者:广西社会科学院 罗梅 李碧华
2016年8月出版 / 估价:69.00元

越南蓝皮书
越南经济发展报告（2016）
著(编)者:黄志勇　2016年10月出版 / 估价:69.00元

以色列蓝皮书
以色列发展报告（2016）
著(编)者:张倩红　2016年9月出版 / 估价:89.00元

中东黄皮书
中东发展报告 NO.18（2015～2016）
著(编)者:杨光　2016年10月出版 / 估价:89.00元

中亚黄皮书
中亚国家发展报告（2016）
著(编)者:孙力 吴宏伟　2016年7月出版 / 定价:98.00元

❖ 皮书起源 ❖

“皮书”起源于十七、十八世纪的英国，主要指官方或社会组织正式发表的重要文件或报告，多以“白皮书”命名。在中国，“皮书”这一概念被社会广泛接受，并被成功运作、发展成为一种全新的出版形态，则源于中国社会科学院社会科学文献出版社。

❖ 皮书定义 ❖

皮书是对中国与世界发展状况和热点问题进行年度监测，以专业的角度、专家的视野和实证研究方法，针对某一领域或区域现状与发展态势展开分析和预测，具备原创性、实证性、专业性、连续性、前沿性、时效性等特点的公开出版物，由一系列权威研究报告组成。

❖ 皮书作者 ❖

皮书系列的作者以中国社会科学院、著名高校、地方社会科学院的研究人员为主，多为国内一流研究机构的权威专家学者，他们的看法和观点代表了学界对中国与世界的现实和未来最高水平的解读与分析。

❖ 皮书荣誉 ❖

皮书系列已成为社会科学文献出版社的著名图书品牌和中国社会科学院的知名学术品牌。2011 年，皮书系列正式列入“十二五”国家重点出版规划项目；2012~2015 年，重点皮书列入中国社会科学院承担的国家哲学社会科学创新工程项目；2016 年，46 种院外皮书使用“中国社会科学院创新工程学术出版项目”标识。

中国皮书网

www.pishu.cn

发布皮书研创资讯，传播皮书精彩内容
引领皮书出版潮流，打造皮书服务平台

栏目设置：

- ☐ 资讯：皮书动态、皮书观点、皮书数据、皮书报道、皮书发布、电子期刊
- ☐ 标准：皮书评价、皮书研究、皮书规范
- ☐ 服务：最新皮书、皮书书目、重点推荐、在线购书
- ☐ 链接：皮书数据库、皮书博客、皮书微博、在线书城
- ☐ 搜索：资讯、图书、研究动态、皮书专家、研创团队

中国皮书网依托皮书系列“权威、前沿、原创”的优质内容资源，通过文字、图片、音频、视频等多种元素，在皮书研创者、使用者之间搭建了一个成果展示、资源共享的互动平台。

自 2005 年 12 月正式上线以来，中国皮书网的 IP 访问量、PV 浏览量与日俱增，受到海内外研究者、公务人员、商务人士以及专业读者的广泛关注。

2008 年、2011 年，中国皮书网均在全国新闻出版业网站荣誉评选中获得“最具商业价值网站”称号；2012 年，获得“出版业网站百强”称号。

2014 年，中国皮书网与皮书数据库实现资源共享，端口合一，将提供更丰富的内容，更全面的服务。

皮书数据库
中国社会科学院 社会科学文献出版社

首页 数据库检索 学术资源群 我的文献库 皮书全动态 有奖调查 皮书报道 皮书研究 联系我们 读者荐购 搜索报告

权威报告 热点资讯 海量资源

当代中国与世界发展的高端智库平台

皮书数据库 www.pishu.com.cn

皮书数据库是专业的人文社会科学综合学术资源总库，以大型连续性图书——皮书系列为基础，整合国内外相关资讯构建而成。包含六大子库，涵盖两百多个主题，囊括了近十几年间中国与世界经济社会发展报告，覆盖经济、社会、政治、文化、教育、国际问题等多个领域。

皮书数据库以篇章为基本单位，方便用户对皮书内容的阅读需求。用户可进行全文检索，也可对文献题目、内容提要、作者名称、作者单位、关键字等基本信息进行检索，还可对检索到的篇章再做二次筛选，进行在线阅读或下载阅读。智能多维度导航，可使用户根据自己熟知的分类标准进行分类导航筛选，使查找和检索更高效、便捷。

权威的研究报告，独特的调研数据，前沿的热点资讯，皮书数据库已发展成为国内最具影响力的关于中国与世界现实问题研究的成果库和资讯库。

皮书俱乐部会员服务指南

1. 谁能成为皮书俱乐部成员?

● 皮书作者自动成为俱乐部会员

● 购买了皮书产品（纸质书/电子书）的个人用户

2. 会员可以享受的增值服务

● 免费获赠皮书数据库100元充值卡

● 加入皮书俱乐部，免费获赠该纸质图书的电子书

● 免费定期获赠皮书电子期刊

● 优先参与各类皮书学术活动

● 优先享受皮书产品的最新优惠

3. 如何享受增值服务?

（1）免费获赠100元皮书数据库体验卡

第1步 刮开皮书附赠充值的涂层（右下）；

第2步 登录皮书数据库网站（www.pishu.com.cn），注册账号；

第3步 登录并进入“会员中心”—“在线充值”—“充值卡充值”，充值成功后即可使用。

（2）加入皮书俱乐部，凭数据库体验卡获赠该书的电子书

第1步 登录社会科学文献出版社官网（www.ssap.com.cn），注册账号；

第2步 登录并进入“会员中心”—“皮书俱乐部”，提交加入皮书俱乐部申请；

第3步 审核通过后，再次进入皮书俱乐部，填写页面所需图书、体验卡信息即可自动兑换相应电子书。

4. 声明

解释权归社会科学文献出版社所有

皮书俱乐部会员可享受社会科学文献出版社其他相关免费增值服务，有任何疑问，均可与我们联系。
图书销售热线：010-59367070/7028 图书服务QQ：800045692 图书服务邮箱：duzhe@ssap.cn
数据库服务热线：400-008-6695 数据库服务QQ：2475522410 数据库服务邮箱：database@ssap.cn
欢迎登录社会科学文献出版社官网（www.ssap.com.cn）和中国皮书网（www.pishu.cn）了解更多信息

皮书大事记
（2015）

☆ 2015年11月9日，社会科学文献出版社2015年皮书编辑出版工作会议召开，会议就皮书装帧设计、生产营销、皮书评价以及质检工作中的常见问题等进行交流和讨论，为2016年出版社的融合发展指明了方向。

☆ 2015年11月，中国社会科学院2015年度纳入创新工程后期资助名单正式公布，《社会蓝皮书：2015年中国社会形势分析与预测》等41种皮书纳入2015年度“中国社会科学院创新工程学术出版资助项目”。

☆ 2015年8月7~8日，由中国社会科学院主办，社会科学文献出版社和湖北大学共同承办的“第十六次全国皮书年会（2015）：皮书研创与中国话语体系建设”在湖北省恩施市召开。中国社会科学院副院长李培林，国家新闻出版广电总局原副总局长、中国出版协会常务副理事长邬书林，湖北省委宣传部副部长喻立平，中国社会科学院科研局局长马援，国家新闻出版广电总局出版管理司副司长许正明，中共恩施州委书记王海涛，社会科学文献出版社社长谢寿光，湖北大学党委书记刘建凡等相关领导出席开幕式。来自中国社会科学院、地方社会科学院及高校、政府研究机构的领导及近200个皮书课题组的380多人出席了会议，会议规模又创新高。会议宣布了2016年授权使用“中国社会科学院创新工程学术出版项目”标识的院外皮书名单，并颁发了第六届优秀皮书奖。

☆ 2015年4月28日，“第三届皮书学术评审委员会第二次会议暨第六届优秀皮书奖评审会”在京召开。中国社会科学院副院长李培林、蔡昉出席会议并讲话，国家新闻出版广电总局原副局长、中国出版协会常务副理事长邬书林也出席本次会议。会议分别由中国社会科学院科研局局长马援和社会科学文献出版社社长谢寿光主持。经分学科评审和大会汇评，最终匿名投票评选出第六届“优秀皮书奖”和“优秀皮书报告奖”书目。此外，该委员会还根据《中国社会科学院皮书管理办法》，审议并投票评选出2015年纳入中国社会科学院创新工程项目的皮书和2016年使用“中国社会科学院创新工程学术出版项目”标识的院外皮书。

☆ 2015年1月30~31日，由社会科学文献出版社皮书研究院组织的2014年版皮书评价复评会议在京召开。皮书学术评审委员会部分委员、相关学科专家、学术期刊编辑、资深媒体人等近50位评委参加本次会议。中国社会科学院科研局局长马援、社会科学文献出版社社长谢寿光出席开幕式并发表讲话，中国社会科学院科研成果处处长薛增朝出席闭幕式并做发言。

更多信息请登录

皮书数据库
http://www.pishu.com.cn

中国皮书网
http://www.pishu.cn

皮书微博
http://weibo.com/pishu

皮书博客
http://blog.sina.com.cn/pishu

皮书微信“皮书说”

请到各地书店皮书专架 / 专柜购买，也可办理邮购

咨询 / 邮购电话：010-59367028　59367070
邮　　箱：duzhe@ssap.cn
邮购地址：北京市西城区北三环中路甲29号院3号楼华龙大厦13层读者服务中心
邮　　编：100029
银行户名：社会科学文献出版社
开户银行：中国工商银行北京北太平庄支行
账　　号：0200010019200365434